PRINCIPES

DE

L'ASSAINISSEMENT DES VILLES

COMPRENANT

LA DESCRIPTION DES PRINCIPAUX PROCÉDÉS

EMPLOYES

DANS LES CENTRES DE POPULATION DE L'EUROPE OCCIDENTALE
POUR PROTÉGER LA SANTÉ PUBLIQUE

PUBLIE PAR ORDRE DE SON EXCELLENCE

M. LE MINISTRE DE L'AGRICULTURE ET DU COMMERCE.

22ᵐ. — Paris — Imprimerie Cresset et Cⁱᵉ, rue Racine, 26.

PRINCIPES

DE

L'ASSAINISSEMENT DES VILLES

COMPRENANT

LA DESCRIPTION DES PRINCIPAUX PROCÉDÉS

EMPLOYÉS

DANS LES CENTRES DE POPULATION DE L'EUROPE OCCIDENTALE

POUR PROTÉGER LA SANTÉ PUBLIQUE

PAR

M. CHARLES DE FREYCINET,

INGENIEUR AU CORPS IMPERIAL DES MINES.

———

PUBLIÉ PAR ORDRE DE SON EXCELLENCE

M. LE MINISTRE DE L'AGRICULTURE ET DU COMMERCE.

—

TEXTE

—

PARIS

DUNOD, ÉDITEUR,

SUCCESSEUR DE V^or DALMONT,

Précédemment Carilian-Gœury et V^or Dalmont,

LIBRAIRE DES CORPS IMPERIAUX DES PONTS ET CHAUSSEES ET DES MINES,

Quai des Augustins, n° **49**.

——

1870

PRÉFACE.

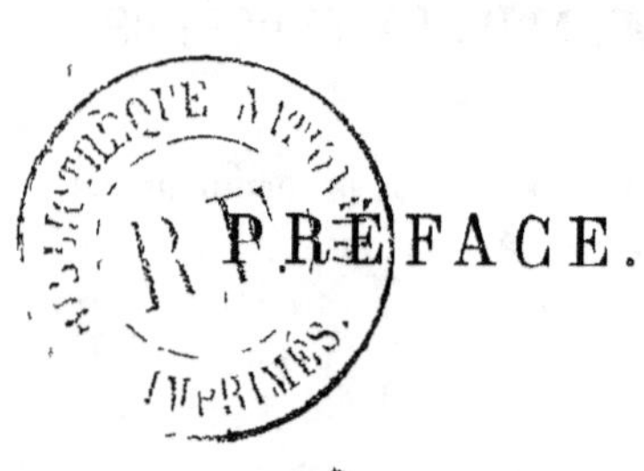

———

Cet ouvrage est le résultat des études que j'ai entreprises, de 1862 à 1869, en France et à l'étranger, par ordre de Son Exc. M. le Ministre de l'agriculture, du commerce et des travaux publics, à la demande du Comité consultatif des arts et manufactures. La plupart des faits qu'il contient ont déjà été consignés dans des rapports officiels, dont je rappelle ici les titres :

Rapport sur l'assainissement des fabriques et des procédés d'industries insalubres en Angleterre, 1864 ;

Rapport sur l'assainissement industriel et municipal en Belgique et dans la Prusse Rhénane, 1865 ;

Rapport sur l'assainissement industriel et municipal en France, 1866 ;

Rapport sur la réglementation du travail des enfants et des femmes dans les manufactures de l'Angleterre, 1867 ;

Rapport sur l'emploi des eaux d'égout de Londres, 1867 ;

Rapport supplémentaire sur l'assainissement industriel et municipal en France et à l'étranger, 1868.

Mais il restait à coordonner ces faits, à les compléter, et surtout à en faire sortir les principes généraux et les enseignements que le sujet comporte. Tel a été l'avis exprimé par le Comité consultatif des arts et manufactures, dans sa délibération du 21 juillet 1869. Ce corps savant a pensé qu'il y avait intérêt, au point de vue du progrès de l'hygiène publique en France, à présenter dans un ordre méthodique les procédés d'assainissement usités dans les centres populeux et dont la pratique avait démontré l'efficacité.

Je me suis mis en devoir de satisfaire à ce vœu du Comité consultatif.

J'ai été conduit à diviser le sujet en deux parties : l'une consacrée à la salubrité industrielle, l'autre à la salubrité municipale. Il m'a semblé difficile, dans un travail qui avait l'intention d'être didactique, de laisser subsister la fusion entre les deux ordres de faits; autant elle était naturelle dans des documents où l'auteur déposait à mesure tout ce qu'il rapportait de ses missions, autant elle serait ici peu justifiée. De là, deux ouvrages distincts : celui que j'ai publié récemment, sous le titre : *Traité d'assainissement industriel,* et celui que je livre aujourd'hui. Ces deux ouvrages se complètent, en ce sens qu'ils embrassent l'ensemble du sujet que j'ai parcouru, mais la lecture de l'un n'est point nécessaire à l'intelligence de l'autre.

Les personnes qui ont bien voulu lire mes premiers rapports se rendent compte de la méthode qui m'a guidé dans ce travail. Je peux dire qu'elle est l'opposé de celle qui dirige ordinairement dans ces sortes d'ouvrages. Je n'ai point visé, en effet, à faire un répertoire complet, où fussent inscrits tous les détails intéressant la salubrité, qu'on peut rencontrer dans une cité populeuse. Outre qu'une étude aussi minutieuse m'aurait entraîné trop loin, il faut bien reconnaître que beaucoup de faits relatifs à l'hygiène publique demeurent encore sans solution ou n'ont appelé que des procédés dont l'efficacité est sujette à contestation. Or je tenais avant tout à ne donner que des méthodes certaines et dont la valeur, à mes yeux, était tirée, soit du long usage qu'on en faisait, soit de l'accord général qui s'était établi à leur sujet. Je me suis donc attaché de préférence à ce qu'on peut appeler les grandes lignes de l'assainissement, négligeant tout ce qui était accessoire ou ce qui n'avait pas reçu la sanction d'une véritable pratique. J'ai voulu surtout mettre en relief cette grande loi que les Anglais ont proclamée les premiers et qu'on nomme le *principe de la circulation continue*. Toute municipalité qui s'est imbue de cette idée, que le mouvement c'est la vie et que la stagnation des rebuts est incompatible avec la santé, est bien près d'avoir réalisé l'assainissement. Il importait donc de faire pénétrer cette vérité dans les esprits et il n'y avait pas à regretter des développements qui pouvaient concourir à ce but.

J'ajoûterai, ce que j'avais déjà dit pour mon *Traité d'assainissement industriel*, que si les procédés décrits paraissent en petit nombre, j'en puis du moins garantir l'authenticité. Je ne les ai point empruntés à des théories plus ou moins hasardées, mais je les ai relevés sur les lieux mêmes où on les applique. Toute municipalité qui voudra y recourir peut être assurée d'avance qu'elle n'expérimentera point une matière inconnue, mais qu'elle suivra des voies déjà parfaitement tracées. Elle ne s'y engagera pas sur ma parole, qui serait de peu de poids, mais sur celle des hygiénistes ou des ingénieurs distingués qui ont bien voulu m'initier à leurs travaux. Au surplus pour lever tout doute à cet égard, j'ai soin de faire connaître la source où je puise ; à chaque procédé que je décris ou à chaque mesure administrative que j'analyse, je cite la ville qui pratique l'un ou le document officiel qui relate l'autre. D'autre part, je me suis attaché à donner sur les appareils des indications détaillées, à la faveur desquelles on pût habituellement les reconstituer. J'espère que les véritables praticiens me pardonneront ces lenteurs, parce qu'ils savent que c'est souvent par les détails d'exécution que pèchent des dispositions intrinsèquement bonnes.

Je ne terminerai pas cette rapide introduction sans exprimer ma profonde gratitude à l'Administration, dont la libéralité et les encouragements m'ont valu de mener cette œuvre à bonne fin. J'ai été dirigé constamment par les savantes instructions du Comité consultatif des arts et manufactures, sans lesquelles je n'aurais pu embrasser un aussi vaste sujet; je is do particulièrement des remerci-

ments respectueux à M. Chevreul, président, et à MM. Du-
vergier, Combes et Le Chatelier, membres du même
Comité, ainsi qu'à quelques autres savants et ingénieurs
français, MM. Dumas, Payen, général Morin, Belgrand,
Alphand, Bonnet, Mille, qui ont bien voulu m'éclairer
de leurs lumières. A l'étranger je n'ai eu qu'à me louer
de l'inépuisable complaisance que j'ai rencontrée auprès
de plusieurs notabilités scientifiques et administratives,
parmi lesquelles je citerai les Drs Letheby, Angus Smith,
Hofmann, MM. Lawes, Simon, Haywood, Hemans,
Tancred, en Angleterre, MM. Vergote, Blonden, Remont, en Belgique, MM. Hammers, Contzen, en Prusse.
C'est grâce au concours empressé de ces diverses personnes qu'il m'a été donné de visiter les travaux d'un
grand nombre de municipalités et de diriger à mon gré
mes observations.

TABLE DES MATIÈRES.

DEUXIÈME PARTIE.

OBJETS DIVERS.

—

FIN DE LA TABLE DES MATIÈRES.

PRINCIPES

DE

L'ASSAINISSEMENT DES VILLES.

GÉNÉRALITÉS.

Partout où les hommes vivent réunis en grand nombre, il se développe parmi eux des causes d'insalubrité. Sans parler des industries variées que leurs besoins font naître et dont l'effet a été apprécié ailleurs [1], leurs habitations, rapprochées les unes des autres, empêchent la circulation de l'air et la dispersion des miasmes ; leurs rebuts quotidiens souillent le sol et les eaux du voisinage ; enfin leurs dépouilles mortelles, accumulées dans des espaces resserrés, deviennent un sérieux danger pour les vivants.

Ces causes varient d'intensité suivant l'importance des agglomérations. Dans les petites localités, et à plus forte raison dans les maisons isolées de la campagne, l'influence des agents naturels, qui tendent toujours à rétablir l'équi-

---

1. Voir notre *Traité d'assainissement industriel.*

libre que l'homme a détruit, suffit ordinairement, avec quelques précautions simples, pour protéger la santé des habitants. Mais, à mesure que la population augmente, la salubrité se trouve de plus en plus compromise et, dans les grands centres, le soin de la préserver devient pour les administrations publiques une tâche considérable. Celles-ci cherchent à atteindre le but, soit par des travaux qu'elles exécutent directement, soit en imposant à la propriété privée certaines sujétions. Tel est en grande partie l'objet de la « voirie municipale », branche essentielle de l'administration, de laquelle on peut dire que son extension est une mesure de la civilisation des peuples.

Les moyens d'assainissement usités dans les villes modernes peuvent être partagés en deux groupes. Le premier comprend un petit nombre de dispositions, tout à fait fondamentales, sans lesquelles il n'y a, pour ainsi parler, pas d'assainissement possible. Elles sont enchaînées les unes aux autres, de manière à former un tout homogène qui joue dans la vie des cités le rôle que remplit, par exemple, le système alimentaire dans le corps humain. Le second groupe embrasse plusieurs objets, sans lien direct entre eux, qu'on peut comparer à ces organes indépendants qui, chez les êtres animés, accomplissent autant de fonctions distinctes. L'importance de ce groupe est grande, mais elle n'égale pas l'influence générale et décisive exercée par le premier.

A chacun de ces deux groupes correspond une division du livre.

PREMIÈRE PARTIE.

CONDITIONS FONDAMENTALES DE L'ASSAINISSEMENT

ou

CIRCULATION CONTINUE.

Les conditions fondamentales de l'assainissement des villes, celles qui en forment le système essentiel, sont, avons-nous dit, peu nombreuses. Elles se réduisent à l'application de quelques grands principes, dont l'idée première n'est même pas nouvelle [1], mais dont l'enchaînement et les conséquences n'ont été pleinement saisis que dans ces derniers temps. C'est à l'Angleterre que revient l'honneur de les avoir érigés en corps de doctrine et d'en avoir poursuivi la réalisation avec le plus de méthode et de constance. D'autres pays à sa suite les ont adoptés ou les adopteront bientôt ; ceux mêmes qui en semblent le plus éloignés en

---

[1]. Chacun de ces principes, comme on s'en convaincra plus loin, a été connu et même appliqué chez les peuples anciens et surtout chez les Romains, qui nous ont légué, à certains égards, des exemples qu'on n'a pas surpassés. Mais nulle part l'application n'a porté sur tous les principes à la fois, en sorte que jamais l'assainissement n'a été complet, pas même dans l'ancienne Rome, si fière pourtant de ses splendeurs

reconnaissent cependant l'utilité et n'hésitent que devant des difficultés d'exécution.

Ces conditions sont au nombre de trois, savoir :

1° Une abondante distribution d'eau pure, servant à alimenter les habitants, à nettoyer et à rafraîchir la ville ;

2° Une canalisation souterraine, livrant passage aux liquides impurs ainsi qu'à toutes les matières susceptibles d'être entraînées par les eaux, et les emmenant à distance des lieux habités ;

3° La purification de ces liquides avant leur écoulement aux rivières, afin, d'une part, de prévenir l'infection de celles-ci, et, d'autre part, de restituer à l'agriculture les principes fertilisants qu'elle réclame.

Tel est l'ensemble que les Anglais ont proclamé comme la loi nécessaire de l'assainissement et auquel ils ont donné le nom de *circulation continue*. Expression bien choisie, en effet : l'eau arrive pure dans la ville et s'y charge de toutes les souillures que la ville abandonne ; mêlée aux eaux pluviales et aux eaux des sources qui parcourent la surface ou le sous-sol, le flot s'écoule incessamment par des canaux souterrains, qui dissimulent dans leurs profondeurs les matières qu'il charrie et les odeurs qu'il exhale, et, au moment de rejoindre les rivières ou la mer, il rend à la culture les éléments que l'alimentation des hommes lui avait enlevés. Ainsi, point d'arrêt ni de détour nulle part ; mais un mouvement incessant, une progression active, une circulation continue enfin, depuis le point même d'où vient la source qui abreuve la ville, jusqu'au champ qui recueille les principes destinés à rentrer dans le cercle de la production, et jusqu'au fleuve qui emporte vers le réservoir commun, la mer, les liquides purifiés [1].

1. Si l'on veut voir ce système exposé dans tous ses détails, on n'a qu'à parcourir les publications officielles du *general Board of Health* (conseil général de salubrité), qui de 1849 à 1855 ont eu pour objet de faire pénétrer les nouvelles doctrines dans l'esprit des populations. Le principe de

A ces trois conditions essentielles, on peut en ajouter une quatrième, qui n'est en réalité qu'une annexe de la seconde : c'est le drainage *perméable* ou le drainage agricole du sol des villes, consistant dans la pose de conduites non étanches,

la circulation continue est l'idée dominante de ces écrits ; il est la base de la réforme sanitaire poursuivie, avec tant de succes par les chefs de l'école anglaise. Il est d'ailleurs arrivé pour cette idee ce qui arrive souvent pour les idées nouvelles ; c'est que les réformateurs, quelques-uns au moins, l'ont exagérée au debut et ont apporté dans sa réalisation un esprit de méthode et de symétrie trop absolue. De là le système dit *systeme tubulaire de circulation continue,* qui a eu pour principaux pro-moteurs M. Ed. Chadwyck, au sein du *general Board of Health,* et M. Ward, dans la presse periodique. Ce système, expression la plus com-plète du principe de la circulation, comporte, dans la pensée de ses au-teurs, quatre reseaux distincts de conduites tubulaires, ayant respective-ment pour objet : 1° de recolter les eaux potables par des drains permeables poses sous le sol des plaines environnantes et de les distribuer à domicile, 2° d'enlever par des drains imperméables tous les résidus de la ville, 3° de distribuer ces liquides impurs aux champs cultives par des canaux souterrains d'irrigation ; 4° de drainer ces mêmes champs pour rendre aux cours d'eau les liquides purifies. Mais laissons parler M. Ward lui-même qui, dans une conference tenue il y a quelques années à Bruxelles, s'expri-mait en français devant un auditoire nombreux, où figuraient des savants des divers pays de l'Europe. Prenant le systeme à l'origine et examinant la convenance d'approvisionner les villes en eau pure, l'éloquent hygiéniste continuait en ces termes ·

« Pour la recueillir, cette eau pure, nous préférons les sources des ro-« chers primitifs, et, a defaut de celles ci, nous les imitons en posant des « tuyaux de drainage, veritables *sources artificielles,* pour recueillir les « eaux douces des sables et graviers purs.

« Quand de tels sables nous font defaut, nous prenons l'eau des sources « calcaires et la purifions par un procédé chimique que j'aurai le plaisir de « vous exposer demain.

« L'eau pure et douce une fois obtenue, nous la conduisons à la ville « par un tuyau fermé, et nous la distribuons à chaque maison par un em-« branchement constamment rempli à haute pression ; de sorte que le « consommateur, en tournant le rohinet, trouve, pour ainsi dire, la source « elle-même transportée chez lui.

« Nous éliminons ainsi les citernes et les réservoirs, éléments de sta-« gnation nuisible, selon nous, et qui augmentent inutilement les dé-« penses du service.

« L'enlèvement de l'eau, quand elle a servi et se trouve enrichie des ré-« sidus de la population, s'opère par des égouts tubulaires de section ré-« duite, qui ne laissent pas séjourner un instant les ordures, qui ne leur

destinées à assécher et à aérer le terrain et à prévenir ainsi les phénomènes d'infection dus à la présence de l'humidité et des matières organiques dans le sous-sol. Nous traiterons ce sujet concurremment avec la canalisation

« donnent pas le temps d'entrer en décomposition, mais qui les charrient
« hors de la ville, dans un courant d'eau rapide, au fur et à mesure de
« leur production.

« Nous éliminons donc les fosses stagnantes; nous remplaçons les la-
« trines ouvertes par le *water closet* dans la maison du moindre ouvrier,
« et nous abolissons ainsi, avec toute odeur desagréable et toute putré
« faction nuisible, les innombrables maladies que les miasmes et la putré-
« faction engendrent.

« Voilà pour les deux premières branches du système, branches qui,
« prises ensemble, en constituent la division urbaine.

« J'arrive maintenant aux deux branches qui, réunies à leur tour,
« constituent la division rurale du système : celle qui applique au sol les
« engrais charriés par les eaux résiduaires de la ville, et qui enlève enfin
« aux champs l'eau qui s'y trouve en excès.

« Ici encore, comme dans la ville, point de stagnation, point d'odeur
« méphitique, point de décomposition pestifère entraînant la déperdition
« de l'ammoniaque, cet élément si précieux des engrais.

« L'application des eaux résiduaires au sol s'effectue d'une manière
« continue, au fur et à mesure de leur production, au moyen de tuyaux
« souterrains d'irrigation, semblables aux tuyaux employés pour la dis-
« tribution du gaz. Ces tuyaux sont munis, de distance en distance, de
« petits embranchements verticaux, auxquels on peut attacher un boyau
« flexible terminé par une lance. L'engrais liquide, refoulé dans ces
« tuyaux à l'aide d'une machine à vapeur, s'echappe en un jet puissant
« qui, convenablement dirigé, retombe en pluie sur la terre, dont un
« homme assisté d'un garçon peut fertiliser ainsi plusieurs acres par
« jour.

« Ainsi se trouve éliminé un autre élément de stagnation nuisible, la
« fosse d'emmagasinage de l'engrais fecal. Notre système n'admet pas,
« même à la campagne, cette infraction au principe de circulation Pour
« nous, la terre elle-même est le magasin naturel de l'engrais, dont elle
« retient chimiquement les parties fertilisantes, en laissant filtrer seule-
« ment l'eau en excès.

« L'enlèvement de cet excès d'eau, dernier anneau de cette vaste chaîne
« d'opérations, s'effectue par des tuyaux de drainage posés au dessous de la
« surface du sol, a une profondeur telle que l'eau ne puisse s'y infiltrer
« avant d'être entièrement dépouillée, au profit de la terre, des éléments
« fertilisants qu'elle charrie.

« Les tuyaux de drainage, dont les derniers embranchements n'ont
« que 3 centimetres de diamètre, s'agrandissent en se réunissant jus-

souterraine proprement dite, à laquelle il se rattache de la manière la plus intime.

Examinons maintenant avec quelques détails chacun des trois grands objets, dont l'ensemble constitue le mécanisme de la circulation.

« qu'à ce que, par un conduit principal, ils dirigent l'eau surabondante à « la rivière. »

Tel est le système qui fut defendu pendant quelques annees avec une verve et une chaleur de conviction qu'on ne se serait peut-être pas attendu a rencontrer dans une matière qui, sur le continent, semble peu de nature a passionner les esprits. Mais en Angleterre les choses se sont passées autrement, et le *Times* de cette époque fait foi de la vivacité et du talent deployés dans cette polémique. Ce systeme qui n'etait après tout, nous le repétons, que l'exagération momentanee de l'idée juste qui a prévalu. n'est pas resté confine dans le domaine de la théorie, mais quelques loca lites se sont mises en devoir de le réaliser. La petite ville de Rugby, entre autres, l'a appliqué scrupuleusement dans tous ses détails et par là elle s'est rendue célebre dans le monde savant.

Indépendamment des quatre réseaux qu'on vient de voir, la nouvelle ecole sanitaire en demande un cinquième, destiné à l'écoulement des eaux pluviales faiblement impures. C'est la conséquence naturelle des égouts à petite section et à circulation rapide. Mais tout convaincu qu'il est de la necessité de ce complement, M. Ward, dans un entretien qu'il a eu avec nous en 1863, nous a paru moins ferme sur la question d'agencement pratique. Cette séparation des liquides entraine en effet de sérieuses difficultés, et les promoteurs de l'idee n'ont présenté jusqu'à présent aucune solution satisfaisante.

Nous venons d'anticiper un peu, dans cette note, sur l'ordre de notre exposition, car nous aurons a examiner plus loin, avec détail, la destination des divers organes de l'assainissement Mais il nous a semblé intéressant, au moment même où nous traçions les traits généraux du système de la circulation, d'indiquer comment ce systeme fut conçu à l'origine par ceux-la même qui en furent les principaux auteurs ou qui du moins contribuèrent le plus efficacement à sa propagation.

CHAPITRE PREMIER

DISTRIBUTION D'EAU PURE.

Les villes ont ordinairement à leur disposition immédiate trois moyens en quelque sorte naturels de s'alimenter : 1° les puits ; 2° les citernes ou réservoirs d'eaux pluviales ; 3° les cours d'eau près desquels elles sont situées. Mais il est rare que, même là où ces ressources existent avec le plus d'abondance, elles suffisent complétement aux besoins des habitants. Aussi un grand nombre de villes et surtout des plus populeuses sont-elles obligées de recourir à ce qu'on est convenu de nommer des *distributions d'eaux publiques*. C'est là véritablement aujourd'hui la partie essentielle de l'alimentation et le sujet propre de cette étude ; mais avant de l'aborder il convient de dire pourquoi les trois moyens naturels ne suffisent pas, alors que pendant des siècles on s'en était contenté [1] et qu'encore à présent les campagnes et les petites localités n'en connaissent point d'autre.

---

1. Les distributions d'eaux publiques étaient connues dans l'antiquité, mais elles s'y trouvaient à l'état d'exception et, en général l'eau des puits suffisait pour les usages domestiques.

PUITS.

Les puits ont été longtemps la principale ressource et sur beaucoup de points ils continuent à rendre d'importants services. Mais dans les grandes villes, on est d'accord pour reconnaître qu'à de rares exceptions près ils ne donnent pas une bonne eau potable.

Il serait d'abord facile de démontrer que les conditions recherchées pour l'emplacement des villes correspondent en général à des circonstances géologiques défavorables à la qualité des eaux souterraines [1]. Toutefois ce n'est pas cette considération que nous avons ici en vue : nous faisons allusion aux causes spéciales de corruption que développe la présence même des populations.

En effet diverses causes tendent à altérer la qualité des eaux. Premièrement, les matières organiques répandues à la surface du sol, et provenant soit des maisons soit du mouvement de la rue, s'infiltrent peu à peu dans le sol et même à travers les joints des pavés. Les eaux pluviales agissent incessamment pour les faire pénétrer davantage et finissent par les amener au contact des sources souterraines. En second lieu, les égouts, les fosses d'aisances, les fosses à fumier, les puisards et autres dépôts d'ordures, qui sont situés à une certaine profondeur, livrent passage à

---

1. Beaucoup de grandes villes, exemples : Paris, Londres, Glascow, Lyon, Bordeaux, Nantes, etc., ont été bâties près des fleuves ; par la raison bien simple que les fleuves facilitent beaucoup le développement des agglomérations. Le sol de ces villes est donc généralement assez bas par rapport à la contrée environnante, et il est formé d'alluvions, de terrains meubles, quelquefois d'anciens marécages, qui constituent un milieu très-défavorable à la qualité des eaux. En outre on recherche souvent des emplacements à proximité de matériaux à bâtir, dont les assises ne recèlent pas toujours les meilleures eaux, on sait, par exemple, que le terrain gypseux de Paris rend tous les puits séléniteux. Enfin il arrive aussi que les villes s'établissent près de la mer, en sorte que les eaux souterraines s'y trouvent habituellement saumâtres.

des infiltrations d'autant plus promptes à s'étendre qu'elles ne rencontrent pas devant elles un sol battu ou empierré comme à la surface. D'autre part, les cimetières, quand il en existe à proximité des villes, constituent pour les puits un voisinage des plus dangereux ; car le terrrain où se décomposent les cadavres, constamment remué par l'ensevelissement, est très-perméable aux eaux superficielles et leur abandonne des éléments organiques de la pire espèce [1]. Une autre cause très-énergique et très-générale d'infection réside dans les conduites du gaz de l'éclairage, dont les fuites imprègnent peu à peu le sol de produits fétides et finissent par former une couche noirâtre qui s'étend sous l'emplacement entier des villes. Il est à peu près impossible aujourd'hui que les eaux superficielles pénètrent dans les profondeurs du terrain sans avoir traversé sur quelque point cette couche impure [2]. Enfin une foule de substances d'origines diverses sont introduites journellement dans le sol, par suite de circonstances qu'il serait trop long d'énumérer. Les villes situées, par exemple, dans le voisinage d'exploitations souterraines sont exposées à ce que les couches sous-jacentes soient envahies par les liquides ou les gaz impurs qui proviennent de ces exploitations [3]. Les opérations industrielles

1. Les matières cadavériques en decomposition, entraînées en quantités même inappréciables dans les eaux potables, sont susceptibles de déterminer de véritables empoisonnements.

2. M. Chandelon, le savant professeur de Liége, qui a été chargé d'enquêtes sur les fuites du gaz dans les villes de Belgique, estime que là où l'on fait usage depuis longtemps de ce mode d'éclairage, comme a Bruxelles, le sol est imprégné absolument dans toute son étendue.

3. Les puits voisins des mines de plomb et de cuivre sont frequemment chargés d'éléments toxiques provenant des eaux d'infiltration des galeries. Dans les contrées houillères les gaz carburés pénètrent parfois le terrain à de grandes distances ; c'est ainsi qu'à Liege un cas assez singulier d'infection se produisit il y a une dizaine d'années. Dans plusieurs jardins du quartier Saint Jacques, le sol s'échauffa peu à peu à un tel degré que la vegetation finit par y succomber. Les herbes séchaient sur place et les arbres perdaient leurs feuilles. En même temps les caves devenaient impropres à la conservation du vin, on en cite une où le beurre fondait. Ce

engendrent également de graves phénomènes de corruption. Sans parler des résidus que les fabriques écoulent incessamment, question déjà traitée dans un autre ouvrage [1], les réceptacles dans lesquels elles conservent leurs produits et qui consistent fréquemment en citernes ou réservoirs creusés dans la profondeur du sol, donnent lieu à des infiltrations plus ou moins étendues [2].

Dans un autre ordre d'idées, on doit citer deux causes d'altération des eaux, qui tiennent, non à la présence de telle ou telle espèce de matière, mais aux conditions inhérentes à l'existence même des villes.

L'une de ces causes est le manque d'oxygène atmosphérique dans l'intérieur du sol. On sait en effet que cet oxygène est indispensable à la salubrité des eaux souterraines, soit

phénomène, qui s'est reproduit plusieurs fois et qui persiste encore, quoique tres-affaibli, sur quelques points, a vivement inquiété la population et provoqué les études du Conseil de salubrité publique de la province. Plusieurs explications ont eté proposees ; celle à laquelle on s'est finalement arrêté attribue l'échauffement à une combustion lente d'hydrogène carboné provenant de quelque houillere des environs. On avait conseillé divers moyens, mais on s'est borné a des arrosements fréquents, qui ont à peu près rempli le but par suite de la decroissance spontanée du phénomène.

1. Nous avons cité, dans notre *Traité d'assainissement industriel*, des cas d'empoisonnement des puits par les matières colorantes. « Je dois indiquer « ici, dit l'illustre M. Chevreul dans son Memoire sur l'hygiène des cités « populeuses, la part que peuvent avoir differentes matieres d'origine inor- « ganique dans l'infection du sol des villes, telles que des matieres cui- « vreuses, arsenicales, etc., qui, échappées de certaines usnes, pénètrent « dans les puits, lorsqu'elles ne sont point exposées à être entraînecs au « loin par un cours d'eau, ou qu'elles ne se trouvent pas convertics en « composés absolument insolubles. «

2. Ces citernes sont, il est vrai, generalement maçonnées, mais des fissures se produisent à la longue dans les parois, soit par les ébranlements du sol, soit par la poussée accidentelle des terres à la suite de déblais dans le voisinage, soit enfin par la mauvaise qualité des matériaux ou la nature corrosive des liquides. On cite des reservoirs d'huiles minérales qui ont infecté le terrain à plusieurs centaines de mètres de distance, et des cuves de gazomètre dont les infiltrations ont gagné les puits de tout un quartier.

pour les aérer, soit pour brûler les substances organiques qui ont pénétré dans leur voisinage et qui, faute d'oxygène, engendrent les phénomènes connus de réduction des sulfates avec le dégagement d'hydrogène sulfuré qui en est la conséquence [1]. Or, dans les villes, deux circonstances majeures contribuent à empêcher la pénétration de l'air atmosphérique. D'une part, la plus grande partie de la surface étant bâtie, pavée ou empierrée et, en tous cas, fortement battue par la circulation, l'air extérieur a évidemment beaucoup moins d'accès dans le sol. D'autre part, le feu détaché des roues des voitures et des fers des chevaux, à cause pré-

1. M. Chevreul est, pensons-nous, le premier savant qui ait attiré l'attention sur ces phénomènes et leur ait assigné, dans l'hygiène des villes, le rôle important qui leur convient Aussi croyons-nous devoir reproduire les passages caractéristiques du mémoire déjà cité : « Supposons, « dit M. Chevreul, que de l'eau privée du contact libre de l'air reçoive « des matières organiques ; elle va acquérir des propriétés plus ou « moins désagréables à nos sens, suivant que ces matières, en s'alté- « rant, donneront naissance à des produits d'une odeur plus ou « moins fétide, d'une saveur plus ou moins désagréable, suivant que ces « produits seront en plus ou moins grande quantité. *Que l'eau contienne,* « *en outre, des sulfates alcalins, et cette circonstance sera la cause d'une* « *nouvelle altération de l'eau envisagée au point de vue économique, lors* « *même que les matières organiques ne s'y trouveraient qu'en une propor-* « *tion assez faible pour ne pas l'altérer, s'il y avait absence de sulfates* « Mais ceux-ci présents, l'affinité de leur oxygène pour la partie com- « bustible de la matière organique, et l'affinité du soufre pour le potas- « sium, sodium ou calcium des sulfates supposés alcalins, opèrent la con- « version de ces sels en sulfures fétides. » Et plus loin · « Si le contact « de l'air a tant d'influence pour maintenir en particulier la salubrité de « l'eau qui tient à la fois des sulfates alcalins et des matières organiques, « il n'en a pas moins pour maintenir la salubrité partout où séjournent « des matières organiques qui, n'étant point exposées à servir d'engrais « aux végétaux ou de nourriture à des animaux, peuvent s'altérer lente- « ment et de manière que les produits immédiats de leur décomposition se « dégagent dans l'air, ou restent, soit dans le sol, soit dans des eaux sta- « gnantes, avant d'être convertis par l'oxygène atmosphérique en eau, en « acide carbonique et en azote. C'est, en effet, à des produits immédiats « ou à des dérivés immédiats des matières organiques qu'il faut attribuer « les graves inconvénients, pour la santé de l'homme et celle des ani- « maux domestiques, des cimetières et de tout grand dépôt de matières « organiques susceptibles d'altération dans l'intérieur des villes. »

cisément de sa grande division, s'oxyde avec une extrême facilité et dès lors arrête l'oxygène au passage; et en même temps, le fer qui s'est sulfuré au sein de la terre et des eaux non aérées, par suite de la décomposition des sulfates, a également une grande tendance à absorber l'oxygène gazeux et agit par suite dans le même sens [1].

La seconde cause d'altération des eaux résulte de l'absence de lumière solaire. Le contact de cet agent exerce, on le sait, une très-grande influence sur la combustion lente des substances organiques. C'est ce que prouvent, notamment, la conservation des matières colorantes, quand elles sont mises à l'abri de la lumière, et la destruction de ces mêmes matières, même à l'état solide, quand elles y sont, au contraire, exposées au sein de l'atmosphère. Or il est évident que la circonstance physique générale qui s'oppose à l'introduction de l'air dans le sol, s'oppose également à l'arrivée de la lumière. Il y a plus; c'est que la lumière est interceptée en bon nombre de cas où l'air peut pénétrer. Tel est le cas, par exemple, des caves et allées de maisons, dont le sol n'est point pavé ni dallé; l'oxygène y trouve toujours quelques facilités pour s'introduire, tandis que les rayons solaires en sont bannis absolument. Il en est de même de beaucoup de hangards et ateliers où le sol est plus ou moins pénétrable à l'air, tandis que la lumière est arrêtée par les objets qui les garnissent.

Des diverses causes d'insalubrité que nous venons d'énu-

---

1. M. Chevreul conclut d'une série d'expériences sur la matière noire qui se trouve sous les pavés des rues de Paris : « Il est visible que la « couche noire qui se trouve entre et sous les pavés des rues de « Paris est une matière combustible qui défend les couches inférieures du « sol de l'action de l'oxygène, que cette couche noire soit du fer métal- « lique, de l'oxyde de fer intermédiaire ou de fer sulfuré, puisqu'elle « tend, en définitive, a se changer en péroxyde de fer · elle apporte donc « un obstacle réel à la transmission de l'oxygène que l'eau entraîne dans « le sol, oxygène qui est nécessaire à la destruction des matières orga- « niques qu'il contient, et par conséquent à son assainissement. »

mérer, les unes peuvent être combattues avec succès ; les autres, dans l'état présent de nos connaissances, ne le sont qu'imparfaitement ou même ne le sont pas du tout. On n'a, par exemple, aucun moyen d'empêcher les eaux sales circulant à la surface de pénétrer dans le sol ; car aucun mode de pavage ou d'empierrement actuellement en usage ne supprime les joints ou les fissures [1]. De même, on n'est pas encore parvenu à éviter les fuites du gaz : à la vérité, on a indiqué des procédés dans ce but ; mais certains, comme nous verrons plus tard, seraient tout à fait inefficaces, et quant aux autres, les difficultés d'exécution ou le coût de la dépense se sont jusqu'ici opposés à leur adoption. Bref, il existe et il existera vraisemblablement toujours des causes puissantes d'infection qui, dans l'enceinte des cités populeuses, tendront à agir sur les puits [2]. On ne peut donc pas compter sur eux pour une alimentation régulière. Dans les villes mêmes où des circonstances géologiques particulièrement favorables garantissent la pureté des nappes souterraines [3], les puits

1. On a essayé, il est vrai, de revêtir les chaussées d'une couche de mortier ou d'une couche de bitume sans solution de continuité, mais ces systèmes, ne sont pas encore passés dans la pratique en grand.

2. Il suffit pour s'en convaincre de voir ce qui se passe dans la plupart de nos grandes villes. A Rouen, par exemple, on a des puits dont l'eau a pris l'odeur et la teinte des eaux vannes ; à Bordeaux, l'eau de beaucoup de puits a un goût de marécage ; à Nantes, à Lille etc., les puits sont également de mauvaise qualité.

3. Les eaux peuvent être préservées des souillures du dehors, quand par exemple la nappe est située à une assez grande profondeur pour que les infiltrations des couches superficielles ne puissent arriver jusqu'à elle, ou quand elle est séparée de ces couches par des bancs imperméables et sans solution de continuité, tels que l'argile compacte, certains grès et calcaires, ou encore quand l'eau de la nappe souterraine est assez abondante et animée d'un mouvement assez rapide pour que les impuretés n'y aient pas d'influence appréciable. C'est ce qui se présente sur le bord de quelques grands fleuves, comme le Rhin dont les eaux coulent dans de vastes formations de gravier et sont en relation avec la nappe des eaux potables. Aussi des cités populeuses, Strasbourg, Cologne, Düsseldorf, etc., peuvent s'alimenter aux puits malgré les causes nombreuses d'infection que recèlent ces villes encore mal assainies. Un exemple intéressant de

n'offrent qu'une ressource insuffisante, car s'ils fournissent l'eau potable et même celle des usages domestiques, ils ne sauraient donner celle que réclament la propreté de la maison, les opérations industrielles et surtout le service de la voirie. Ainsi, les localités qui ont l'avantage de posséder de bons puits ne sont pas pour cela dispensées de recourir à d'autres eaux [1].

Mais si le rôle des puits est destiné à s'effacer de plus en plus dans l'alimentation, ils sont, par contre, susceptibles de rendre quelques services comme moyen d'assainissement

la protection due aux couches imperméables comprises entre la nappe alimentaire et la surface s'observe dans les Landes, où, comme on sait, un tuf compacte, formé de sable aggluciné, forme le sous-sol. Les eaux qui recouvrent cette couche et qui alimentent les puits peu profonds, sont d'une qualité détestable, à cause des matières organiques en décomposition que leur abandonnent les marais superficiels ; mais, dès qu'on pénètre au dessous et qu'on approfondit de quelques mètres, on trouve une eau excellente, du moins dans les régions où quelque érosion du tuf n'a pas permis aux impuretés de la surface de gagner la nappe inférieure. Il va de soi que dans les divers cas que nous venons d'indiquer, il est indispensable que les puits soient parfaitement murailles jusqu'au point où les liquides superficiels ne risquent pas de descendre, afin précisément d'empêcher les souillures de se mêler aux bonnes eaux à travers les parois.

1. On connaît quelques contrées privilégiées où les puits sont assez abondants pour fournir à l'arrosage des jardins, aux usages industriels et même au nettoyage de la voie publique. Nous avons vu à Nîmes, un puits qui alimente plusieurs manufactures sans compter les maisons de tout un quartier : il passe pour inépuisable. Mais ces cas sont assez rares, et d'ailleurs il n'est pas toujours aisé d'en profiter parce que l'élévation de l'eau à bras est pénible, et qu'on s'en tient ordinairement au strict nécessaire pour les usages domestiques. Quand on veut subvenir à des besoins plus étendus, il faut recourir à des moyens mécaniques. C'est ce qui a lieu, par exemple, dans le puits dont nous parlions tout à l'heure, il est desservi par la machine à vapeur de la fabrique où il est situé. L'emploi des puits comme unique moyen d'alimentation est donc désavantageux alors même qu'il est possible. C'est pour ce motif que les cités importantes qui jouissent de bons puits s'en servent seulement pour les usages domestiques et cherchent d'autres eaux pour le reste. Ainsi la ville de Marseille, quoique possédant de bonne eau potable dans son sol, n'a pas hésité à dériver la Durance afin de pourvoir aux besoins de la voirie et des industries.

des villes. Il est évident, en effet, que par l'appel incessant qu'ils font des eaux autour d'eux, ils favorisent, dans les interstices du sol, la circulation et des eaux et de l'air. Tout filet d'eau qui s'écoule est inévitablement remplacé par un filet d'eau égal ou par un pareil volume d'air ; dès lors, il se produit dans le sol un renouvellement qui tend à prévenir la fermentation putride des matières organiques. Ce qui le montre au surplus, c'est que très-souvent les puits, dans les premiers temps qui suivent leur creusement, ne donnent pas de bonne eau potable, tandis qu'à la longue cette eau s'améliore et finit par devenir tout à fait salubre : preuve que les matières altérantes situées dans le voisinage du puits ont été graduellement détruites ou entraînées par suite du renouvellement de l'eau [1]. Nous n'insisterons pas davantage sur cette considération, à laquelle nous nous proposons de revenir avec plus de détails quand nous traiterons du *drainage perméable*, moyen bien plus puissant de produire de semblables phénomènes d'assainissement. Nous remarque-

---

1. Cette action peut quelquefois être fort lente. Quand un puits a été creusé dans un terrain imprégné de matières organiques, l'eau ne devient potable qu'au bout d'un très long temps, même si l'imprégnation est peu étendue et que le terrain au-delà soit dans d'excellentes conditions. « J'en ai fait l'expérience, dit M. Chevreul, en creusant, il y a treize ans,
« un puits dans la cour d'une ancienne ferme dont le sol avait été depuis
« longtemps imprégné de jus de fumier à quelques mètres de profondeur.
« La fondation de la maçonnerie repose sur un fond de glaise, et quoi-
« qu'il n'entre pas de matériaux calcaires vitrifiables dans les murs, que
« le sol contigu à la maçonnerie en pierres sèches ne soit pas infecté,
« enfin que l'eau d'un puits situé en amont du premier soit excellente et
« qu'elle parvienne à celui-ci au moyen d'une galerie inclinée, cependant,
« dix ans après la construction du puits, l'eau n'était pas potable, et dans
« ces trois dernières années on a commencé à la boire, quoiqu'elle soit
« encore sensiblement jaune et très-légèrement odorante. Évidemment, si
« dans les premières années qui ont suivi la construction du puits, on ne
« l'eût pas vide fréquemment, soit pour l'assainir soit pour les besoins de
« la culture, si les eaux pluviales qui tombent sur le sol voisin n'attei-
« gnaient pas les couches infectées, nul doute qu'il eût fallu un bien plus
« long temps encore pour arriver à l'état de salubrité que l'eau présente
« aujourd'hui »

rons seulement, en ce qui concerne les puits, que leur efficacité est subordonnée à deux conditions principales. La première, c'est que l'eau soit extraite du puits fréquemment, sans quoi le renouvellement n'est pas assez sensible ; en d'autres termes le puits doit être en service-régulier comme moyen alimentaire. En second lieu, la nappe d'approvisionnement doit être en relation avec la surface, soit par l'intermédiaire de fissures ou d'interstices, soit par suite de la perméabilité des roches ; car, si le déplacement de l'eau s'exerce dans une région indépendante des couches superficielles, les phénomènes d'assainissement pourront bien, à la vérité, s'exercer au profit du puits considéré comme moyen d'alimentation, mais non au profit du sol même, qui supporte les maisons. Malheureusement cette seconde condition est bien souvent incompatible avec celles qui font la bonne qualité des eaux ; en sorte qu'on ne peut pas espérer de grands services, pour la salubrité, précisément des puits dont on use le plus pour les besoins domestiques. Les puits appelés à agir sur la salubrité du sol sont donc surtout ceux qu'on affecte à l'arrosage des jardins ou à des opérations industrielles, car ceux-là peuvent être en service fréquent, tout en ne fournissant pas de très-bonne eau potable. Mais, il faut bien le reconnaître, le rôle de plus en plus effacé des puits dans l'approvisionnement des villes, tend par là même à diminuer beaucoup leur influence sur l'assainissement. Ce n'est guère que dans les petites localités qu'ils pourront continuer à garder de l'importance.

EAUX PLUVIALES.

Chacun connaît la manière dont on recueille les eaux pluviales pour les utiliser. Elle consiste simplement à mettre les gouttières des toitures en communication avec une citerne ou réservoir, creusé ordinairement dans le sol et maçonné, dans lequel les eaux se conservent.

Les personnes un peu soigneuses disposent cette communication de façon à ce qu'on puisse l'interrompre à volonté. On a alors la précaution de laisser perdre au dehors les premières eaux de pluies, chargées nécessairement des souillures entraînées des toits, et de n'envoyer à la citerne que les eaux subséquentes, relativement pures. Celles-ci subissent une purification dans la citerne, par le fait même de la séparation naturelle des matières : les parties lourdes, en plus grand nombre, vont au fond, et les substances légères surnagent; de temps en temps on retire les unes et les autres. Le tuyau alimentaire, destiné à puiser les eaux dans la citerne, doit d'ailleurs plonger dans une région intermédiaire, de façon à ce qu'on ne soit exposé à entraîner ni les souillures du fond ni celles de la surface. Le niveau supérieur de l'eau est maintenu au moyen d'un orifice de *trop plein,* situé à une certaine hauteur au dessus du fond. Les variations du liquide au dessous de ce niveau sont donc déterminées par les quantités qu'il faut extraire pour les besoins, entre deux pluies consécutives. Le tuyau d'alimentation doit être en conséquence placé au dessous du point d'abaissement probable. Or il est clair qu'avec une citerne suffisamment vaste et alimentée par des surfaces assez étendues, relativement à la consommation, on peut toujours, à moins de sécheresse exceptionnelle, maintenir le plan d'eau à une convenable hauteur au dessus de la prise,

Tel est en quelques mots le jeu de cet appareil très-simple, encore en usage dans plusieurs contrées. Mais diverses précautions doivent être prises pour assurer la qualité des eaux ainsi conservées. Les plus importantes sont : 1° de prévenir toute communication de ces eaux avec les liquides environnants; 2° de favoriser le plus possible l'accès de l'air. Ainsi, quand les citernes sont enterrées, il faut se mettre en garde contre toute infiltration venant du dehors; les parois doivent être étanches et, il est superflu de l'ajouter, construites avec des matériaux qui ne risquent point d'altérer eux-mêmes les eaux. L'introduction de l'air a pour but de fournir à la matière organique qui a été entraînée des toits, l'oxygène nécessaire pour la brûler; autrement elle l'emprunterait aux sulfates, et dès lors les phénomènes connus d'infection, résultant de la réduction des sulfates en sulfures, ne manqueraient pas de se produire [1].

Mais, de quelques soins qu'on entoure l'aménagement des eaux pluviales, c'est là, évidemment, un moyen d'alimentation bien imparfait, et qui ne saurait suffire aux grandes villes. D'abord, nous venons de le voir, la bonne qualité de ces eaux implique des précautions qui dans la pratique sont un véritable assujettissement, et l'on peut affirmer à l'avance que de telles précautions ne seront pas toujours correctement prises. Dans les habitations peu aisées, les citernes sont plus ou moins mal établies et l'on n'a pas l'attention nécessaire, ni pour en éloigner les eaux sales, ni pour maintenir l'alimentation à un niveau convenable, ni même pour retirer de temps à autre les impuretés. En outre, dans ces mêmes habitations, les surfaces desservant la citerne sont en général trop peu étendues et les provisions sont insuffisantes. Enfin, quelle que soit d'ailleurs l'installation, on ne saurait se dissimuler que ce moyen, comme tous ceux qui nécessitent la stagnation des eaux, est accompagné d'inconvénients nombreux, surtout quand ces eaux sont destinées à entrer dans les usages domestiques. On est alors exposé à mille causes d'insalubrité contre lesquelles, dans la plupart des ménages, on ne sait pas se prémunir. Aussi les pays comme la Belgique, la Prusse rhénane, la Hollande, certains départements de l'Est de la France, où la pratique des citernes est encore en honneur, tendent de plus en plus à éliminer ces eaux de la boisson et à les réserver exclusivement au nettoyage de la maison, au lavage du linge, et à

---

1 C'est pour ce motif que M. Thénard donnait aux habitants de la Hollande le conseil d'établir un courant d'air dans les citernes où ils recueillent les eaux pluviales.

certains usages culinaires tels que la cuisson des légumes.
Quand les eaux doivent contribuer à la propreté de l'habitation, il est opportun, pour éviter les frais de pompage, de
compléter l'installation de la citerne par la pose d'un réservoir à la partie supérieure du bâtiment, réservoir qui dessert
notamment les water-closets. On en profite pour épurer
très aisément les eaux qui vont à la citerne et qui alimentent
la cuisine ; il suffit de les faire passer par le réservoir supérieur, en ayant soin seulement de placer la prise en un
point tel que la plupart des impuretés ne puissent suivre
et soient, au contraire, arrêtées dans le réservoir [1].

Mais même réduite à ce rôle, de subvenir seulement à
une partie des besoins de la maison et nullement à ceux de
la voirie, la citerne, dans une foule de circonstances, n'atteindrait pas le but. Il serait, par exemple, difficile de pratiquer ce moyen en grand dans les villes, comme Paris, Lyon,
Marseille, etc., où une même maison abrite un grand
nombre de familles superposées. Celles-ci auraient à se
partager une provision évidemment insuffisante, et de plus
ces eaux acquerraient nécessairement de très-mauvaises
qualités par suite des habitudes de la population. On sait, en

1. La maison du bourgmestre de Dusseldorf, M. Hammers, que nous
avons eu occasion de visiter en détails et qui peut être citée comme un
type d'intelligente installation et de propreté, est pourvue à la fois d'un
très bon puits, exclusivement pour la boisson, et d'une citerne à eaux
pluviales pour les autres besoins de la maison. La distribution de ces
dernières est organisée de la manière suivante L'eau de pluie est recueillie
immédiatement dans un réservoir placé à l'étage supérieur, lequel la distribue aux cabinets d'aisances des divers étages, où les domestiques
viennent la prendre pour le service des appartements. Le trop-plein du
reservoir s'écoule par un tuyau distinct dans une citerne en maçonnerie
couverte, établie dans le sous sol, laquelle alimente la cuisine et la buan-
derie, situées dans le voisinage. Enfin, quand la citerne est remplie, un
tuyau envoie l'excédant dans un puisard ou puits d'absorption, foncé
dans le jardin à une assez grande distance du puits alimentaire. Ce
tuyau sert en même temps de passage aux eaux ménagères, provenant soit
des appartements, soit de la cuisine, en sorte que l'eau excédante de la
citerne contribue à laver le tuyau et à emporter les résidus

effet, que les locataires les plus pauvres ont leurs mansardes ouvrant directement sur les toits, et qu'on les empêche difficilement de jeter par ces mansardes toutes sortes de souillures, qu'entraînent ensuite les eaux pluviales.

L'installation des citernes n'a donc ses avantages que dans les habitations occupées par une seule famille, parce que là seulement on en peut entourer l'usage des précautions convenables et qu'aucune difficulté ne saurait s'élever sur la consommation de l'approvisionnement. Mais malgré tout, c'est une ressource éminemment précaire et qui, moins encore que les puits, peut servir de base à l'alimentation d'une cité populeuse.

COURS D'EAU.

Nous entendons ici les cours d'eau, *tels qu'ils s'offrent aux habitants dans le voisinage ou à la traversée des villes,* c'est-à-dire quand chacun y puise directement pour ses besoins ou pour les besoins d'un petit groupe de personnes, de manière à constituer l'industrie primitive du *porteur d'eau.* Dès que la population se concerte pour organiser une alimentation en commun, on tombe dans les *distributions publiques* que nous réservons pour le paragraphe ci-après.

Les cours d'eau ne manquent pas en général, comme les puits et les citernes, par la quantité, mais ils manquent souvent et plus qu'eux, par la qualité ; car précisément dans la traversée des villes, c'est-à-dire aux points mêmes où l'on est amené à puiser, les cours d'eau sont le plus impurs. En effet, les liquides résiduaires des maisons y affluent en plus ou moins grande abondance et les fabriques, qui s'échelonnent de préférence sur leurs bords, afin d'emprunter l'eau nécessaire aux opérations et quelquefois la force motrice, y évacuent naturellement leurs rebuts. Il existe, il est vrai, pour ces rebuts, des moyens d'assainissement, que nous avons décrits ; mais, outre que de tels moyens ne sont pas universellement employés, ils ne suffiraient pas, le fussent-ils, pour rendre les liquides absolument purs. Le seul but qu'ils permettent d'atteindre, c'est la *non infection* dés cours d'eau ; mais de là à leur conserver la propriété potable, il y a fort loin, et ce dernier objet ne peut jamais être réalisé, dans un certain rayon des fabriques, quand celles-ci, sont nombreuses, comme dans la banlieue des grandes villes. D'autre part, le sol des villes et des cultures maraîchères environnantes, fortement imprégné ou recouvert de matières organiques, abandonne aux eaux pluviales une grande quantité de souillures qui vont également rejoindre les ruisseaux voisins.

Même en dehors des zônes urbaines, les rivières n'ont pas toujours les qualités voulues pour la boisson, soit par suite de la nature des terrains traversés, soit à cause des débris qu'envoient les champs riverains, soit enfin par le limon abondant qu'elles reçoivent au moment des orages et qui rendrait alors impuissants tous les moyens d'épuration qu'on voudrait employer. Mais si l'on s'en tient seulement aux premières considérations, plus directement liées à la présence des agglomérations, on est en droit de conclure que les habitants des villes ne peuvent en général s'approvisionner directement aux cours d'eau qui les avoisinent [1].

1. Si l'on pouvait avoir quelque doute à cet égard il suffirait de jeter les yeux sur la plupart des cours d'eau qui traversent les districts populeux Non-seulement les cours d'eau d'un faible débit, ceux qu'on désigne plus particulièrement sous les noms de ruisseaux ou de canaux, sont infectés, mais les rivières proprement dites, les grands fleuves eux mêmes, présentent fréquemment des traces sensibles de corruption. Dans la Grande Bretagne surtout, la multiplication des manufactures, d'une part, et d'autre part, l'extension donnée au drainage urbain ont tellement généralisé cette situation, que les rapporteurs officiels de l'enquête de 1861 n'ont pas hésité à la proclamer un *mal national*. Il est certain qu'aujourd'hui, dans les districts populeux ou industriels de ce pays, il n'y a pour ainsi dire pas un cours d'eau qui puisse être convenablement utilisé pour l'alimentation des habitants. Le poisson a disparu de la plupart d'entre eux, et leurs bancs recouverts de matières putrescibles deviennent aux basses eaux des foyers de corruption. La Mersey à Stockport, le Croal à

Il est une dernière raison, applicable d'ailleurs aux divers modes d'alimentation que nous venons de passer en-revue, qui montre bien l'opportunité de recourir à d'autres combinaisons.

Bolton, le Medlock et l'Irwell a Manchester, la Tame a Birmingham, le Don à Sheffield, l'Aire à Leeds, etc., ressemblent beaucoup plus à de larges égouts qu'à des cours d'eau naturels. Des rivières importantes, comme la Tyne, la Clyde, l'Humber, la Tamise même, sans être aussi infectées que les precedentes, sont néanmoins assez souillées, soit directement, soit par leurs tributaires, pour être a peu près dépourvues de poisson et se prêter mal aux usages domestiques. Ce triste état de choses a provoque une nouvelle enquête qui, commencée en 1865, doit s'etendre successivement a tous les bassins du Royaume. Les commissaires de cette enquête, trois hommes faisant autorité, MM. Robert Rawlinson, inspecteur general des travaux publics, John Thomas Way, professeur de chimie, qu'on nomme volontiers le Liebig de l'Angleterre et John Thornhill Harisson, ont reconnu de nouveau la gravite du mal et ont conclu aux mesures les plus energiques. Ils ont demandé, pour chacun des bassins déjà explorés 1° qu'on interdise d'une manière absolue l'écoulement aux cours d'eau des residus provenant des villes ou des fabriques ; 2° qu'on place chaque bassin sous la juridiction d'une autorité spéciale (*Conservancy board*), ayant qualité pour prendre toutes les mesures nécessaires à la protection des cours d'eau.

En France, le mal, sans être aussi grand, est cependant très-sensible. A ceux qui ont vu la Bièvre a Paris, l'Erdre a Nantes, la Deule ou la Lys dans le Nord, le Robec et l'Aubette a Rouen, l'Ill à Mulhouse, et tant d'autres cours d'eau que nous pourrions citer, il n'est pas besoin de démontrer l'impossibilité où se trouvent les villes de s'y alimenter. Non-seulement les eaux en seraient malsaines au plus haut degré, mais leur seule présence constitue un danger pour les contrées qu'elles traversent. Nos grands fleuves même sont, comme la Tamise, atteints par la corruption : qui ne connait, par exemple, l'etat des eaux de la Seine, en aval du collecteur d'Asnières ? Ce que nous observons en France, se retrouve a peu de choses près dans les pays les plus avances du continent; car, par une relation fâcheuse, mais nécessaire, à mesure que la civilisation progresse, la purete naturelle des eaux est de plus en plus menacée, puisque les villes et les fabriques rejettent loin d'elles des quantités croissantes de residus. A cette situation, contre l'origine de laquelle on ne peut pas lutter, il faut opposer des remèdes d'un autre genre, en épurant autant que possible ces résidus, soit par les procédés que nous avons déjà fait connaître dans notre *Traite d'assainissement*, soit par ceux que nous indiquerons plus loin ; et en même temps qu'on diminuera ainsi les causes d'infection des cours d'eau, il faudra viser à les suppléer autant que possible dans l'alimentation.

Tant que chaque habitant s'approvisionne lui-même directement, soit à un puits, soit à une citerne, soit à une rivière, l'eau lui revient très-cher, particulièrement quand elle doit être montée aux étages supérieurs de la maison. Aussi se réduit-on alors au strict nécessaire et néglige-t-on dans l'habitation et ses dépendances les divers soins de propreté ou de lavage que réclame l'hygiène publique, mais dont chaque citoyen ne sent pas isolément toute l'utilité. Le service de la voirie municipale, de son côté, économise l'eau autant que possible et néglige d'arroser et de rafraîchir la ville. Dès lors les résidus sont exposés à s'accumuler et à pourrir dans les rues ou dans les arrière-cours des maisons. En un mot, il y a dans les cités modernes toute une série de besoins impossibles à satisfaire par le système de l'alimentation individuelle. Cette considération se réunit donc avec celles qui sont tirées, tantôt de la qualité, tantôt de l'abondance des eaux destinées à la consommation domestique, pour faire sentir aux villes le besoin d'asseoir leurs ressources sur des bases à la fois plus vastes et plus assurées. Telle est l'origine des distributions d'eaux publiques dont nous allons nous occuper.

EAUX PUBLIQUES.

On nomme distribution d'eau ou eaux publiques tout système organisé en vue d'une alimentation en commun, c'est-à-dire de manière à ce que chaque habitant puisse, moyennant rétribution, puiser dans un approvisionnement commun mis à sa portée.

Un tel système, quand il satisfait d'ailleurs aux conditions requises d'abondance et de qualité, met fin naturellement à tous les modes d'alimentation individuelle, ou du moins il permet de s'en passer; car, sauf des cas exceptionnels, il est beaucoup plus commode et moins coûteux pour les habitants. Les services de la voirie font ordinairement usage du même approvisionnement. Il n'en est autrement que si l'eau potable n'est pas assez abondante pour faire face à tous les besoins; en ce cas, on a une double distribution, l'une pour la consommation domestique, l'autre pour l'arrosage public et autres emplois du même ordre, qui ne réclament pas une eau aussi pure [1]. Mais, quand on le peut, il est bien préférable de n'avoir qu'une espèce d'eau, parce qu'on évite ainsi une double canalisation, c'est-à-dire une complication et une dépense. Dans d'autres cas, la distribution est fractionnée, non par nature d'emplois, mais par quartiers, la ville étant partagée en un certain nombre de groupes, qui ont chacun leur distribution propre, comme s'ils constituaient autant de villes distinctes. Cette circonstance se présente dans des villes très-étendues [2], ou lorsqu'on est obligé de recourir à plusieurs sources situées de divers côtés; on peut alors avoir intérêt à distribuer l'eau de chaque source à la portion de ville qui en est le plus rapprochée. Quelquefois le fractionnement de la distribution est commandé par les différences de niveau des divers quartiers; la ville se trouve comme divisée par étages, desservis chacun par la source qui est le plus en harmonie avec son altitude. En tout état, et que l'alimentation soit une, multiple ou fractionnée, on doit toujours se placer au même point de vue, qui consiste à avoir une organisation capable de fournir en

1. C'est ce qui a lieu pour la ville de Paris. On a établi des conduites distinctes, afin de réserver les eaux de la Dhuys aux usages privés et d'employer les eaux moins pures de la Seine et de l'Ourcq dans les services municipaux.

2. A Londres, par exemple, dont la superficie est quatre ou cinq fois celle de Paris, il s'est formé plusieurs entreprises d'eau qui alimentent chacune une partie de la métropole.

chaque point toute l'eau nécessaire aux besoins publics et privés.

Nous ne nous arrêterons pas à définir les conditions physiques et chimiques que doit remplir une *bonne eau* ou une eau en état de satisfaire à tous les détails de l'alimentation domestique. Nous supposons ces conditions connues de tous ceux qui s'occupent de ce genre de questions. Nous nous proposons seulement d'indiquer, comme se rattachant beaucoup plus directement à notre sujet, les principales règles qui président à la distribution de l'eau dans les villes, ainsi que les méthodes suivies jusqu'à ce jour avec le plus de succès pour se procurer une eau offrant toutes les qualités voulues. A cet égard, c'est surtout auprès des Anglais, nos maîtres en pareille matière, qu'il faut aller chercher les vrais principes. Nul autre peuple n'a envisagé plus hardiment le problème de l'assainissement et n'a déduit avec plus de rigueur toutes les conséquences qui en découlent. Ce qui suit est donc comme le résumé et la conclusion finale des publications qui se sont succédé en Angleterre sur ce sujet, depuis une vingtaine d'années [1].

PRINCIPES DE LA DISTRIBUTION.

La première règle de la distribution, c'est que l'eau doit être offerte aux habitants dans un état tel qu'ils soient dispensés de lui faire subir aucun filtrage ni clarification à domicile. Indépendamment en effet de l'embarras qu'occasionnent toujours de semblables opérations, il en résulte un double inconvénient au point de vue de la salubrité : 1° l'eau séjournant dans les filtres est exposée à y subir des variations de température correspondant à celles des appartements, et surtout elle s'échauffe trop en été ; 2° l'eau filtrée

---

1. **Voir** surtout *Supply of water to the metropolis,* 1850-1851, et *Reports on the metropolis water Supply,* 1856

pouvant, par suite de circonstances fortuites, venir à manquer dans le ménage, on est amené à faire usage temporairement d'eau non filtrée, ce qui a des conséquences fâcheuses. Il convient d'ajouter que l'eau filtrée étant ordinairement réservée aux usages alimentaires, il s'ensuit qu'on consomme concurremment dans les cuisines deux espèces d'eau, ce qui expose à toutes les erreurs ou négligences des serviteurs trop portés à employer l'eau qu'ils ont sous la main. Enfin personne n'ignore que le nettoyage et l'entretien des filtres exige une certaine surveillance de la part du maître de maison et l'on n'est pas toujours sûr d'ailleurs d'avoir de bons appareils, comme tend à le faire craindre la multitude de types offerts au public depuis quelques années.

Nous n'entrerons pas dans l'examen de ces appareils, qui nous entraînerait trop loin. Nous nous bornerons à dire d'une manière générale qu'il faut se méfier des filtres qui s'annoncent comme pouvant, sous un petit volume, débiter une grande quantité d'eau dans un temps donné. Il y a une limite de vitesse de filtration au delà de laquelle on ne peut aller sans nuire à l'opération elle-même : on obtient alors une eau purifiée imparfaitement. Mieux vaut donc, autant que le local le permet, chercher l'accroissement du débit dans l'accroissement des dimensions du filtre, plutôt que dans l'accélération du filtrage. Mais la solution désirable, nous le répétons, est celle qui consiste à pouvoir se passer de tout appareil de ce genre. Nul doute que les villes y arriveront insensiblement; mais, quant à présent, elles se ressentent encore des idées qu'on avait antérieurement sur ces questions. A l'époque où le rôle de l'eau dans les habitations était moins bien compris qu'aujourd'hui, on avait établi plusieurs distributions publiques fondées précisément sur l'emploi des filtres à domicile ; de ce nombre sont les anciennes distributions de Paris et de Londres. Dans la première de ces deux capitales on a déjà transformé l'alimentation et, dans la seconde, on étudie tous les jours quelque nouvelle combinaison tendant à supprimer l'eau de la Tamise dans les usages domestiques.

La seconde règle de la distribution, c'est que celle-ci doit être *constante* et non intermittente. On veut dire par là que la maison doit être en communication continuelle avec les conduites et non recevoir l'eau à certaines heures du jour seulement. Ce dernier mode, qui est encore en usage dans la plupart des villes anglaises, mais qu'on cherche à faire disparaître, nécessite de recueillir l'eau et de l'avoir en approvisionnement dans l'habitation afin qu'elle ne manque pas aux heures où la communication avec les conduites est interrompue. De là, dans chaque maison, l'établissement de réservoirs qui ont divers inconvénients : 1° l'eau tend toujours à s'altérer et à perdre de ses qualités par le fait de la stagnation, soit que les matériaux du réservoir puissent, comme le plomb, par exemple, être attaqués, soit que des éléments organiques contenus dans l'eau entrent en putréfaction ou réagissent sur des sulfates, soit qu'il se forme à la longue, au fond du réservoir, des dépôts qu'on n'enlève pas avec assez de diligence, soit simplement que la température de l'eau risque de varier avec celle de la maison, etc. ; 2° l'eau peut manquer dans les intervalles de la distribution, soit par suite de quelque consommation inusitée, soit parce qu'on aura oublié d'ouvrir les robinets de communication au moment voulu pour recevoir l'eau; 3° au contraire, si ces robinets sont maintenus constamment ouverts pour prévenir les oublis, il peut arriver, quand l'eau afflue dans les réservoirs, que, l'approvisionnement précédent n'étant pas épuisé, le nouvel approvisionnement, dont la dose est calculée sur la capacité du réservoir, fasse déborder celui-ci et occasionne des dégâts ou tout au moins une grande humidité. Cette dernière circonstance n'est pas étrangère à l'insalubrité constatée dans le sol des villes anglaises, et elle a été une des raisons mises en avant par le *general Board of Health* pour pousser à la pratique du drainage perméable, dont nous par-

lerons plus loin ; 4° enfin, dans une maison où plusieurs
locataires puisent au même réservoir, la distribution intermittente est une source de contestations entre eux, car, si
l'eau vient à manquer, chacun accuse naturellement ses
voisins ; on est donc conduit pour éviter cet inconvénient, à
multiplier les réservoirs autant que les logements, ce qui
entraîne alors des embarras pour la construction et pour
l'entretien.

Une troisième règle, c'est que tous les robinets alimentaires soient en charge ; en d'autres termes, il doit suffire de
les tourner pour avoir l'eau, sans qu'on soit obligé de pomper l'eau ou de la remonter de quelque autre manière. Ainsi
l'eau doit toujours être, comme on dit, *à disposition* aux divers points où l'on a occasion de s'en servir. La raison de
cette règle s'aperçoit : là où l'emploi de l'eau nécessite un
effort quelconque, on est certain d'avance que cet emploi
restera au dessous des besoins. Si l'on veut être sûr que les
serviteurs useront de l'eau avec toute l'abondance nécessaire
à une hygiène exigeante, il faut qu'ils n'aient absolument
aucune peine à prendre pour se la procurer. On peut ajouter
aussi que le pompage ou autre opération analogue implique
l'établissement d'appareils plus ou moins défavorables à la
bonne qualité des eaux, et appelle souvent quelque réservoir qui
présente alors les inconvénients dont nous venons de parler.

Les trois règles ci-dessus se résument dans le principe
même de la circulation continue, appliqué au trajet de l'eau
dans l'habitation ; car ces trois règles reviennent à dire que
l'eau doit arriver aux points de consommation, sans arrêt
ni obstacle d'aucune sorte.

Une autre règle concerne le choix des points où les robinets alimentaires doivent être placés dans les maisons. En
France, on croit généralement avoir fait beaucoup quand
on a mis un robinet d'eau dans chaque cuisine. En Angleterre on va beaucoup plus loin : on admet en principe
qu'un robinet doit être placé en tout point où une dépense

habituelle d'eau est à faire. En conséquence on réclame des robinets : 1° au dessus de l'évier de la cuisine ; 2° dans les cabinets à toilette ; 3° dans les cabinets d'aisances, (d'où est venu à ces locaux le nom de *water closets* ou cabinets à eau) ; . 4° dans tous autres endroits tels que bains, buandérie, etc., où une eau abondante peut être nécessaire pour l'alimentation, le nettoyage ou l'entraînement des résidus. Cette dernière règle, combinée avec les précédentes, implique que les grands réservoirs centraux, d'où partent les conduites alimentaires des divers quartiers, sont à un niveau supérieur à celui des plus hauts étages de ces quartiers, puisque l'eau, a-t-on dit, doit se trouver en pression partout.

Ainsi le principe général de la distribution à domicile, c'est qu'on ait sous la main, partout où quelque besoin la réclame, l'eau en quantité illimitée ; de sorte que toute matière susceptible de nuire à la salubrité puisse être immédiatement noyée et entraînée dans un flot d'eau pure.

Les mêmes considérations, qui veulent que la propreté de la maison soit assurée en tous points par l'abondance de l'eau mise à la disposition des habitants, veulent aussi que les établissements industriels et la voie publique soient dotés avec une grande largesse.

Dans les fabriques, on ne peut naturellement assigner d'avance aucune place aux robinets d'eau, car tout dépend de la nature et de l'agencement des opérations. Le seul principe qui ne doit jamais être perdu de vue, c'est que l'eau soit toujours placée auprès des causes d'infection, absolument comme on recommande, dans un autre ordre d'idées, de l'avoir à portée des éléments d'incendie. Sur la voie publique, ou, pour parler en termes plus généraux, sur les emplacements publics (rues, squares, promenades, etc.), l'eau remplit une double destination : elle sert à rafraîchir et à approprier, à l'arrosage et au nettoiement. Cette seconde destination avait été à peine entrevue avant

ces derniers temps ; mais aujourd'hui les municipalités éclai-
rées, la ville de Paris au premier rang, mettent beaucoup de
régularité et de méthode dans le nettoiement à l'aide de
l'eau. Les bouches à eau sont établies à intervalles déterminés
et disposées de telle sorte qu'on puisse à toute heure, quand
le besoin l'exige, arroser et laver la chaussée, ainsi qu'entraîner les débris qui tendraient à s'accumuler dans les ri-
gòles. Nous reviendrons sur ce point en parlant de la canalisation souterraine ; nous avons voulu seulement marquer ici le
rôle de la distribution pour maintenir la propreté de la voie
publique. Comme complément à cette indication, ajoutons
que l'eau doit être fournie spécialement à tous les cabinets
d'aisances et urinoirs publics répartis sur les divers points
de la ville. Ces locaux, précisément parce qu'ils sont ouverts
à tout venant, sont exposés, plus encore que ceux des maisons, au manque de soins et à l'infection ; il importe donc d'y
combattre les conditions fâcheuses, au moyen d'une circulation continuelle d'eau pure.

CHIFFRE DE LA CONSOMMATION.

La quantité d'eau nécessaire à l'ensemble des besoins
que nous avons énumérés, varie, pour un même chiffre
d'habitants, avec une foule de circonstances locales, le climat, les habitudes, le nombre d'établissements industriels, et
surtout avec la superficie relative de la ville ou ce qu'on
nomme la densité moyenne de la population. Il est évident
en effet que dans les villes où la population est clair semée
et où par conséquent les surfaces à entretenir (rues, squares,
parcs, jardins, cours, etc.) sont très-étendues par rapport au
nombre des habitants, la consommation d'eau est beaucoup
plus considérable que dans les villes où cette population est
contenue dans des espaces resserrés [1]. On ne peut donc pas

1. Paris et Londres permettent de faire cette comparaison. Dans la mé-

assigner un chiffre fixe pour l'approvisionnement d'eau nécessaire à chaque habitant. Il ne peut d'ailleurs être question que d'une limite inférieure, car on ne saurait jamais dire qu'il y ait trop d'eau dans une ville.

On admet qu'avec les habitudes de propreté et de comfort qui se sont créées dans les cités modernes, la consommation d'eau, par tête d'habitant, ne doit pas descendre au dessous de 100 litres par jour, mais qu'à ce taux les vrais besoins de l'assainissement peuvent être satisfaits. Mais si l'on veut en outre pourvoir à l'agrément et à l'élégance. rafraîchir fréquemment la voie publique, arroser les plantations et les jardins, entretenir des fontaines jaillissantes, la consommation s'élève beaucoup au dessus de ce chiffre et n'a pour ainsi dire plus de limites. D'ailleurs il faut tenir compte de l'accroissement probable de la population et même faire la part, dans une certaine mesure, des besoins nouveaux qui pourraient se faire jour avec le progrès des mœurs ou de l'industrie [1]. On est donc généralement conduit à adopter un chiffre fort supérieur à celui de 100 litres, surtout quand les circonstances sont favorables, en ce sens que la dépense à faire n'augmente pas beaucoup avec ce chiffre. C'est ainsi qu'on voit des villes pourvues de 3 et 400 litres par tête, et que la Rome ancienne, qui, à la vérité, se donnait le luxe, inconnu de nos jours, de faire voguer des galères en pleine

tropole du Royaume-Uni, les maisons sont généralement peu élevées, rarement au dessus de trois étages, les squares sont nombreux, les parcs intérieurs immenses. La plupart des maisons de la classe aisée ne sont habitées que par une famille, en sorte que chaque habitant occupe une grande surface. A Paris, au contraire, les maisons sont très-hautes : elles tendent vers le type uniforme de cinq étages avec sous sol, plus les mansardes occupées par les domestiques ou les gens de la classe pauvre. Les appartements sont étroits et les familles pressées les unes contre les autres. Les surfaces publiques, malgré les grands progrès de ces derniers temps, sont peu étendues comparativement à celles de Londres. Aussi la densité de la population à Paris est-elle trois fois aussi forte qu'à Londres.

1. Il est bon de prévoir, par exemple, l'emploi de l'eau comme force motrice dans les petits ateliers des étages inférieurs.

place publique, jouissait de plusieurs milliers de litres par habitant [1].

MODES D'ALIMENTATION.

Pour alimenter les villes en eau pure, on a opéré jusqu'ici, de trois manières principales : 1° en captant ou recueillant des sources ; 2° en créant des sources artificielles par voie de drainage du sol ou autrement ; 3° en faisant des emprunts à des fleuves ou à des rivières. Quand on emploie ce dernier mode, il faut naturellement se prémunir, par des moyens appropriés, contre l'insalubrité qui peut résulter

1. « En résumé, dit M. H. Blerzy dans une intéressante étude sur « les travaux publics, publiée dans la *Revue des Deux Mondes* du 15 août « 1867, il existait (à Rome) a la fin du premier siècle de l'ère chrétienne « neuf aqueducs, qui tous ensemble amenaient chaque jour 1.500 mille « mètres cubes d'eau sur les sept collines ; soit à peu près autant que la « la Marne en verse dans la Seine en temps ordinaire, et quatre fois plus « que n'en reçoit aujourd'hui la population de Paris Certains aqueducs « débouchaient à quelques mètres seulement au dessus des quais du Tibre « et desservaient les quartiers bas ; d'autres arrivaient sur les points les « plus élevés Les eaux, après s'être clarifiées dans de gigantesques ré- « servoirs, etaient réparties entre les fontaines monumentales ou privées, « les thermes, les camps, les théâtres ; une portion était dévolue aux jar- « dins, aux égouts et aux voies publiques. Le consul Frontici, qui vivait « au temps de l'empereur Nerva, et remplissait les hautes fonctions de « curateur des eaux, a décrit dans ses *Commentaires* l'admirable organisa- « tion de ces précieux ouvrages Ce n'est plus que par ses écrits qu'il nous « est possible de savoir ce qu'ils furent autrefois, car les Goths coupèrent « tous les aqueducs en l'an 537 de notre ère et Rome n'eut plus à boire « pendant trois siècles que les eaux limoneuses du Tibre. Les papes ré- « tablirent enfin quelques-uns de ces monuments. Sixte Quint et Paul V se « signalèrent par ces utiles restaurations. Grâce à la vigilance de ces « pontifes, la Rome moderne, quoiqu'elle ait perdu la plupart de ses « anciens aqueducs, est encore mieux approvisionnée en eaux potables « qu'aucune ville du monde Outre les fontaines jaillissantes qui décorent « les places publiques, il n'est guère d'habitation privée qui ne jouisse d'un « ruisseau artificiel par lequel une agréable fraîcheur est entretenue dans « les cours, les vestibules et les jardins. Rome reçoit environ 200.000 « mètres cubes d'eau par jour pour une population qui ne dépasse guère « 200.000 habitants (soit 1.000 litres par tête ou dix fois le minimum). »

pour les eaux, des diverses causes d'infection précédemment énumérées.

Là première méthode tend à l'emporter sur les deux autres. Moins répandue autrefois que la troisième, elle a reçu depuis une vingtaine d'années des applications considérables, et en ce moment même, elle est pratiquée par la ville de Paris, dans des conditions de grandeur qui méritent qu'on s'y arrête.

L'approvisionnement de cette capitale consistait, on le sait, jusqu'à ces derniers temps, exclusivement en eau de Seine et en eau de l'Ourcq. Mais, d'une part, ces deux espèces d'eau n'ont pas toutes les qualités voulues pour la boisson, et, d'autre part, elles n'atteignent pas un niveau suffisant pour desservir les hauts quartiers ; de plus, elles nécessitent l'emploi de machines élévatoires, ce qui, à divers points de vue, est beaucoup moins avantageux que d'amener, quand on le peut, les eaux à une altitude suffisante pour desservir les maisons sous la seule action de la gravité. De là les projets de dérivation ou de captage des sources de la Dhuys et du Surmelin d'abord, et de la Vanne ensuite, destinés à fournir 150.000 mètres cubes d'eau d'excellente qualité, abordable pour les plus hauts étages de la ville [1]. Les premiers de ces travaux, exécutés sous la direction de M. l'inspecteur général Belgrand, sont aujourd'hui terminés. Depuis 1865 l'aqueduc de la Dhuys amène à Ménilmontant 40.000 mètres cubes par jour, à l'altitude de 108 mètres au dessus du niveau de la mer ou de 82 mètres au dessus du niveau de la Seine. C'est un long canal de 135 kilomètres de long, dont 10 kilomètres en souterrain et 16 kilomètres en siphon ou conduite forcée [2],

---

1. La dérivation de la Somme Soude, dont il avait été question concurremment avec celle de la Dhuys, a été ajournée, sinon abandonnée, à la suite des vives réclamations que ce projet a soulevées dans la Champagne.

2. La partie construite en maçonnerie a 1^m,76 de hauteur sous clef et 1^m,40 de largeur, c'est une voûte complète de forme ovoïde. Les conduites

sur léquel s'embranche un autre aqueduc de 25 kilomètres de long, pour les eaux du Surmelin. Cet ouvrage
d'art a coûté près de 18 millions de francs ; néanmoins, l'eau
ainsi rendue aux portes de Paris ne revient pas, tous frais
d'exploitation et d'entretien payés, à plus de 6 centimes par
mètre cube, soit un demi centime environ pour le minimum
quotidien de 100 litres par tête d'habitant.

Le réservoir de Ménilmontant, qui reçoit les eaux de l'a-
queduc, peut emmagasiner 100.000 mètres cubes, ou l'affluence de deux jours et demi. Il a pour but de prévenir les
chômages que l'entretien du canal rendrait inévitables[1]. Ce
vaste récipient est supporté par des piliers en maçonnerie
entre lesquels on a ménagé un deuxième réservoir ou étage
inférieur, d'une capacité de 30.000 mètres cubes, destiné à
une autre espèce d'eaux, celles de la Marne, dont nous ne
nous occupons pas pour le moment[2]. L'altitude de 82 mètres

forcées franchissant les vallées sous une charge de 55 centimètres par
kilomètre, consistent en tuyaux de fonte de 1 mètre de diamètre intérieur,
l'épaisseur du métal est de $0^m,020$ à $0^m,025$. Chaque tuyau ne pèse pas
moins de 1 800 à 2 200 kilogrammes. Les principaux souterrains ont
de 900 à 2.000 mètres de longueur. Les principaux syphons sont ceux
du Petit-Morin, du Grand Morin, de la Marne et de Villenombre, qui ont
de 1.000 à 4.500 mètres de longueur et de 56 à 75 mètres de flèche. On
a évité de la sorte ces immenses arches en maçonnerie que les Romains
édifiaient en pareille circonstance au travers des vallées secondaires. Le
coup d'œil y perd, mais l'économie y gagne, et aujourd'hui il n'est plus
permis à un ingénieur de se laisser guider par d'autres considérations que
celles de l'économie de temps et d'argent.

1. Sa forme est semi-circulaire et il offre, disons-nous, une capacité de
100.000 mètres cubes ou cent millions de litres. La profondeur de l'eau y
est de 5 mètres Il est recouvert de voûtes d'arête de $5^m,50$ d'ouverture,
formées de deux rangs de briquettes posées à plat et hourdées en mortier de ciment. L'épaisseur à la clef est de $0^m,07$ seulement. Une couche
de terre gazonnée, de $0^m,30$, disposée par dessus, maintient le liquide a
une température constante et suffisamment fraîche. Quant aux fondations,
elles ont été descendues à 7 ou 8 mètres en contre-bas du radier, a travers les glaises vertes du gypse. Elles sont faites de piliers en maçonnerie hydraulique supportant le radier et les murs d'enceinte.

2 La provenance de ces eaux les classe dans le troisième mode d'ali
mentation (eaux de rivières) que nous avons indiqué en commençant. Du

au dessus de la Seine, que nous avons indiquée, suffit pour amener l'eau à tous les étages des maisons. Cependant quelques quartiers ne sont pas encore atteints; afin de les desservir, une machine à vapeur de 15 chevaux de force puise dans le réservoir de Ménilmontant l'eau destinée à alimenter le réservoir du télégraphe de Belleville, lequel est également fractionné en deux étages : l'un, pour les eaux de source, à l'altitude de 110 mètres au dessus de la Seine et mesurant près de 14.000 mètres cubes de capacité; l'autre, pour les eaux de la Marne, d'une capacité de 25.000 mètres cubes.

La deuxième série de travaux, ceux de la Vanne, sont en cours d'exécution. Ils sont de même nature que ceux de la Dhuys, et le coût approximatif en est évalué à 30 millions. La longueur totale des ouvrages, en y comprenant l'aqueduc principal, les aqueducs secondaires, les siphons et les ponts, sera de 175 kilomètres environ [1]. On obtiendra 110.000 mètres cubes d'eau par jour, à l'altitude de 55 mètres au dessus du niveau de la Seine. Les eaux seront reçues à Montrouge dans un réservoir colossal à deux étages, complétement hors de terre, et d'une capacité de 300.000 mètres cubes, contenant par conséquent l'affluence de près de trois journées.

L'approvisionnement de Paris sera complété par près de

reste, elles ne sont point affectées aux usages domestiques et servent uniquement à la voirie.

1. Le tracé général de l'aqueduc part des sources d'Armentières, longe les coteaux de la rive gauche de la Vanne, qu'il franchit entre Molinons et Theil, pour suivre, à partir de là, la rive droite de la rivière jusque en face de Sens, qu'il laisse sur la rive gauche. Arrivé à l'aval de Pont sur-Yonne, il traverse la vallée et la rivière l'Yonne, puis longe les coteaux de la rive gauche de ce cours d'eau et ceux de la Seine jusqu'au bord de la vallée du Loing, au dela de laquelle il coupe la forêt de Fontainebleau. Enfin, après avoir franchi la vallée de la Bièvre, au moyen d'un pont aqueduc élevé au dessus de l'ancien aqueduc d'Arcueil, l'aqueduc de dérivation entre dans Paris par le sommet du plateau de Montrouge, où se trouvent les réservoirs.

300.000 mètres cubes d'eau de rivière, qui serviront aux divers usages de la voirie publique. La moitié de ces 300.000 mètres cubes, est déjà fournie par les travaux antérieurs, savoir 40.000 mètres cubes empruntés à la Seine et 100.000 mètres cubes au canal de l'Ourcq, sans parler de quelques milliers de mètres cubes obtenus des puits artésiens de Grenelle et de Passy, de l'aqueduc d'Arcueil et de diverses autres sources. L'autre moitié, également destinée aux usages publics, sera demandée au troisième mode d'alimentation, c'est-à-dire aux cours d'eau. En conséquence, le débit du canal de l'Ourcq sera presque doublé, à l'aide de divers affluents jusqu'ici négligés, et le surplus sera puisé à la Marne et à la Seine. La Marne, pour sa part, sera mise à contribution pour 40.000 mètres. Dans ce but, on a installé à Saint-Maur des turbines d'environ 400 chevaux de force utile, qui enverront les eaux dans l'étage inférieur du réservoir de Ménilmontant, étage dont la capacité, avons-nous dit, est de 30.000 mètres cubes [1]. Ce réservoir forme, avec celui de Montrouge, la base de l'approvisionnement de Paris.

Un troisième récipient moins important, situé à Passy, complète le triangle qui embrasse toute la ville. Cet ouvrage hydraulique, d'une contenance totale de 37.000 mètres cubes, répartie sur deux étages, a son plan d'eau supérieur à 50 mètres au dessus de la Seine [2]. Il reçoit les eaux du

---

1. Deux conduites en fonte de 0^m,60 de diamètre et 8 500 mètres de parcours chacune relieront les machines au réservoir. Elles partiront de Joinville-le-Pont, traverseront le bois de Vincennes, et après avoir longé l'avenue de Vincennes et la route Militaire, elles gagneront Ménilmontant, où elles alimenteront le bassin inférieur du réservoir. Les nouvelles machines de Saint-Maur ne seront pas l'établissement hydraulique le moins important de tous ceux qui concourent à l'alimentation de Paris, et dont les principaux fonctionnent au Port-à-l'Anglais, à Maisons-Alfort, au quai d'Austerlitz, à Chaillot, Auteuil, Neuilly et au port Saint-Ouen.

2. Le réservoir de Passy comporte un radier de près de 6 000 mètres de superficie, divisé en trois bassins ayant une capacité totale de 25.000 mètres cubes. Des piliers élevés en quinconce sur le radier des deux compartiments principaux supportent une voûte au dessus de laquelle

fleuve, refoulées par les machines élévatoires du quai de Billy, et, dans un compartiment spécial, celles du puits artésien, destinées, comme on sait, à l'arrosage du bois de Boulogne. A ces trois grands réservoirs se rattachent quelques récipients secondaires qui, comme celui de Belleville, constituent autant de relais pour le service de divers quartiers élevés.

L'ensemble des ressources que nous venons d'énumérer forme donc un total d'environ 450.000 mètres cubes, dont 150.000 pour les usages domestiques et près de 300.000 pour la voirie ou l'industrie. C'est pour la population actuelle de Paris, inférieure à deux millions d'habitants, un contingent de plus de 200 litres par tête et par jour, chiffre évidemment très-large et qui permet d'attendre sans inquiétude les besoins nouveaux que l'avenir pourra amener [1].

La répartition de cette immense provision dans l'intérieur de la ville s'effectue de la manière la plus méthodique. Autant que possible, chaque réservoir est alimenté par deux voies différentes, afin de parer aux interruptions acciden-

s élèvent deux autres bassins dont l'un est couvert d'une voûte légère ; ils contiennent ensemble 12.000 mètres cubes et leur plan d'eau est à 75 mètres d'élévation au dessus du niveau de la mer.

1. « Si l'organisation présente du service hydraulique, dit M. H. Blerzy, « dans l'*Étude* déjà citée, donne prise à la critique, c'est plutôt par les « emprunts considérables qu'elle fait encore à la Seine et à la Marne, et « par les moyens artificiels employés pour relever les eaux de ces deux « rivières Ce n'est pas que ces eaux soient précisément impropres aux « usages publics auxquels on les réserve en entier ; ce n'est pas non plus « que les engins hydrauliques, pompes et machines à vapeur, doivent « être traités avec dédain. Cependant tous ces organes mécaniques n'inspirent pas, ce semble, la même confiance qu'un aqueduc où l'eau s'écoule « par une pente naturelle. Tout cela est sujet à périr, est condamné à un « renouvellement périodique, exige des soins d'entretien incessants, des « dépenses de combustibles, le concours d'un nombreux personnel. On n'y « sent pas le caractère de pérennité qui donnait aux travaux hydrauliques « des Romains un cachet d'indestructible grandeur. Rome jouit encore « des aqueducs qu'ont établis ses anciens édiles ; en serait-il de même si « ceux ci s'étaient contentés d'aspirer les eaux du Tibre par des moteurs « que les révolutions n'auraient pas épargnés ? »

telles. Mais bien que les eaux de source et les eaux de rivière puissent ainsi se suppléer mutuellement, la distinction entre elles est rigoureusement maintenue, en considération de la destination. De chaque réservoir part une conduite de distribution, de 50 centimètres à 1 mètre de diamètre, selon l'étendue du quartier qu'elle doit desservir. Sur cette conduite maîtresse s'embranchent d'autres conduites plus petites, enfouies sous chaque voie publique et desquelles se détachent les tuyaux destinés à l'alimentation directe des maisons et des fontaines. Chaque rue doit posséder deux conduites distinctes, l'une pour le service public, l'autre pour le service privé. L'eau arrive à chaque orifice avec la pression due à la hauteur du réservoir d'où elle provient; et si l'on songe que 10 mètres de charge donnent, abstraction faite des frottements, un poids égal à celui de l'atmosphère, on conçoit qu'avec les altitudes de 50 à 80 mètrés dont nous avons parlé, la pression dans les quartiers bas est énorme et peut se transformer en pouvoir moteur. Cette force naturelle d'un nouveau genre a déjà reçu maints emplois dans l'industrie, notamment pour l'élévation des fardeaux; tout porte donc à croire que les applications se généraliseront.

Un grand nombre de villes, tant en France qu'à l'étranger, ont, comme Paris, recueilli à leur profit des sources plus ou moins éloignées. Nous n'insisterons pas, mais nous signalerons une variante importante du système, due à la nécessité où l'on est souvent, au lieu d'amener les sources directement à destination, de les emmagasiner au voisinage des points d'origines, à l'aide de barrages transversaux qui transforment les vallées d'écoulement en vastes bassins de retenue ou en lacs artificiels. Le but de pareils agencements est de corriger les inégalités de débit de ces sources et de parer à l'insuffisance des mois de sécheresse, grâce aux puissantes réserves créées pendant les mois d'abondance. Telle est la disposition adoptée par la ville de Saint-Étienne. On s'est mis en devoir de barrer le cours du Furens, petit ruisseau à débit très-irrégulier qui traverse la ville et l'a souvent désolée de ses inondations. On a prévenu le retour des désastres, en même temps qu'on a assuré l'alimentation des habitants, au moyen du barrage d'Enfer, construit à Rochetaillée, à 6 kilomètres en amont de Saint-Étienne. C'est une forte digue de 65 mètres de long, 50 mètres de haut et 50 mètres d'épaisseur à la base, qui a déterminé la formation d'un vaste bassin naturel dans lequel peuvent s'accumuler près de deux millions de mètres cubes, soit l'approvisionnement de Saint-Étienne pendant trois mois. Plusieurs villes anglaises, Sheffield, Manchester, etc., ont exécuté des travaux semblables. On peut ranger encore dans cette catégorie la belle entreprise qui a eu pour résultat d'amener à Glasgow, par un canal souterrain de 40 kilomètres de long, 60.000 mètres cubes d'eau empruntés au lac Katrin. Ici le barrage a été fait par la nature et la réserve n'est autre qu'un lac de plusieurs lieues d'étendue ; mais au fond le principe est toujours le même.

Un autre exemple de barrage, dans des conditions assez originales à cause de la durée de la réserve qu'il s'agit de constituer, est celui qui doit alimenter la ville de Verviers. Le cours d'eau qui traverse cette industrieuse cité est tellement souillé par les déjections des fabriques, qu'il devient impropre même aux usages industriels. On a projeté une distribution colossale, eu égard au chiffre de la population : on veut avoir 18 millions de mètres cubes par an pour 30.000 habitants, soit une moyenne de 16 à 1.700 litres par tête et par jour. On débutera, il est vrai, par un chiffre moitié, mais c'est encore le quadruple de la consommation dans les villes bien fournies. Mais Verviers possède une immense industrie, celle des laines, qui donne lieu à lavages multipliés, et l'on voudrait, par ces nouveaux travaux, non-seulement fournir l'eau à toutes les fabriques actuelles, mais encore être en état de faire face à un nombre double. Ce projet, dont l'exécution coûtera environ 6 millions de francs,

comporte un grand barrage à construire dans la vallée de la
Gileppe, où coule un des affluents de la Vesdre, lequel débite
annuellement de 20 à 24 millions de mètres cubes. Le réservoir naturel ainsi formé serait d'une capacité de 12 millions
de mètres cubes et se remplirait une fois et demi par an, ce
qui mettrait 18 millions de mètres cubes à la disposition de
la ville. On estime que le barrage aura 40 mètres de haut et
une épaisseur de 60 mètres. La prise se fera au moyen d'une
galerie percée dans la roche vive et communiquant avec un
aqueduc qui amènera les eaux dans un bassin de distribution à 80 mètres au dessus du thalweg de la vallée de Verviers. La réserve ainsi constituée est, comme on le voit, très-
considérable, puisqu'elle représente l'alimentation complète
de Paris pendant un mois.

Enfin c'est la même solution que plusieurs ingénieurs
cherchent pour la ville de Londres. L'alimentation actuelle,
dont nous parlerons plus tard, est condamnée en principe
pour les usages domestiques et d'ailleurs elle est insuffisante en quantité. Elle n'est, en effet, que de 450.000 mètres
cubes par jour pour une population de trois millions et demi
d'âmes, ce qui ne représente pas 130 litres par tête. Or,
d'après les commissaires royaux, chargés d'étudier la question, il faut prévoir une population de cinq millions d'âmes
et une consommation de 180 litres, soit 900.000 mètres
cubes par jour. Un ingénieur éminent, M. Batemann, celui-
là même qui a exécuté la dérivation du lac Katrin et qui
construit aujourd'hui l'aqueduc de la Compagnie Métropolitaine pour les irrigations à l'eau d'égout, a proposé d'approvisionner Londres en interceptant les sources du bassin supérieur de la Saverne. Plusieurs vallées, au pied des monts
Caleridris et Plynlimmon, sur le versant oriental du pays
de Galles, seraient barrées transversalement et formeraient
autant de lacs artificiels, dans lesquels s'accumulerait une
masse d'eau permettant de dériver régulièrement près de
600.000 mètres cubes par jour. Cette quantité, ajoutée à celle

qu'on possède déjà, fournirait un volume total de plus de
1 million de mètres cubes, supérieur par conséquent à toutes
les prévisions. L'aqueduc projeté par M. Batemann aurait
plus de 60 lieues de long. Il partirait d'une grande hauteur
au dessus du niveau de la mer, se déroulerait avec une pente
régulière dans la vallée de la Saverne, et après avoir franchi
le faîte peu élevé qui sépare cette vallée de celle de la Tamise,
il arriverait près de la capitale à une altitude telle que l'eau
pût être distribuée par toute la ville jusqu'au sommet des
maisons, sous la seule action de la pesanteur. Le coût de ce
projet est évalué à 215 millions de francs, non compris l'installation urbaine, c'est à-dire les conduites et les réservoirs,
qui porteraient la dépense à plus de 300 millions. Le prix de
l'eau ressortirait, frais d'exploitation et d'entretien payés, à
sept centimes environ le mètre cube, soit moins de trois
quarts de centimes pour le minimum de 100 litres. —

Les barrages ne peuvent pas être établis indistinctement
dans toute espèce de terrains, mais il faut que ceux ci satis-
fassent à trois conditions essentielles : 1° il faut que les terrains sur lesquels les eaux devront s'étendre n'offrent pas
une perméabilité telle que les eaux risquent de se dissiper
à mesure qu'elles y séjournent ; 2° il faut que ces terrains
ne soient pas de nature à se transformer en marécages qui
communiqueraient aux eaux des propriétés malfaisantes, et
que les roches qui les constituent n'abandonnent pas aux
eaux des éléments minéraux nuisibles ; 3° il faut enfin que
ces terrains offrent une résistance suffisante pour supporter
la pression énorme développée par le poids de la digue et
des eaux accumulées ; en d'autres termes, ils ne doivent pas
être de nature à se détremper profondément, et à tasser ou à
couler quand surviennent les incidents météorologiques.
Sans cela, ou peut compromettre gravement la sûreté des
villes qui recourent à ce mode d'alimentation, ainsi que les
contrées situées sur le parcours naturel des eaux, en aval de
la digue. La digue en effet peut en se rompant déterminer

de redoutables inondations, comme la ville de Sheffield en
a fait, il y a quatre ans, la douloureuse expérience [1].

Le second mode de se procurer les eaux, consistant à
créer des sources par voie de drainage ou autrement, est le
plus moderne des trois. Il a reçu son expression la plus raffi-
née dans le programme de *la circulation continue par système tubulaire,* dont nous avons donné quelques extraits au
début de ce chapitre. L'école de MM. Ward et Chadwyck a
proposé, on a vu, comme moyen général d'alimenter les
villes en eau pure, de drainer à la manière agricole les sols
environnants et de transformer ainsi les eaux pluviales en
sources artificielles, jaillissant à 2 ou 3 mètres au-dessous de
la surface, suivant la profondeur donnée aux drains. Ces sols
doivent d'ailleurs être convenablement choisis afin de ne pas
communiquer aux eaux de mauvaises qualités ; on recommande, sous ce rapport, comme les meilleurs, les terrains
sableux et siliceux. Quant à la superficie nécessaire pour
l'approvisionnement d'une ville, elle est moindre qu'on ne
serait tenté de le supposer au premier abord. Dans le
Royaume-Uni, on l'évalue seulement à 9 hectares par
1.000 âmes de population, pour une consommation de
150 litres par tête et par jour [2]. Elle serait naturellement

1. Personne n'a oublié le récit de cette catastrophe épouvantable, qui
coûta la vie à des centaines de personnes et occasionna des dégats pour
plusieurs millions de livres sterlings. A la suite de pluies prolongées, les
terrains qui supportaient les digues se détrempèrent, les barrages furent
minés peu à peu en dessous et tout d'un coup une masse énorme d'eau et
de boue fit irruption dans la plaine et arriva en quelques instants à Sheffield,
en balayant tout sur son passage. La ville fut littéralement couverte de limon et les usines mêmes qui avaient résisté au torrent ne purent reprendre
leurs travaux que longtemps après. M. Rawlinson, delegue par le gouvernement pour constater les causes du désastre, reconnut que les digues avaient
été mal établies, mais il n'en reste pas moins que la solidité naturelle du
terrain est la première garantie de la conservation de la digue.

2. Dans un terrain drainé, et par consequent devenu très-permeable, on
peut admettre que la moitié au moins des eaux pluviales est recueillie par
les drains, soit une hauteur d'eau annuelle de 60 centimètres dans un

plus grande dans les contrées où il tombe moins de pluie. En prenant un chiffre de 10 hectares, on voit que la superficie nécessaire à l'alimentation de Paris, à raison de 150 litres par tête, ne serait que de 20.000 hectares, soit un carré de 14 kilomètres de côté seulement [1].

Néanmoins, pour les grandes villes surtout, il y a une difficulté presque insurmontable à se procurer une surface qui puisse être ainsi préparée. Même dans les pays où le drainage agricole est le plus en honneur, comme en Angleterre, on ne peut compter sur les eaux fournies par la pratique individuelle des cultivateurs ; car, à moins d'une entente tout à fait invraisemblable entre eux, le réseau du drainage présenterait inévitablement de très-grandes lacunes, et la qualité des eaux serait singulièrement compromise. Quant à faire opérer ce travail par les villes elles-mêmes, il n'y faut pas songer, car jamais une cité de quelque importance n'aurait à sa disposition une suffisante étendue de terrains. On doit donc considérer ce moyen, excellent en théorie, comme d'une exécution à peu près impossible sur une grande échelle. Aussi ne croyons-nous pas que le projet mis en avant, concurremment avec celui de M. Batemann, d'approvisionner Londres au moyen du drainage de vastes surfaces à l'ouest, ait aucune chance de succès. C'est uniquement pour les petites localités, et encore à la condition que la propriété soit très-peu morcelée, qu'on peut en certains cas espérer d'aboutir. En Angleterre, où cette dernière condition se trouve remplie, on cite quelques villes faible-

pays où la quantité tombée dépasse en moyenne 1^m,20 ; c'est donc 0^m,60 cubes d'eau potable par mètre carré de surface ou 6 000 mètres cubes par hectare et par an. Or mille âmes de population, à 150 litres par tête et par jour, consommeraient 54.750 mètres cubes par an, soit neuf fois la quantité d'eau recueillie sur un hectare ou la quantité recueillie sur neuf hectares.

1. Avec un carré de 20 kilomètres de côté et une hauteur de pluie de 1 mètre, on pourrait donner aux habitants de Paris 300 litres par tête et par jour.

ment peuplées, Rugby, Ottery-Saint-Mary, Paisley, Ayr, Kilmarnock, qui ont réalisé intégralement les théories de la nouvelle école sanitaire.

Mais si la création des sources, sous la forme que nous venons d'indiquer, est difficile à pratiquer, elle l'est beaucoup moins par un autre mode, qui consiste à établir un petit nombre de drains puissants dans quelque couche sous jacente, devenue, par des causes quelconques, le réceptacle des eaux d'infiltration, ou des sources souterraines. On s'adresse ainsi, non plus à la surface elle-même, qu'il faudrait attaquer en tous ses points, mais à une couche très-perméable, contenant en quelque sorte déjà toute formée la nappe qu'il s'agirait précisément de créer par le drainage ordinaire; il suffit dès lors d'attaquer cette couche seulement sur certains points. Tel est le système adopté, notamment, par la ville de Liége, en Belgique.

Cette cité jouissait d'une distribution publique, mais tout à fait insuffisante. L'eau provient d'un certain nombre de petites galeries, creusées, à diverses époques, dans les coteaux environnants, soit pour les besoins mêmes de la ville, soit pour l'exploitation des mines de houille. On a décidé, il y a quelques années, d'organiser une large distribution, dans le triple but d'alimenter les maisons, d'approprier les rues et d'assainir les égouts. Trois projets ont été discutés : l'un consistant à purifier les eaux de la Meuse au moyen de galeries filtrantes (d'après un système sur lequel nous reviendrons) ; l'autre à récolter par un drainage agricole les eaux pluviales qui filtrent à travers les sables de la Campine; le troisième enfin, celui qui a prévalu, consistant à amasser les eaux souterraines de la Hesbaye (ligne de coteaux dominant Liége), au moyen de galeries traversant le terrain houiller et les argiles de la base du terrain crétacé, et ensuite pénétrant dans les couches perméables supérieures, reconnues très-aquifères La galerie principale, dite galerie d'Ans, (Planche III, fig. 1 et 2), débouchera près des faubourgs, à 65 mètres au dessus du niveau de la Meuse. Elle aura 1^m,80 sur 1^m,20 de section, cinq kilomètres de longueur, et une pente dirigée vers la ville, de 1 millimètre par mètre. Soigneusement maçonnée dans tout son parcours à travers les argiles et le terrain houiller, afin de ne pas recevoir les infiltrations moins pures de ces couches, elle sera, au contraire, à vif dans le terrain crétacé. A l'extrémité de cette galerie, c'est-à-dire en plein dans la craie, et à 36 mètres au dessous du sol en même temps qu'à 25 mètres sous la surface actuelle de l'eau, deux autres galeries de 2.500 mètres de longueur chacune et de même section que la première, avec laquelle elles seront à angle droit, compléteront le réseau. Elles auront une pente, dirigée vers la galerie principale, de 1 mètre par 1.500 mètres. On pourra les développer, si cela était nécessaire, mais on compte que le système, tel quel, fournira une suffisante quantité d'eau, car on évalue le débit à 80.000 hectolitres par jour, ce qui représente environ 100 litres par habitant, en sus des ressources déjà existantes.

Le même procédé a été employé tout récemment par la ville de Montauban, mais dans des conditions qui le rapprochent encore davantage du drainage, car la nappe souterraine à exploiter se trouve ici parallèle à la surface et à quelques mètres de profondeur seulement. On peut la considérer comme la représentation exacte de la couche aquifère qui s'établirait en vertu d'un réseau de drains posé à cette distance de la surface. On l'a exploitée au moyen d'une galerie perméable, de quelques cents mètres de long, établie souterrainement à 7 ou 8 kilomètres de la ville, entre Montauban et Négrepelisse. Les eaux se rassemblent dans cette galerie, à travers les joints des parois, et sont reprises pour la distribution.

Le troisième mode, à savoir par emprunts directs à des fleuves ou à des rivières, est le plus anciennement connu et celui qui a dû se présenter le plus naturellement à l'esprit des populations. Malheureusement, ainsi que nous l'avons déjà remarqué, cette nature d'eau est rarement convenable pour les usages domestiques et en particulier pour la boisson. Elle est à la fois trop impure et trop exposée aux variations de température. Pour se mettre à l'abri du premier de ces deux inconvénients, de beaucoup le plus grave, on a recours au filtrage, soit artificiel, soit naturel. Nous indiquerons tout à l'heure en quoi consiste le filtrage naturel, qui est un procédé beaucoup plus récent que l'autre et qui ne date, pensons-nous, que d'une quarantaine d'années.

Les trois principales distributions obtenues par voie d'emprunt, sont celles de Paris, de Londres et de Marseille. A Paris nous avons vu qu'on avait été obligé d'y suppléer, pour les usages domestiques, par une distribution d'eau de sources; chacun sait d'ailleurs que l'eau de Seine n'est potable qu'à la condition de subir un filtrage dans les appareils de ménage [1]. A Londres, sept compagnies empruntent à la Tamise, et une huitième à la rivière Lea, affluent du fleuve, les 450.000 mètres cubes d'eau qu'absorbe journellement la métropole; c'est un peu plus de 125 litres par habitant, quantité manifestement insuffisante avec les habitudes anglaises [2]. Des circonstances, sur lesquelles il est inutile d'insister en ce moment, ne permettent pas d'espérer une augmentation suffisante de ce contingent; mais, ce qui est plus

---

1. « De tous ces faits et de ces considérations, lit-on dans un Rapport
« du conseil d'hygiène et de salubrité de la Seine, du 21 juin 1861, ne
« ressort-il pas avec la dernière évidence, monsieur le Préfet, que le
« systeme général des eaux de Paris (antérieurement à la déviation
« de la Dhuys et de la Vanne) est éminemment défectueux; qu'il est
« regrettable, à tous égards, que les prises d'eau destinées à l'alimenta-
« tion de la capitale aient été établies à Chaillot, à Neuilly, à Auteuil, à
« Asnières, à Saint-Ouen, c'est-à-dire en aval de Paris, dans des stations
« telles qu'elles devaient puiser dans la Seine des eaux souillées de toutes
« les immondices d'une grande capitale ?... »

2. Nous aurons occasion de revenir sur ce point quand nous nous occuperons de la canalisation souterraine pour l'entraînement des résidus.

grave, c'est le défaut de l'alimentation au point de vue
de la qualité de l'eau. Déjà en 1855 on a dû déplacer les
prises de la Tamise et les reporter fort en amont de Londres,
à Hampton-Court, en un point tel que les fluctuations de
la marée ne pussent les atteindre. Mais cette solution, momentanément satisfaisante, devient chaque jour plus inefficace, par suite de l'extension croissante du drainage des villes
et de l'activité industrielle. On compte, en effet, au dessus
d'Hampton-Court, une population de plus d'un million
d'âmes, répartie en une cinquantaine de villes ou bourgades, et qui souille le fleuve de ses déjections, sans parler
d'une multitude de fabriques qui y déversent également
leurs résidus [1]. Quant à la rivière Lea, il n'en faut pas parler :
ses eaux, et plus encore celles du canal de dérivation qui
alimente la prise, sont devenues insalubres au dernier point,
et ont acquis dans Londres, à la suite des dernières épidémies
cholériques, la plus déplorable réputation [2]. Les procédés

[1]. « L'analyse et les statistiques, dit le docteur Edward Franckland,
« s'accordent pour etablir que chaque verre d'eau de la Tamise fournie
« par les compagnies contient une pleine cuillerée a the d'eau des egouts.
« Quoique cette eau d'egout soit, en géneral, deja bien oxydée avant que la
« distribution de l'eau ne soit faite dans la ville de Londres, cependant
« on n'a aucune garantie que toutes ses propriétes nuisibles soient dé-
« truites, parce que ces proprietés nuisibles sont contenues, suivant toutes
« probabilité, dans les parties les moins oxydables suspendues mécanique-
« ment dans l'eau d'égout. L'eau de rivière distribuée à Londres est très-
« imparfaitement filtrée ; et ainsi les matieres visibles suspendues dans
« les eaux d'egout ne sont même pas completement exclues de l'eau dis-
« tribuée. Une seule fois, pendant toute l'année 1867, j'ai obtenu un
« echantillon d'eau transparente de la compagnie Southwark. L'eau de la
« compagnie de la Grande jonction était trouble quatre fois sur douze,
« celle de Chelsea trois fois, celles de West Middlesex, de Lambeth et de
« East London chacune deux fois sur douze des divers échantillons soumis
« a l'analyse. La nouvelle compagnie des eaux de la Tamise a seule distri-
« bue de l'eau parfaitement filtrée pendant toute l'annee. »

[2]. C'est surtout pendant la periode cholerique de 1865-1866 que l'attention s'est portée sur ce sujet. Le D' Edwin Lankester a signalé ce fait
remarquable que l'epidémie s'était en quelque sorte localisée dans l'est
de Londres, et que l'eau de la compagnie qui alimentait ce district renfermait une proportion inusitée de matières organiques par rapport a l'eau

employés pour parer à de tels inconvénients diffèrent peu
de ceux que nous avons fait connaître à propos de l'épuration des eaux de fabriques : ils consistent essentiellement en
bassins de dépôt et de filtrage [1]. Mais on conçoit toute la
difficulté qu'offre la purification, à un degré convenable, de
pareilles masses de liquides, qui représentent des milliers de
fois celles qui s'échappent des établissements industriels les
plus importants. Il arrive nécessairement que les Compagnies, pressées par les besoins sans cesse croissants de la
population, filtrent peu ou filtrent mal, et envoient à la ville
des eaux débarrassées, il est vrai, des impuretés qui en
troublent la transparence, mais non de celles qui en compro-

des autres compagnies de la métropole. De son côté, le *Registral general*,
dans son rapport du 28 juillet 1866, constate que « dans l'est de Londres le
« canal qui alimente les fontaines prend l'eau dans la rivière Lea 'signa
« lée par le même rapport comme en relation probable avec des canaux
« et des bassins d'eaux corrompues', à Lealridge, où existe un reservoir,
« et qu'il parcourt deux milles en côtoyant de fort près l'égout Hackeney.
« avant d'arriver à un autre, réservoir, au nord de Bow, dans le voisinage
« de la même rivière. » — « On peut dire de cette eau, ajoute énergique-
« ment le rapporteur officiel, qu'elle féconde le champ du choléra. » Une
autre observation relevée par le docteur Lankester, et qui vient à l'appui
des conséquences à tirer de la localisation de l'épidémie, c'est que dans
cette même région est de la ville, si décimée, les quartiers desservis par
la compagnie de New-River furent relativement indemnes de la maladie.
Ces faits et bien d'autres signalés à l'occasion du choléra, ont assez vive
ment ému l'opinion en Angleterre pour qu'une enquête speciale sur les
moyens d'améliorer l'alimentation de Londres ait été ouverte récemment
par le Parlement. C'est précisément cette enquête qui a fait naître une
partie des projets auxquels nous avons fait allusion dans le cours de
ce travail et dont nous avons analysé les deux plus saillants.

1. Nous passons sous silence certains procédés spéciaux, qui rentrent
dans la catégorie des réactions chimiques et qui ne sont applicables que
dans des cas particuliers De ce nombre sont la clarification par l'alun,
pratiquée à Nantes sur les eaux de la Loire, par la Compagnie de la rue
des États, et la défécation par la chaux, effectuée à Londres par la Compagnie Plunstead, en vue de débarrasser les eaux de leur excès de calcaire.
Ce calcaire s'y trouvant, en effet, à l'état de bicarbonate, l'addition de
chaux le précipite à l'état de carbonate simple 'Mais de tels procédés,
indépendamment de leur caractère spécial. courent grand risque d'être
imparfaitement pratiqués sur des volumes considérables.

mettent la salubrité. Car c'est aujourd'hui un fait reconnu que les eaux les plus limpides peuvent cependant être très-malsaines quand elles ont subi le contact des matières organiques en décomposition [1]. On ne doit donc pas s'étonner que les eaux fournies par certaines compagnies de Londres, dont les prises sont moins favorablement situées ou dont les moyens d'action sont moins en harmonie avec l'étendue des besoins, aient à certains moments porté de graves atteintes à l'hygiène et que tous les procédés artificiels de purification soient définitivement écartés comme insuffisants.

Un autre exemple non moins saillant de l'impuissance de semblables procédés est celui des eaux de Marseille. On sait que cette ville s'alimente depuis une vingtaine d'années au moyen d'une dérivation de la Durance, qui amène près de 900.000 mètres cubes d'eau par jour, soit le double de la consommation prévue pour Paris. Tout le monde a entendu parler de ce magnifique travail et du pont de Roquefavour qui traverse la vallée de l'Arc. Le canal a 84 kilomètres de longueur et a coûté près de 40 millions de francs. Les eaux de la rivière y pénètrent par sept ouvertures de $1^m,00$ de largeur sur $2^m,00$ de hauteur ; des vannes en fonte sont destinées à régler l'admission. L'écoulement a lieu sous une pente uniforme de $0^m,30$ par kilomètre. La distribution commence dès l'entrée du canal dans le territoire de Marseille, car la plus grande partie de l'eau, les sept huitièmes environ, sert à fertiliser quelques milliers d'hectares de terre ; le reste, soit 140 à 150.000 mètres cubes, sert aux besoins de la popu-

---

1. « On n'a découvert aucun moyen artificiel efficace pour rendre potable
« ou pour approprier aux usages culinaires l'eau qui a été une fois souil-
« lée par les liquides d'égout. Les procédés connus, mécaniques ou chi-
« miques ne peuvent produire qu'une désinfection partielle : une telle
« eau est toujours susceptible d'entrer de nouveau en putréfaction. L'eau
« qui à l'œil paraît le mieux purifiée, par filtration ou autrement, peut,
« sous certaines conditions, engendrer des épidémies graves au sein des
« populations qui en font usage (*Report from the select committee on*
« *sewage, metropolis*, 1864).

lation, à raison de 500 litres par tête. Ce riche approvisionnement permet de laver les rues à grande eau et d'y faire
passer, à certaines heures du jour, des courants rapides qui
entraînent tous les débris et procurent une fraîcheur très-
appréciée sous ce climat brûlant.

Le seul défaut de cette alimentation, mais il est capital,
c'est que les eaux manquent des qualités voulues. Elles sont
chargées en tous temps d'un limon argileux, d'une excessive
ténuité [1], dont la suspension résiste au repos le plus prolongé et lui communique une teinte opaline permanente.
« Il faut cinq jours, dit M. Grimaud (de Caux), à l'abri de
« toute agitation, pour débarrasser l'eau de toute matière
« troublante. Et après cinq jours, elle reste opaline [2]. » L'arrosement des campagnes avec une eau ainsi chargée ne donne
pas tous les bons effets qu'on en attendait : il est reconnu que
les sporules des plantes sont obstruées par cette argile fine
et que les plantes meurent souvent étouffées. Quant aux
usages domestiques, c'est bien pire. On ne peut songer à boire
à son état naturel une eau qui contient normalement 1 litre
de limon par mètre cube et qui par les temps de crue ou de
souberne en contient jusqu'à 4 litres. La ville de Marseille a
donc essayé de clarifier ses eaux au moyen d'une série de
bassins de dépôt construits sur le parcours du canal et dans
lesquels les eaux en séjournant doivent abandonner une
partie de leurs matières. On a déjà construit quatre bassins
de ce genre : à Ponserat, à Valloubier, à la Garenne, à
Sainte-Marthe, desquels l'eau s'échappe par décantation ;
mais, malgré cet expédient, l'eau entre dans les conduites

---

1. D'après une analyse de M. Pisani, ce limon est ainsi composé :

Argile	56
Carbonate de chaux	39,6
Eau	4,4
Total . . .	100,0

2. *Du canal de la Durance indications théoriques et pratiques relatives
à l'emploi des eaux de la Durance dans l'économie domestique et dans
l'industrie* (Note lue à l'Académie des sciences en août 1864).

de Marseille chargée encore de 33 grammes de limon par mètre cube. Aussi établit-on un cinquième bassin, beaucoup plus vaste, à Réalfort, où l'eau pourra subir un repos prolongé, car ce bassin, d'une superficie de 75 hectares contiendra près de 4 millions de mètres cubes. Il est possible qu'on arrive par là à débarrasser l'eau des solides en suspension, mais il est douteux qu'on lui enlève la teinte opaline dont nous parlions ; d'autant plus qu'un séjour, si long qu'il soit, dans un bassin ne produira jamais les effets du complet repos qui paraît nécessaire à la décoloration de cette eau [1]. On a cherché des solutions plus radicales ; on a proposé notamment d'organiser des filtres, soit à la prise d'eau de la rivière, soit dans son lit. Les premiers devaient consister en un vaste empierrement déployé le long de la rive et appuyé de couches de gravier et de sable à travers lesquelles l'eau devrait passer avant d'être recueillie dans le canal. Les seconds s'obtenaient en creusant dans le sol graveleux qui forme le lit de la Durance un certain nombre de puits verticaux de quelques mètres de profondeur et dont les parois seraient soutenues par un tubage à claire voie. L'eau aurait été recueillie dans l'intérieur même de ces puits où elle serait arrivée en filtrant à travers les bancs de gravier. Des essais de ce dernier système ont été faits sur plusieurs points de la Durance et ont réussi en ce sens qu'ils ont donné, comme on devait s'y attendre, une eau de bonne apparence ; mais le débit était peu considérable et hors de toute proportion avec l'énorme approvisionnement qu'on réclame. La solution du problème n'est donc pas encore trouvée.

En attendant que la municipalité ait appliqué quelque méthode plus satisfaisante, les habitants sont obligés de

---

1. Ainsi que le fait judicieusement observer M. Grimaud (de Caux), il faut que ces bassins soient à l'abri des vents et que le flot ne vienne pas agiter la masse liquide ; sinon les matières excessivement légères qui constituent le limon seraient soulevées et l'effet produit par le repos de plusieurs jours serait perdu en un instant.

clarifier l'eau à domicile, quand ils ne possèdent pas de puits d'assez bonne qualité. À cet effet on emploie communément un petit appareil très-simple consistant en deux vases en terre cuite superposés, celui de dessus percé d'un trou comme un pot à fleur et rempli de sable d'eau de mer bien nettoyé. Le vase inférieur est un simple récipient faisant fonction d'*alcaraza*, dans lequel on prend l'eau à l'aide d'un tube en caoutchouc qu'on abaisse et qu'on relève à volonté [1]. Dans un certain nombre de maisons on se sert de vastes citernes dans lesquelles on recueille l'eau aux époques de l'année où elle arrive le plus claire et où on la laisse se dépouiller par un long repos. On se trouve ainsi approvisionné pour la période où la Durance est très-limoneuse [2].

Les filtres naturels ou *galeries filtrantes* sont le second moyen d'épuration de l'eau des fleuves et des rivières. Dans

1. Dans les pays chauds, comme la Provence, l'évaporation est très-active et la porosité du vase inférieur maintient la fraîcheur, pour peu que l'opération ait débuté dans de bonnes conditions de température. « Il « suffit, dit M. Grimaud (de Caux), d'enterrer un morceau de glace dans « le sable de mer et de verser de l'eau dessus, pour avoir pendant le reste « de la journée une fraîcheur qui, une fois acquise, est entretenue aisé- « ment par l'opération » Ce modeste et utile ustensile a été imaginé par le capitaine Amand Vigié.

2. L'ancienne manufacture impériale des Tabacs était pourvue d'une citerne contenant 300 hectolitres dans laquelle l'eau se conservait admirablement. Cette eau servait uniquement aux usages domestiques et pouvait suffire pendant plusieurs mois aux habitants de la maison. Les voisins en venaient souvent demander, tant cette eau jouissait d'une bonne réputation dans le quartier.

La période de trouble de la Durance dure ordinairement trois mois, août, septembre et octobre. Pendant ces trois mois l'eau n'arrive pas toujours également chargée, mais il y a trois petites crues par mois, de quatre jours chacune, durant lesquelles le limon est plus abondant. Il y a donc trente-six jours environ par an de plus grand trouble. C'est alors que se produisent dans les campagnes et les jardins et même dans les rues ces phénomènes d'agglutination bien connus des Marseillais. Partout où l'eau a passé, il reste une pellicule argileuse qui s'attache à la chaussure comme une colle et s'enlève par plaque; au dessous le sol est à peine humide, l'eau n'ayant pu s'infiltrer. Hors ces périodes l'eau arrive avec cette mi-transparence dont nous avons parlé.

ce système, au lieu de puiser l'eau directement à la rivière, par machines ou par canal dérivatoire, comme nous venons de le voir, on pratique dans le sol, à une certaine distance du bord de la rivière, une large saignée, où l'eau se rend souterrainement, par voie d'infiltration, en traversant horizontalement tout le terrain compris entre cette saignée et la rivière. La saignée est ordinairement maintenue par une maçonnerie creuse ou *galerie filtrante*, dont les parois ou tout au moins le radier sont perméables, afin de permettre l'accès de l'eau à l'intérieur, et dont la partie supérieure est recouverte d'une voûte afin de mettre l'eau à l'abri des influences de la surface ou même de soutenir les terres si la galerie est, selon le cas ordinaire, à quelque profondeur au dessous du sol. C'est bien improprement que de telles galeries sont nommées *filtrantes*, car ce qui fait fonction de filtre, en réalité, c'est le terrain à travers lequel passe l'eau pour gagner la galerie : la galerie elle-même ne sert que de support ou de face extérieure à ce filtre.

Cette disposition a une grande analogie avec celle que nous avons indiquée pour Liége et surtout Montauban. Elle en diffère en ce qu'au lieu d'être établie dans une nappe souterraine, en vue de recueillir des sources ou des eaux pluviales, elle s'adresse à un cours d'eau superficiel vis-à-vis duquel elle doit jouer le rôle d'appareil purificatoire. Ce système remarquable a été inauguré à Toulouse par un ingénieur des mines fort distingué, M. d'Aubuisson, et depuis lors il a été reproduit dans d'autres villes avec un égal succès. A Toulouse la galerie avait été originairement établie pour une alimentation quotidienne de 5.000 mètres cubes, mais elle vient d'être quadruplée sous la direction de M. l'ingénieur Hepp, de façon à donner près de 20.000 mètres cubes pour une population de 120.000 âmes. C'est environ 160 litres par habitant. La galerie actuelle, qui n'est d'ailleurs que l'extension de celle de M. d'Aubuisson, s'étend parallèlement à la Garonne, à 40 mètres de la berge. Elle a

1^m,35 de large sur 2^m,50 de haut, à l'intérieur, et est creusée
dans un banc de gravier, de 4 mètres environ d'épaisseur,
qui forme le lit de la Garonne[1]. Le banc est recouvert de
terre végétale gazonnée et la couronne de la galerie est à 4
mètres au dessous de la surface. La galerie est tout entière
en béton hydraulique ; les parois et le fond sont percés de
nombreux orifices dans lesquels sont contenus des drains qui
livrent passage au liquide. L'eau recueillie dans la galerie
est toujours claire et de bonne qualité, quoique la Garonne
soit fréquemment chargée.

On remarquera que ce système n'est applicable qu'à certaines conditions : 1° il faut que le terrain compris entre la
galerie et le fleuve soit formé de matériaux, tels que le gravier et le sable, offrant les qualités requises pour un bon
filtre ; 2° il faut que le sol environnant ne soit pas, par
exemple, marécageux, ou de nature à mêler aux eaux du
fleuve des infiltrations de mauvaise qualité ; 3° il faut que la
surface retienne convenablement les eaux pluviales et les
empêche de parvenir à la galerie ; 4° il faut enfin que le régime du fleuve soit tel, dans la région où est situé le filtre,
que les dépôts ne s'accumulent pas contre la berge de façon
à obstruer au bout de quelque temps l'accès du filtre. De ces
conditions, les deux premières se rencontrent assez générale-
lement dans le bassin des rivières importantes. La troisième,
quand elle n'existe pas naturellement, peut être réalisée artificiellement sans trop grands frais, par exemple, à l'aide d'un
bon gazonnage. La quatrième est la plus délicate et exige des
observations multipliées, car on ne trouve pas toujours,
tant s'en faut, des emplacements favorables auprès des villes.
Toutefois, en consentant au besoin, à s'éloigner, on finit

---

1. La longueur de la galerie n'était pas définitivement arrêtée quand
nous avons vu M. Hepp ; elle devait dépendre du débit qu'on obtiendrait
dans les parties nouvelles. Ces sortes d'ouvrages sont du reste faits de
manière à pouvoir s'étendre indéfiniment en longueur, à mesure qu'on veut
augmenter l'approvisionnement.

souvent par découvrir un endroit propice ; or mieux vaut de beaucoup augmenter le parcours des conduits que de s'exposer à avoir un filtre qui s'obstrue.

La ville de Lyon a fait récemment une application du système d'Aubuisson, grâce à laquelle elle obtient du Rhone environ 25.000 mètres cubes de très-bonne eau. Les galeries ou bassins filtratoires sont analogues à ceux de Toulouse, à cela près que les parois sont généralement étanches et que, sauf dans les premiers travaux, l'eau pénètre exclusivement par le radier. Celui-ci est à $6^m,50$ au dessous du sol ou à 3 mètres au dessous de l'étiage du fleuve. Le débit de l'appareil au moment de l'étiage est de 5 mètres cubes par mètre carré de surface filtrante ; en temps ordinaire, il est plus considérable. Le développement total des surfaces filtrantes est de 4.500 mètres carrés.

On peut citer encore la ville d'Angers qui, moyennant quelques galeries établies dans l'île du Pont de Cé, emprunte à la Loire 3.500 mètres cubes par jour. Sur les bords du Rhin, plusieurs cités, entre autres Dusseldorf, étudient la question de leur alimentation au même point de vue. On ne saurait trop recommander l'examen de ce procédé qui paraît susceptible de rendre des services beaucoup plus fréquents qu'on ne l'avait d'abord supposé. Son seul défaut, c'est de donner une eau exposée à toutes les variations de température du fleuve lui-même. Sous ce rapport un semblable procédé ne vaut pas la récolte des sources, soit jaillissantes, soit souterraines.

Un dernier moyen pour obtenir l'eau pure des rivières, moyen que nous mentionnons à peine parce qu'il rentre à vrai dire dans une catégorie précédente, consiste à reporter les prises à une très-grande distance en amont des villes et même près de l'origine des fleuves. Telle est, par exemple, la solution qui aurait été adoptée à Paris, si l'on avait donné suite au projet mis en avant d'alimenter cette capitale à l'aide d'une dérivation établie dans la partie supérieure de la

Loire. Mais il est clair que de semblables combinaisons reviennent plus ou moins, en réalité, à recueillir des eaux de sources; car à mesure qu'on remonte le cours d'un fleuve il se présente dans des conditions de plus en plus semblables à celles des sources proprement dites. Il n'y a d'exception que si le fleuve est alimenté par la fonte d'un glacier, parce qu'alors il fournit, à son origine même, une eau de mauvaise qualité [1].

En résumé chacun des modes d'alimentation que nous venons d'examiner est susceptible, sous certaines conditions, d'être appliqué avec avantage. Le choix à faire entre eux dépend nécessairement des circonstances dans lesquelles on se trouve. Le meilleur intrinsèquement de tous paraît être

---

[1] On rencontre bien quelques autres expédients employés par les villes pour s'alimenter; mais ils tiennent ordinairement a des circonstances toutes locales et ne méritent pas dès lors de figurer parmi les moyens normaux. Ainsi Nîmes s'alimente avec la fontaine dite des Romains, qui jaillit dans la ville même, et Avignon avec la célèbre fontaine de Vaucluse, qui est une véritable rivière d'eau pure. Certaines localités ou portions de localités font usage de puits artésiens ; on sait, par exemple, que Paris possède deux puits de ce genre, et l'on a essayé, a diverses reprises, dans les Landes, de pourvoir de la sorte les villages d'eau potable. Mais outre que ce procédé ne réussit pas partout, il a souvent le tort de donner une eau manquant des qualités voulues ; celle des puits de Grenelle et de Passy est chargée de principes minéraux et a une température trop elevée. On peut encore citer comme mode exceptionnel d'approvisionnement, celui qu'il s'agissait récemment d'instituer pour la ville d'Aix-la-Chapelle. On s'était arrêté au projet de pratiquer un grand puits dans le terrain houiller, près d'Herbesthal, projet inspire par la vue des faits qui s'accomplissent dans l'une des principales houillères du pays. En effet le puits d'epuisement de cette houillère fournit une eau de bonne qualité et qui serait presque suffisante pour alimenter la ville d'Aix; il avait même eté question de passer un traite avec les propriétaires de la mine, mais la crainte de voir la qualité des eaux varier par suite des travaux ulterieurs de l'exploitation, y a fait renoncer. On se proposait donc de creuser un puits spécial dans la région la plus favorable, lequel pénetrerait dans le calcaire houiller à une profondeur d'environ 80 mètres. Des machines remonteraient l'eau à surface, d'où un aqueduc les amènerait à Aix, à une hauteur suffisante pour desservir toutes les maisons.

celui qui repose sur l'emploi des sources naturelles ; et le moins bon incontestablement, celui qu'on tend de plus en plus à abandonner, consiste à puiser directement aux rivières les eaux qu'il faut ensuite soumettre à une purification artificielle.

Quant à la manière de faire arriver les eaux à la portée des habitants, quelle que soit d'ailleurs la provenance de ces eaux, tout concourt à faire préférer l'action naturelle de la pesanteur aux engins mécaniques. En d'autres termes, mieux vaut un canal de dérivation que des machines élévatoires.

CHAPITRE II

CANALISATION SOUTERRAINE OU DRAINAGE.

La canalisation souterraine a pour but essentiel de débarrasser les villes des liquides qui les encombrent ; de là, le nom de *drainage* que lui ont donné les Anglais et qu'ont adopté après eux la plupart des peuples du continent [1].

Sous ce nom générique on désigne ordinairement deux opérations fort différentes :

1° Celle qui a pour objet d'évacuer les liquides impurs qui s'échappent des maisons ou qui s'engendrent sur la voie publique ;

2° Celle qui consiste à faire écouler les eaux ordinaires ou relativement pures, qui proviennent soit des sources renfermées dans le sous-sol, soit des infiltrations des eaux pluviales.

Les Anglais ont coutume de distinguer ces deux opérations par les dénominations respectives de drainage *imperméable* et de drainage *perméable*, parce que la première nécessite, comme nous le dirons, des canaux étanches, tan-

---

1. *Drainage*, en anglais, vient du verbe *to drain*, qui signifie : faire écouler.

dis que la seconde se contente de conduites pénétrables, pareilles à celles de l'agriculture. Cette dernière opération,
bien qu'étrangère en apparence à la salubrité, n'en a pas
moins sur elle une influence très-notable, parce qu'elle détermine dans l'intérieur du sol des phénomènes salutaires
dont nous nous occuperons par la suite. Elle se rattache d'ailleurs au grand principe de la circulation continue, puisqu'elle fait rentrer dans le mouvement général des liquides
qui, sans cela, resteraient stagnants sous les villes.

Le premier mode de drainage est de beaucoup le plus important. Il comprend tous les canaux et galeries qui, sous les
noms variés d'égouts publics et privés, de drains, collecteurs, émissaires, constituent ce vaste ensemble qu'on rencontre aujourd'hui, plus ou moins complet, dans toutes les
grandes villes, et qu'on a plus particulièrement en vue quand
on désigne la *canalisation souterraine*. C'est de celle-ci que
nous allons d'abord nous occuper; nous y rattacherons ensuite, par un paragraphe spécial, le drainage perméable.

La canalisation souterraine ou le réseau des égouts doit être
examiné sous trois aspects :

1° Au point de vue de sa destination, c'est-à-dire au point
de vue des services qu'il doit rendre ;

2° Au point de vue de la salubrité extérieure, c'est-à-dire
au point de vue des mesures à prendre dans l'intérêt des habitants de la surface ;

3° Au point de vue de la salubrité intérieure, c'est-à-dire
au point de vue des mesures destinées à protéger les ouvriers
qui pénètrent dans les galeries.

1.° DESTINATION DES ÉGOUTS.

·Les égouts peuvent rendre deux natures de services :
1° comme évacuateurs, procurant l'écoulement des résidus ;
2° comme moyens de communication, permettant de soula-
ger la voie publique et d'accomplir souterrainement certaines fonctions incommodes ou nuisibles à la surface.

ÉGOUTS ENVISAGÉS COMME ÉVACUATEURS.

Les Anglais ont défini très-simplement le rôle des égouts,
en tant qu'évacuateurs, quand ils ont dit : « Les égouts,
« doivent servir à évacuer *tout ce qui est susceptible d'être*
« *entraîné par les eaux.* » De là, il est facile de déterminer
quelles sont les matières que les égouts sont destinés à recevoir, soit de la voie publique, soit des maisons.

D'abord, de la voie publique, ils doivent évidemment recevoir toutes eaux pluviales ou autres qui coulent à la surface.
Ils doivent recevoir de même toutes les souillures, tous les
débris que ces eaux entraînent naturellement avec elles. Enfin ils doivent recevoir toutes les autres matières, insalubres
ou non, que les eaux de la rue n'entraînent pas, mais que le
flot plus puissant de l'égout est capable d'emporter. On ne
laisse donc à la surface que les corps qui risqueraient d'encombrer l'égout ou qu'on se propose d'utiliser [1], et c'est une
autre branche des services municipaux, à savoir celle dont
nous nous occupons plus loin sous le titre : *nettoiement de
la voie publique,* qui est chargée d'en débarrasser la ville.

Il va de soi que l'industrie de l'homme doit aider à l'ac-

---

1. Tels sont ceux qui alimentent à Paris l'industrie si connue du
chiffonnage, ou ces sables silieux provenant du broyage du macadam par
les voitures et qui servent à recharger la chaussee

tion des causes naturelles pour assurer et accélérer l'enlèvement des résidus destinés à l'égout. Les eaux pluviales ne sont en effet ni assez fréquentes ni surtout, à l'ordinaire, assez abondantes, pour procurer un nettoyage convenable de la rue : dans les temps mêmes où ces pluies sembleraient pouvoir suffire, la pente du sol n'est pas en général assez grande pour que les corps cèdent à l'impulsion de la gravité. Les rebuts livrés à ces seules forces ne manqueraient donc pas de pourrir sur place en infectant à la fois l'atmosphère et le sol. Aussi dans les villes bien ordonnées, l'action des eaux de distribution est combinée avec l'intervention manuelle de l'ouvrier pour procurer un entraînement régulier et périodique.

En conséquence chaque groupe ou îlot de maison est entouré, comme d'une ceinture, d'une rigole pavée ininterrompue, bordant le trottoir. Cette rigole est destinée à convoyer à l'égout tous les résidus qu'elle reçoit, soit que les maisons les y jettent, ou que le balayeur les y pousse, ou que les eaux de la chaussée les y entraînent. A cet effet la rigole est disposée en pente sur tout son parcours, de manière à ce que les liquides puissent s'écouler sans cesse et gagner le point le plus bas. Une bouche d'égout au moins, quelquefois plusieurs, selon le développement du circuit, sont ménagées aux points bas et reçoivent les apports de la rigole. Par contre, des robinets d'eau ou des fontaines jaillissantes, situées aux points hauts, fournissent un flot continu ou intermittent, grâce auquel les résidus sont soulevés et entraînés à l'égout, en même temps que la rigole elle-même est maintenue en état de propreté. Les agents de la voirie y aident ordinairement, tantôt avec leurs instruments de nettoyage, tantôt par un usage intelligent de l'eau, dont ils arrêtent ou précipitent le cours. Ils parviennent ainsi à amener graduellement de la chaussée à la rigole, et de la rigole à la bouche d'égout, toutes les matières destinées à s'en aller par cette voie ; ils en retiennent pour en former de petits tas, que les matériaux désignés pour une autre destination. Ils ont soin en outre de bien frotter le fond et le bord de la rigole, de façon à ne rien laisser entre les pavés et afin que les surfaces, de nouveau mises à sec, ne puissent exhaler aucune mauvaise odeur sous l'action des rayons solaires[1].

Telle est la première partie du rôle des égouts. Tout le monde est d'accord à son sujet; les différences d'exécution qu'on observe, suivant les localités, tiennent uniquement à des circonstances tout à fait étrangères à l'acceptation du principe. Le plus souvent, en effet, le manque de ressources pécuniaires ne permet pas aux municipalités de multiplier les égouts autant que de besoin, ni d'organiser le service dans des conditions à procurer le parfait enlèvement des matières. Dans d'autres cas, au contraire, ce sont des considérations de salubrité publique plus ou moins bien entendues, la crainte, par exemple d'incommoder les habitants en multipliant les bouches d'égout le long des trottoirs, qui met obstacle à l'écoulement superficiel. Fréquemment aussi les eaux de distribution ne sont pas assez abondantes pour jouer dans le nettoiement le rôle important que nous venons d'indiquer. Mais au fond, nous le répétons, personne aujourd'hui ne conteste plus l'utilité qu'il y a pour une ville à posséder un système d'égouts en état de remplir une semblable destination.

Si ce n'est pas en Angleterre que le service est le mieux

---

1. Paris est très certainement la ville du monde où ce service, dans les beaux quartiers du moins, s'accomplit avec le plus de ponctualité. Il n'est personne qui n'ait remarqué les agents de la voirie qui, à diverses heures du jour, procèdent au nettoyage des rigoles. On les voit avec leurs larges balais de crins pousser devant eux des amas de résidus et les précipiter dans la bouche de l'égout. Souvent ils créent pour quelques instants de petits barrages dans le ruisseau, de manière à déterminer la formation d'une flaque d'eau dans laquelle ils soumettent les boues a une lixiviation, laissant passer les parties légères en suspension et retenant les sables qu'ils déposent en tas sur le bord pour les faire servir a l'entretien de la chaussée.

organisé, c'est du moins en ce pays que l'application du
principe est le plus largement conçue. Depuis la réforme sanitaire inaugurée par le *Public Health act* de 1848 et sous
l'impulsion des savants avis donnés par le *general Board of
Health*, des travaux immenses ont été accomplis par les municipalités du Royaume-Uni. Présentement il n'y a plus de
ville de quelque importance qui ne soit dotée d'un réseau
d'égouts à peu près complet; et, parmi celles du dernier
ordre, il en est peu qui n'en offrent au moins les linéaments
principaux. Ce qui frappe dans les moindres localités, com-
parées à celles de France, c'est la propreté relative des rues.
L'absence d'immondices annonce l'existence de moyens d'é-
coulement, dont on ne tarde pas en effet à apercevoir les orifices, espacés le long des maisons. Mais ce qui étonne peut-
être encore davantage, c'est l'application qui en est faite dans
la banlieue des grandes villes. Les demeures de la classe aisée
sont, comme on sait, distribuées autour des centres industriels et souvent à une distance de plusieurs kilomètres. Les
routes qui y conduisent sont pourvues d'un égout central
qui reçoit à la fois les eaux pluviales de la chaussée et les
résidus des maisons. Les beaux districts des deux Edgbaston,
aux environs de Birmingham, ceux de London Road et
Oxford Road, autour de Manchester, ceux d'Headingley et
de Round Hay, auprès de Leeds, les quartiers qui entourent
le Park à Glasgow, et mille autres qu'on pourrait citer,
sont établis d'après ces principes [1]. Là où les dispositions
ne sont pas complètes, on est sûr qu'elles ne tarderont pas à
le devenir, et peu à peu les égouts atteignent les habitations
les plus reculées. Au sein des villes, les nombreux squares
qu'on a ménagés pour l'agrément sont le plus souvent traversés ou longés par l'égout public, qui sert d'exutoire à

---

1. L'exemple le plus remarquable est peut être celui de la grande route
de Birmingham à Wolverhampton. Les villes et les bourgs se pressent
tellement, sur ce parcours de 20 kilomètres, que l'egout y est, pour ainsi
dire, sans interruption.

leurs eaux [1]. En résumé et laissant de côté les imperfections
de détail, il est vrai de dire que tous les quartiers habités
sont ou seront bientôt pourvus de moyens publics d'écoulement ; réforme salutaire, dont le dernier accomplissement
sera encore hâté par les prescriptions du *Sanitary act* de
1866 [2].

1. Le seul côté qui laisse a désirer dans ces vastes travaux, c'est trop
fréquemment le manque d'unité. Ce vice s'est bien fait sentir à Londres,
dont le territoire est divisé en plus de vingt districts indépendants les uns
des autres, sauf en ce qui concerne les grands collecteurs. Les égouts n'y
remplissent pas toujours leur rôle, et l'on a des exemples de canaux sans
débouché ou disposés à contre pente. Des faits analogues se produisent
ailleurs ; on nous en a cité à Manchester, à Newcastle, à Cardif, etc., et,
quand nous sommes passés a Leeds, il y a quelques années, on venait de
s'apercevoir qu'une portion de l'égout d,Headingley était sans communication avec le reste. Il convient d'ajouter que ce défaut d'unité dans le plan et
les vices qui en résultent dans l'exécution sont tous les jours plus vivement
sentis, et qu'on commence à réagir sérieusement contre l'organisation administrative qui en est la cause. A Londres, notamment, où les inconvénients
sont plus grands que partout ailleurs, on réclame une nouvelle organisation
qui se rapproche de celle de la ville de Paris. Nous aurons occasion de
revenir sur ce sujet.

2. Cet acte mémorable, entre autres prescriptions, rend obligatoire
l'exécution d'égouts publics et, en certains cas, d'une distribution d'eaux
publiques. L'art. 49 dit: « Sur la plainte adressée a l'un des ministres de
« Sa Majesté, qu'une autorité pour les égouts ou qu'un conseil local de
« salubrité a manqué à pourvoir son district d'égouts suffisants ou à
« maintenir en état ceux qui existent, ou à pourvoir son district d'une
« alimentation d'eau, alors que la santé des habitants est compromise par
« l'insuffisance ou la mauvaise qualité de l'alimentation actuelle et qu'une
« alimentation convenable peut être procurée à un prix raisonnable ; ou
« (sur la plainte adressée) qu'une *Nuisance authority* a manqué à appliquer
« les dispositions des *Nuisance removal acts* ou qu'un conseil local a
« manqué a appliquer les dispositions du *Local government act*, ledit
« ministre de Sa Majesté, s'il reconnaît après enquête que l'autorité est
« réellement coupable du manquement allégué, lui fixera un delai pour
« l'accomplissement de son devoir , et après ce délai, si le devoir n'est
« pas rempli, il designera une personne pour le remplir, et prendra une
« decision en vertu de laquelle les dépenses y relatives, en même temps
« qu'une rémunération raisonnable de la personne désignée, dont le chiffre
« sera fixé par la decision, ainsi que tous les frais de l'instruction, seront
« payés par l'autorité en défaut... »
Une telle clause contraste singulierement avec le caractère habituel de

Les égouts, pour remplir leur complète destination vis-à-vis de la voirie, ne doivent pas s'étendre uniquement sous les rues proprement dites ou sous les voies bordées de maisons habitées, mais aussi sous les squares, parcs, et, d'une manière générale, sous toutes les surfaces publiques découvertes qui sont comprises dans l'enceinte des villes. La simple circulation des voitures et des piétons, le passage des animaux domestiques, suffisent à engendrer des souillures dont il importe de débarrasser le sol. A défaut de ces causes, les eaux pluviales affluant des lieux élevés et entraînant avec elles des débris organiques appellent des moyens d'écoulement assurés. S'il n'est point nécessaire toujours que de semblables surfaces soient traversées d'égouts dans toute leur étendue, il convient du moins qu'elles communiquent au réseau souterrain par quelque point. En conséquence chaque emplacement de ce genre doit être pourvu au moins d'une bouche d'égout, située à l'endroit le plus bas, et de telle façon que toutes les eaux de la surface puissent y converger et gagner l'égout.

Voyons maintenant la destination que ces mêmes égouts ont à remplir vis-à-vis des habitations, ou ce qu'on entend par le drainage privé.

Les maisons d'habitation fournissent trois variétés d'eaux impures ou de résidus susceptibles d'être entraînés par les eaux ; ce sont : 1° les eaux pluviales coulant des toitures ou tombant dans les cours, arrière-cours et autres surfaces découvertes ; 2° les eaux dites *ménagères*, comprenant les divers liquides fournis par la vie domestique, nettoyage de la maison, cabinets de toilette, service de la cuisine.

---

la législation anglaise, laquelle professe pour les prérogatives municipales un respect proverbial. Il a fallu toute l'importance qu'ont prise de nos jours les questions de salubrité publique, importance encore accrue par le retour de l'épidemie cholérique de 1865-1866, pour avoir déterminé le peuple anglais à introduire dans ses codes une disposition aussi radicale que celle que nous venons de rapporter.

lavage du linge, etc. ; 3° les produits des *water clósets* ou matières fécales, avec les eaux de lavage qui les accompagnent. Les établissements industriels donnent lieu aux mêmes variétés dê résidus, auxquels s'ajoutent ceux de l'industrie proprement dite, résidus dont nous avons eu l'occasion, dans le premier volume, d'indiquer la nature et la composition. Quant à ces autres établissements d'un caractère mixte, tels que abattoirs, étables, écuries, etc., il est clair que les matières qui en proviennent rentrent dans les catégories précédentes.

Pour ces diverses sortes de rebuts, lè jugement des Anglais est fort net. Ils s'en tiennent absolument à leur maxime générale : « Les égouts doivent recevoir tout ce qui est susceptible d'être entraîné par les eaux. » En conséquence, ils veulent que ces rebuts, sans exception, aillént aux égouts. Le seul correctif qu'ils introduisent à cet égard concerne les établissements industriels, non qu'ils leur refusent le droit de s'évacuer aux égouts, mais ils admettent qu'en certains cas les résidus devront être préalablement modifiés dans leur état physique ou dans leur composition, ou assujettis à certaines règles, quant à leur mode d'écoulement, de façon à prévenir les inconvénients qui pourraient résulter de la brusque introduction dans les galeries de substances susceptibles d'engendrer par leur contact avec les liquides d'égout des réactions dangereuses ou trop incommodes [1].

1. Voici, entre plusieurs, un fait qui montre le danger que peut faire naître l'admission arbitraire de certains résidus industriels. « Le 4 février « 1862, lisons-nous dans un rapport de M. Haywood, ingénieur des égouts « de la Cité de Londres, quatre ouvriers furent trouvés morts dans l'é- « gout de Fleet Lane, où ils avaient travaillé... Les circonstances rela- « tives à cette calamité sont remarquables par l'absence apparente de toutes « les conditions qui entourent ordinairement de tels accidents. L'égout « est neuf, avec une pente rapide, pourvu d'un flot abondant... très bien « ventilé, et, sans aucun doute, un de ceux qui auraient été considérés « par tous les hommes compétents comme entièrement exempts de dan- « ger. L'opinion du Dr Letheby a été que ces morts doivent être attri- « buées à l'action de l'hydrogène sulfuré, et il suppose qu'il a été soudai-

Toutefois les catégories de résidus auxquels ces restrictions s'appliquent paraissent, jusqu'à présent, se réduire à deux : les résidus acides et les résidus ammoniacaux ; les premiers, parce qu'ils peuvent, avons-nous dit, développer des réactions subites et tumultueuses, ou même détériorer la maçonnerie des égouts [1] ; les seconds, parce qu'ils dégagent une odeur insupportable qui se fait sentir jusque dans les rues. Aussi, dans la plupart des villes anglaises, interdit-on aux usines à gaz de perdre leurs eaux ammoniacales aux égouts. Mais cette interdiction tend à gêner de moins en moins l'industrie, car l'application des méthodes plus perfectionnées, entre autres de la méthode de M. Mallet, a pour résultat de retenir l'ammoniaque contenue dans les liquides et d'utiliser ou de faire passer dans des composés solides le soufre existant à l'état d'hydrogène sulfuré. La restriction ci-dessus n'atteint donc en réalité que les acides ; or, il est facile quand on ne les utilise pas, de les neutraliser par du calcaire ou de les étendre d'eau — deux solutions également praticables au sein des villes — de façon à écarter tout danger appréciable. Sauf cette unique réserve, on peut dire que dans le Royaume-Uni tous les résidus liquides provenant des habitations ou des fabriques sont admis librement aux égouts.

La conséquence de cette pratique, et c'est là, du reste, le grand résultat que poursuivaient les Anglais, c'est de supprimer tout liquide stagnant, tout dépôt d'ordures au sein des habitations. Comme le disait à Bruxelles M. Ward,

« nement engendré dans l'égout par des acides qui y ont été déchargés « et qui ont réagi sur les dépôts » (Rapport de M Haywood, ingénieur de la Cité).

1. Il y a quelques années, a Louvain, les maisons longeant le côté qui donne sur le rempart furent privées d'eaux potables, parce qu'un des industriels, qui habitait le quartier depuis longtemps, avait laissé, à son insu, pénétrer dans l'égout l'eau acide provenant de l'épuration de l'huile d'éclairage. La maçonnerie avait promptement livré passage a ces liquides, qui de là s'étaient infiltrés dans les puits et en avaient infecté les eaux.

dans la note que nous avons reproduite en commençant :
« Nous éliminons les fosses stagnantes ; nous remplaçons
« les latrines ouvertes par le water closet, dans la maison
« du moindre ouvrier, et nous abolissons ainsi, avec toute
« odeur désagréable et toute putréfaction nuisible, les in-
« nombrables maladies que les miasmes et la putréfaction
« engendrent. » Toute maison anglaise qui se respecte est
donc tenue aujourd'hui d'avoir au moins trois communications directes avec l'égout : une pour les eaux du ciel, une à
l'évier de la cuisine et une troisième au cabinet d'aisances,
c'est-à-dire que le tuyau de chute des latrines, au lieu
d'aboutir à une fosse fixe ou mobile, comme en France,
pénètre directement dans l'égout et y décharge en totalité
les matières fécales [1]. Tel est l'état de choses actuel dans
l'étendue de la Grande-Bretagne ; non sans doute que ces
dispositions soient appliquées partout, mais partout du
moins le principe en est admis et l'exécution se poursuit
avec une grande vigueur [2].

1. Le nombre de ces communications augmente, bien entendu, selon
les convenances et les dispositions de la maison. Ce que nous indiquons
là est un minimum.

2. C'est à Londres que la transformation marche le plus rapidement
Dans les quartiers centraux, notamment dans la Cité, les fosses de tous
genres ont disparu, sauf dans quelques demeures pauvres. Aussitôt que
l'inspecteur de la salubrité est informé de l'existence de l'une d'elles, il
en ordonne le curage et le comblement. On évalue à 300.000 le nombre
des réceptacles supprimés dans les dix premières années de la réforme
(de 1850 à 1860). Dans les districts extérieurs, on trouve encore bon
nombre de fosses ouvertes, quoique rarement chez la classe aisée. Enfin
plusieurs maisons des faubourgs déchargent à des fossés, tantôt ouverts,
tantôt surmontés de voûtes en maçonnerie, selon que les odeurs prédo-
minent. Cet état de choses, presque exclusif aux maisons anciennes, tend
rapidement à disparaître, par suite de l'extension des égouts publics et
de la surveillance des autorités sanitaires.

Dans les autres villes, la réforme est moins avancée. On y voit beaucoup
de fosses ouvertes ou *middens*, qui sont le vrai réceptacle national. On en
portait récemment le nombre à plus de 30.000 pour Manchester, 20.000
pour Liverpool, autant pour Birmingham, et ainsi en proportion pour les
autres villes. Les demeures aisées elles mêmes n'en sont pas exemptes

Une réforme aussi radicale ne s'est pas faite sans obstacle. Il a fallu lutter avec des mœurs anciennes, qui étaient loin de justifier alors, on doit l'avouer, la réputation de propreté dont jouissent, à meilleur droit aujourd'hui, les villes anglaises. Il ne faudrait pas remonter bien loin en arrière pour trouver des exemples de défense formelle d'évacuer les matières fécales aux égouts publics. Même à présent, sur certains points où les municipalités ne sont pas encore en mesure d'assurer l'écoulement de tous les résidus domestiques, les autorités cherchent à retarder la mise en communication des maisons. Mais le principe général existe ; il est consacré par la législation [1], et rien ne saurait plus

et ont souvent une organisation mixte, qui consiste à envoyer aux égouts les matières provenant des cabinets des maîtres, et au *midden* celles des lieux des domestiques, ainsi que les résidus de la cuisine, des foyers, etc. Afin de diminuer les infiltrations dans le sol, on met quelquefois les *middens* en communication avec l'égout au moyen d'un tuyau qui part du fond et qui est pourvu d'une grille serrée pour empêcher la sortie des matières solides.

On trouve aussi des fosses couvertes, mais en beaucoup moins grand nombre. Quand on le peut, on les fait déboucher aux égouts, par un tuyau placé à la partie supérieure, de sorte que les liquides s'écoulent tandis que les solides s'accumulent. Cet état de choses est rare dans les maisons nouvelles, qui sont drainées aux égouts, conformément à la loi. Ainsi, tandis qu'au centre même des villes, des habitations considérables ont des fosses, dans les quartiers extérieurs, au contraire, à 2, 3 et 4 kilomètres, des maisons plus modestes sont drainées avec toutes les recherches modernes. Tel est le contraste qui s'offre aux yeux quand on parcourt les environs de presque toutes les grandes villes. Les localités secondaires sont relativement plus avancées. Quelques-unes d'entre elles, dont la population passe inaperçue, comme Rugby, Tavistock (près Plymouth), Malvern (Worcestershire). ont adopté radicalement le nouveau système. Somme toute, le drainage privé suit le développement du drainage public et tend comme lui à devenir tout à fait général dans le Royaume-Uni.

1. La législation anglaise, sur ce point, est tellement différente, nous pouvons dire tellement en avance de la nôtre et de celle des autres peuples du continent, qu'il n'est pas sans intérêt d'en résumer brièvement les dispositions principales. Déjà le *Public Health act* de 1848 avait consacré le droit pour l'autorité d'intervenir dans l'aménagement intérieur des habitations aux fins d'en exiger le drainage et certains autres objets essentiels

arrêter l'application des nouvelles idées. On peut juger, au
surplus, du progrès qui s'est fait à cet égard dans les esprits,
par cette déclaration empruntée à un document officiel :
« Pratiquement, » disait en 1858 la commission d'enquête

a la salubrité, tels qu'un cabinet d'aisances à eau ou *water closet* dans des
conditions convenables. Mais c'est surtout le *Sanitary act* de 1866 qui a
établi entre l'autorité publique et les particuliers des droits réciproques
extrêmement favorables aux progrès de l'hygiène. D'une part, en effet,
l'art. 8 de cet acte porte : « Tout propriétaire ou possesseur d'im-
« meuble dans le district d'une autorité pour les égouts (*sewer authority*)
« aura le droit de faire vider ses drains dans les égouts de cette autorité
« a condition de notifier en la forme que cette autorité pourra exiger, son
« intention d'agir ainsi et de se conformer aux règlements de ladite au-
« torité, relativement au mode de communication à établir entre les drains
« et les égouts, et d'opérer sous le contrôle de tel agent qui pourra être
« preposé pour surveiller l'établissement de ce genre de communi-
« cation... » D'autre part, l'art. 10 du même acte dispose : « Si une
« maison d'habitation dans le district d'une autorité... est dépourvue de
« drain ou est sans un drain suffisant pour la drainer efficacement, l'au-
« torité peut, par notification, requérir le propriétaire de la maison
« d'établir, dans un délai raisonnable porté à la notification, un drain suf-
« fisant débouchant à l'un des egouts placés sous la dépendance de
« ladite autorité et avec lequel le propriétaire est autorisé à communi-
« quer dans des conditions telles que cet égout ne soit pas éloigné de
« plus de 100 pieds (30 mètres) de l'emplacement de la maison ; et, à dé-
« faut d'égouts publics se trouvant dans un tel rayon, le drain débou-
« chera dans tel trou couvert ou tel autre endroit, non situe sous une
« maison, que l'autorité designera ; et si la personne à qui la notification
« est adressée néglige d'y obtempérer, l'autorité pourra, à l'expiration du
« délai porte a la notification, exécuter elle-même les travaux necessaires,
« et les dépenses ainsi faites seront recouvrées sur le propriétaire dans la
« forme sommaire. » Il suit de la que toute maison a le droit de se
drainer à l'égout public, et que, réciproquement, l'autorité municipale
a le droit d'exiger le drainage de la maison. Ces dispositions sont complé-
tées par l'art. 49 que nous avons déja cité, et aux termes duquel le
pouvoir central peut, sur la plainte des habitants, exiger la création d'un
drainage public là où ce moyen d'écoulement se trouverait à manquer. De
ces dispositions combinées résulte évidemment la généralisation, à bref
délai, du drainage public et privé dans toutes les villes du Royaume-Uni.

En ce qui concerne particulièrement la ville de Londres, la législation
est encore allée plus loin. Indépendamment des prescriptions ci-dessus,
les habitants sont tenus, aux termes des art 75 et 81 du *Metropolis local
management act* de 1855, de pourvoir leur maison d'une distribution d'eau
desservant, notamment, les cabinets d'aisances.

sur l'emploi des eaux d'égout, « pratiquement, toutefois,
« il n'importe pas qu'on trouve ou non matière à discuter
« sur l'opportunité de l'abolition des fosses, et l'envoi de
« leur contenu aux égouts publics. Le sujet a été tellement
« épuisé, et la vérité des principes susénoncés est si généra-
« lement connue et admise par le public, que l'idée de reve-
« nir aux fosses et aux maux qu'elles entraînent *est hors de*
« *la question.* »

Le service des égouts, tel que nous venons de le définir,
est bien la réalisation de ce mouvement incessant, au sein
de la cité, proclamé comme la condition essentielle de la
salubrité ; c'est bien, pour ainsi parler, le second acte de la
circulation continue, dont la distribution des eaux publiques
nous offrait le premier. Si l'on suppose, en effet, ces dispositions appliquées intégralement, la ville se trouve à l'abri
des causes d'insalubrité résultant de la putréfaction des
souillures. L'eau pure arrivant dans ses murs s'y charge des
impuretés et les précipite dans les profondeurs du sous-sol,
pour de là s'éloigner rapidement et sans leur laisser le temps
de se décomposer. Toute matière rejetée du cercle de la vie
est emportée aussitôt, et l'homme se trouve soigneusement
mis à l'abri de tout ce qui peut offusquer ses sens ou compromettre sa santé.

Sur le continent, les doctrines de l'école anglaise ne sont
point encore complétement acceptées, et c'est ici le lieu
d'examiner la nature des objections qui sont dirigées contre
elles.

En ce qui concerne les eaux pluviales, pas de contestation. Tout le monde admet la convenance de les évacuer le
plus promptement possible; on y voit le double avantage
de débarrasser le sol d'une humidité pernicieuse et d'enrichir
les égouts d'un flot naturel, propre à en faciliter le service.
C'est aux eaux ménagères que la divergence commence;
non, à la vérité, qu'on nie en principe le droit de les écouler
aux égouts, mais on trouve dans la pratique de bonnes rai-

sons pour ajourner l'exercice de ce droit. Celles qu'on
allègue le plus souvent, sont : 1° que les égouts ne se trouvent
point en mesure d'évacuer des liquides aussi abondants et
aussi impurs, et qu'en les admettant dans les galeries on
risquerait d'infecter gravement celles-ci, au grand détriment
des habitants eux-mêmes, qui auraient à souffrir des exhalaisons de l'égout ; 2° qu'il est dangereux d'établir une
communication souterraine entre les maisons et les égouts
publics, car les habitants, à peu près soustraits ainsi à tout
contrôle, pourraient abuser de cette communication pour évacuer clandestinement toutes sortes de matières et faire naître
des inconvénients de diverses natures [1]. En conséquence
dans la plupart des villes de second ordre les municipalités
se dispensent de mettre des égouts à portée des maisons.
Elles se contentent d'en pratiquer d'insuffisants sous les rues
principales, où convergent, en temps de pluie, les eaux des
quartiers environnants. Quant aux résidus ménagers des
maisons, ils s'écoulent dans la rigole de la rue, où ils pourrissent en infectant le voisinage [2].

1. On voit cette double raison mise en avant dans un rapport du conseil
d'hygiène du departement du Nord, de 1863 « L'air vicié qui s'échappe
« en abondance par nos bouches d'égout, dont les cuvettes fonctionnent
« mal, dit le rapporteur, porte l'infection dans les maisons voisines et
« engendre de nombreuses maladies. Dans une pareille situation, *il fau*
« *drait bien se garder de faire arriver directement les eaux menagères et*
« *autres dans les égouts par des canaux souterrains partant de chaque*
« *maison*, car ces derniers faciliteraient bientôt le moyen de faire passer
« clandestinement dans ceux-là le contenu des fosses d'aisances, aux
« époques de l'année où les cultivateurs, retenus par les travaux de la
« campagne, ne peuvent en debarrasser complétement les habitants.
« Une pareille tolérance aggraverait sensiblement le mal que nous ve-
« nons de signaler, surtout dans une ville où il n'existe pas encore de
« distribution d'eau pour opérer un lavage complet des ruisseaux et des
« égouts. »

2. Tout le monde a pu voir, même dans les quartiers élégants de nos
grandes villes, ces liquides noirâtres, qui degouttent par la gargouille du
trottoir et torment peu à peu dans la rigole des flaques d'où s'exhalent des
odeurs pestilenticlles Les résidus solides qu'ils abandonnent en se desse-
chant, mêlés aux débris de la rue, deviennent des barrages naturels der-

Toutefois, ces répugnances des municipalités cèdent de jour en jour devant le progrès des mœurs et déjà plusieurs villes se sont résolues à des mesures radicales à cet égard. A Paris, un décret du chef de l'État, du 26 mars 1852, porte que toute construction nouvelle, dans une rue pourvue d'égout, doit être disposée de manière à y conduire les eaux

rière lesquels s'accumulent de nouvelles eaux. Cette situation s'aggrave encore singulièrement lorsque des établissements industriels, comme c'est souvent le cas, y joignent leurs liquides chauds et saturés d'agents chimiques. On peut ajouter les inconvénients que la gelée entraîne pour la circulation, ainsi que le faisait ressortir le *Moniteur* du 9 janvier 1864, qui stimulait en ces termes les propriétaires trop peu empressés de Paris. « Voici, disait la feuille officielle, ce qui se passe en temps de « gelée, comme chacun peut le constater aujourd'hui, dans le nombre « malheureusement trop grand des rues qui ne sont pas canalisées ou « qui ne le sont qu'en partie Le même filet d'eau sortant de chaque gar- « gouille s'accumule dans le ruisseau en s'y congelant, de sorte qu'au bout « de peu de jours une zone de glace d'un mètre ou d'un mètre et demi de « largeur se développe le long de chaque trottoir. Si la gelée est accompa- « gnée de neige, cette neige fond sur les toits au moindre rayon de soleil, « et vient s'ajouter aux eaux ménagères qui se congèlent dans le ruisseau. « Il n'est pas rare, en pareil cas, de voir les rues entièrement couvertes « de glace fondante, au grand détriment de la circulation des voitures et « des piétons. Tous les efforts faits pour opérer le déglaçage sont im- « puissants pour apporter un remède à cet état de choses.... La glace brisée « et enlevée se reproduit sous les pieds des cantonniers. A peine a-t-on « saupoudré de cendre le ruisseau glacé, que le mince filet d'eau qui sort « des maisons recouvre d'une nappe glissante toutes les aspérités de cette « poussière. Nous ne parlons pas des gargouilles obstruées par la gelée, « ni de l'éventail de glace qui en sort, et que le piéton trouve à chaque « pas sur nos plus beaux trottoirs. »

Mais tout cela n'est rien à côté du spectacle qu'offrent les petites villes. Quiconque n'a pas visité certains departements du centre et du midi de la France ne peut se faire une idee de la malpropreté revoltante qui y règne. Il n'est pas rare de voir dans les rues des couches de 20 centimètres d'épaisseur de fumier, formé et exploité par les habitants. Dans les petites localités, avoisinant la montagne, où la paille manque, on la remplace par du buis, dont la décomposition nauséabonde ajoute encore aux odeurs des immondices. Le tout est arrosé par les eaux menagères des maisons, et quelquefois même par des résidus industriels. M. Dumas, secrétaire du conseil d'hygiène de l'Hérault, nous assurait avoir vu jusqu'à 30 centimètres de fumier dans certaines localités des Basses-Alpes · on marchait sur un vrai cloaque Il ne faut point croire que ces faits sont inconnus dans les

pluviales et ménagères; il en est de même de toute construction ancienne en cas de grosses réparations et, en tous
cas, avant dix ans [1]. A Lyon et à Toulouse on a pris des
arrêtés semblables, dont l'exécution se poursuit avec une
certaine vigueur. D'autres villes, tant à l'étranger qu'en
France, sont entrées dans la même voie. Bref, malgré le

autres parties de la France. Voici, par exemple, ce que constatait récemment, à Pavilly, le conseil d'hygiène de la Seine-Inférieure : « Dans un
« espace resserré, une population agglomérée de 7.000 habitants, ne sa-
« chant comment se débarrasser des immondices et des débris de matières
« animales et végétales, en compose des tas de fumier qu'elle arrose
« d'urines et d'eaux savonneuses. Au centre et très-rapprochées l'une de
« l'autre, se trouvent cinq tueries qui ont encore plus de peine à faire
« écouler les liquides et à cacher les intestins et les débris des animaux
« qu'on y abat. » Quant à la banlieue des grandes villes, nous n'en parlons pas. Chacun sait combien les moyens d'évacuation y sont imparfaits
et les trous à ordures fréquents. Les cours et les rues secondaires y sont
envahies par le fumier. Certains quartiers de la zone annexée de Paris
ou des petites villes environnantes ne le cèdent en rien, sous ce rapport,
aux derniers villages de France.

Ces faits ne sont pas d'ailleurs spéciaux à notre pays ; on les retrouve
en Allemagne, en Belgique, en Suisse même, et d'une manière générale
sur le continent. C'est une des choses qui attriste le plus le regard
quand on revient d'Angleterre, où l'on a perdu l'habitude de voir les ordures autour des habitations.

1. Ce délai, qui expirait en 1862, a été considérablement dépassé, puisqu'aujourd'hui encore (1870) on ne compte guère qu'un quart des maisons
pourvues de branchements particuliers. On doit l'attribuer d'une part à
l'insuffisance de la canalisation publique et d'autre part à la mise de fonds
assez sensible qu'entraîne une première installation ; car ces travaux, on
le sait, sont à la charge des propriétaires d'immeubles. Aussi l'administration a-t-elle souvent été obligée de peser sur eux pour les décider à
faire ces sacrifices. Le *Moniteur* du 9 janvier 1864, par exemple, disait :
« L'application de l'art. 6 du décret du 26 mars 1852, relatif à l'écoule-
« ment souterrain des eaux pluviales et ménagères, a donné et donne
« toujours lieu, dans Paris, à beaucoup de difficultés. Les propriétaires
« n'ont pas bien compris, tout d'abord, qu'il s'agissait de résoudre une
« question de salubrité de premier ordre, et c'est seulement sous la con-
« trainte de l'administration qu'ils se sont décidés, pour la plupart, à exé-
« cuter les travaux nécessaires. Cependant, depuis le 26 mars 1862, terme
« du délai de dix ans passé lequel ces travaux sont devenus obligatoires,
« plusieurs des rues principales ont été canalisées à peu près complè-
« tement. »

grand nombre de localités qui répugnent encore ou qui restent indifférentes, on peut considérer la cause de l'écoulement des eaux ménagères à l'égout comme définitivement gagnée. L'application n'est plus qu'une question de temps. Reste la question des matières fécales.

Ici le différend est beaucoup plus grave. L'opposition faite à l'admission directe de ces matières aux égouts n'est pas sur le point de cesser. La Belgique seule se montré disposée à suivre l'exemple de l'Angleterre. Ses hommes de science et ses administrateurs déclarent que les fosses d'aisances sont un danger et qu'elles doivent être remplacées par un système d'écoulement souterrain[1]. Bientôt sans doute toutes les villes de quelque importance feront comme Liége et Bruxelles. Mais hors de ce pays, les applications de la méthode anglaise restent à l'état de faits isolés. On cite bien quelques villes, où les fosses sont abolies, mais nulle part cette pratique n'est érigée à la hauteur d'un système appelé à une généralisation prochaine[2]. C'est peut-être en France que l'op-

1. Le Conseil supérieur d'hygiene publique et de salubrité de Belgique ayant été consulté par le Ministre de l'intérieur, sur la question des mesures a prendre pour recueillir les matières fertilisantes des habitations, a adopté, après un debat approfondi, les conclusions suivantes :

« 1° Dans l'interêt de l'hygiene des villes, il est désirable que le système d'évacuation qui assure l'écoulement continu des matières fertilisantes provenant des habitations, reçoive une application de plus en plus générale, l'accumulation de ces matières dans des fosses d'aisances, ainsi que la vidange et le transport desdites matières, par quelque procéde qu'ils s'opèrent, ne pouvant être que nuisible à la santé publique ;

« 2° Il importe, pour la salubrité autant que pour l'agriculture, que ces matières puissent être dirigées par des canaux souterrains vers des réservoirs construits hors de l'enceinte des villes ... »

Cette deliberation a été reproduite dans une seance de 1866.

2. Telles sont Aix-la Chapelle en Prusse, Amsterdam, la Haye en Hollande, Montpellier, Nancy en France, etc. En ce qui concerne plusieurs de ces villes, entre autres les deux dernières, nous ferons remarquer que l'envoi des matières aux égouts est chez elles une pratique extrêmement ancienne qui ne résulte point d'une étude raisonnée du problème, mais qui a simplement la valeur d'une tradition locale Ces faits, au sur-

position se montre là plus vive. On la motive sur des considérations qui sont de nature à frapper beaucoup d'esprits, et
qui se présentent avec d'autant plus de poids que c'est à
Paris même qu'on les formule. On dit : 1° que la présence
des matières fécales dans les égouts en déterminerait l'infection au point de les rendre à peine accessibles aux ouvriers — c'est, on le voit, la même objection, avec plus de
force, que pour les eaux ménagères ; 2° que ces matières seraient non-seulement infectantes mais encore horribles à
voir, que leur aspect rebuterait le personnel et ferait dé-
serter le service des égouts [1] ; 3° qu'on priverait l'agriculture
d'un engrais précieux, dont plus que jamais elle a besoin,
en même temps qu'on augmenterait la corruption déjà si
grande des cours d'eau où se déversent les égouts. Nous passons sous silence d'autres objections moins importantes [2] ;
pour nous en tenir aux trois précédentes. Voyons ce qu'elles
peuvent avoir de fondé ; c'est l'Angleterre qui nous fournira
la réponse.

En ce qui concerne la première, l'infection des galeries,
les observations faites dans diverses villes du Royaume-Uni,
notamment à l'occasion du *main drainage* [3] de Londres, et

plus, s'observaient déjà chez les Romains. Il est assez remarquable que
le dernier progrès de l'assainissement consiste précisément à revenir au
passé. Une fois de plus, en croyant innover on n'a fait qu'imiter.

[1]. M. le Préfet de la Seine nous a présenté lui-même en 1867 cette
objection, non comme l'expression de sa propre pensée, mais comme étant
formulée par son personnel. Disons toutefois qu'une conférence d'ingénieurs
du service municipal, à laquelle l'auteur de ce livre a eu l'honneur d'assister, en octobre 1869, s'est prononcée dans un sens qui montre que les
anciennes préventions ont bien diminué dans les conseils de la ville de
Paris.

[2]. On a allégué, par exemple, que la communication des tuyaux de
chute des latrines avec l'égout pouvait faciliter la perpétration de certains
crimes. Mais nous ne pensons pas qu'il y ait lieu de s'arrêter à cette
crainte.

[3]. On nomme ainsi les grands collecteurs, faits dans ces dernières années
pour détourner les eaux d'égout de la Tamise et les amener en un point
éloigné, à l'aval de Londres.

répétées depuis dans plusieurs villes du continent, ont démontré que, grâce à la quantité d'eau dans laquelle les matières fécales se trouvent délayées (quand, bien entendu, les maisons sont pourvues d'une distribution publique suffisantes), l'odeur est tout à fait insensible; que l'infection, quand elle se produit, tient, non à l'écoulement des matières fécales, mais à leur stagnation dans les galeries ou dans les réceptacles par lesquels on les fait passer mal à propos avant de les laisser aller aux égouts; qu'en un mot, pourvu que la quantité d'eau soit abondante, que les matières arrivent aux égouts directement, et que l'écoulement soit rapide, l'infection n'est point à redouter. Or nous verrons prochainement, en traitant de la salubrité des galeries, que ces conditions n'ont rien de difficilement réalisable et qu'elles se retrouvent dans les villes où la canalisation passe pour bien établie. Nous admettrons donc que cette objection n'est nullement une objection *de fond*, mais qu'elle est toute relative à la situation défectueuse des galeries [1].

Quant à la seconde objection, nous avons peine à croire qu'elle puisse arrêter longtemps des administrateurs convaincus de l'utilité de la mesure. D'abord c'est une singulière exagération de penser que les matières, sujet prétendu d'horreur pour le personnel, circulent dans les galeries sous leur aspect naturel; elles ne tardent pas à être désagrégées par la chute et par toutes les péripéties du trajet: au besoin même on y aiderait par des grilles ou autres obstacles, qui détermineraient une prompte déformation. Les liquides des villes anglaises sont loin de présenter l'aspect repoussant qu'on suppose. Et d'ailleurs, quand cela serait, les égouts ne sont-ils pas faits précisément pour exonérer la surface de tout ce qui peut offusquer les sens ou menacer la santé? Est-il logique,

---

1. Nous avons plusieurs fois examiné les liquides de Londres, au point où ils se jettent dans la Tamise, à Barking-Creek. L'odeur est tres-faible et cependant, il y a encore bien des galeries, dans l'intérieur de la ville, où les matières fécales ne s'écoulent point assez vite.

pour respecter les répugnances d'un petit groupe d'hommes, de blesser celles de tout une population ? Enfin l'exemple de l'Angleterre n'est-il pas là pour rassurer et peut-on admettre que le service serait impossible chez nous alors qu'il ne l'est pas, qu'il ne l'a jamais été chez nos voisins ? Il serait d'ailleurs surprenant qu'on ne trouvât pas d'hommes pour les égouts dans les mêmes villes où l'on en trouve actuellement pour les vidanges, qui, certes ont donné lieu longtemps à une besogne autrement repoussante que celle dont il s'agit.

La troisième objection a été sérieuse jusqu'à ces dernières années, mais elle a cessé de l'être, ou du moins l'expérience a montré que l'obstacle peut être vaincu. C'est le point de vue auquel se sont placés les Anglais : ils ne se sont pas demandé si pour éviter la perte des engrais et l'infection des cours d'eau, il y avait lieu de revenir en arrière et de reprendre la récolte des matières fécales, mais ils se sont demandé comment, étant accepté comme une nécessité l'envoi de ces matières aux égouts, on pouvait prévenir les conséquences fâcheuses que cette pratique semble devoir entraîner. Et la réponse a été celle-ci : il faut utiliser au profit de l'agriculture les liquides d'égout eux-mêmes, c'est-à-dire dépouiller ces liquides de leurs principes fertilisants avant de les rendre aux cours d'eau. Mais par quel moyen pratique arriver à ce résultat ? Telle est la question à laquelle nous consacrerons plus tard un chapitre spécial. Pour le moment bornons-nous à constater que la difficulté n'est pas réellement là où on la place, mais on doit la reporter plus loin, au point même où il s'agit d'utiliser les principes fertilisants contenus dans les eaux d'égout.

En résumé, l'école anglaise est, selon nous, absolument dans le vrai ; le rôle des égouts, tel qu'elle l'a défini. est celui auquel ils sont inévitablement destinés, les difficultés qu'on rencontre encore tiennent toutes à des défauts d'exécution dans le réseau souterrain ou à des préjugés dans les municipalités, mais l'avenir et un avenir prochain verra ces difficültés disparaître les unes après les autres, devant le progrès des lumières; la véritable salubrité est à ce prix. Tant que le rôle des égouts sera incomplet, l'assainissement le sera lui-même; on n'aura pas une solution, on n'aura que des expédients.

ÉGOUTS ENVISAGÉS COMME MOYENS DE COMMUNICATION.

Les Anglais se sont beaucoup moins occupés de cette seconde partie du rôle des égouts que de la première. Il est vrai que la salubrité y est moins intéressée. Elle est loin toutefois d'y être étrangère et nous en donnerons immédiatement une preuve. Qui ne connaît, en effet, l'infection dont les conduites du gaz, enterrées dans le sol, sont la cause? Il y a donc là matière à étudier le parti qu'on pourrait tirer, à ce point de vue, des égouts.

D'une manière générale, le rôle des égouts comme moyens de communication peut se concevoir ainsi : « Les galeries « d'égout devraient être utilisées, autant que leurs dimen- « sions le permettent, pour effectuer souterrainement tous « les services de voirie qui sont une cause d'encombrement « ou d'insalubrité pour la surface. » On aperçoit tout de suite trois objets principaux qui leur reviennent de droit : 1° les conduites d'eau, 2° les conduites du gaz de l'éclairage, 3° les rebuts de la voie publique que l'eau ne peut entraîner et qui sont périodiquement enlevés par le service du balayage. Ces trois objets ont eu, en ce qui concerne leur admission dans les égouts, des fortunes très-diverses que nous allons faire connaître.

Les conduites d'eau sont considérées en principe comme devant trouver place dans les galeries souterraines. Mais, en fait, bien des circonstances ont entravé cette disposition et aujourd'hui encore, dans la plupart des villes, ces conduites sont simplement enfouies dans le sol. Les raisons qu'on en

donne sont surtout les suivantes : 1° les égouts n'ont pas
des dimensions assez grandes pour recevoir des tuyaux encombrants et à côté desquels doit être réservée en outre une
place libre importante pour la circulation des agents chargés
de les inspecter ou de les réparer; 2° là où les galeries sont
sujettes à s'engorger en temps de grosses pluies, les conduites risquent d'être noyées et par suite de subir des efforts
tendant à en affaiblir la stabilité; 3° la rupture brusque
d'une conduite maîtresse pourrait entraîner des accidents
pour les ouvriers égoutiers qui travaillent dans le voisinage;
4° les tuyaux enterrés dans le sol sont beaucoup plus à l'abri
des variations de température que ceux qui sont posés dans
les galeries, lesquelles sont parcourues souvent par des courants d'air énergiques; 5° les tuyaux dans les égouts sont sujets à toutes les causes de dégradation que fait naître le
voisinage d'ouvriers occupés à d'autres services et habituellement peu soigneux de leur nature; la responsabilité se
divise et il est impossible de faire la part exacte de ceux auxquels incombe l'entretien et la réparation des conduites;
d'une manière générale, il n'est pas bon de mettre en contact des personnels différents, entre lesquels peuvent surgir
des rivalités et des conflits.

Nous pensons que, sauf la première raison, qui tient évidemment à une installation défectueuse des égouts et qui est
destinée à disparaître avec elle, les autres motifs allégués
pourraient se réduire au dernier, et que l'obstacle, en réalité,
c'est la division des services. Ce qui le prouve, c'est que dans
les villes où ces services sont concentrés dans les mêmes
mains, comme à Paris, on s'est parfaitement trouvé de la pose
des conduites dans les égouts. On a vu s'évanouir toutes les
craintes qui ailleurs retiennent encore les esprits; bien plus,
on a fini par trouver que les galeries offrent un excellent
asile au point de vue du maintien de la température de l'eau [1]

---

1. A Paris, toutes les conduites d'eau sont placées dans les galeries. Ces

et qu'elles donnent en même temps des facilités exceptionnelles de travail et de surveillance. Il est donc permis de penser que les objections, faites de bonne foi à la mesure, tomberaient d'elles-mêmes, par cela seul que l'organisation administrative et par suite le point de vue changerait. Quant aux avantages, ils sont trop évidents pour qu'il soit besoin d'insister : chacun comprend toute l'opportunité d'épargner à la voie publique les remaniements incessants et les interruptions de circulation qu'impose la réparation des conduites enterrées dans le sol [1].

La question des conduites de gaz est beaucoup moins avancée, et cependant les inconvénients sont bien plus graves encore. Non-seulement la voie publique est fréquemment coupée, mais le sol est profondément infecté et les plantations mêmes périssent. En outre, quand on défonce la rue, il se dégage des miasmes qui portent l'incommodité à

conduites, d'un diametre variable de $0^m,10$ à $1^m,10$, tantôt reposent sur des colonnes en fonte, tantôt sur des cornières fixees dans la paroi On a ainsi voûlu isoler ces organes, « en vue, dit M. le préfet de la Seine, de mainte« nir constante la température de l'eau, condition bien précieuse pour la « conservation des joints des conduites, dont le phenomène alternatif de « dilatation et de rétraction du métal est l'ennemi le plus redoutable, « mais condition bien autrement precieuse encore pour l'hygiène pu« blique. » La plupart des égouts comportent une double conduite afin de séparer les services, public et privé, qui sont faits, l'un avec les anciennes eaux d'Ourcq ou de Seine, l'autre avec les eaux de la nouvelle dérivation.

1. Une coupe de Parliament street, faite il y a quelques années, montrait 18 tuyaux differents, non compris l'egout public, ramassés sur une largeur de 13 metres, savoir : 12 tuyaux pour le gaz appartenant à trois compagnies), 4 pour les eaux potables (deux compagnies), 1 pour le télégraphe et 1 pour le drainage Pl II fig 5 et 6). La situation n'a guère change depuis. On se figure aisément les embarras qui en résultent pour la circulation dans une rue des plus fréquentées. M Haywood, ingénieur de la Cité de Londres, avec qui nous nous entretenions de ces faits, n'hesitoit pas a les attribuer à la séparation des services municipaux. Selon lui tout le mal vient de ce que chaque service n'a aucun lien avec les autres et opère de son côté, sans préoccupation des services voisins. Les compagnies d'eau et de gaz sont absolument indépendantes de l'administration des égouts,

distance et rend les maisons voisines, presque inhabitables.
Malgré tous ces motifs, nulle part encore les conduites de
gaz ne figurent systématiquement dans les égouts. Là où
cette disposition existe, elle y est à l'état d'exception, par
exemple, quand on a voulu traverser quelque pont ou quelque lieu d'agrément qu'on tenait d'une manière particulière
à ne pas couper pour la pose ou les réparations. Parfois
aussi on l'a adoptée dans certaine galerie isolée, à titre
d'expérience, afin d'apprécier jusqu'à quel point la généralisation du système serait possible. Mais dans aucune ville,
nous le répétons, l'application n'a eu lieu d'une façon suivie.
Jusqu'à présent les ingénieurs des services municipaux
aussi bien que les compagnies du gaz — car ces services,
on le sait, sont ordinairement dans des mains différentes
— se montrent peu disposés à opérer le rapprochement.
Les uns et les autres font valoir le même genre d'argu-
ments que nous avons déjà exposés pour les conduites
d'eau [1], auxquels s'ajoute le danger des explosions que pourraient engendrer les fuites [2] et les difficultés qui accompa-

1. Notamment en ce qui touche la préoccupation de mettre en contact
des agents de services différents entre lesquels la responsabilité des
accidents se diviserait. On insiste aussi, avec plus de raison que pour les
conduites d'eau, sur les efforts de soulèvement qu'auraient à subir les
tuyaux en cas de submersion.

2. Cette dernière objection a été malheureusement corroborée par divers
faits récents, parmi lesquels nous citerons la redoutable explosion surve-
nue au pont d'Austerlitz, à Paris, par suite de la présence du gaz dans
une galerie. Voici comment le *Moniteur* du 1er février 1865 rendait
compte de cet accident :

« Une formidable explosion de gaz a eu lieu le 25 janvier, a neuf heures
« un quart, dans la galerie d'amont du pont d'Austerlitz. La voûte de
« cette galerie, en brique et mortier de ciment, a été complètement dé-
« truite et bouleversée sur 160 mètres de longueur. Elle est crevassée et
« devra être reconstruite sur le reste du pont.

« La conduite de gaz en tôle et bitume, de 0^m,50, que la Compagnie
« faisait poser, a été détruite presque entièrement. Celle de 0^m,50 en
« fonte, de refoulement des machines d'Austerlitz, n'a été brisée que sur un
« point, et un jet d'eau énorme a traversé toute la chaussée et renverse
« un candélabre sur l'autre trottoir ; l'eau a été arrêtée immédiatement

gneraient la pose des branchements. Aussi n'a-t-on donné aucune extension à l'expérience qui avait été faite à Paris et qui a consisté à placer en galerie la conduite du Louvre depuis le guichet de Rohan jusqu'au guichet de Lesdiguières, ainsi qu'une autre artère faisant le tour de la place Napoléon et reliée à la précédente. Divers accidents ont eu lieu, à ce qu'il paraît, dans cette région.

Les adversaires de l'admission aux égouts font encore valoir d'autres considérations : « Comment, nous disait un « éminent ingénieur, trouvera-t-on le joint fuyant dans une « galerie d'égout ? Lorsque la conduite est dans le sol, on « arrive vite à localiser la fuite au moyen de sondages ; mais « lorsque l'émanation remplira la galerie sur une certaine

« Quatre ouvriers de la Compagnie, travaillant dans la tranchée aux « deux extrémites du pont, trois sur la rive droite, un sur la rive gauche, « ont été atteints. L'un d'eux a été tué, les trois autres blessés plus ou « moins grièvement

« Un cinquième, qui se trouvait au milieu du pont, a été enlevé par « l'explosion au milieu des décombres ; il est retombé dans la fouille, « mais sans être blessé.

« Voici, d'après les renseignements qui ont été recuellis sur place, « dans quelles circonstances cet accident s'est produit :

« La Compagnie parisienne faisait remplacer une conduite en fonte « a joints, système Delperdange, par une conduite de $0^m,50$ en tôle et « bitume.

« Cette nouvelle artère était jonctionnée avec l'ancienne, sur la « rive gauche, et la circulation du gaz était empêchée de ce côté par « une valve.

« Toute la traversée du pont était faite, et l'extrémité du dernier tuyau « sur la rive droite était béante dans la tranchée. Par surcroît de pré- « cautions, on avait menagé deux trous dans le tuyau voisin de la valve, « pour faire ecouler à l'extérieur les fuites de gaz.

« On assure que le gaz avait déjà pénétré dans la galerie, il y a quinze « jours environ. Aucun accident ne paraissait possible dans ces condi- « tions · aussi, depuis un mois, les ouvriers de la Compagnie travaillaient « sous la galerie en toute sécurité. Il est absolument impossible d'indi- « quer les causes de cet accident. »

Des faits de même nature, quoique moins graves, se sont produits dans d'autres villes. A Toulouse, par exemple, ou quelques égouts, notamment celui du Pont de pierre, renferment des conduites, l'ingénieur, M. Hepp, nous disait avoir eu plusieurs accidents.

« longueur, quel moyen emploiera-t-on pour constater l'en-
« droit où se fait l'échappement ? A peine, dans la plupart
« des cas, pourra-t-on y descendre. La difficulté ne sera pas
« moindre pour réparer la fuite, quand il s'agira de rem-
« placer un tuyau ou de poser un manchon, parce que les
« conduites étant perpétuellement en charge, on ne pourra
« y introduire un ballon ou autre appareil isolateur sans
« déterminer un écoulement de gaz, qu'il est déjà difficile
« aux ouvriers de supporter en plein air et qui les asphyxiera
« dans un égout. Les branchements donneront lieu à des
« difficultés d'un autre genre. Outre le percement du tuyau
« qu'ils nécessitent, ils entraîneraient le percement de la
« voûte de l'égout pour la traversée du plomb destiné à
« porter le gaz chez l'abonné. C'est en vain qu'on invoque-
« rait l'exemple des conduites d'eau ; il y a une distinction
« essentielle à faire : les fuites des unes sont sans danger,
« tandis que toute fuite des autres fait naître un péril. Enfin,
« que ne devrait-on pas redouter pour les habitations elles-
« mêmes, au sein desquelles le gaz des égouts pourrait a
« chaque instant se faire jour ! » A cela les partisans du
système répondent qu'on remédiera aux dangers des fuites
par une bonne ventilation [1] ; que les perfectionnements
connus dans les appareils d'éclairage et de respiration permettront toujours de pénétrer dans les endroits dangereux,

---

1. Parmi les moyens qui ont été suggérés pour prévenir les fuites des
tuyaux, nous signalerons, ne fût-ce qu'à titre de renseignement historique,
la solution recommandée par M. Versluys, ingénieur en chef des ponts et
chaussées à Bruxelles. Cet ingénieur, dont le nom fait autorité en Belgique, avait proposé de plonger les conduites dans une rigole ménagée le
long de l'égout sous une hauteur d'eau de 10 à 12 centimètres. D'après
lui, les fuites sont entièrement prévenues par cette pression et l'on n'a
plus à redouter aucune sorte d'inconvénient Ce système n'ayant pas été
pratiqué, il ne nous appartient pas de nous prononcer sur ses mérites,
mais voici l'exposé que M. Versluys en a donné lui-même, à l'époque où
il était chargé de l'inspection de la voirie communale de Bruxelles :

« Le problème à résoudre est donc de trouver une disposition telle que
« toute fuite de gaz devienne impossible, ou du moins puisse être con-

et que, quant à la pose des branchements sur les conduites, on doit arriver à l'effectuer *en pression*, comme pour les eaux ; que là est le problème à étudier, et non ailleurs [1].

« statée avant qu'elle ne présente de danger. C'est cette disposition que
« nous croyons avoir trouvée.

« Nous nous sommes servi d'un procédé fertile en heureuses applica-
« tions dans l'industrie : la fermeture hydraulique.

« Rappelons d'abord que la pression du gaz dans les tuyaux est toujours
« très-faible ; à la sortie du gazomètre, elle est ordinairement de 0^m 02 à
« $0^m,03$, c'est-à-dire qu'elle fait équilibre à une colonne d'eau de $0^m,02$ à
« $0^m,03$ de hauteur ; elle n'augmente ensuite qu'en raison de la légèreté
« spécifique du gaz et de la différence de niveau des lignes des tuyaux ;
« mais cette augmentation est telle que dans les points les plus élevés
« d'une ville en pente, comme Bruxelles, elle est toujours balancée par
« une colonne d'eau de $0^m,12$ de hauteur.

« Cela posé, on comprend que si les conduites de gaz sont placées à
« l'intérieur de l'égout, dans un canal rempli d'eau, de manière à ce
« que le dessus du tuyau soit recouvert d'une hauteur d'eau un peu plus
« forte que la pression du gaz à l'intérieur de la conduite, il n'y a plus
« de fuites possibles.

« Qu'une imperfection se déclare dans l'une ou l'autre des parties
« d'une conduite ainsi placée au fond de l'eau, il arrivera que cette eau
« pénètrera dans le tuyau, en donnant lieu à un certain bouillonne-
« ment à la surface, bouillonnement qui sera un indice visible du mal à
« réparer...

« Quant à l'eau qui pourrait s'introduire par les joints défectueux à
« l'intérieur des conduites, elle n'est pas non plus un danger On sait
« que le gaz entraîne toujours avec lui des vapeurs qui se condensent
« pendant le trajet et qui coulent alors selon la pente des conduites.
« Pour recueillir cette eau, on doit établir, au bas des lignes, des récep-
« tacles où elle se rassemble, et d'où on l'extrait à l'aide d'une pompe.
« Dès lors, l'eau qui pénètrerait dans la conduite suivrait la même
« route ; sa présence dans les réceptacles dénoncerait l'existence d'une
« défectuosité dans la conduite et la nécessité d'en faire la visite et la
« réparation...

« Pour racheter la pente de l'égout et maintenir l'eau dans le bassin où
« la conduite du gaz est placée il suffit de diviser ce bassin par des cloi
« sons distancées plus ou moins, selon que la pente à racheter est moindre
« ou plus rapide... Que l'on dirige un filet d'eau dans la partie supérieure
« de la conduite, c'est à dire dans la partie la plus élevée du bassin ou
« elle plonge, cette eau, se déversant de cloison en cloison maintiendra
« dans chaque partie du bassin un niveau d'eau égal à la hauteur de la
« cloison immédiatement intérieure ; conséquemment, il n'y a plus de
« fuite possible, puisqu'il y a toujours excès de pression sur le gaz. »

1. On peut mentionner comme contribuant beaucoup à diminuer les

Aussi d'éminents suffrages, en tête desquels il faut placer celui de · M. Chevreul [1], restent-ils acquis au principe de l'admission du gaz dans les égouts.

Nous pensons, quant à nous, qu'une grande partie au

fuites de gaz, le nouveau mode de jonction des conduites, dû a MM. Fortin Hermann, et employé sur la plus grande partie du réseau de Paris. Le procédé de percement de ces industriels a pour résultat de supprimer l'emploi du burin et du marteau, et de prévenir, dès lors, la production des étincelles et souvent même la rupture des tuyaux. On y gagne aussi de pouvoir effectuer le branchement sans danger et d'avoir un joint beaucoup plus solide, qui devient moins souvent l'occasion d'une fuite de gaz. « Le percement de la conduite, dit M. Trébuchet, s'effectue au « moyen d'une mèche circulaire, travaillant par bout et formée d'une « bande d'acier roulée et non soudée, en sorte qu'elle forme ressort et « retient ainsi le morceau de fonte à enlever, au centre de la mèche. « Cette dernière est, en outre, de forme conique extérieurement, afin de « boucher le trou immédiatement a la suite du percement, jusqu'a « l'instant de la pose du branchement. Cette mèche s'attèle à une ma- « chine a percer, très-simple, disposée pour se fixer dans toutes les « positions et sur tous les diamètres au moyen d'une chaîne. . Une fois « la conduite percée, il ne reste plus qu'a exécuter le branchement, qui « n'est, dans le nouveau système, qu'une tubulure devant être fixée sur « le tuyau, comme si cette tubulure avait été fondue avec le tuyau même. « Le branchement consiste donc a prendre l'attache de la tubulure qui le « compose, a l'intérieur du tuyau, au moyen d'un tube métallique évasé a « la partie supérieure de la tubulure et refoulé en forme. »

1. *Mémoire sur plusieurs réactions chimiques qui intéressent l'hygiène des cités populeuses*, 1846 C'est là qu'on trouve émise, pour la première fois, l'idée de placer le gaz dans les égouts « Il y aurait un très-grand « avantage, dit ce savant, à placer les conduites d'eau et les conduites « du gaz propre à l'éclairage dans les égouts Dès lors, le sol ne serait « plus exposé à être infecté par les vapeurs liquéfiables que le gaz en « traîne avec lui, et, lorsqu'il y aurait des réparations de fuites de gaz a « faire, l'atmosphère des rues et des maisons qui les bordent ne de- « viendrait plus infecte, comme cela arrive si souvent aujourd'hui, et les « réparations de ces fuites, aussi bien que celles des tuyaux qui con- « duisent les eaux, n'auraient plus pour conséquences les fouilles de la « chaussée des rues, qui embarrassent si souvent la voie publique. Il serait « facile d'établir un système de ventilation au moyen duquel on prévien- « drait le danger des détonations occasionné par ces fuites du gaz. »

L'ancien préfet de la Seine, M. le baron Haussmann, paraissait personnellement favorable à ce système, car on lit dans son rapport de 1854 au conseil municipal . « Ajoutons, pour ne rien omettre de ce qui se rattache au projet d'une large réforme de la canalisation de Paris, que les

moins des objections tomberait si le service du gaz et celui des égouts étaient concentrés dans les mêmes mains. Ce qui se passe sous nos yeux pour les conduites d'eau, qui sont tantôt admises et tantôt repoussées, suivant l'organisation administrative des municipalités, nous paraît fournir la preuve qu'un phénomène analogue ne tarderait pas à se produire pour le gaz. Bien des difficultés qui semblent insurmontables, seraient jugées tout autrement si le point de vue administratif venait à changer. Il n'est pas douteux qu'un ingénieur qui aurait à la fois sous ses ordres le service du gaz et celui des égouts, serait naturellement disposé à rapprocher des organes souterrains qu'il est non moins naturellement aujourd'hui disposé à tenir éloignés avec l'organisation habituelle. La première mesure propre à amener la solution du problème technique, est donc de réformer la pratique suivie par les municipalités pour les services des égouts et du gaz.

Le troisième objet signalé comme devant trouver place dans les égouts, à savoir le transport des débris de la voie publique incombant au service du balayage, est encore plus éloigné de réalisation que les deux précédents. Il n'a donné lieu à aucun essai pratique et tout se résume jusqu'ici à une idée mise en avant par des esprits plus hardis et plus novateurs. La première personne peut-être qui l'ait formulée d'une manière précise et l'ait fait sortir du domaine de la spéculation pure, est l'ancien préfet de la Seine, M. le baron Haussmann, qui avait, comme on sait, approfondi tout particulièrement cette nature de questions et avait, dans une série de mémoires au conseil municipal, posé les bases de l'assainissement de Paris [1]. « Afin de mieux assurer la

« conduites de gaz elles-mêmes, au moyen de certaines précautions dont « la science entrevoit dès aujourd'hui l'efficacité, pourraient également « circuler dans le reseau des égouts. »

1. Ces mémoires ont ete réunis et publies en un volume sous le titre : *Les eaux de Paris* On y trouve beaucoup de vues neuves et originales, et

« propreté et l'assainissement de la ville, dit M. le Préfet
« dans un de ses rapports, ne pourrait-on pas ouvrir, dans
« les cours des maisons, des trémies par lesquelles toutes ces
« saletés seraient descendues dans les galeries, où l'on re-
« cueillerait pour le transporter au loin, sans offenser la vue
« et l'odorat du public, ce que les chasses d'eau ne suffiraient
« pas à enlever ? On ne rencontrerait plus alors ces tombe-
« reaux sordides et infects qui s'arrêtent à chaque pas dans
« les rues, interrompent la course des autres voitures, et
« répandent sur leur route les débris sans nom qu'ils con-
« tiennent et les émanations révoltantes qui s'en exhalent. »
Il est fort à regretter que ce programme n'ait pas été réalisé
ou tout au moins expérimenté dans un des quartiers les plus
fréquentés. Il existe sous certaines voies des galeries assez
larges pour que le transport souterrain pût s'effectuer sans
entraver le service. Il appartenait au rénovateur de Paris
de tenter une entreprise qui aurait été le complément naturel des réformes accomplies à la surface. Il est probable
qu'un jour viendra où les peuples policés éprouveront le
besoin de reléguer dans les profondeurs du sous-sol et à
l'abri des regards les opérations qui sont en quelque sorte
les besoins secrets de la vie des cités.

A la suite de ces fonctions essentielles que les égouts devraient remplir, il est d'autres services moins importants
qu'on peut être tenté de leur demander, au point de vue
surtout des convenances de la circulation. Ainsi dans les
villes, de jour en jour plus nombreuses, où l'on substitue,
aux fils télégraphiques aériens les lignes *enfermées*, on ne
voit pas pourquoi cette installation ne pourrait pas être combinée avec l'aménagement des égouts, de façon à placer les
fils dans les galeries, soit exposés à l'air, soit contenus dans
un tube protecteur.

c'est certainement une des œuvres françaises les plus avancées en matière d'assainissement.

2° AGENCEMENT DES ÉGOUTS AU POINT DE VUE DE LA SANTÉ DES HABITANTS.

DISPOSITIONS RELATIVES AUX INFILTRATIONS.

Les égouts constituent un danger pour les villes quand leurs parois livrent passage à des liquides impurs qui infectent le sol. Non-seulement alors les eaux des puits peuvent être altérées au point de donner la mort aux personnes qui en font usage [1], mais les couches supérieures du terrain elles-mêmes, en vertu de la capillarité, peuvent se saturer graduellement des matières que l'égout fournit sans cesse; l'infection se propage en remontant, jusqu'à atteindre le sol des caves ou du rez-de-chaussée, et au bout d'un certain temps les maisons se trouvent établies sur une base corrompue d'où s'exhalent des émanations malsaines [2]. Il importe donc à un haut degré que les égouts soient construits de façon

1. Nous rappellerons qu'à Louvain, il y a quelques années, les maisons longeant le canal furent privées d'eaux potables à la suite des infiltrations d'un égout qui recevait les résidus d'une fabrique d'huiles minérales, et qu'à Liège plusieurs étudiants moururent en peu de temps, comme le constate un rapport du 30 mars 1865, empoisonnés par l'eau d'un puits qui était atteint également par les infiltrations de l'égout de la rue.

2. C'est ainsi qu'à Roubaix, où des aqueducs plus ou moins étanches sont établis sous le trottoir et tout à côté des murs de fondation des maisons, il est arrivé que l'eau s'est introduite dans les caves et a souillé tout le sol des habitations. On cite notamment une cave, dans la rue de l'Épaule, où l'eau s'est élevée à une hauteur de 50 centimètres et formait une sorte de marc infecte d'où se dégageaient en abondance des odeurs de suint et d'acide sulfhydrique, engendrées par les eaux de lavage des laines qui se déchargent dans l'aqueduc Dans d'autres villes, comme Montpellier, le radier des égouts n'est seulement pas maçonné. Dans presque toutes, les galeries anciennes sont fissurées sur leurs diverses faces. On peut s'en convaincre en voyant les fouilles qui se font dans les grands centres, à Paris, Londres, Bruxelles ; presque toujours, à l'entour des vieux égouts, le sol est imprégné et dégage quand on le défonce des odeurs nauséabondes.

à prévenir toute infiltration de ce genre. Ainsi, la première règle de la canalisation souterraine c'est qu'elle soit parfaitement étanche. Cette condition, envisagée de bonne heure en Angleterre comme absolue, a fait donner aux égouts le nom de drains *imperméables,* sous lequel nous les avons désignés en commençant.

Nous n'avons pas à faire connaître les dispositions techniques à l'aide desquelles on peut réaliser une semblable imperméabilité. Ce sont là des points qui rentrent dans l'art ordinaire des constructions. Nous nous bornerons à signaler quelques particularités qui se rattachent à la fonction même des égouts. En premier lieu, on ne doit pas perdre de vue, quand on établit ces sortes d'évacuateurs, qu'ils sont non seulement destinés à retenir des liquides entre leurs parois, mais qu'ils sont exposés à recevoir des eaux acides, portées quelquefois à une haute température. Il convient donc de proscrire les matériaux sujets à s'altérer au contact des acides chauds. Il y a également lieu de considérer qu'ils doivent rouler dans leur lit toutes sortes de débris solides, dont plusieurs d'une forme et d'une dureté qui les rend très-destructeurs pour les corps contre lesquels ils frottent ; en outre ils subissent le frottement des outils en fer à l'aide desquels il faut souvent activer le curage. Il serait donc dangereux d'admettre dans la construction des parois des matériaux tendres ou de donner à ces parois elles-mêmes une épaisseur insuffisante pour résister à ces diverses actions. Une dernière considération, qui est peut-être la plus importante de toutes, mais qu'on est trop disposé à négliger dans l'espoir d'un résultat utile, c'est qu'on ne doit jamais rendre volontairement perméable la couronne des égouts ou la partie supérieure des parois latérales, en vue de faire concourir ces égouts à l'assèchement du sous-sol. On a coutume en effet dans beaucoup de localités de ménager ainsi dans la maçonnerie, des interstices ou des orifices spéciaux, à travers lesquels les eaux souterraines pénètrent dans les galeries ; celles-ci agissent alors à la manière des drains agricoles. Mais cette pratique offre de grands inconvénients, à moins que par suite de circonstances particulières les égouts ne risquent jamais de s'engorger ou que les liquides qui y circulent soient très-peu chargés d'impuretés. Hormis ces cas spéciaux, on est exposé à ce qu'à un moment donné les liquides d'égout, s'élevant au dessus de ces orifices, refluent dans l'intérieur du sol et y produisent les phénomènes d'infection qu'on veut éviter. S'il est absolument nécessaire de recueillir les eaux souterraines, il est beaucoup préférable de recourir, comme on le fait en Angleterre, au mode spécial de drainage que nous avons qualifié de perméable et dont nous nous occuperons ultérieurement.

MESURES RELATIVES AUX EXHALAISONS.

On arrive assez facilement, avec des soins entendus, à se prémunir contre les infiltrations ou du moins à les rendre peu dommageables pour la santé publique. Mais il en est tout autrement pour les exhalaisons, qui ont un pouvoir d'expansion très-différent et auxquelles on est d'ailleurs obligé de réserver des issues à cause même du service de l'égout. Les communications entre le dedans et le dehors sont nombreuses et inévitables ; or toute communication est pour les exhalaisons une occasion de parvenir à la surface.

C'est naturellement dans l'intérieur des habitations que les exhalaisons offrent le plus de danger. Là il est nécessaire d'y couper court absolument. Les choses doivent donc être disposées pour que toutes les communications existantes entre la maison et l'égout restent hermétiquement closes, sauf pour livrer passage aux résidus. En conséquence, les tuyaux de décharge des eaux pluviales, de l'évier, de la cuisine, des cabinets d'aisances et autres semblables sont munis, à leur entrée dans l'égout, de fermetures automobiles

ouvrant de dehors en dedans sous la pression des liquides et
n'ouvrant pas en sens opposé.

On emploie trois types de fermetures : les trappes mobiles,
les syphons et les cuvettes hydrauliques. Les trappes ou
soupapes ordinaires consistent dans une plaque à contre-
poids qui bascule sous la charge des résidus et se referme
aussitôt après que l'écoulement a cessé. Ce système assez
usité autrefois, surtout en Angleterre, est de plus en plus
abandonné : il est sujet à dérangements, et laisse presque
toujours passer l'eau à travers les joints : aussi ne l'avons-
nous mentionné que pour mémoire. Les fermetures hydrauliques, de tous genres, ont définitivement prévalu. Leur
principe est, comme on sait, d'avoir leurs joints toujours
noyés dans le liquide, ce qui réalise une herméticité aussi
simple que parfaite, à la condition, bien entendu, que le
liquide ne manque jamais ; or il est clair que pour les
tuyaux servant aux usages domestiques, à la cuisine, au
water closet ou aux cabinets de toilette, l'eau est constamment en abondance. Quant au tuyau des eaux pluviales, le
seul qui soit exposé à se trouver à sec, l'inconvénient est beaucoup moindre, puisque ce tuyau ne débouche pas dans les
appartements mêmes ; d'ailleurs on peut au besoin lui fournir
de l'eau soit par les mansardes, soit par la cour, suivant les
relations établies. La fermeture hydraulique, pour les
drains privés, est donc un excellent moyen. Le type à syphon
consiste , comme son nom l'indique, dans un syphon ordinaire, mais occupant une position renversée, de telle sorte
que la courbure soit en bas, la plus longue branche allant
vers la maison et la plus courte débouchant à l'égout.
L'écoulement a lieu en vertu du poids du liquide qui afflue
par la plus grande branche et l'issue des gaz est interceptée
par l'eau qui séjourne dans la courbure. Cette disposition
est fort bonne pour les cabinets de toilette ; mais, pour le
water closet et l'évier, on a le risque que les résidus s'accu-
mulant à la partie inférieure ne finissent par boucher en-

tièrement le passage. Il est vrai qu'on peut d'ordinaire y remédier en versant brusquement un certain volume d'eau qui entraîne les obstacles ; mais mieux vaut éviter l'emploi du remède en prévenant les obstructions elles-mêmes. A ce point de vue, on doit recommander la cuvette hydraulique adoptée à Paris, laquelle, par la sûreté de son jeu, est certainement le meilleur appareil qu'on puisse souhaiter, quand la disposition du branchement d'égout en permet l'application. C'est simplement une cuvette en maçonnerie, reposant sur le sol du branchement et dans laquelle le tuyau de chute débouche verticalement, de telle sorte que l'orifice libre de ce tuyau se trouve un peu au dessous des bords de la cuvette. Celle-ci étant maintenue pleine par les envois de la maison, l'orifice du tuyau est constamment noyé dans le liquide, et le trop plein de la cuvette s'écoule en s'épanchant par dessus les bords. Les matières lourdes, au contraire, restent au fond. Rien de plus aisé, on le comprend, que de nettoyer un semblable appareil et d'éviter tout engorgement.

Indépendamment de ces fermetures, placées à l'entrée de l'égout, il convient d'en placer d'autres à l'origine des tuyaux qui débouchent dans les appartements, afin de se prémunir contre les mauvaises odeurs qui peuvent se dégager, non de l'égout avec lequel la fermeture inférieure intercepte la communication, mais des tuyaux eux-mêmes. C'est dans ce but que l'évier de la cuisine ou la cuvette des cabinets sont ordinairement pourvus d'une soupape hydraulique. Elle n'est pas utile au tuyau des eaux pluviales, qui ne livre pas passage à des matières nauséabondes. Au moyen de ces diverses dispositions et d'un écoulement d'eau convenable dans les organes, on parvient à se mettre complétement à l'abri des mauvaises odeurs. Les water closets des bonnes maisons anglaises en sont une preuve frappante. Ce sont de véritables cabinets de luxe, dont rien ne laisse soupçonner la véritable destination, et qui peuvent exister impunément au sein des appartements les plus somptueux.

A l'inverse des orifices privés, les bouches de décharge des rues, dans un système d'égouts bien ordonné, doivent être toujours ouvertes. D'abord, il n'y a pas les mêmes motifs de redouter les exhalaisons, car elles sont à distance des habitants et, en outre, incessamment balayées par les courants d'air. Ensuite, deux raisons péremptoires le veulent ainsi : la première, c'est qu'on ne saurait intercepter la circulation de l'air entre le dedans et le dehors, sans développer énergiquement dans les galeries la tendance à la putréfaction ; la seconde, c'est que le volume et la forme des résidus qui affluent de la voie publique, déterminent des obstructions, quel que soit le système de fermeture, sans parler même des débris organiques qui s'arrêtent toujours aux anfractuosités des appareils et y pourrissent. Les bouches des rues doivent donc être aussi libres que possible et offrir un large passage à tous les débris, pailles, chiffons, papiers, que les eaux roulent avec elles et dont on pourrait craindre l'encombrement. Il faut également que le conduit qui mène de la bouche à l'égout soit exempt de sinuosités et d'étranglements et que son inclinaison soit aussi rapprochée que possible de la verticale. On évite ainsi ces engorgements qui, dans les villes mal tenues, se produisent sur le parcours des résidus et font refluer les liquides bourbeux sur la voie publique. A ces divers points de vue, on peut citer les bouches de décharge des nouveaux quartiers de Paris. Pratiquées ou plutôt dissimulées sous le trottoir, et regagnant l'égout du milieu de la chaussée par une courbe arrondie, elles sont enduites sur toute leur étendue d'une couche de ciment bien uni, sur lequel les matières glissent sans laisser jamais adhérer de corps étranger. A cette distance des maisons, les émanations de l'égout, quand celui-ci fonctionne bien, sont inoffensives. Si elles cessent de l'être, c'est que le réseau souterrain est mal agencé, et alors la véritable solution serait de le réformer.

Malheureusement, beaucoup de villes, pour des raisons

dans lesquelles nous n'avons pas à entrer, gardent leur réseau dans des conditions défectueuses. Les odeurs qui s'en exhalent alors sont tellement insupportables, qu'il faut avant tout en préserver les habitants. On est ainsi conduit à traiter les bouches des rues comme celles des maisons, c'est-à-dire à les pourvoir de fermetures qui puissent laisser passer les résidus, tout en interceptant les émanations. On emploie à cette fin trois dispositions principales, qui reposent sur les mêmes principes que les bouches privées. Ce sont : 1° une fermeture à bascule, dont un type fort connu, celui de M. Millerat, se retrouve dans le midi et l'est de la France, à Montpellier, Saint-Étienne, Nancy, etc. Elle consiste en une plaque mobile en fonte, qu'un contre-poids appuie contre les parois de l'orifice, de manière à le masquer, et qui s'écarte sous la pression des eaux venant du dehors ; 2° un siphon hydraulique ou siphon renversé, contenant de l'eau qui sert à intercepter la communication entre l'intérieur des conduits souterrains et l'atmosphère. On en trouve des applications en Belgique ainsi qu'à Metz, Toulouse, Nîmes, etc. ; 3° une cuvette hydraulique à compartiments, ou caisse en fonte dans laquelle un diaphragme descendant au dessous du niveau de sortie plonge dans le liquide qui garnit le fond. C'est le plus usité des trois systèmes, il fonctionne en Belgique, en Prusse et en France, notamment à Tours, Nantes, Lille, etc. Ces deux derniers modes de fermetures, beaucoup plus hermétiques, d'ailleurs, que le premier, ont le défaut de n'être efficaces que dans les cas où les rues fournissent un écoulement d'eau renouvelé. Autrement il faut faire remplir les appareils à main d'homme, ce qui se pratique toujours fort irrégulièrement : la preuve en est dans le grand nombre de bouches qui infectent les rues, malgré les appareils hydrauliques dont elles sont pourvues. Un autre inconvénient des cuvettes, auquel nous avons déjà fait allusion, c'est que les matières s'y ramassent et entrent en putréfaction pour peu qu'on néglige de les nettoyer. Aussi arrive-t-il fréquemment que ces bouches exhalent de très-mauvaises odeurs, que le vulgaire attribue faussement à l'égout, et qui proviennent réellement de la cuvette.

Quel que soit, au surplus, le système de fermeture, il est évident que c'est là une solution irrationnelle de la difficulté, ou pour mieux dire, ce n'est pas une solution : c'est un expédient qui masque l'état des choses, mais qui loin de le changer, l'aggrave. Car à mesure qu'on multiplie les fermetures, on tend par là même à augmenter l'insalubrité des galeries, puisqu'on diminue un renouvellement d'air déjà insuffisant. Cette insalubrité à son tour rend plus nécessaire encore de supprimer les communications avec le dehors, en sorte que. par un cercle vicieux inévitable, on empire d'autant plus la situation qu'elle est déjà plus mauvaise et qu'on aspire davantage à en sortir.

3º DISPOSITIONS CONCERNANT LA SALUBRITÉ DES GALERIES.

Il y a une solidarité d'intérêts évidente entre les ouvriers des galeries et les habitants de la surface : car, comme on n'évite jamais complétement, quoi qu'on fasse, ni les infiltrations des liquides dans le sol, ni les exhalaisons dans les rues et dans les maisons, on a tout avantage à ce que le milieu d'où les unes et les autres proviennent soit le moins corrompu possible. Donc, tout ce qui tend à placer les ouvriers égoutiers dans des conditions meilleures, tend aussi à atténuer les dangers auxquels la santé de la population se trouve plus ou moins exposée. Ce qu'on va lire rentre ainsi, jusqu'à un certain point, dans le paragraphe précédent et, en réalité, le complète ; mais comme la considération des ouvriers, beaucoup plus directement engagés, prime celle des habitants, nous avons dû renvoyer à cet endroit-ci ce qui nous restait à dire des égouts.

Des nombreux moyens essayés pour prévenir l'infection des galeries, deux seulement sont efficaces : l'écoulement rapide et la ventilation. Ces deux moyens, loin de s'exclure, se complètent, ou pour mieux dire, le premier en se perfectionnant rend plus facile l'application du second. Tout pivote donc autour de la question d'écoulement ; et pourtant, chose singulière, c'est le point qui a le moins arrêté jusqu'ici l'attention des municipalités.

ÉCOULEMENT MÉTHODIQUE.

L'écoulement méthodique du liquide est la condition fondamentale, on pourrait presque dire la seule, de l'assainissement des galeries, car cet écoulement une fois réalisé, tout le reste s'ensuit sans difficulté. En effet, les liquides d'égout, même chargés des matières fécales, n'ont pas par eux-mêmes d'odeurs désagréables, quand ils sont, bien entendu, étanchés de la quantité d'eau que nous avons indiquée, comme le contingent obligé des villes modernes, soit au minimum 100 litres par habitant et par jour[1]. A ce point de dilution, disons-nous, les résidus n'exhalent pas d'odeurs sensibles. Ces odeurs, qu'on est habitué à considérer comme inséparables des matières d'égout, ne se produisent au contraire que par suite d'une circonstance qui en est tout à fait indépendante, à savoir : la stagnation plus ou moins prolongée de ces matières dans les galeries ou dans les réceptacles qui y déversent leur trop plein. Les matières d'égout *fraîches* — on ne saurait trop le répéter, parce que le préjugé contraire est encore fort répandu sur le continent — n'ont pas par elles-mêmes d'odeur susceptible d'incommoder les ou-

_____
1. Non compris les besoins de luxe de la voirie.

vriers ou les habitants [1]. Tout se résume donc, une fois la distribution d'eau pure assurée, et celle-ci convenablement abondante et répartie aux divers points, à disposer toutes choses dans la canalisation souterraine pour que l'écoulement s'y fasse avec une suffisante vitesse, ou pour que les matières n'aient pas le temps d'y perdre cette fraîcheur, garantie de leur innocuité.

Quelle doit être cette vitesse ? Quel est le délai au delà duquel les liquides commencent à contracter leurs qualités malfaisantes ? C'est cette limite inférieure qu'il faut connaître ; car on n'est pas maître d'augmenter la vitesse à son gré. En effet, augmenter la vitesse, c'est augmenter la pente ; or, celle-ci est déterminée par les conditions topographiques du terrain : elle ne saurait donc dépasser celle qui résulte de la différence de niveau entre les points extrêmes du réseau. Il importe par conséquent de savoir jusqu'à quelle pente on peut descendre sans compromettre la salubrité, sauf à prendre une pente plus grande toutes les fois que les circonstances le permettent.

Tel est le point qui a fait l'objet des études particulières des ingénieurs anglais. La question abordée par eux une première fois, à l'origine de la réforme sanitaire, vers 1850, a été reprise avec un nouveau soin, dix ans plus tard, quand il s'est agi de réaliser le grand drainage de Londres On a reconnu par des expériences multipliées :

1º Que la putréfaction des matières d'égout en stagnation dans les galeries ne commence à se manifester, même dans les conditions les plus défavorables, que dans le cours de la deuxième journée. Si ces matières sont en mouve-

---

1. Nous exceptons le cas où ces matières sont tout à coup attaquées par des résidus de fabrique, notamment par des acides, ainsi que le cas où les résidus eux-mêmes, tels que les eaux du gaz, exhalent des odeurs intenses. De tels faits ne se produiraient pas si, conformément aux règlements, les résidus étaient préalablement étendus d'eau ou dénaturés avant leur émission aux égouts

ment, le moment de leur putréfaction est toujours retardé ;

2° Que sous une pente de $\dfrac{2}{10.000}$ ou de 20 centimètres par kilomètre, les liquides d'égout prennent une vitesse de $\dfrac{2}{3}$ de mètre à la seconde, et qu'à cette vitesse les matières en suspension — celles, bien entendu, qui entrent dans la composition *normale* des eaux d'égout — ne forment pas de dépôt dans les galeries. Au dessous de cette vitesse, les dépôts commencent à se former.

Il suit de là que la pente de 2 dix-millièmes, toutes les fois que les circonstances topographiques permettent de l'adopter, résoud la question de salubrité. En effet, à la vitesse de $\dfrac{2}{3}$ de mètre à la seconde, qui lui correspond, ou de 2.400 mètres à l'heure, les liquides d'égout parcourent dans une journée 57 kilomètres, soit un espace supérieur à l'étendue d'aucun réseau d'égout mesuré entre ses points les plus extrêmes. On ne doit pas d'ailleurs descendre au dessous de cette pente, à moins que le curage ne soit assuré artificiellement et de façon à ce que les matières déposées sous cette insuffisante vitesse n'aient nulle part le temps d'entrer en putréfaction.

La détermination qui précède se rapporte à des canaux bien construits, *où rien ne met obstacle à l'entraînement naturel des liquides*. Il faut donc, pour que les conséquences relatives au choix de la pente de $\dfrac{2}{10.000}$ soient légitimes, que le réseau sur lequel on opère satisfasse à cette condition fondamentale. Les principales circonstances qui la réalisent sont les suivantes : parois de la cuvette de l'égout parfaitement lisses et exemptes d'aspérités ; section d'écoulement arrondie et proscription absolue de tout type angulaire ; changements de direction aussi adoucis que possible et angles de raccord effacés ; inclinaison uniforme et section

d'écoulement, aux diverses galeries, calculée en vue de prévenir tout ralentissement de vitesse sur aucun point.

L'ensemble de ces conditions, combiné, nous le répétons,
avec une distribution de 100 litres par tête et par jour, convenablement répartis, a été reconnu par les ingénieurs
anglais, propre à empêcher les mauvaises odeurs, et il est
de fait que le grand émissaire de Londres, où on les a réalisées, n'exhale pas d'odeurs très-sensibles, bien que toutes
les matières fécales y soient convoyées et que beaucoup d'é-
gouts de quartiers soient très-loin de satisfaire aux conditions théoriques d'écoulement dont il vient d'être fait mention.

VENTILATION.

Si l'on suppose le réseau souterrain établi sur ces bases
rationnelles, de telle façon par conséquent que toute matière
putrescible y soit constamment en présence d'un excès d'eau
et ne séjourne jamais plus de 24 heures dans les galeries,
les exhalaisons, avons-nous dit, ne sont pas de nature à incommoder sérieusement les habitants. Il suffit que ceux-ci
ne les laissent point parvenir au sein de leurs demeures,
mais ils peuvent sans danger les laisser s'échapper sur la
voie publique. Dès lors, rien de plus facile que de ventiler
largement les galeries : on n'a qu'à maintenir les bouches
des rues toujours ouvertes, ainsi que les portes d'accès et
autres orifices pouvant offrir un libre passage à l'air. C'est
ainsi qu'on opère à Paris, et le renouvellement de l'atmosphère intérieure est si actif, qu'il semble presque, sur certains points, qu'on aurait plutôt à se garantir contre l'excès de
la ventilation que contre son insuffisance. L'efficacité de ces
dispositions simples est encore accrue par le mouvement
même du flot liquide, qui ébranle continuellement la couche
d'air en contact avec lui et transmet l'agitation à toute l'atmosphère de la galerie. Un renouvellement aussi complet

réagit à son tour de la manière la plus favorable sur la salubrité de l'égout et contribue à empêcher l'infection, car il maintient une température modérée et fournit une quantité d'oxygène qui s'oppose à la fermentation putride.

Malheureusement, bien peu d'égouts ont été conçus sur un tel plan, et il en résulte que l'aération par les bouches des rues rencontre de grandes difficultés, la santé des habitants se trouvant alors en opposition avec la salubrité intérieure. Il faut donc, pour obtenir une bonne ventilation sans nuire à la surface, recourir après coup à des expédients plus ou moins coûteux et compliqués. On en a essayé un grand nombre, mais aucun n'a bien réussi. En dehors de la solution naturelle, ou qui découle de l'installation même du réseau, on s'est toujours heurté à des obstacles qui semblent insurmontables. Nous devons néanmoins faire connaître les tentatives principales, d'abord parce qu'elles peuvent prévenir une fausse direction donnée aux recherches, et ensuite parce qu'on y peut trouver quelque secours utile dans des cas particuliers. Il ne faut pas oublier, en effet, que la salubrité est le premier besoin; conséquemment, là où l'on ne peut changer les égouts, il faut bien s'accommoder d'expédients susceptibles de rendre la situation plus supportable.

Les dispositions plus particulièrement essayées ou appliquées sont les suivantes :

1° Cheminées d'appel débouchant au niveau du sol, dans l'axe des rues ;

2° Cheminées d'appel débouchant au dessus du toit des édifices ;

3° Tuyaux des eaux pluviales utilisés comme tuyaux d'appel ;

4° Foyers ou cheminées d'usines ;

. 5° Filtres au charbon de bois placés dans les bouches d'aérage.

Le premier moyen est pratiqué dans plusieurs villes anglaises, notamment à Londres. Chacun a pu remarquer, dans les principaux quartiers de la métropole, ces ouvertures rectangulaires d'environ 15 centimètres sur 40, divisées en deux parties égales par une barre longitudinale (Pl. I, fig. 4). On assure que les pieds des chevaux ne s'engagent jamais dans ce grillage et qu'il n'en résulte aucun inconvénient pour la circulation. En admettant même qu'il en soit ainsi, il nous paraît douteux que l'inconvénient général de rompre la continuité de la chaussée et de créer des points faibles à l'endroit le plus fréquenté, soit compensé par l'avantage de faire dégager les émanations de l'égout à une plus grande distance des maisons. Déjà la bouche de l'égout est séparée des façades par la largeur du trottoir ; le bénéfice qu'on peut faire en allant dans l'axe de la rue ne saurait être très-considérable. En tout cas ce moyen ne constitue pas, à proprement parler, un procédé distinct du mode de ventilation par les bouches de décharge, puisqu'il revient simplement à déplacer de quelques mètres ces ouvertures. Aussi ne l'aurions-nous pas cité, si le Conseil métropolitain des travaux (Londres) ne lui attribuait une certaine importance dans l'économie de son réseau.

Les cheminées d'appel débouchant au dessus des édifices ont reçu de nombreuses applications. A Paris, notamment, elles sont rendues obligatoires et tout propriétaire qui élève une maison neuve est tenu de ménager une de ces cheminées dans l'épaisseur de la maçonnerie. Leurs dimensions, variables selon les localités, sont ordinairement comprises entre 30 et 40 centimètres sur un côté et 20 à 30 centimètres sur l'autre. Elles dépassent le faîtage des bâtiments de 80 centimètres environ. Le service municipal de Paris n'a qu'une médiocre confiance dans cette ressource. La plupart du temps, en effet, ces cheminées sont *indifferentes*, c'est à-dire qu'elles n'aspirent ni ne refoulent ; parfois même, le courant naturel se renverse, et l'air du dehors entre par les cheminées, tandis que l'air du dedans s'échappe par les bouches des rues. « Pour qu'elles agissent efficacement, nous disait M. Bel-

« grand, il faudrait y entretenir un bec de gaz allumé, mais
« on n'a pas encore résolu le problème d'admettre, sans
« danger, le gaz dans les égouts. » A l'étranger, l'emploi de
ces cheminées a été moins général et moins méthodique. On
y a eu recours, moins pour produire une ventilation normale des égouts que pour dégager quelques parties infectes
qu'on ne savait comment aérer au niveau du sol [1]. D'ailleurs,
quand même ce moyen se montrerait plus efficace qu'il
ne l'a été jusqu'ici, ce serait encore une question de savoir
si l'on gagne beaucoup à renvoyer les émanations à quelques
décimètres au dessus des maisons, car on peut craindre
que dans les grandes villes, cette faible hauteur ne soit insuffisante pour déterminer une diffusion convenable des
éléments délétères dans la masse atmosphérique [2].

L'aération à l'aide des tuyaux pour la pluie a été à peu
près abandonnée en France ; on a trouvé à Paris que ce
moyen faisait double emploi avec les cheminées d'appel et
l'on a préféré empêcher tout dégagement par ces tuyaux

1 A Bruxelles, par exemple, on en a placé à l'Hôtel-de-ville, aux
eglises de Finistère et du Béguignage, aux portes de Vannes et d'Ander-
lecht, au grand théâtre, à la caserne Sainte-Élisabeth, etc. Les tuyaux
en poterie ou en grès, de 20 centimetres environ de diametre, sont adaptes
a la voûte de l'égout et dépassent légèrement le faîtage des edifices. A
Anvers on a construit un petit nombre de cheminées d'aérage. De temps
a autre, surtout en cas d'epidémie, on y fait du feu, et alors elles font
appel d'une maniere assez suivie. Quelques essais ont eu lieu aussi à
Liege ; on a construit deux cheminées de 40 centimètres de diametre
pour ventiler trois ou quatre égouts à peu près privés d'eau et très-
infects.

2. M. Haywood, qui a traité cette question pour Londres avec un soin
tout particulier, n'hesite pas à penser que le bénéfice dans ces conditions
est illusoire. Il faudrait, selon lui, pouvoir décharger les gaz à 80 ou
90 metres de haut et penétrer ainsi au sein de la masse atmosphérique
qui circule au dessus de la metropole avec une vitesse moyenne de 7 à
8 kilomètres a l'heure. Alors la diffusion serait effective et les éléments
nuisibles noyes en quelque sorte dans les torrents d'air pur. Mais quand
on les émet a quelques décimètres des appartements et dans une couche
qui participe a peine au mouvement général de l'atmosphère, on ne doit
pas compter, dit il, sur une amélioration reelle de la santé publique.

qu'on a, dès lors, pourvus des fermetures hydrauliques dont
il a été fait mention. Dans la Grande-Bretagne, au contraire,
on s'est adonné à des essais assez nombreux. M. Haywood,
dans la Cité de Londres, a institué une première application,
il y a une douzaine d'années. On a choisi des quartiers
pauvres et populeux, où les voies sont très-étroites et où
tout autre mode d'aération avait été jugé impossible. Les
tuyaux de pluie étaient menés à la couronne des égouts afin
d'avoir plus d'efficacité. Il a paru d'ailleurs convenable d'en
changer la structure, afin d'éviter les odeurs à travers les
joints. On les a, en conséquence, remplacés par des tuyaux
en fonte, emboîtés exactement, de 13 centimètres de diamètre extérieur. On a obtenu quelque amélioration dans
l'égout, mais on a soulevé des réclamations chez les propriétaires qui se sont plaints que les gaz pénétraient dans les
mansardes. Cependant quelques villes anglaises, Manchester,
Liverpool, Preston, etc., se disant satisfaites du système, la
question a été reprise à Londres, dans ces derniers temps,
par les soins du Conseil métropolitain. Son ingénieur en
chef, M. Bazalgette, a procédé à une série d'expériences
après lesquelles, sans se prononcer précisément sur l'efficacité du système, qui semble, en tous cas, médiocre, il conclut que ce moyen, quoique peu dispendieux, serait difficilement appliqué en grand, à cause de la répugnance des
habitants [1]. Ce mode d'aération soulève d'ailleurs les mêmes

1. « Le troisième plan (de ventilation), dit M. Bazalgette dans son rap-
« port de 1866 au Conseil métropolitain, consistant a mener a une grande
« hauteur, contre les murs des maisons ou d'autres edifices, des tuyaux
« partant de la couronne de l'égout, a été experimente dans les localites
« suivantes de la rive sud, où l'on a trouvé des tuyaux de pluie favora
« blement disposes : » (suit la désignation de seize quartiers ou vingt neuf
tuyaux ont eté affectes à la ventilation, les uns n'etant que les conduits
mêmes des eaux pluviales, et les autres ayant ete construits *ad hoc*,
avec des diamètres de 10 a 15 centimètres, et débouchant a des hauteurs
variables depuis 3 metres au dessus du sol jusqu'à 1 mètre au dessus du
sommet des edifices.)

« En appliquant ce système, on a eu soin, dans chaque cas, de taire

objections que le précédent relativement à la zone de dégagement et l'on ne saurait en attendre de meilleurs effets au point de vue de l'assainissement des galeries. Nous pensons donc qu'on ne doit pas lui accorder une grande attention.

L'emploi des cheminées ou des forges d'usines a été suggéré par la pensée qu'un réseau d'égouts pouvait jusqu'à un certain point être traité comme un réseau de mines et que dès lors la ventilation pourrait y être obtenue par les mêmes procédés, sauf à multiplier davantage les points d'aspiration pour tenir compte de l'isolement moins parfait de la canalisation urbaine. Cette opinion semble avoir pris naissance simultanément en Belgique et en Angleterre, deux pays que le grand développement de leurs mines devait y préparer également. En Belgique, un projet de ventilation de la ville de Bruxelles a été formulé en 1863 par M. Devaux, inspecteur général des mines, mais n'a été suivi d'aucun commencement d'exécution, malgré l'accueil favorable qu'il a reçu au sein du conseil supérieur d'hygiène [1]. En Angleterre

« déboucher le tuyau au dessus du niveau et à une certaine distance de
« l'attique ou des mansardes de l'edifice, et dans aucune circonstance on
« n'a eu de plaintes des habitants sur l'odeur ou l'incommodité qui en
« resultait. On a eu neanmoins beaucoup de peine à obtenir le consente-
« ment des propriétaires, par suite de leur crainte que les emanations,
« sous certaines conditions atmospheriques, ne descendissent par les che-
« minees ou ne penetrassent dans les mansardes, et cette crainte, dans
« mon opinion, rendrait la generalisation du systeme impraticable ; au-
« trement, les frais d'entretien seraient de peu d'importance. Le courant
« d'air dans les tuyaux paraît être constant, avec le même effet appre-
« ciable dans l'égout que produit une cheminee d'appel ordinaire. Sur les
« derrières de Bounty office, à Greenwich Hospital, une cheminée en
« briques de $9^m,15$ de haut et de $0^m,35$ sur $0^m,20$ de section intérieure, a
« eté erigée sur l'egout et y determinait un courant d'air d'une vitesse
« de 90 mètres en 4 minutes (un peu moins de $0^m,40$ à la seconde).
1. M. Devaux fait précéder l'expose de son systeme d'une critique des
cheminées d'appel, que nous croyons egalement devoir reproduire :
« .. Quant au detournement, dit il, de l'air des égouts au moyen de
« cheminées ou cheneaux débouchant à hauteur des toits, ce système
« n'a pas seulement le défaut de ne faire que déplacer le mal, en le re-
« portant du rez de chaussée aux etages, il est de plus, complètement
« inefficace dans les chaleurs, puisque toutes ces cheminées, au lieu de

des applications d'une certaine importance ont eu lieu dans
quelques villes [1], mais jusqu'ici les résultats n'ont pas paru
en rapport avec la grandeur du moyen. Le procédé est assurément efficace en lui-même, comme le démontre surabondamment l'exemple des mines de houille, mais son action

« tirer, rabattent avec d'autant plus d'énergie qu'elles sont plus hautes.....
« Cet air vicié s'épanche au dehors par toutes les issues, par toutes les
« fissures, par les communications plus ou moins directes ouvertes entre
« l'égout et les habitations ; il s'infiltre dans le sous sol des rues, pénètre
« dans les caves et se porte naturellement dans les maisons où il est
« appelé par une aspiration d'autant plus puissante qu'elles sont mieux
« closes et mieux chauffées. .. On aura fait peu pour la salubrité des po-
« pulations, aussi longtemps qu'on n'aura pas pris des mesures pour que
« ce soit l'égout lui-même qui aspire et avec plus de force, bien entendu,
« que ne peuvent en produire, en sens inverse, soit nos maisons, soit la
« pente du terrain, soit les variations de température, soit la direction et
« la violence des vents ou toutes autres causes perturbatrices.
    « Quant au moyen d'obtenir ce résultat, il est des plus simples, et ce
« qui se pratique journellement dans nos mines de houille, dont les ga-
« leries présentent une si grande analogie avec un réseau d'égouts, ne
« permet pas de douter de son infaillibilité.
    « Ce moyen consiste à intercepter, par obturation hydraulique, toute
« communication pour l'air entre les égouts et l'extérieur ; puis a entre-
« tenir dans tout le réseau une dépression modérée et convenable, a l'aide
« d'un ou plusieurs ventilateurs aspirants, rejetant les gaz en des points
« choisis où l'on n'ait pas à en redouter la malignité. ...
    « Pour une ville comme Bruxelles, par exemple, trois ventilateurs au
« plus, activés chacun par une petite machine a vapeur de quatre a cinq
« chevaux, et installés en des points convenablement choisis, suffiraient
« amplement pour tout le service.
    « Ces appareils, montage compris, pourraient coûter chacun 10.000 francs.
« Affectant la même somme a la construction de la cheminée d'évacuation
« et de la galerie souterraine servant de laboratoire d'épuration (pour le
« cas où l'on voudrait désinfecter les gaz avant de les rejeter dans l'at-
« mosphère), et comptant 3.000 francs de frais imprévus, chaque poste
« coûtera au plus 23.000 francs. Quant aux frais annuels, ils se borneront
« à 3.000 francs pour combustibles, 1 800 francs pour un machiniste et
« un chauffeur, et 700 francs pour entretien et imprévus, en tout 5.500 francs
« par poste. L'hypothèse de trois postes conduirait donc a 69.000 francs
« pour dépenses de premier établissement et 16.500 francs par an pour
« faire fonctionner le système. »
    1. Ainsi, à Carlisle, on a mis les égouts en communication avec quatre
cheminées, dont deux de 20 mètres. une de 50 et l'autre de près de
100 mètres. Mais les effets ont été beaucoup moindres qu'on ne s'y atten-

dans les galeries d'égout ne s'étend pas très-loin, tant à cause des communications avec le dehors que de l'enchevêtrement des galeries, en sorte qu'il faudrait multiplier beaucoup le nombre des cheminées ou des foyers et que, pour une ville comme Londres, par exemple, on a calculé qu'il faudrait 240 à 250 établissements de ce genre, dont la construction coûterait 12 à 15 millions et qui brûleraient pour 5 à 6 millions de charbon par an, sans parler des autres sources de dépense. Encore même cette estimation a-t-elle été faite dans l'hypothèse de conditions éminemment favorables, qui ne se réaliseront certainement jamais dans la pratique[1]. Aussi M. Bazalgette a-t-il cru pouvoir conclure des

dait. A Liverpool, on a relié une galerie avec la cheminée d'une manufacture ; à Édimbourg, la même tentative a échoué au dernier moment par suite de l'opposition du propriétaire. Enfin, il y a quelques années, des essais d'injection de vapeur d'eau ont été renouvelés dans le but de désinfecter les égouts avoisinant le Parlement C'était une autre façon d'utiliser la chaleur, mais on ne s'en est pas mieux trouvé que de la première.

1. Ces conditions théoriques sont celles d'un réseau dont toutes les ouvertures seraient soigneusement fermées a l'exception des extremités des galeries, et où l'air entraîné par la combustion serait exclusivement fourni par le réseau, de telle sorte que tout le volume deplacé profiterait à la ventilation Il est visible que ces conditions sont irréalisables, à Londres plus que partout ailleurs, à cause de la multiplicité des ouvertures et de leur destination, puisque chaque maison déverse dans les égouts, nonseulement les eaux pluviales et ménagères, mais encore les matieres fecales. On a calcule que le réseau de Londres comprenait peut-être 1.500.000 orifices de divers genres. Or, quand même chacun d'eux pourrait être pourvu d'une fermeture absolument hermétique, par cela seul que les drains privés fonctionnent à tout moment pour les convenances de la maison, l'air extérieur est aspiré en plus ou moins grande quantite et rompt ainsi l'economie de la ventilation. C'est là, comme l'ont fait trèsbien ressortir MM. Haywood et Bazalgette, l'un pour le compte de la Cité, l'autre pour le compte de la metropole, la raison capitale qui a empêche et qui empêchera toujours qu'on puisse assimiler un réseau d'égouts a un réseau de mines. Une autre considération egalement décisive et qui, si elle n'interdit pas par elle même une semblable assimilation, montre du moins que la ventilation par les mêmes procédés serait infiniment plus coûteuse dans un cas que dans l'autre, est tirée de la multitude des branches secondaires qui viennent se ramifier sur l'égout principal, de telle sorte que l'ensemble des sections à travers lesquelles il s'agit de

dernières expériences faites de 1865 à 1867, par ordre du
Conseil métropolitain, que l'emploi de ce moyen devait être
restreint aux cas où il serait possible d'utiliser à cette fin des
foyers déjà existants pour d'autres usages [1]. Une considération qu'il ne faut d'ailleurs pas perdre de vue quand on ap-

faire passer un courant d'air est hors de proportion avec la section de la
galerie sur laquelle agit directement l'appareil ventilatoire. En ce qui
concerne, par exemple, le réseau métropolitain, M. Bazalgette a constaté
que dans un district de 4 à 500 mètres quarrés, autour du palais de Westminster, comprenant environ 10 kilomètres d'égouts qu'on avait prétendu
ventiler a l'aide du foyer placé dans la tour de l'Horloge, la section totale
des embranchements à aérer était de 65 mètres quarrés, tandis que la
galerie en communication avec le foyer n'avait pas tout a fait trois quarts de
metre quarré (exactement $0^{mq},73$ ou 1/90 de la section totale des embranchements). Il s'ensuivait qu'avec une vitesse de courant d'air de $2^m,70$ par
seconde, que l'aspiration du foyer produisait dans cette galerie, la circulation dans les embranchements, même avec les conditions theoriques
dont nous parlions tout à l'heure, n'aurait pu être que de $0^m,03$, ce qui
équivalait presque à la stagnation Or c'est en supposant non seulement
que ces conditions théoriques etaient réalisées, mais même qu'une pareille
vitesse de $0^m,03$ par seconde ou d'un peu plus de 100 metres à l'heure
serait suffisante pour assurer la salubrité, que M. Bazalgette est arrivé à
la conclusion qu'il faudrait 240 a 250 foyers et une dépense annuelle de
5 à 6 millions de francs en combustible seulement pour assainir, le réseau
métropolitain. On comprend dès lors combien un semblable système
semble peu propre à faire atteindre le but qu'on se propose.

1. Voici comment M. Bazalgette rend compte de ses expériences dans
son rapport de 1869 :

« Des expériences sur le système de ventilation au moyen de communi-
« cations avec de hautes cheminées d'usines ou d'autres édifices ont été
« faites dans deux localités à l'arsenal de Woolwich et à la station des
« pompes de Deptford Au premier endroit, l'émissaire de la rive sud est
« aéré à l'aide de tuyaux reliés avec deux cheminées de fourneaux ; à la
« station de Deptford le même collecteur communique également avec la
« cheminée des machines. Ces communications determinent un tirage
« energique de l'egout vers les cheminees et le résultat a été considéré
« comme avantageux pour ceux qui résident dans le voisinage immédiat;
« mais nous n'etions pas en état de nous procurer des cheminées d'aspi-
« ration d'un diamètre assez grand pour retirer de la mesure tous les
« effets qu'elle peut comporter.

« Un autre arrangement consistant dans la mise en communication de
« l'égout avec le cendrier des foyers, a ete essayé dans les mêmes
« conditions que precédemment et avec le même degré de réussite, à la
« station de Deptford, à celle de Crossnes, a l'arsenal de Woolwich et a

plique ce moyen, c'est l'éventualité des explosions. Car si la région où l'on opère est par elle-même très-peu aérée et si elle est en outre sujette à fournir à certains moments de grandes quantités d'hydrogène carboné et sulfuré, de semblables accidents sont à redouter. Le fait s'est produit à Londres, et cette circonstance n'a sans doute pas été étrangère au peu d'empressement que montrent les industriels à permettre la communication de leurs foyers avec les égouts.

Le dernier moyen signalé, à savoir l'emploi des filtres au charbon de bois, est exclusif à l'Angleterre où il a pris naissance il y a une dizaine d'années. C'est le Dr Stenhouse, le même auquel on doit les *respirateurs* au charbon, qui a proposé d'appliquer les filtres aux bouches d'égout [1]. Le but

« la blanchisserie de M. Lyon a Old Kent road Ce système a sur le pre-
« mier l'avantage de détruire les émanations en les faisant passer à tra-
« vers le feu ; mais le tirage dans l'égout n'est pas aussi actif que lorsque
« la communication est établie directement avec la cheminée, et il est
« sujet a des interruptions, lorsqu'on ouvre les portes du cendrier pour
« en retirer les cendres ou pour d'autres motifs. Les meilleurs spécimens
« de ce systeme fonctionnent aux stations de Deptford et de Crossnes
« appartenant au Conseil métropolitain, pour l'aeration du collecteur de
« l'etage bas et de l'emissaire. A l'arsenal de Woolwich et a l'usine de
« M. Lyon, une modification au plan a été faite, sur le premier point
« pour aerer l'egout de White Port lane, ces deux communications sont
« de simple tolerance, et l'on a eprouve de grandes difficultés a obtenir
« le consentement des propriétaires d'autres usines pour en etablir de
« semblables avec leurs cheminées ; en outre, dans beaucoup de parties
« de la métropole il n existe point de telles usines
« Des expériences anterieures ont montré que l'établissement d'un
« nombre suffisant de foyers pour la ventilation serait si extraordinaire-
« ment coûteux, que ce systeme ne parait pas susceptible d'une application
« generale, bien qu'il puisse être très-avantageusement adopté dans les
« localites où l'on peut utiliser des foyers deja existants. Une autre serie
« d'expériences est actuellement en cours, en vue de déterminer défi-
« nitivement le coût et les résultats d'une aeration au moyen des becs de
« gaz. »
1. Cette application paraît avoir été suggerée par les résultats de la ventilation de deux salles, a Mansion House et au Guildhall, qui reçoivent l'air de cours étroites et infectes, voisines d'urinoirs publics. On a interpose aux ouvertures une couche de charbon de 4 centimètres d'é-

de ces appareils est de ne laisser arriver l'air de l'égout au dehors qu'après l'avoir fait passer à travers une ou plusieurs couches de charbon dans le sein desquelles il abandonne ses impuretés. Ils doivent être placés dans les orifices d'aérage, bouches ou cheminées d'appel, de façon à être soustraits au contact de l'eau, qui leur enlèverait promptement leurs propriétés désinfectantes. En conséquence, quand le filtre fonctionne dans une bouche de décharge, il ne doit pas livrer passage aux eaux venant du dehors ; à cet effet, on le place en retraite sur le parcours des eaux, de telle sorte que les liquides circulent exclusivement à travers un orifice à trappe mobile, et les gaz exclusivement à travers le filtre (Pl. I, fig. 1 à 8). Un des types les plus usités se compose d'une caisse rectangulaire de 90 centimètres de haut, ouverte par le bas, et dont une face verticale mobile forme la porte (Pl. II, fig. 1 à 4). On y fait entrer sept tiroirs en toiles métalliques de 5 centimètres de hauteur, contenant le charbon, et étagés les uns au dessus des autres à pareille distance de 5 centimètres. Ces tiroirs, moins profonds que la caisse d'environ 4 centimètres, sont enfoncés alternativement jusqu'à toucher la face opposée à la porte, et jusqu'à 4 centimètres de cette face, de manière que les gaz venant de dessous remontent dans la caisse par une série de lacets. Cette disposition a pour objet de retarder l'ascension des gaz et de les obliger, en grande partie, à traverser le charbon des tiroirs. La région vide, d'environ 20 centimètres, située au dessus du dernier tiroir, contient un filtre vertical appuyé contre la porte. Le haut de celle-ci est percé de sept ou huit orifices circulaires, de 4 à 5 centimètres de diamètre, par lesquels les gaz s'échappent définitivement après avoir traversé le dernier filtre.

On compte en Angleterre plusieurs applications de ces ap-

---

paisseur, renfermée entre deux toiles métalliques. Depuis neuf ans que ce procédé fonctionne, on n'a senti aucune odeur, bien que le charbon n'ait pas été renouvelé.

pareils, à Glascow, Brigton, Svansea, etc. A Workshop, petite localité à 5 ou 6 lieues de Sheffield, le système a été adapté aux 50 ou 60 cheminées d'aérage du réseau, et M. Rawlinson, l'éminent inspecteur des travaux publics, déclarait, il n'y a pas longtemps, le résultat satisfaisant. Mais rien n'égale comme importance et valeur d'observation les deux séries d'expériences en grand qui se poursuivent depuis quelques années à Londres, l'une sous la direction de M. Haywood, ingénieur de la Cité, et l'autre sous celle de M. Bazalgette. Nous en parlerons avec quelques détails, vu l'importance du sujet et le peu de connaissance qu'on en a généralement sur le continent.

Dans la Cité, le district expérimenté comprend 14.000 habitants. Les raisons qui l'ont fait choisir sont les suivantes : Les égouts y ont très-peu de pente, la population est dense et pauvre, les rues sont généralement étroites, toutes conditions peu favorables à la salubrité ; en outre, ce district pouvait être facilement isolé des égouts du voisinage. Le développement des canaux est de 7.676 mètres, sur lesquels 624 mètres de simples tuyaux, et le reste, en briques, offrant des sections intérieures de 1 mètre à $1^m,50$ dé haut sur $0^m,60$ à 1 mètre de large. Le nombre total des ouvertures de toute espèce, sur la voie publique, est de 414. Quant au nombre et à la condition des drains privés débouchant à l'égout public, ils n'offrent rien de particulier.

Les premières observations faites par M. Haywood, assisté du docteur Letheby, le savant hygiéniste, donnèrent une impression favorable au système, ainsi qu'il résulte d'un rapport adressé par eux à la commission des égouts en 1862 [1]. Mais

1. « La totalité de ces égouts, disaient MM. Haywood et Letheby, fut « isolée aussi complétement que possible, de manière à empêcher des « courants d'air de s'établir entre eux et les égouts voisins ; et, comme il « a été dit, la disposition générale du district comportait cet isolement à « un haut degré, en sorte qu'ils ne dépendaient que d'eux-mêmes pour leur « propre ventilation
« Il y avait deux dispositions adoptées pour l'usage du charbon ; l'une

cette impression ne paraît pas avoir été confirmée par les
faits subséquents, car à notre dernier passage à Londres, en
1867, M. Haywood nous disait : « On poursuit toujours
« l'essai des filtres au charbon de bois, mais on n'est guère
« plus avancé qu'il y a trois ans. Je ne pense pas qu'il y ait
« précisément plus de chaleur, ou du moins pas beaucoup
« plus, dans les galeries à filtres, mais la ventilation y est
« moins bonne, et en tous cas les ouvriers en redoutent
« beaucoup le service. En outre, les filtres fonctionnent im-
« parfaitement, parce qu'ils sont placés sous le sol et que le

« patentée par MM. Bean et Burgess, consistait en une grande boîte à
« jour avec compartiments, l'autre, de notre invention, consistait en une
« serie de tiroirs arrangés de manière à pouvoir être facilement retirés de
« la caisse...... Le charbon de bois etait employe en morceaux de la gros-
« seur d'une noisette. Il était empaqueté serré, mais sans compression,
« dans les divers tiroirs, qui contenaient chacun une livre et 1/12
« (1/2 kilog.) de charbon, en tout 6 livres 1/2 (3 kilog.) pour les tiroirs
« de chaque filtre.....
« Le pouvoir désinfectant du charbon a été reconnu complet. Non-seu
« lement il n'y a pas eu de plaintes du public sur les odeurs des orifices
« d'aerage, mais nous nous sommes assurés, par des observations spe-
« ciales, que l'odeur des gaz d'égout n'est pas sensible quand ils ont tra-
« versé le charbon.....
« Quant à la durée de ce pouvoir, nous manquons de données suffisantes.
« Le charbon paraît perdre la plus grande partie de sa propriété quand il
« est saturé d'eau ; or, comme la position qu'occupent les boîtes qui le
« contiennent est telle qu'un certain contact de l'eau en temps de pluie
« est inévitable ; comme, en outre, l'atmosphère des égouts est toujours
« très-humide, le charbon s'humecte au point qu'il faut le retirer long-
« temps avant que son pouvoir désinfectant soit epuisé. En moyenne, les
« filtres ont été rechargés tous les trois mois. S'ils pouvaient être disposés
« de manière à tenir le charbon sec, nous croyons qu'il ne faudrait pas
« le renouveler plus d'une fois par an, peut-être moins souvent.. ..
« L'effet des filtres sur la ventilation générale est un point de la plus
« haute importance, et malheureusement celui sur lequel, après la plus
« attentive étude des faits constatés par l'expérience, nous ne sommes
« pas en état de donner une opinion très-positive. .. Nous devons établir
« que les observations faites dans les égouts avec de délicats anémo-
« mètres et par d'autres moyens, n'ont pas revélé de courant d'air appre
« ciable à travers les cheminées munies de filtres.. . D'un autre côté, il ne
« paraît pas que les conditions de l'atmosphère des égouts aient été mo-

« charbon est toujours humide. Quant à les fixer le long dès
« maisons, la loi ne nous en donne pas le pouvoir. Nous
« n'en avons pas encore mis sous les becs de gaz, dont il
« faudrait disposer tout exprès le piédestal. Enfin l'emploi de
« ces filtres est très-coûteux, tant pour les installer que pour
« en renouveler le charbon. »

De son côté, M. Bazalgette, assisté du Dr Allen Miller,
a institué des expériences très-soignées dans divers quartiers de la métropole, et en modifiant légèrement la structure du filtre. Un premier compte-rendu, adressé au Conseil

« difiées d'une manière appréciable, autant que cela résulte de l'expé-
« rience et des observations des ouvriers, qui ne se sont pas plaints que
« l'air y fût pire qu'auparavant.

« Des considérations chimiques et physiques nous conduiraient à con-
« clure que, bien que le charbon à gros grains puisse offrir quelque
« résistance au passage d'un courant d'air, il ne peut affecter le pouvoir
« diffusif des gaz qui est si grandement lié au maintien de l'équilibre chi
« mique de l'atmosphère. En effet, l'expérience a montre que des milieux,
« beaucoup plus denses que le charbon de bois, permettent le libre
« échange de l'air et la prompte dissémination des gaz nuisibles. D'autre
« part, la condition chimique de l'atmosphère intérieure des égouts
« (pourvus de filtres), d'après les analyses faites, témoigne d'une pro-
« portion de 79,96 p. 100 d'azote, 19,51 p. 100 d'oxygène, et 0,53 p. 100
« d'acide carbonique, avec traces d'ammoniaque, de gaz des marais et
« d'hydrogène sulfuré. Il y a donc eu abondance d'oxygène pour le main
« tien des fonctions de la vie. Nous croyons en conséquence avoir le droit
« de conclure que le danger des ouvriers dans les égouts n'a pas été ma-
« tériellement augmenté par l'application des filtres de charbon aux
« bouches d'aérage.

« Jusqu'à quel point ils obstrueraient le passage à une grande quan-
« tité de gaz de l'éclairage survenant dans les égouts, c'est encore un
« point à étudier. Le gaz est toujours dangereux et est le plus souvent la
« cause des accidents d'égout par explosion. Heureusement, cependant,
« sa présence est trahie par son odeur longtemps avant qu'il atteigne
« une proportion dangereuse, et, avec des précautions convenables, le
« risque de son explosion peut être évité.

« Ces considérations nous obligent à conclure que partout où des gaz
« s'échappent des drains privés ou des égouts publics, il est de la dernière
« importance que ces gaz soient détruits, autant que possible, et nous
« sommes d'opinion que, par l'emploi des filtres de charbon, on peut
« trouver un remède dans beaucoup de cas. »

métropolitain en 1867, fait ressortir la difficulté de généraliser l'application d'un pareil système [1] ; mais à l'inverse de
leurs collègues de la Cité, les expérimentateurs métropoli-
tains sont devenus, avec le temps, plus favorables, et leur
rapport de 1868 établit que les expériences déjà faites à cet
égard, sans être décisives, sont cependant de nature à enga-

1. Nous reproduisons ci après la partie du rapport donnant le détail des
expériences ·
  « En vūe de constater l'efficacité des filtres au charbon de bois comme
« instrument de désinfection, j'ai fait des expériences en adaptant aux
« cheminées d'appel de certaines galeries principales, au lieu des grilles
« ordinaires ouvertes, des boîtes en fer, percées à jour sur une moitié, et
« dans chacune desquelles étaient placées quatre étagères en fer à claire-
« voie recouvertes d'un lit de charbon de bois en menus fragments. Vingt-
« deux de ces boîtes, avec les ajustements convenables, ont été mises
« dans les cheminées d'appel des voies ci-après, de la rive nord ; (suivent
« les noms des rues).
  « Les observations faites dans Page street (Westminster) montrèrent
« que la vapeur et les émanations s'échappaient de l'égout par une bouche
« grillée ordinaire, à l'angle de Johnson st. et Page st., un peu au dessous
« des filtres à charbon placés dans la cheminee d'appel voisine, tandis
« que, à travers les filtres, il y avait très-peu de dégagement, si même il
« y en avait ; au contraire, par l'orifice à trappe mobile de la bouche de
« decharge placee du côté opposé au charbon, la vapeur et les gaz s'é-
« chappaient en grande quantité. L'examen de l'intérieur de la galerie
« montra qu'elle renfermait de la vapeur mêlée avec des gaz délétères
« et qu'il y avait un courant d'air très prononcé, non à travers, mais au
« dela du filtre, en sens inverse de l'ecoulement habituel du flot. En re-
« tirant les filtres de la cheminée, de manière à donner une libre issue
« aux gaz de la galerie, un dégagement semblable de vapeur et d'ema-
« nations fut constaté, comme à la cheminée d'appel de Johnson st., et à
« la bouche laterale de decharge dont nous venons de parler. L'atmosphère
« de la galerie de Tottenham court road, où trois filtres semblables
« avaient été placés, a été également observée à plusieurs reprises, comme
« dans Page st, et la ventilation trouvée tres-défectueuse Des obser-
« vations analogues, avec mêmes résultats, ont été faites dans les égouts
« de Groswell road et Queens road (Dalston).
  « Sur la rive sud, deux filtres ont été adaptés dans les cheminées
« d'appel de l'égout de Spa road, Bermondsey. Un filtre a été également
« placé à Prospect Place et un autre dans Drumond road, Bermondsey.
« Sur le collecteur de l'étage bas, des filtres ont été adaptés a sept grilles
« d'aérage, dont cinq dans High street, Putney, une dans Wandsworth
« lane, et une dans Old Kent road, près Ossory st. Les résultats des ob-

ger dans des essais plus étendus [1]. En conséquence, ils ont émis l'avis, adopté par le Conseil métropolitain, qu'une somme d'au moins 5.000 livres (125.000 francs) fût consacrée à disposer une large section en vue d'une expérience suivie. Cette section embrasse tout le quartier de Smith Street et s'étend sur plusieurs paroisses : elle a été complétement

« servations ont été les mêmes que sur la rive nord, c'est-à-dire qu'on ne
« remarque pas que de mauvaises odeurs s'échappent à travers les filtres,
« mais le charbon paraît agir pour diminuer le passage de l'air par la
« cheminée et pour l'emprisonner dans les galeries, de façon que, si ce
« systeme de ventilation était généralisé, il deviendrait certainement in-
« dispensable, pour protéger la vie des égoutiers, d'augmenter considé-
« rablement le nombre et les dimensions des cheminées d'aérage. On a en
« outre reconnu la nécessité, pendant les temps humides, de renouveler
« fréquemment le charbon qui, même a l'abri de la pluie, subit l'influençe
« de l'humidité atmosphérique.
  « Afin de constater d'une manière plus satisfaisante l'efficacité de ce
« mode de ventilation, j'ai institué, en collaboration avec le Dr Miller,
« professeur de chimie, une expérience plus complète et plus étendue sur
« une ligne continue de galerie. Le Dr Miller étant d'opinion qu'une sem-
« blable expérience ne pourrait être concluante que pendant la saison
« chaude, ses observations ont été conséquemment ajournées, et se pour-
« suivront probablement pendant l'été de l'année courante. La galerie
« choisie à cette intention est la partie d'égout de King's Scholars' Pond,
« qui s'etend de Park road, Regent's Park, le long d'avenue road à Swiss
« Cottage, Saint-John's Wood, sur une longueur de 4 à 5.000 pieds (12
« à 1.500 mètres). Toutes les ouvertures de cette section ont été fermées,
« une cloison a été établie a l'extremité et des filtres d'un grand diamètre,
« avec tous les ajustements nécessaires, ont été mis dans les diverses
« cheminées d'appel. Ces préliminaires accomplis, nous avons commencé
« et nous continuons a observer, jour par jour, les conditions de l'atmos-
« phère dans la galerie, la vitesse et la direction du courant d'air ainsi
« que sa temperature. Je ne suis pas presentement en état de rendre
« compte de ces observations, mais notre but est de vérifier l'effet du
« charbon sur l'atmosphere a l'intérieur et au dehors de l'égout, à la fois
« au point de vue de son action mécanique et de son action chimique.
  1. Les principaux points qui ressortent des observations du Dr Allen Miller, telles qu'elles sont consignées audit rapport, sont les suivantes :
  1° Dans deux egouts, l'un de 1.250 metres, l'autre de 2 700 mètres, sur lesquels les etudes ont porté, la circulation de l'air, par suite de la presence des filtres, a été sensiblement ralentie (un peu plus que dans le rapport de 3 à 2), et la température a été légèrement accrue d'un peu plus

isolée du reste du réseau, et les observations s'y continueront vraisemblablement pendant plusieurs années. En attendant que les résultats puissent être appréciés, MM. Bazalgette et Miller conseillent la franche adoption des filtres dans tous les cas spéciaux où l'on a à se prémunir contre les émanations d'une partie limitée d'égout. Telle nous paraît être, en effet, la destination véritable des filtres, et nous pensons qu'on s'en exagèrerait singulièrement la portée si l'on voulait y voir un moyen général de ventiler le réseau souterrain, car il est difficile d'admettre qu'ils n'entravent pas le renouvellement de l'air dans les galeries. Nous croyons donc que ces appareils sont appelés à rendre des services dans des cas particuliers, mais que leur rôle doit s'arrêter là. Aussi n'hésitons-nous pas, pour notre part, à adhérer au jugement qu'a porté, en 1867, le Conseil métropolitain des travaux de Londres, lorsqu'examinant divers systèmes de ventilation proposés, tant celui des filtres que les précédents, il a conclu en ces termes :

« 1° Les égouts ne peuvent être ventilés comme les mines, « lesquelles n'ont qu'une entrée pour l'air, à une extrémité, « et une sortie, à l'autre extrémité, de façon que le courant « peut être aisément réglé à volonté.

de 2 degrés centigrades), mais la composition chimique de l'atmosphère de la galerie n'a pas été sérieusement altérée.

2° Les gaz s'échappant de l'intérieur à travers le charbon ont été complétement désinfectés à leur passage, quand le charbon était sec ; ils l'étaient un peu moins bien quand le charbon était humide, mais même en ce cas, l'odeur était assez légère pour n'être pas incommode.

3° Le même charbon a pu servir efficacement, deux mois et demi dans un cas et six mois dans un autre cas, sans être renouvelé ; au bout de ce laps, son action n'était pas encore entièrement épuisée. Des perfectionnements de détail dans la disposition des filtres, faciles d'ailleurs à réaliser, permettraient indubitablement une durée de service plus longue.

4° Malgré les résultats favorables relatés au 1°, en ce qui concerne la salubrité de l'atmosphère de la galerie, il ne paraîtrait pas prudent de généraliser l'application des filtres avant d'avoir fait une expérience beaucoup plus étendue.

« 2° Tandis que la mise en communication des égouts
« avec les fourneaux améliore considérablement l'aérage des
« galeries dans le voisinage immédiat, il est douteux qu'une
« forte proportion des gaz nuisibles s'y détruise ; ce pro-
« cédé n'est pas applicable d'une manière générale à l'aé-
« ration du réseau métropolitain ni de tout autre réseau
« étendu.

« 3° Les jets de vapeur, les ventilateurs et autres appareils
« mécaniques, mus à la vapeur, produisent moins d'effet
« pour la même dépense que les fourneaux.

« 4° La communication des égouts avec les tuyaux de
« pluie ou autres, menés au sommet des maisons, a été, dans
« quelques cas, employée avec avantage, plus particulière-
« ment aux extrémités supérieures des galeries dans les hauts
« districts, où l'écoulement de l'eau est faible ; mais ce
« procédé n'est admissible que lorsqu'on n'a pas à redouter
« la rentrée des gaz par les cheminées et les croisées des
« maisons, et, dès lors, il n'est pas susceptible d'une appli-
« cation générale.

« 5° Les becs de gaz ordinaires (candélabres de la voie
« publique) n'ont pas un volume suffisant et ne peuvent être
« construits avec une section intérieure qui permette d'écou-
« ler par leur intermédiaire l'air des égouts, même si les
« becs étaient allumés nuit et jour.

« 6° Les filtres au charbon de bois n'ont pas encore été
« essayés sur une assez grande échelle pour qu'on puisse
« porter un jugement définitif à leur égard, mais les expé-
« riences actuelles semblent indiquer qu'ils tendent à en-
« traver l'entrée de l'air pour la ventilation efficace des
« galeries, et que dès lors on ne doit y recourir qu'avec
« circonspection.

« 7° L'aérage au moyen de cheminées d'appel placées sur
« la couronne des égouts et débouchant au centre des rues,
« tout en étant imparfait, est une grande amélioration sur
« l'ancien système consistant à ventiler par des bouches laté-

« rales grillées, car ces bouches accumulent les gaz méphi-
« tiques au cerveau des galeries, d'où ils s'échappent par
« grandes masses, suivant les variations atmosphériques, et
« pénètrent dans les rues, tandis que les cheminées cen-
« trales préviennent de semblables accumulations.

« Il est probable que la plupart des systèmes de ventila-
« tion susénumérés, peuvent, dans certaines conditions
« favorables, être appliqués avec succès à des cas parti-
« culiers ; mais le moyen le plus efficace et le plus univer-
« sellement praticable pour prévenir le dégagement des
« émanations nuisibles est de construire les égouts de telle
« sorte qu'il y règne un écoulement continu, et d'y faire
« passer un volume d'eau assez abondant pour que les ma-
« tières putrescibles se trouvent délayées et instantané-
« ment emportées, sans qu'elles puissent séjourner ni fer-
« menter. »

MOYENS DIVERS.

Il est quelques autres procédés qui peuvent, en certains
cas, contribuer à l'assainissement. De ce nombre sont les
lavages périodiques et les agents chimiques.

Les lavages ou *chasses d'eau* jouent un rôle important
dans les villes où l'on ne dispose pas d'une quantité d'eau
assez considérable pour entretenir dans l'égout un flot continu et abondant. Il est préférable, en ce cas, d'amasser un
approvisionnement pour le lancer d'un coup dans l'égout,
plutôt que de laisser couler sans interruption un mince filet
d'eau, impuissant à déplacer les matières. En d'autres termes.
on substitue à l'écoulement constant, un écoulement *intermittent*, solution à coup sûr bien insuffisante, mais qu'on doit
rechercher quand les circonstances n'en permettent pas une
meilleure.

C'est surtout en Belgique que nous avons eu occasion de
voir ce système en fonction, et à Liége on lui a donné une

attention toute particulière. Les ingénieurs distingués qui se sont succédé au service de la municipalité de cette ville, MM. Remont, Dumont, Blonden, placés au même point de vue, ont graduellement perfectionné cette méthode et en ont généralisé l'application [1]. Aussi, aujourd'hui, malgré la faible pente de la plupart des égoûts, le curage à bras y est une exception. Le travail est presque entièrement effectué par des chasses d'eau dirigées à volonté dans l'une

[1] C'est M. Remont qu'on doit considerer comme le véritable auteur du système introduit successivement par lui dans plusieurs villes de Belgique. Jusqu'alors les applications se faisaient particllement et sans aucun esprit de méthode. Il est le premier qui en ait coordonné les principes, à la suite d'expériences qu'il n'est pas sans intérêt de rapporter :

« Pour m'assurer, dit-il, de l'effet que je puis produire avec les eaux « que j'ai à ma disposition (à Liége), j'ai procedé à des expériences « propres à m'éclairer complétement sur la matière.

« Dans les canaux qui sont lavés actuellement, j'ai choisi le réseau « d'égouts qui remplissait le mieux toutes les conditions ; c'est celui qui se « dirige derrière le palais, rue Hors-Château et sous la prison jusqu'a « la Meuse, au pont Maghin. Il presente des parties a radier plat, d'autres « à radier ovoide et une partie sans radier ; des pentes diverses et « faibles (la pente moyenne est de 11 millimètres par mètre) ; des raccor- « dements courbes et à angles plus ou moins prononcés, et des largeurs « differentes ; il a, a peu de chose près, la plus forte des longueurs « d'égouts à laver ; enfin il recueille une quantite d'immondices provenant « de la population considérable des petites rues qui y débouchent.

« J'ai fait les experiences vers le milieu du mois de juillet, pendant « des chaleurs d'environ 28 degrés centigrades et qui duraient depuis le 8 « du mois.

« Depuis plusieurs jours ce réseau d'égoûts n'avait pas été lavé ; le ra- « dier etait couvert d'immondices (surtout dans la partie d'aval), prove- « nant des petites rues et impasses qui se trouvent sur ce parcours. La « hauteur des immondices était au maximum de $0^m,15$ et au minimum de « $0^m,05$. La vanne, rue Notger, fut fermée et je laissai couler librement « les eaux durant une heure environ, pendant laquelle il passa 150 mètres « cubes d'eau. Apres avoir detourné les eaux sur la rue Notger, je fis vi- « siter l'égout soumis à l'expérience, sur toute son étendue, et il fut trouve « complètement nettoyé.

« Je procedai à une seconde expérience.

« Je fis etablir une digue longitudinale dans l'egout, en amont de la « rue Notger, pour partager les eaux en deux parties égales, dont une « pouvait passer par la rue Notger, et la deuxième vers la rue Hors-

ou l'autre partie du réseau. Les eaux dont on dispose sont celles d'une petite rivière assez abondante, la Légia, et celles de plusieurs exploitations charbonnières situées sur des points culminants de la zone suburbaine. On profite aussi, mais seulement pour les parties basses, des eaux de la Meuse, provenant de la canalisation de ce fleuve en amont de la ville. Des vannes sont placées à différentes distances dans les égouts, pour former des bassins d'eau successifs. En

« Chateau, de manière à n'employer que 70 à 75 mètres cubes d'eau en « une heure.

« Trois jours après la première expérience, je fis visiter l'égout sur « toute son étendue et on y trouva a peu près la même quantité d'immon-« dices, pierrailles, etc., qu'avant la première expérience ; j'y fis jeter « les 70 à 75 mètres cubes d'eau, et je les laissai couler pendant une « heure environ.

« Une visite a fait reconnaître que l'égout était nettoyé jusqu'à la « Meuse. Toutefois, aux jonctions à angle droit de quelques embranche-« ments d'égouts affluents, il était resté de légers dépôts. Je fis rejeter les « eaux pendant une seconde heure, et les dépôts furent emportés ; mais « j'ai la conviction que cette seconde chasse n'aurait pas été nécessaire, « si ces jonctions avaient été construites suivant des courbes tangentes.

« J'ai procédé à une troisième expérience, et cette fois par *une chasse* « *d'eau.*

« Je fis curer neuf embranchements plus ou moins longs et je fis ame-« ner les immondices dans le long réseau d'égouts, en amont et en aval « de ces embranchements. Il y en avait environ $0^m,15$ de hauteur et un « cube de 18 à 20 mètres. Je fis faire dans l'égout, a la tête de la rue « Notger, une vanne mobile pour retenir les eaux affluentes pendant un « demi-quart d'heure ; il y en avait environ 18 à 20 mètres cubes ; immé-« diatement le barrage fut ouvert et ces eaux se précipitèrent dans « l'égout. Quarante minutes après je l'ai fait visiter et il fut reconnu que « les immondices avaient disparu.

« J'ai pensé qu'il était inutile de continuer les expériences sur cette « base, puisque, d'après mon système, il faut que chaque égout soit lavé « *tous les jours en un temps donné* par une quantité d'eau suffisante, soit « par *un écoulement continu,* soit par *une chasse.*

« J'ai fait construire un barrage provisoire, disposé de manière à pou « voir varier le débit a l'écoulement continu, et après divers essais, con-« tinués avec persévérance, j'acquis la certitude qu'avec un écoulement « d'eau d'une heure *tous les jours,* représentant 18 a 20 mètres cubes, je « maintiendrais dans un état complet de propreté le réseau d'égouts pré-« mentionné, de 1.336 mètres d'étendue. »

ouvrant ces vannes alternativement, à des jours et heures déterminés, selon les besoins, les eaux sont lancées, tantôt dans une direction, tantôt dans une autre. En outre, le grand collecteur qui doit réunir tous les égouts de la ville, et qui est en voie d'achèvement, sera lavé par un courant d'eau continu, emprunté au bassin du Commerce, à raison de 40.000 mètres cubes environ par jour. On ne doute point que ce volume ne soit bien plus que suffisant pour entraîner tous les immondices de la ville et assainir le collecteur, bien que, à Liége, les matières fécales soient déchargées universellement aux égouts.

Le même système se retrouve, à des degrés divers, dans d'autres villes importantes. A Ostende, le collecteur est lavé par le flux et le reflux de la mer, et les égouts ordinaires reçoivent des chasses au moyen des eaux du bassin du Commerce. A Anvers, les égouts principaux, qui ont emprunté le parcours des fossés des enceintes successives, sont également visités par la marée, mais les branchements sont privés de lavages. A Gand, on a élevé, au moyen d'écluses et de vannes, les eaux du haut Escaut de $0^m,50$ et $0^m,30$ respectivement en été et en hiver, pour faire des chasses régulières ; mais la très-faible pente des égouts et leur débouché dans les canaux au dessous de l'étiage nuit à l'efficacité du procédé.

Les agents chimiques rendent moins de services ; toutefois on en rencontre quelques applications en Angleterre. Les substances dont on a usé de préférence sont la chaux, les chlorures et, depuis peu d'années, divers composés où figure l'acide phénique. Le mode d'emploi varie, non-seulement selon les localités, mais aussi selon les circonstances. Tantôt on introduit la substance d'une manière continue, dans la région de l'égout où s'observent particulièrement les mauvaises odeurs, tantôt on en use au moment même où les ouvriers sont appelés à y pénétrer. Le plus souvent la distribution du réactif est commandée par la protection de la surface et n'influe que très-indirectement sur la salubrité de l'intérieur. Tel est le cas fréquent où l'on se borne à projeter la substance dans une bouche latérale d'égout, en vue de désinfecter les gaz qui s'en échappent. Il n'est pas de ville qui ne recoure plus ou moins à ces procédés, mais aucune, à notre connaissance, ne les a érigés en système général. Nous mentionnerons aussi, quoiqu'ils eussent plutôt pour but de préserver la rivière que d'assainir les galeries, les grands emplois de réactifs faits à Londres de 1858 à 1862, avant l'achèvement des collecteurs latéraux. On répandait la substance par petites quantités, et sur divers points, dans le chenal des égouts, de manière à ce que le mélange fût aussi complet que possible avant l'arrivée au point de décharge. On consomma ainsi, dans la seule année 1859, 4.281 tonnes de chaux, 478 tonnes de chlorure de chaux et 56 tonnes d'acide carbolique, d'une valeur totale de près de 450.000 fr. En 1860, à la suite des expériences officielles des Drs Hofmann et Frankland, le perchlorure de fer fut substitué à tous les autres réactifs, comme ayant été, à dépense égale. reconnu le meilleur. C'est ce même agent qui fut proposé par le D^r Kœne, à Bruxelles, pour la désinfection des liquides d'égout de cette capitale. En somme, les moyens chimiques pour l'assainissement des galeries sont relégués jusqu'ici au dernier rang.

4° DESCRIPTION DE QUELQUES RÉSEAUX D'ÉGOUTS.

Pour montrer comment les principes que nous venons d'exposer ont été compris dans les divers pays, nous donnerons quelques détails descriptifs sur un petit nombre de réseaux importants.

RÉSEAUX DE PARIS ET DE LYON.

On est d'accord, aujourd'hui, sur ce point, que les galeries doivent avoir au minimum des dimensions telles que les ouvriers puissent y pénétrer. L'exemple des conduites anciennes, souvent engorgées et d'un accès impossible, a détourné de s'en rapporter uniquement aux forces naturelles pour assurer le curage, et l'on n'a vu de garantie suffisante que dans l'intervention de l'homme. Cela ne veut point dire que l'homme doit faire le curage lui-même ; nous avons vu, au contraire, au sujet de l'écoulement, qu'on vise à ce que toutes les matières soient entraînées par l'action du flot ; mais il est nécessaire que l'homme y préside et qu'au besoin il y aide, afin que nulle part le service ne soit compromis. En d'autres termes, ne rien faire par lui même, mais tout voir et tout surveiller, tel doit être désormais le rôle de l'homme dans un égout bien ordonné, et tel est le principe qui a dirigé la construction des nouvelles galeries de Paris et de Lyon, ainsi que celles de plusieurs autres grandes villes.

Les dimensions des égouts récemment établis en France descendent rarement au-dessous de 1^m,50 de haut sur 1 mètre de large. Dans ces grandeurs, le profil est généralement ovoïde et l'écoulement a lieu sur la pointe de l'ellipse. Le corps de l'égout est le plus souvent en maçonnerie, de 25 centimètres au moins d'épaisseur, et quelquefois en ciment d'une épaisseur moitié. Telles sont les conditions normales du type inférieur. Quant aux types supérieurs, on ne peut pour ainsi dire pas assigner de limites ; le maximum atteint, par exemple, dans les grands travaux de Paris, ne saurait convenir à la généralité des villes et l'on se trouve ici en présence d'une exception gigantesque. Du reste, dans cette canalisation de Paris, que nous allons décrire, tout est exception, ou pour mieux dire, tout est un modèle, que les autres villes ne peuvent songer qu'à imiter de loin.

Le petit égout, l'égout courant de la capitale, est de forme ovoïde ; il a 2^m,30 de haut sur 1^m,30 de large (Pl. IV, fig. 2 à 4). La maçonnerie a 30 centimètres d'épaisseur. Au dessus de ce type unique, on rencontre cinq ou six types de collecteurs placés sous les artères principales [1]. Les dimensions

1. Il n'est peut-être pas sans intérêt de rappeler les grands traits de la canalisation souterraine de Paris.

Pour établir le réseau des égouts, le sol de la capitale a été divisé en cinq bassins, dont trois sur la rive droite et deux sur la rive gauche de la Seine.

Sur la rive droite, le premier de ces bassins embrasse Charonne, Belleville et Montmartre ; le second, tout à fait central, comprend les quartiers Saint-Antoine, du Temple, Saint-Martin, Saint-Denis, du Palais-Royal et des Tuileries ; et le troisième se compose des hauteurs de Chaillot, du Roule, de Monceaux et du faubourg Saint Honoré. Sur la rive gauche, l'un des bassins embrasse la butte des Deux-Moulins et la vallée de la Bièvre, et l'autre les quartiers du Luxembourg, de Saint-Germain-des-Prés et du Gros-Cailloux.

Six grandes galeries principales, coupant la ville à peu près à angles droits, et ayant pour affluents quinze galeries secondaires sur lesquelles s'embranchent une foule d'autres galeries de moindre type, constituent les artères principales du réseau. Des six maîtresses galeries, trois sont sur la rive droite : la première, celle des quais, a 4 000 mètres de parcours ; la seconde, qui descend le boulevard Sébastopol et rejoint la précédente à la place du Châtelet, a 1.850 mètres, enfin la troisième va de la place de la Bastille à celle de la Concorde, en descendant la rue Saint-Antoine et celle de Rivoli.

Outre ces galeries de construction moderne, il y a encore sur la rive droite un collecteur, qui n'est autre que l'ancien grand égout de ceinture formé par le ruisseau de Menilmontant, lequel coula à ciel ouvert jusqu'à l'époque où le prévôt des marchands, Turgot, entreprit de les faire couvrir en 1740.

Cet égout part de la rue des Coutures-Saint-Gervais, suit la vieille rue du Temple et des Filles-du-Calvaire, franchit les boulevards, suit la rue des Fossés-du Temple, traverse le boulevard du Prince-Eugène à son extrémité inférieure, poursuit son cours par les rues du Château d'Eau, des Petites-Écuries, Richer, de Provence et de Saint-Nicolas-d'Antin, et se jette dans le collecteur général d'Asnières, sous le boulevard Malesherbes. Autrefois, il allait déboucher dans la Seine, au bas de Chaillot.

Des maîtresses galeries de la rive gauche, la première comprend la

intérieures varient depuis 2m,75 [1] sur 2 mètres, jusqu'à 3m,70 sur 2m,70, et l'épaisseur de la maçonnerie, de 35 jusqu'à 80 centimètres (Pl. V, fig. 4 à 7). A ces collecteurs se rattache la grande galerie du boulevard de Sébastopol, laquelle décharge en Seine, pendant les averses, les eaux de la moitié des quartiers de la rive droite. Vient ensuite le collecteur général, ou émissaire, qui conduit en Seine, à Asnières, les liquides de toute la capitale. « C'est, dit avec un juste orgueil M. le « Préfet de la Seine, le plus grand ouvrage de ce genre qui « existe au monde [2]. » La largeur n'en est pas moindre de 5m,60, et la hauteur de 4m,40 (Pl. V, fig. 2 et 3). L'épaisseur de la maçonnerie varie de 50 à 95 centimètres dans la portion construite en tranchée, et de 40 à 65 centimètres dans la portion en souterrain. La jonction des liquides de la rive gauche avec ceux de la rive droite s'effectue à l'aide d'un siphon jeté sous le lit de la Seine et qui n'est pas un des moindres ouvrages d'art de la canalisation de Paris. C'est un double tube en fer battu de 1m de diamètre, 200 mètres de long et 2 centimètres d'épaisseur, qui traverse le fleuve près du pont de l'Alma et débouche dans une galerie tributaire du collecteur d'Asnières [3].

ligne des quais, depuis le pont d'Austerlitz, jusqu'à celui d'Iéna ; son parcours est de 6.400 mètres.

La deuxième suit le boulevard Sébastopol, rive gauche, depuis la place de l'Observatoire jusqu'au pont Saint-Michel ; et la troisième est ce vaste canal souterrain, destiné à recevoir la Bièvre.

1. Dans le chiffre de la hauteur, est comprise la profondeur de la cunette.

2. *Rapport de M. le Préfet de la Seine au conseil municipal*, du 16 juillet 1858. « La Cloaca Maxima, grand égout collecteur de Rome an- « cienne, ajoute M. le Préfet, qui subsiste encore aujourd'hui, a 5m,20 de « hauteur et 4m,10 de large. C'était le plus vaste qui eût jamais été bâti « avant celui d'Asnières. »

3. « On a procédé hier, lit on au Journal des Débats du 14 août 1868, en « présence d'un grand nombre de curieux, à la mise a l'eau d'un des « énormes tubes destinés à relier à travers la Seine les égouts de la rive « gauche à ceux de la rive droite. L'opération s'est accomplie avec un « succès complet.

« Le tube, dont les extrémités avaient été hermétiquement fermées, a

Le profil des divers collecteurs reste ovoïde, mais la partie inférieure est garnie de manière à offrir une ou deux banquettes, en contre-bas desquelles l'eau coule dans une cunette arrondie, dont la largeur varie de 80 centimètres à 1^m, 30. Quant à l'émissaire, il consiste à proprement parler en un vaste chenal de 3^m,50 de large et 1^m,35 de profondeur, recouvert par une voûte qui le déborde en laissant subsister des deux côtés une banquette de 0^m,90. Les galeries de toutes grandeurs communiquent avec la rue par des bouches de décharge, toujours ouvertes, avons-nous dit, multipliées suivant les besoins de la surface, et par des trappes de regard ou puits de descente, ménagés de 50 en 50 mètres et pourvus d'une échelle en fer, pour que les égouttiers puissent remonter à toute heure, notamment quand ils sont surpris par la crue subite des eaux. Drains, collecteurs, émissaires, sont revêtus de ciment. Leurs parois lisses et brillantes, leurs profils adoucis, réfléchissent la lumière, propagent le son et laissent glisser les liquides sans retenir d'ordures. Le déve-

« été amené au moyen de palans et de grues jusqu'au bord du chemin « de halage. On l'a descendu ensuite dans le fleuve, en le faisant glisser « lentement le long des solides madriers qui avaient été disposés à cet « effet sur le penchant de la berge. Allégé par l'air qu'il renfermait, le « siphon ne s'est enfoncé dans l'eau que de la moitié environ de son dia- « mètre. On se dispose à mettre pareillement l'autre tube à l'eau.

« Contrairement à ce qui se pratique pour les conduites ordinaires d'eau « ou de gaz, les siphons du pont de l'Alma n'ont pas été coulés en fonte. « Leur paroi se compose de deux feuilles de tôle de 1 centimètre d'é- « paisseur, plaquées l'une sur l'autre et réunies à l'aide de clous soigneuse- « ment arasés. A l'intérieur, ils forment un tout continu, lisse et sans join- « ture sensible. Ils doivent être noyés dans le lit de la Seine, de telle « sorte qu'entre l'orifice des tuyaux sur la rive gauche et leur débouché « sur la rive droite, il y ait une différence de niveau de 50 centimètres, « différence jugée suffisante pour donner au débit de l'égout une vitesse de « plus de 2 mètres par seconde.

« De la place de l'Alma, la galerie dans laquelle se déverse le siphon « parcourt l'avenue Joséphine, traverse la place de l'Étoile à 30 mètres de « profondeur sous le sol; puis elle suit l'avenue de Wagram, la rue de « Courcelles et la rue de Villiers, d'où elle oblique à droite pour rejoindre le « collecteur d'Asnières, à peu de distance de son débouché en Seine. »

loppement total de ce magnifique réseau, tant pour l'ancien que pour le nouveau Paris, atteindra 900 kilomètres ; il est aujourd'hui construit à près des deux tiers, et si l'on tient compte de ce que les travaux les plus coûteux sont déjà faits, on peut dire que la canalisation des rues de la capitale est fort avancée ; il est probable que dans huit ou neuf ans elle sera un fait accompli.

Ce qui ne frappe pas moins que cette installation grandiose, c'est la manière particulièrement ingénieuse dont est organisé le service, et surtout le curage des collecteurs. Dans la cunette de l'émissaire est installé un bateau-vanne, qui se compose d'une coque ordinaire en tôle et d'une vanne mobile ayant le gabarit de la cunette et placée en avant du bateau. Des engrenages permettent à volonté d'immerger cette vanne ou de la rabattre sur le bateau qui, en ce cas, est maintenu dans l'axe de la cunette par deux guides mobiles. S'agit-il de procéder au nettoyage ? On descend la vanne dans la cunette, l'eau s'accumule en arrière et forme un remous qui suffit, par la pression exercée sur cette pièce, pour mettre en mouvement tout l'appareil. Les immondices qui s'accumulent alors à l'aval formeraient bien vite un barrage impossible à franchir, si l'eau en s'échappant avec violence par les vides compris entre la vanne et les parois de la cunette, ainsi que par de petites ouvertures ménagées à cet effet dans la vanne elle-même, n'allongeait les sables et les vases en bancs de 60 à 200 mètres de longueur, et ne les faisait marcher devant le bateau, absolument comme le vent fait marcher le sable des dunes. Il faut à un seul bateau de huit à vingt jours pour parcourir la totalité du souterrain qui mesure un peu plus de 5 kilomètres. Du reste, on augmente la vitesse de l'opération en multipliant selon les besoins le nombre des embarcations. Une fois le bateau parvenu au terme de sa course, on a recours, pour lui faire rebrousser chemin, aux écluses ou barrages mobiles disposés de 600 en 600 mètres, et qu'un seul homme manœuvre à l'aide d'un treuil. On obtient ainsi facilement une hauteur d'eau qui permet au bateau de regagner son point de départ. Dans les collecteurs qui n'ont pas de bateau-vanne, un wagon roulant sur des rails en fer remplit l'office que nous venons de décrire.

L'éclairage et les signaux sont le complément indispensable d'une semblable organisation. A cet égard. le service de nuit des chemins de fer offrait des modèles qu'il suffisait d'imiter. On a donc pourvu le bateau ou le wagon d'un fanal convenablement approprié aux circonstances du lieu. et l'on a mis entre les mains des agents des lanternes à feu blanc, rouge et vert. semblables à celles des gardes-lignes, qui procurent la correspondance à 500 mètres de distance. Au delà, c'est le cornet de cuivre qui transmet les ordres ou les avertissements. « Ainsi, dit justement M. Mille, dans l'égout « d'Asnières, où l'on circule librement sur des banquettes « propres comme un dalle d'escalier, où l'on est éclairé comme « dans un atelier de manufacture, où l'on est averti par des « signaux transmis à 3.000 mètres de distance, un ouvrier cure « le canal rien qu'en manœuvrant une vanne et en laissant « descendre son bateau au fil de l'eau. Voilà le travail mé- « canique que visitent avec étonnement les étrangers pour « qui l'édilité est une fonction ou une étude. » Tel est dans ses traits généraux le système dont a été doté la ville de Paris, système qui fait le plus grand honneur aux administrateurs qui l'ont conçu et aux ingénieurs qui l'ont exécuté [1].

Pour compléter le tableau, disons maintenant quelques mots du drainage privé ou des branchements destinés à mettre en communication la maison avec l'égout public.

A Paris le branchement est identique à l'égout courant, et mesure $2^m,30$ sur $1^m,30$. Il avance, sous le maximum de pente disponible, jusqu'à l'aplomb du mur de façade de la maison et se raccorde avec l'égout à $0^m,15$ au moins. en

---

1. MM. Haussmann et Dumas d'une part, MM. Michal et Belgrand d'autre part.

contre-haut du radier de ce dernier. Il peut aussi, à la volonté du propriétaire, être prolongé sous la maison, mais en ce cas une grille en fer est établie sous l'aplomb du mur de façade, afin d'intercepter la communication avec l'égout public. Les conduites des eaux ménagères sont en tuyaux de fonte mince, assemblés à emboîtement et bien mastiqués ou cimentés. Elles débouchent au dessus du radier dans une cuvette en maçonnerie ou en fonte, formant, comme nous avons dit, fermeture hydraulique. La conduite de descente des eaux pluviales est toute pareille. Elle est complétement isolée de la précédente et débouche dans la même cuvette. Les tuyaux de descente éloignés du branchement peuvent être prolongés sous le trottoir à sa rencontre, pourvu qu'ils aient une pente d'au moins 20 centimètres par mètre. La fosse mobile à filtre, dans les maisons qui en sont pourvues, trouve place dans le branchement, de la manière que nous indiquerons plus tard. Enfin, pour clore la liste de ces organes, rappelons qu'une cheminée d'appel s'ouvre à l'intrados de la voûte et débouche au dessus des combles. Depuis une douzaine d'années, l'administration municipale a poussé vivement à la construction de ces branchements dont le développement dépasse aujourd'hui 100 kilomètres.

Au point de vue de l'exécution, la canalisation de Paris est pour ainsi dire irréprochable, autant du moins que peut l'être un ouvrage obligé de compter avec des travaux déjà existants. Sous le rapport des facilités d'écoulement et de la ventilation, de l'harmonie du plan et de la simplicité des moyens, nous ne pensons pas qu'il y ait dans le monde un seul réseau qui puisse entrer en comparaison avec le nôtre. Malheureusement il n'en est point ainsi pour la destination, ou pour les services qu'un tel réseau peut rendre. Sauf les eaux de la voie publique et, pour une faible part destinée, il est vrai, à s'accroître, les eaux des maisons, les égouts de Paris ne reçoivent pas la partie la plus rebutante des souillures de la population. Les matières fécales, les débris domes-

tiques, le fumier des rues, tous ces immondices enfin qui
sont l'opprobre des cités civilisées, n'ont pas encore trouvé
place dans les voies souterraines. On sait également que les
conduites d'eau sont seules admises aux égouts, mais que
celles du gaz en sont exclues et continuent d'infecter le sol.
Il est donc permis de dire que l'admirable instrument qu'on
a entre les mains n'est qu'en partie utilisé et que cette
magnifique canalisation est à certains égards un objet de
luxe.

Après le réseau de Paris nous avons mentionné celui de
Lyon, qui offre quelques particularités intéressantes à rapprocher des précédentes. Le branchement privé, au lieu d'être
en maçonnerie et d'avoir des dimensions qui en permettent
l'accès à l'homme, est établi économiquement en poterie
(Pl. IV, fig. 11 à 13), et n'a que 25 ou 30 centimètres de diamètre intérieur ; 25 centimètres quand il ne reçoit pas d'abou-
tissants sur son parcours, et 30 centimètres quand il en reçoit. Les tuyaux qui les forment sont vernissés à l'intérieur ;
ceux de $0^m,25$ ont 16 millimètres d'épaisseur, et ceux de
$0^m,30$ ont 2 centimètres. Les uns ou les autres sont emboîtés
à frottement et ont leurs joints lutés au ciment ; toute la conduite est entourée d'une couche de béton hydraulique de
$0^m,10$ d'épaisseur. La décharge dans l'égout public a lieu à
30 centimètres au moins en contre-haut du radier de celui-ci,
et au niveau de la banquette dans les galeries qui en sont
pourvues. La conduite reçoit, à l'aplomb du mur de façade,
le tuyau des eaux pluviales qu'elle sert également à convoyer.
Aucune fermeture hydraulique n'est d'ailleurs disposée au
débouché des tuyaux. De tels branchements ont sur le type
parisien l'avantage de l'économie, mais, à moins de forte
pente, ils sont sujets à obstruction et surtout ils ne peuvent
recevoir ni les conduites d'eau ni celles du gaz.

Un autre trait particulier, croyons-nous, au réseau de
Lyon, concerne la communication de l'égout avec les fosses
d'aisances fixes à diviseurs. Sans vouloir anticiper ici sur

un sujet qui viendra en son lieu, à l'occasion des *vidanges*
nous devons dire un mot de l'agencement de l'égout
lui - même. La paroi dans laquelle sont pratiqués les
orifices servant à la séparation des matières, forme la
cloison séparative de la fosse et d'un canal en maçonnerie (Pl. IV, fig. 12 à 15). Ce dernier, de 1^m,50 de haut
et d'une pente minimum de 0^m,05 par mètre, ouvre sur
l'égout public. Les liquides y coulent sur le fond et
gagnent le chenal de l'égout en traversant la banquette au
moyen d'une petite rigole ménagée à cet effet. Ce branchement est entièrement distinct de la conduite en-poterie
que nous venons de décrire et sert exclusivement aux eaux
découlant de la fosse. Ce système est pratiqué dans un assez
grand nombre de maisons de Lyon. Enfin le collecteur de
ceinture qui réunit tous les liquides de la ville et les apporte
au Rhône, est digne de figurer à la suite de ceux de Paris.
C'est un bel ouvrage (Pl. IV, fig. 8), de 4 mètres de large
sur 2^m,70 de haut, avec deux banquettes, l'une de 1^m,50 et
l'autre de 0^m,50 [1].

RÉSEAU DE LONDRES.

Nous projetons de décrire principalement cette partie du
réseau qu'on nomme en Angleterre *main drainage* ou
drainage principal, c'est-à-dire l'ensemble des collecteurs et
des émissaires, lequel est très-remarquable à plusieurs titres.
Nous nous étendrons peu sur la canalisation des rues et des
maisons, dont le mérite réside dans la destination beaucoup
plus que dans l'exécution. Il s'en faut, en effet, que les
égouts des rues et les branchements privés de Londres
vaillent ceux de Paris. Ils ont été construits à des époques
diverses et par les soins d'autorités de paroisse indépendantes les unes des autres; aussi le plan manque-t-il

1 La canalisation de Lyon est due à M. l'ingénieur en chef Bonnet

d'harmonie et d'uniformité [1]. En revanche, ils rendent des services bien plus grands, car non-seulement ils reçoivent la totalité des eaux pluviales et ménagères, mais encore les matières fécales. qui s'y déversent directement, sans interposition de fosse d'aisance ni de réceptacle d'aucune sorte. Ils réalisent bien cette *circulation continue* dont on est encore si loin à Paris [2].

Une différence caractéristique qu'il importe de relever entre les réseaux des deux pays, c'est qu'en Angleterre on n'a pas été dominé, jusqu'à présent du moins, par la considération que les galeries doivent être partout accessibles à l'homme ; on admet, au contraire, qu'il suffit qu'il en soit ainsi sous les voies principales, mais que sous les rues secondaires et particulièrement dans les branchements privés, il est préférable de renoncer à cette condition pour se donner le bénéfice d'une construction beaucoup plus économique. Nous pensons, quant à nous, que l'idée française est plus juste, au moins pour les grandes villes, et que, malgré l'accroissement de dépense, on ne doit pas hésiter à l'appliquer. Car parvînt-on, avec les conduites tubulaires, à éviter les engorgements et les ruptures qui sont toujours à redouter, il n'en resterait pas moins l'inconvénient de ne pouvoir faire la distribution de l'eau pure et le service du gaz par les égouts, et de multiplier par conséquent les occa-

---

1 On lit dans une brochure recente de M. Bazalgette que jusqu'à la constitution définitive du *Metropolitan Board of Health*, en 1856, les travaux étaient faits sans aucun plan d'ensemble, mais que « les dimensions, la « forme ainsi que le niveau des égouts, aux limites des divers districts, « étaient souvent très-variables Ainsi des egouts plus vastes se dechar- « geaient dans des egouts plus etroits ; d'autres, à parois planes, avec cou- « ronne et radier circulaire, etaient reliés avec des galeries ovoïdes . ou « encore, des égouts à section ovoïde, ayant la pointe en haut, étaient « reliés avec d'autres également ovoïdes, mais ayant la pointe en « bas. »

2. Nous avons dit qu'une conference recente d'ingénieurs de la Ville, à laquelle nous avons eu l'honneur d'assister, semble indiquer qu'on est sur le point d'entrer dans d'autres voies.

sions de couper la chaussée, ce qui dans les quartiers fréquentés est un dommage de premier ordre. Cette disposition devrait donc être réservée aux villes peu importantes et ne paraît pas à sa place dans la métropole du Royaume-Uni.

A Londres, un tiers seulement des égouts est en maçonnerie et les deux autres tiers sont en poterie. Les premiers, très-inférieurs pour l'exécution à ceux de Paris, sont ordinairement à section ovoïde et ont des dimensions comprises entre 60 centimètres sur 90, et 75 centimètres sur 1m.10. Les conduites en poterie, affectées au service des maisons et aux rues entourant les îlots, sont beaucoup mieux établies. Ce sont des tuyaux circulaires en grès émaillé, comme en fabriquent si bien les poteries de Lambeth, d'un diamètre variable de 15 à 45 centimètres, qu'on assemble à frottement d'une manière hermétique. Le drain privé, dépassant rarement 20 centimètres, est pourvu de tubulures venues au moulage. Il part de l'habitation sur une inclinaison de 1 à 1 1/2 pour 100, traverse l'arrière-cour et débouche au tuyau qui dessert le groupe de maisons. Il reçoit sur son parcours les branchements de l'évier et des water-closets, ainsi que les bouches des cours et autres surfaces pavées. Des fermetures à eau (siphon-traps) ménagées aux orifices préviennent le dégagement des odeurs dans les appartements. Les tuyaux des rues, d'un diamètre normal de 30 centimètres, portent également, de distance en distance, des tubulures pour le raccord avec les drains privés. La conduite s'engage par son extrémité inférieure dans la maçonnerie de l'égout principal, à 30 ou 40 centimètres au dessus du radier.

Mais la partie vraiment intéressante du réseau de Londres est le *main drainage*. Ce travail, entrepris en 1859 et qui touche à son terme, a eu pour objet essentiel de réunir tous les liquides de la capitale et de les transporter en un point tel de la Tamise, à l'aval, que les détritus ne pussent jamais être ramenés dans la ville par la marée montante [1]. Il comporte trois collecteurs et un émissaire sur chaque rive. Le développement total de ces canaux, entièrement couverts, est de 132 kilomètres, et le coût d'établissement, y compris les ouvrages d'art qui s'y rattachent, est de 105 millions de francs, soit en moyenne 800.000 francs par kilomètre.

La Tamise étant prise pour axe de la ville (Pl. VII), celle-ci se compose de deux parties plus ou moins symétriques, au nord et au sud, qui appelaient des réseaux analogues et indépendants. En conséquence, trois lignes de grands collecteurs, coupant à angle droit les collecteurs déjà existants, ont été tracées dans chacune de ces deux régions, de manière à les diviser en trois zones à peu près parallèles au fleuve, lesquelles ont été respectivement nommées *étage bas*, *étage moyen* et *étage haut*. Les trois collecteurs réunissent leurs eaux dans un émissaire ou égout de décharge (*outfall*.

1. On se rappelle qu'en 1858, la Tamise, infectée dans l'intérieur même de Londres par les égouts qui s'y déchargeaient directement, dégagea des odeurs si intolérables que bon nombre d'habitants émigrèrent et que le parlement dut suspendre ses séances. Il faut se reporter à cette époque pour comprendre ce qu'avait de radicalement vicieux le système de la canalisation. Les égouts ne pouvaient pour la plupart se vider qu'a la marée basse. A la marée montante les bouches restaient fermées et les liquides emprisonnés entre les parois. Les eaux des parties élevées continuant à affluer, les matières lourdes se déposaient naturellement dans les parties basses et motivaient des curages aussi fréquents qu'onéreux. Quand de fortes pluies coïncidaient avec la marée haute, c'était pire encore; les égouts s'emplissaient et les eaux impures refluaient dans l'intérieur des maisons, par les drains privés. Mais les plus grands inconvénients se produisaient dans le fleuve même, où les impuretés, tantôt abandonnées sur les berges en couches putrescibles, tantôt promenées dans la ville par le mouvement alternatif du flux et du reflux, avaient, au dire des documents officiels, souillé cette partie de la Tamise a l'égal des égouts les plus empestés. Avec le développement du drainage des rues et des maisons, et la décharge des matières fécales tout a fait generalisée, la situation, on le comprend, était devenue intolérable. A ces maux déjà si grands, s'ajoutait le manque de débouchés pour les nouveaux districts. Aussi, malgré le danger reconnu de la stagnation des ordures, on vit, en maints endroits, revivre les anciennes fosses d'aisances et les trous à fumier.

sewer), lequel les conduit dans un réservoir où elles s'accumulent jusqu'au moment fixé pour l'évacuation en rivière. Cette évacuation a lieu deux fois par jour. lorsque la marée commence à descendre, et, chaque fois elle dure environ deux heures. On réalise ainsi le double avantage, et d'envoyer les impuretés au sein de la plus grande masse possible de liquide, et de les faire emporter par le flot du côté opposé à la ville. On a calculé que cette dernière circonstance faisait gagner 19 kilomètres, c'est-à-dire que par la décharge à marée haute on se trouvait dans les mêmes conditions que si la décharge avait lieu à 19 kilomètres plus loin à marée basse.

Sur la rive nord, les collecteurs haut et moyen se réunissent à Old Ford et forment, par leur confluence, la tête de l'émissaire. Celui-ci reçoit un peu plus loin, à Abbey Mills, les eaux de l'étage inférieur, lesquelles, pour s'y déverser, doivent être élevées, par des machines à vapeur, à une hauteur de 11 mètres. De là, les liquides descendent, par la pente naturelle de l'émissaire, au réservoir de Barking Creek, situé à 22 kilomètres et demi en aval de London Bridge. En tenant compte de la marée haute, ainsi que nous disions tout à l'heure, c'est donc comme si les eaux etaient déchargées à près de 42 kilomètres de ce point.

Sur la rive sud, les collecteurs se réunissent à Deptfort Creek, où le contenu du collecteur inférieur est remonté à une hauteur de 6 mètres. Les eaux se rendent ensuite, par l'émissaire, au réservoir de Crossness Point, situé un peu en aval du précédent. Mais l'émissaire du sud, plus bas que celui du nord, ne permet l'écoulement naturel qu'à la marée basse : aussi les liquides sont-ils élevés, par des pompes à feu, à une hauteur moyenne de 7 mètres, pour être écoulés à la marée haute.

La forme généralement adoptée pour les canaux est la forme circulaire. comme offrant la plus grande section pour une quantité donnée de maçonnerie. Quant aux dimensions,

elles résultent de deux éléments : 1° la quantité totale de
liquide à évacuer, 2° la vitesse nécessaire pour prévenir la
formation des dépôts dans les galeries. En ce qui concerne
ce dernier élément, on était d'avance condamné à un minimum : car, dès l'instant qu'il fallait recourir aux machines
pour racheter l'insuffisance de la chute, l'économie de la
pente et par suite celle de la vitesse étaient de toute nécessité. Après des expériences multipliées, on s'est arrêté à la
vitesse de $\frac{2}{3}$ de mètre par seconde, obtenue avec une pente
uniforme de 20 centimètres par kilomètre, et précédemment
indiquée comme suffisante pour prévenir l'infection des galeries. Pour déterminer la quantité de liquide, on a admis
une moyenne de 142 litres (5 pieds cubes) par habitant et
par jour, ce qui fait un total d'environ 400.000 mètres
cubes, soit 285.000 mètres cubes pour la rive nord et
115.000 mètres cubes pour la rive sud. On a pris, en outre,
une marge de près de 25 pour 100, en prévision de l'accroissement probable de la population, en sorte qu'on a raisonné sur un chiffre peu inférieur à 500.000 mètres cubes.
Enfin il a fallu ajouter la quantité d'eau de pluie. On ne pouvait songer à recueillir la pluie en totalité, car il y a des
orages tels qu'en une heure de temps, le volume d'eau tombée
dépasse de beaucoup celui des eaux d'égout de toute la journée [1]; mais, en mettant les collecteurs à même d'emporter
une masse de pluie de 13 à 1.400.000 mètres cubes, en vingt-
quatre heures, soit avec les eaux d'égout, 1.800 000 mètres
cubes, dont 1.150.000 pour la rive nord, et 650.000 pour la
rive sud, on s'est assuré que, sauf une douzaine de jours par
an, et chaque fois pendant peu d'heures, le réseau suffirait

[1]. Ces quantités formidables étonnent moins quand on songe à la faible
densité relative de la population de Londres, densité qui est environ le
tiers de celle de Paris. Toutes choses égales d'ailleurs, le rapport des eaux
pluviales aux eaux d'égout doit donc être trois fois aussi grand à Londres
qu'à Paris

pleinement à sa destination. Quant à ces jours exceptionnels, des débouchés ont été prévus pour écouler directement les eaux à la rivière par les principales lignes de thalweg qui traversent la ville, dans un sens perpendiculaire à la Tamise.

Les cinq sixièmes des travaux sont aujourd'hui terminés et le service y est en pleine activité. Seul, le collecteur bas de la rive nord est encore en construction. Commencé en 1864, on espère le livrer en 1871; rien ne manquera alors au système projeté. Pour en apprécier toute l'importance et l'originalité, jetons un coup d'œil sur les parties de ce vaste ensemble.

Les collecteurs haut et moyen de la partie nord, d'un diamètre variable entre 1^m,20 et 3^m,40, se rejoignent à Old Ford, dans un vaste réservoir rectangulaire en maçonnerie, d'une capacité de près de 6.000 mètres cubes, duquel les eaux peuvent être dirigées à volonté dans l'émissaire ou dans la rivière Lea, tributaire de la Tamise [1]. Ces collecteurs présentent des ouvrages d'art considérables. On remarque, notamment, un tunnel de 800 mètres près de Hampstead, la traversée en souterrain de la New River et du Great-Northern railway et surtout le passage au dessus du Metropolitan railway, effectué à l'aide d'un tube en fonte du poids de 244.000 kilogr. et long de 45 mètres [2]. Le collecteur de l'étage bas

1 Ce reservoir a reçu le nom de *Penstock chamber* ou chambre à vannes, a cause des cinq grandes vannes en fer dont il est pourvu et au moyen desquelles on gouverne les eaux. A l'état normal les communications vers la rivière Lea sont fermées ; mais les jours de forts orages, aussitôt que le liquide dépasse un certain niveau. le surplus s'échappe par cinq deversoirs et tombe dans les canaux de décharge. On peut aussi, en cas d'accidents, détourner en quelques minutes la totalité des eaux dans la rivière, les vannes etant, pour plus de célerite, manœuvrées par une machine à vapeur.

2. Cet aqueduc ne devait dominer que d'une vingtaine de centimètres le haut des cheminées des locomotives. Comme il s'agissait d'ailleurs de ne pas entraver le trafic, on comprend que ces circonstances ont singulièrement compliqué la construction. Pour faire la pose, on a commencé par établir l'aqueduc sur une plate forme, à 1^m,50 au dessus de son niveau definitif, puis on l'a descendu doucement, tout d'une pièce, en le faisant glisser parallèlement à lui-même, au moyen de béliers hydrauliques.

se rattache au plan d'endiguement de la Tamise ; entre les ponts de Westminster et de Blackfriairs, il fait partie de la terrasse latérale qu'on termine en ce moment [1]. Au delà de Blackfriairs il sera mené en souterrain à travers les quartiers les plus populeux de Londres et rejoindra l'émissaire à la station d'Abbey Mills.

Cette station, célèbre déjà dans le monde entier, par le caractère exceptionnel de sa destination, n'est autre qu'un vaste établissement de pompes à feu, d'une force nominale de près de 1.200 chevaux, ayant pour objet d'élever à 11 mètres de haut et de rejeter dans l'émissaire les eaux d'égout de l'étage bas, évaluées, pour les moments de maximum, au chiffre énorme de 27.000 mètres cubes par heure [2]. La dépense annuelle de cette usine sera moindre qu'on ne le supposerait au premier abord, d'après la force des machines. Les Anglais en sont arrivés à élever les eaux à très-bas prix. Avec du charbon à 25 francs la tonne, le chiffre de 1 centime par mètre cube élevé à 75 mètres de haut, ou par 75 mètres cubes élevés à 1 mètre, est aujourd'hui un prix courant dans le Royaume-Uni. Toutefois les frais, en charbon seulement, ne seront guère inférieurs à 250.000 francs.

---

1. Écrit en 1869.

2. Cet ouvrage, bien que ne fonctionnant pas encore, est aujourd'hui terminé et sa mise en activité ne dépend plus que de l'achèvement du collecteur. Les machines seules ont coûté, une fois posées, près de 1.500.000 francs. Le bâtiment est divisé en trois étages. Celui de dessous, consacré aux puits d'aspiration, recevra directement les eaux du collecteur ; celles-ci tomberont dans des cages en fer, dont les grilles intercepteront tous les objets de nature à gêner l'action des pompes. Ces cages seront, quand il y aura lieu, remontées à la surface et débarrassées des matières qu'elles auront arrêtées au passage. L'étage du milieu contient le réservoir pour la condensation des machines. L'étage supérieur est la chambre des moteurs. C'est là que fonctionnent tous les mécanismes. Les eaux d'égout y sont relevées par les pompes dans un conduit circulaire en fonte et de là refoulées dans l'une des branches de l'émissaire.

Quant à savoir si un tel système est susceptible de fonctionner régulièrement, malgré la nature des liquides auxquels on a affaire, l'enquête parlementaire de 1864, dans laquelle ont comparu les plus grands noms

L'émissaire commence, à proprement parler, à Old Ford. Sa longueur jusqu'à l'embouchure est de 9 kilomètres , et il a coûté plus de 16 millions, soit près de 2 millions par kilomètre. Jusqu'à Abbey Mills, il consiste en deux lignes de canaux rectangulaires, de 7 mètres carrés de section, placés côte à côte, et contenus dans un large massif en maçonnerie, dont les fondations ont dû être poussées à une grande profondeur. Ce massif a été construit de façon à pouvoir, au besoin, supporter un chemin de fer ou quelque autre grande voie publique. La rivière Lea et divers petits cours d'eau sont franchis avec des aqueducs en fonte.

Au delà d'Abbey Mills et jusqu'à Barking Creek, l'émissaire comprend trois canaux, un pour chaque collecteur. Toutefois, un système de vannes et de déversoirs permet de diriger à volonté les eaux dans l'un ou l'autre de ces canaux, de façon à empêcher qu'aucun d'eux ne travaille à charge forcée.

Les trois bouches de l'émissaire arrivent à Barking, perpendiculairement à la direction de la Tamise, et le long d'un des côtés du réservoir, avec lequel une communication facultative est créée au moyen de 16 ouvertures latérales. Le radier de

industriels de l'Angleterre, a levé toute espèce de doute à cet égard M. William West, représentant de la célèbre maison West et fils de Saint-Blazey, qui a érigé des pompes à vapeur dans presque tous les pays du monde, interrogé sur la possibilité pratique d'élever les eaux d'égout, a répondu que la seule précaution à prendre était de faire passer ces eaux à travers des espèces de cribles métalliques, en forme de cages ou paniers, qui puissent arrêter « les vieux chiffons, étoffes, chats chiens et autres objets analogues », mais que, quant à la boue charriée par les eaux « elle n'obstruait nullement les pompes », au point que, selon lui, la présence de ces matières en suspension n'entraîne aucune augmentation de dépense. M. West en a fait très souvent, dit-il, l'expérience dans diverses exploitations de terres argileuses où il remonte à la vapeur les eaux chargées de limon, notamment à Saint Anstell, où le volume n'est pas moindre de 200 000 mètres cubes par an Or, M. West n'hésite pas à déclarer que les eaux d'égout, dépouillées comme on vient de le dire, ne sont pas plus difficiles à manier que les eaux argileuses (*Report on sewage metropolis* 1864).

l'émissaire est à 45 centimètres environ au dessous de la haute
mer. Mais avant d'entrer en rivière, les eaux d'égout tombent
par dessus un déversoir, à une profondeur de 4m,80, et sont
déchargées par 9 conduits situés au niveau de la marée basse.
Pour prévenir cet écoulement direct et détourner les eaux
dans le réservoir, il suffit de lever les vannes qui ferment
les trois bouches de l'émissaire et d'abaisser celles qui garnissent les seize ouvertures latérales. On peut ainsi, à
volonté, opérer la décharge soit directement par l'émissaire,
soit en passant par le réservoir, soit par les deux moyens à la
fois. On a voulu ainsi se mettre à l'abri d'un accident
possible du réservoir, et en même temps faire face aux abats
d'eau exceptionnels, pour lesquels le réservoir seul serait
insuffisant.

Le réservoir de Barking Creek mérite une mention particulière à cause du rôle capital qu'il joue dans l'économie
générale du système. C'est, du reste, une œuvre remarquable,
aussi bien par son installation que par la manière simple et
ingénieuse dont le fonctionnement est assuré. Son coût d'établissement est de 4 millions et demi. Il occupe une superficie
de près de 4 hectares.(Pl. VIII). Situé presque entièrement
au dessous du niveau du sol, il est recouvert par des
arches en maçonnerie sur lesquelles a été étendue une
couche de terre gazonnée, si bien qu'à quelque distance rien
ne trahit l'existence de cet ouvrage d'art. Il est divisé en 4
compartiments indépendants, au moyen de cloisons creuses
dans l'intérieur desquelles l'eau se déverse, quand elle a
atteint un certain niveau, et gagne un réservoir supplémentaire, dit *special*, qui règne sur toute la longueur du réservoir principal, et communique avec les neuf canaux dont
nous parlions tout à l'heure, en relation directe avec la
Tamise. La capacité du grand réservoir jusqu'au point de
déversement est de 154.000 mètres cubes : elle a été calculée
de façon à ce que, la décharge en rivière n'ayant lieu que
pendant deux heures à chaque marée, les eaux d'égout

pussent être accumulées le reste du temps dans le réservoir, c'est-à-dire pendant près de dix heures consécutives [1]. Les communications entre l'émissaire, le réservoir et la Tamise sont d'ailleurs établies ou interceptées, d'une manière simple et rapide, au moyen de vannes manœuvrées du dehors. Il est encore un point important auquel le système pourvoit : c'est le curage. On le réalise par l'intermédiaire d'un canal latéral dit *flushing*, qui s'étend le long du réservoir et à 1^m,15 en contre-haut du seuil de ce dernier. Ce canal peut se remplir d'eau pure à la marée montante et communique avec les divers compartiments du réservoir par des orifices qui se démasquent à volonté. Se propose-t-on de nettoyer l'un quelconque des compartiments? Les bouches latérales de l'émissaire, correspondant à ce compartiment, restent alors fermées, pendant que les autres parties du réservoir se remplissent comme à l'ordinaire ; deux heures environ avant la basse mer, on ouvre la communication avec le *flushing* et l'on précipite l'eau qui était emprisonnée dans ce canal : le flot balaie vivement le seuil du compartiment et entraîne dans le *spécial* et de là dans la Tamise toutes les impuretés qui le souillaient. Au besoin on peut nettoyer ainsi tous les compartiments à la fois : il suffit de fermer toutes les bouches latérales de l'émissaire et de laisser celui-ci se décharger directement dans le fleuve.

Sur la rive sud, la partie la plus difficile de l'œuvre a été le drainage de l'étage bas. Avant qu'on se fût familiarisé

---

1. Le volume débité normalement par la ville pendant cette période devant être d'environ 118.000 mètres cubes, la capacité réservée aux eaux de pluies pendant le même temps n'est que de 36 mille mètres cubes, chiffre un peu insuffisant ; ce qui obligera parfois à avancer l'heure de l'écoulement en rivière. La raison de cette insuffisance vient de ce qu'au début des travaux on s'était proposé de ne pas convoyer à Barking les liquides de la division suburbaine de l'ouest, lesquels figurent dans le total pour 18 à 20 p. 100. Du reste, le réservoir est disposé de façon à ce qu'on puisse facilement l'agrandir sans y faire beaucoup plus de dépenses qu'on n'en aurait supportées à l'origine.

avec l'usage des pompes à vapeur, il semblait presque impossible d'assécher un territoire que l'infériorité de son niveau condamnait à des inondations perpétuelles [1]. Enfin on a
résolu le problème au moyen du grand collecteur de Putney [2]
et des pompes à feu de Deptford. Cette station, bien que
moins importante que celle d'Abbey Mills, ne laisse pas de
mériter la considération. Les eaux, avons-nous dit, doivent
y être remontées à $5^m,40$. Quatre machines à vapeur, de la
force de 125 chevaux chacune, sont affectées à ce travail ;
marchant ensemble, au besoin, elles peuvent élever 5
mètres cubes à la seconde, ou 18.000 mètres cubes à
l'heure. Les eaux sont déchargées par les pompes dans un
aqueduc en fonte, situé au niveau de l'émissaire, et qui est
également en relation avec le canal d'amenée des liquides de
l'étage supérieur. Au bas des pompes, des grilles sont inter-
posées comme à Abbey Mills, pour arrêter les substances pouvant nuire aux mécanismes. L'édifice, avec ses dépendances,
a coûté 2.750.000 francs, et les machines 700.000 francs, soit
en tout, pour la station, 3 millions et demi environ.

L'émissaire, canal circulaire de $3^m,50$ de diamètre, passe

---

1. Cette région, qui occupe un ancien lit de la Tamise, est presque partout au dessous du niveau de la marée haute, parfois même à $1^m,50$ ou
$1^m,80$ en contre-bas. Les anciens égouts y ont naturellement très-peu de
pente, en sorte qu'après de longues pluies ils étaient insuffisants pour le
dégorgement à la basse mer ; de là, stagnation continuelle de liquides
impurs, envahissement des caves, odeurs pestilentielles etc. Les statistiques mortuaires montrent que ces quartiers étaient décimés par les épidémies. Cette situation a appelé les méditations des plus grands ingénieurs de l'Angleterre. Elle a inspiré a Robert Stephenson et à William
Cubitt le projet fameux dans lequel ces hommes éminents s'engageaient à
obtenir, au moyen de pompes à vapeur, «le même résultat qu'en elevant de
6 mètres le sol de tout le district». Cette solution qui causa au début tant de
surprise, est justement celle qui a fini, avec raison, par prévaloir, et c'est
celle que le Conseil métropolitain vient tout récemment de réaliser.

2. Le caractère de cette région a suscité de grandes difficultés, notamm-
ment pour passer sous le Greenwich Railway ainsi que sous Deptford
Creek, à cause de l'énorme quantité d'eau qu'il a fallu épuiser et qui a
été, par moments, de 2.000 mètres cubes à l'heure. Aussi l'ensemble des
travaux de l'étage a coûté près de 8 millions.

sous Greenwich et Woolwich et aboutit à Crossness Point.
à 3 kilomètres en aval de Barking Creek, après un parcours
de 12 kilomètres. Les difficultés de construction ont été
grandes. La profondeur moyenne sous le sol est de 5 mètres.
mais sous Woolwich il a fallu descendre à 15 mètres et
même, en certains points, à 23 mètres. Vers Crossness, on a
eu à lutter contre un obstacle d'un autre genre, contre les
eaux recélées par les terrains d'Erith Marshes, lesquels faisaient autrefois partie du lit de la Tamise. A son arrivée à
Crossness, l'émissaire se comporte d'une manière analogue à
l'émissaire de la rive nord, c'est-à dire que les eaux peuvent,
à volonté, être évacuées directement à la Tamise, ou être
détournées dans le réservoir. Il est à remarquer toutefois
que le radier de l'émissaire, à son embouchure, étant de
$2^m,75$ au dessous des eaux, la décharge directe en rivière ne
pourrait guère avoir lieu qu'à la marée basse, ce qui, avons-
nous vu, aurait le grand inconvénient de faire revenir les
impuretés vers Londres sous l'influence du flot ascendant.
Aussi n'use-t-on de ce moyen que dans le cas d'absolue nécessité, et a-t-on soin d'ordinaire de faire passer les eaux
par le réservoir où on les remonte à l'aide de pompes à feu,
de 500 chevaux de force.

La capacité utile de ce réservoir est de 114.000 mètres
cubes : on voit qu'elle est relativement bien plus considérable que celle du réservoir nord. Les fondations ont été
très-onéreuses, à cause de la nature du terrain : elles ont
dû être poussées à près de 8 mètres de profondeur. Afin de
restreindre les frais le plus possible, on a eu soin de réunir
dans le même massif vertical les canaux pratiqués à divers
niveaux. C'est ainsi que l'aqueduc allant de l'émissaire aux
puits d'aspiration, lequel est le plus bas, supporte les aqueducs qui communiquent du réservoir à la Tamise, et ces
derniers, à leur tour, supportent ceux qui vont des pompes
au réservoir. Nonobstant cette combinaison, la construction
du réservoir et du bâtiment des machines, non compris

l'achat de ces dernières, n'en a pas moins coûté près de 8 millions.

Tel est, dans ses traits principaux, le système qui fonctionne aujourd'hui dans la capitale du Royaume-Uni, et qui l'a mise pour toujours. à l'abri des maux sans nombre qu'enfantait le voisinage des matières corrompues. Quelque lourd qu'ait été le sacrifice nécessaire pour l'accomplir, on le trouvera encore léger, si on le met en balance des immenses avantages qu'en retire pour son bien-être une population de près de 4 millions d'âmes. L'atmosphère de Londres s'est purifiée et éclaircie, le sol est devenu plus sec, le fleuve a repris de sa limpidité, et déjà les statistiques constatent que, dans les quartiers bas surtout, la mortalité a diminué. Aussi, les habitants acquittent-ils avec joie la taxe annuelle de 3 deniers par livre (1 fr. 20 par 100 francs), qui est destinée à servir les intérêts de la dette et à l'éteindre au bout de quarante ans.

RESEAU DE BRUXELLES.

Le réseau de Bruxelles est une sorte de trait d'union entre les deux précédents. Calqué, en effet, sur le réseau de Londres, quant à sa destination, il l'est sur celui de Paris, quant à l'exécution [1].

Bruxelles est peut-être la seule ville du continent qui ait admis franchement les principes de l'école anglaise et qui, ayant à remanier sa canalisation et à se prononcer sur le genre de services qu'il fallait lui demander, ait déclaré, après

---

1 Les ingénieurs belges ont rendu un éclatant hommage aux services municipaux de Paris, car un des articles du cahier des charges imposé aux entrepreneurs, dit expressément : « En un mot, les collecteurs seront « pourvus de tous les ouvrages nécessaires pour en permettre le curage au « moyen de wagons-vannes, avec toutes les facilités existantes dans les « grands égouts collecteurs de Paris, *qui seront pris pour modèles.* »

enquête, que la pratique traditionnelle de la ville devait être maintenue et généralisée, et que le réseau rénové aurait à recevoir comme par le passé les matières fécales, aussi bien que les eaux pluviales et ménagères. Comme à Londres, la partie de la canalisation qui concerne directement les maisons et les rues, c'est-à-dire ce qui n'est pas compris dans le *main drainage*, n'offre rien de particulier, et ce n'est pas cette partie que nous avons en vue de décrire. Il suffira, en ce qui la concerne, de signaler qu'à Bruxelles les égouts ne sont pas en général accessibles à l'homme et que l'action seule de la gravité doit en assurer le curage : disposition plus justifiée ici, au moins pour une grande partie de la ville, que dans la métropole du Royaume-Uni, à cause de la pente rapide qui règne dans les quartiers et prévient ainsi les obstructions. Les conduits sont ordinairement en maçonnerie, mais on rencontre aussi quelques branchements privés en poterie ; les deux types sont prévus dans les règlements de la ville. Le drain privé en briques doit avoir $0^m,30$ de largeur dans l'œuvre, et $0^m,35$ de hauteur. Le drain en poterie est formé de tuyaux vernissés, de $0^m,20$ de diamètre intérieur, emboîtés de 8 centimètres au moins.

Les grands travaux actuellement en cours, ou le *main drainage* de Bruxelles, ont pour objet de fournir un écoulement aux bas quartiers et de préserver la Senne, petite rivière qui traverse la ville, des matières qui la souillent au plus haut degré. Les inconvénients ressentis sont d'autant plus grands que les eaux sont à l'ordinaire insuffisantes pour entraîner les détritus, et qu'au moment des inondations elles répandent un limon fétide sur les campagnes environnantes [1]. Il a donc été décidé : 1° que des collecteurs latéraux

---

1. En 1860, la Commission médicale du Brabant, chargée d'examiner les lieux, s'exprimait ainsi : « Il y a quelques années, l'eau de la Senne « était limpide et peuplée de poissons, aujourd'hui la rivière forme une « espèce d'égout, à ciel ouvert, que l'industrie et toutes les impuretés de « la ville alimentent constamment. Cependant le mal ne fera qu'empirer

à la rivière intercepteraient tous les liquides d'égout et les transporteraient sur un point déterminé, en aval, où ils seraient rendus inoffensifs par des procédés dont nous parlerons au chapitre suivant ; 2° que la Senne elle-même serait redressée et voûtée sur une partie de son parcours. L'exécution de ce plan, confiée à une compagnie anglaise, *Belgian public works Company*, a commencé en 1867 et aurait dû, aux termes du cahier des charges, être terminée le 29 novembre 1869 [1]. La subvention totale payée par la ville s'élève à la somme de 26 millions de francs [2]; on voit qu'il s'agit là d'un travail considérable, digne de figurer après ceux de Paris et de Londres.

Le plan comporte deux égouts latéraux à la Senne, un sur chaque rive, dans la traversée de Bruxelles, lesquels se rejoignent ensuite sur la rive droite et forment un seul émissaire aboutissant à l'usine d'épuration, à 5 kilomètres environ des faubourgs (Pl. IX et Pl. XII, fig. 7 à 10). Le passage de la Senne, par le collecteur de la rive gauche, s'effectue en siphon souterrain. Deux autres collecteurs, d'importance moindre, débouchant à l'égout latéral de la rive gauche, desservent toute cette partie de Bruxelles qui s'étend vers les communes de Molembeek-Saint-Jean et de Cureghem. Les uns et les autres ont autant que possible une pente uniforme, s'éloignant peu de 1/2 millimètre par mètre. Ils ont con-

« en raison de l'augmentation de la population, du nombre et de l'impor-
« tance des établissements industriels. L'autorité compétente ne peut,
« dans un pays où l'hygiène publique est à l'ordre du jour, rester spec-
« tatrice indifférente d'un pareil état de choses. »

1. Des affaires malheureuses, qui se sont dénouées devant les tribunaux, sont venues entraver la marche de la Cie pendant l'année 1868. Mais depuis, les travaux ont été repris avec activité.

2. Dans cette somme, 6 millions sont plus particulièrement affectés aux travaux d'épuration dont il sera question au chapitre suivant. En sus des 26 millions, la Cie bénéficiera de la revente des terrains expropriés et à elle abandonnés par la ville, mais on peut considérer ce produit comme destiné à couvrir les frais d'exécution des quartiers neufs, dont cette Cie est également chargée.

struits sur le modèle des grandes galeries de Paris. Ils ont une cunette à courbure concave, de 2 mètres de profondeur, bordée d'un côté par une banquette et, de l'autre, par une saillie établie au même niveau. Les banquettes et les saillies sont garnies de rails pour la circulation des wagons-vannes destinés à opérer le curage.

On a adopté trois types de grandeur. Les trois collecteurs de la rive gauche, savoir : le collecteur latéral avec son prolongement et les collecteurs tributaires, ont une cunette de 1^m,20 d'ouverture ; le collecteur latéral de la rive droite, jusqu'à sa jonction avec celui de la rive gauche, possède une cunette de 1^m,70 ; enfin le collecteur unique ou l'émissaire allant du point de jonction à l'usine, a une cunette de 2^m,20. Les largeurs correspondantes des banquettes sont de 0^m,75, 0^m,80 et 0^m,94. La hauteur de la voûte au dessus de la banquette, à l'aplomb du bord de celle-ci, est au moins de 2 mètres. Au dessus de chacune de ces grandes artères, une voie de communication spéciale, à défaut de rue ou de chemin public, est ménagée sur toute la largeur, afin de faciliter la visite à l'intérieur et de permettre aux ouvriers du dedans de gagner immédiatement la surface. par un regard quelconque.

Les collecteurs latéraux n'ayant pas une section transversale assez grande pour livrer passage aux eaux qui peuvent y affluer pendant les fortes pluies d'orage, on dispose dans la maçonnerie qui les sépare de la rivière, des déversoirs en nombre suffisant pour évacuer le trop-plein à la Senne, au moyen de portes à clapets agencées de manière à empêcher les eaux de la rivière de pénétrer dans les collecteurs. Des déversoirs sont placés notamment en regard des égouts ordinaires qui débouchent aux collecteurs.

Les travaux exécutés sur la rivière sont également fort importants. Le bras principal de la Senne est rectifié et voûté sur tout le territoire de Bruxelles. Le voûtement se compose de deux arches en arc de cercle, de 6^m,10 de largeur chacune, séparées par une pile en maçonnerie de 1 mètre d'épaisseur. Les autres bras, dans la même traversée. sont supprimés et comblés, ainsi que les parties abandonnées du bras principal. Comme conséquence de cette double mesure, tous les moulins situés dans le parcours sont supprimés. Enfin au delà de Bruxelles, la rivière est rectifiée et élargie jusqu'à 2 kilomètres environ au delà de Vilvorde, point où s'arrête l'entreprise actuelle.

SYSTÈME TUBULAIRE.

Nous avons parlé des conduites tubulaires appliquées au service des maisons et des rues secondaires. Cette idée a été généralisée en Angleterre et l'on a proposé de l'étendre à l'intégralité du réseau souterrain; de là le nom de *système tubulaire,* sous lequel ce mode de canalisation est connu chez nos voisins. Pour caractériser d'un mot ce système, on peut dire qu'il se résume à faire le drainage des liquides impurs de la même manière que la distribution de l'eau pure, c'est-à-dire au moyen de tuyaux coulant à pleine charge ou même à charge forcée, et dans lesquels la circulation est entretenue au besoin par quelque moteur mécanique, quand la pente du terrain n'est pas jugée suffisante. La conséquence immédiate d'une semblable disposition, c'est que le réseau sert exclusivement aux liquides résiduaires, mais que les eaux pluviales ou les eaux de sources n'y sont point admises. A plus forte raison un tel réseau ne peut-il servir à d'autres usages et est-il de nul secours pour le service des eaux alimentaires ou du gaz de l'éclairage.

Quelques villes anglaises, de peu d'importance d'ailleurs, mais devenues célèbres par la hardiesse de leurs vues en cette matière, Rugby, Croydon, Malvern, etc., ont appliqué le système tubulaire dans toute son intégrité. Elles y gagnent évidemment d'avoir réduit dans une forte proportion les frais d'établissement, car il y a une grande différence entre le coût de tuyaux en grès d'un diamètre variant de 12 à 40 centimètres, et celui de galeries maçonnées dans lesquelles les ouvriers peuvent circuler. Mais indépendamment des inconvénients qu'entraînent les fouilles de la chaussée dans les quartiers fréquentés, il est clair qu'un pareil système appelle, au moins dans les cités importantes, un complément dispendieux, à savoir la construction d'un réseau distinct pour l'écoulement des eaux superficielles. C'est donc un compte à faire dans chaque cas particulier.

On peut dire toutefois, d'une manière générale, que le système tubulaire paraît avantageux dans les localités où la pente est suffisante, d'une part pour assurer l'écoulement des liquides dans les conduites, et d'autre part pour qu'il n'y ait pas lieu de se préoccuper des eaux superficielles, qu'on laisse alors s'échapper librement par les ruisseaux des rues. Cette dernière condition implique que la ville n'ait pas une grande étendue ; autrement on serait exposé à ce que les eaux fissent obstacle à la circulation dans les bas quartiers. En résumé, dans les villes peu importantes et où le sol présente une pente suffisante, le système tubulaire s'offre comme une solution économique aux municipalités qui reculeraient devant la dépense d'un réseau ordinaire de galeries. Il est inutile d'ajouter qu'un réseau tubulaire convient parfaitement pour écouler les résidus les plus impurs, y compris les matières fécales. car on n'a pas à s'inquiéter des odeurs dans ces conduites et en outre l'entraînement y est plus rapide que dans tout autre système de canaux.

5° DRAINAGE DES EAUX ORDINAIRES

OU DRAINAGE PERMÉABLE,

Le drainage perméable a pour objet, nous l'avons dit, de faire rentrer dans la circulation les eaux ordinaires ou relativement pures qui. par suite de circonstances diverses, peuvent imprégner le sous-sol des villes.

L'extension à la salubrité urbaine, d'une opération conçue d'abord exclusivement au point de vue agricole, est d'une date si récente qu'en Angleterre, où ce drainage a pris naissance. le rapporteur du *General Board of Health* disait, il y a quinze ans à peine : « Le drainage des eaux (ordinaires) « est tellement négligé, qu'il ressort des dernières enquêtes « sanitaires que, dans les districts urbains qu'on appelle « drainés, les fondations des maisons sont constamment pé- « nétrées par l'humidité du sol sur lequel elles sont bâties. » C'est seulement en effet depuis cette époque que les applica- tions se sont multipliées, et qu'on a proclamé la nécessité de drainer d'une manière systématique, suivant les cas : 1° les maisons, les rues et autres surfaces couvertes ou pavées, 2° les jardins, les parcs et autres lieux plantés, ainsi que les emplacements des cimetières ; 3° les terres entourant im- médiatement les villes et formant ce qu'on a nomme la zone suburbaine, y compris les routes, fossés, cours d'eau à faible débit, etc. Toutefois ce deuxième mode de drainage a été jusqu'ici beaucoup moins pratiqué que l'autre : la législa- tion ne l'a nulle part rendu obligatoire, et son adoption dans les villes n'a été que partielle.

Ce serait se faire une idée bien incomplète des effets du drainage, que de n'y voir que l'assèchement proprement dit du sol. Cet assèchement, à la vérité, est le résultat qui en quelque sorte saute aux yeux, mais il est d'autres effets non moins importants, qui se produisent simultanément. La circulation de l'eau, succèdant à la stagnation, dans les interstices du sol, est accompagnée d'une introduction d'air qui pénètre jusqu'aux dernières fissures où l'eau elle-même a accès, soit que cet air remplace un égal volume d'eau qui disparait définitivement, soit, ce qui est le cas le plus fréquent, que cet air circule en dissolution dans le liquide. En tout état, cette introduction d'air a pour résultat de fournir aux matières organiques qui tendent à infecter le sol, l'oxygène nécessaire pour les brûler. Ainsi se trouvent prévenus les phénomènes de fermentation putride qui se développent dans un milieu humide et privé d'air [1].

Le drainage des surfaces couvertes se pratique assez fréquemment en Angleterre. Si les maisons anciennes n'en sont pas pourvues [2], on le rencontre, en revanche, sous un

---

1. Cette remarquable action du drainage perméable n'a été bien comprise que dans ces derniers temps. On la trouve indiquée pour la première fois dans un mémoire de M. Chevreul, lu à l'Académie des sciences en 1846, et relatif à « plusieurs réactions chimiques qui intéressent l'hygiène des cités populeuses. » Elle a été, depuis, formulée d'une manière plus explicite par ce savant dans une des séances de la *Société nationale et centrale d'agriculture*, ainsi que le constate l'extrait suivant du *Bulletin des séances* (années 1850 et 1851)

« M. Chevreul fait observer qu'il y a dans la pratique du drainage un « fait digne d'attention, c'est le renouvellement de l'eau, qui détermine toujours l'introduction d'une certaine quantité d'air dans le sol, où cette « circonstance exerce une grande influence sur le bon résultat de la végé-« tation. L'eau privée d'air, qui séjourne dans le sol, y cause toujours « des effets nuisibles, ainsi qu'on le remarque pour les arbres des boule-« vards de Paris, dont le milieu terrestre se trouve souvent dans des « conditions telles que l'air qui peut y pénétrer a perdu son oxygène « avant de pouvoir être absorbé par les racines, l'oxygène s'étant porté « sur les matières organiques qui pénètrent dans le sol.

« M. Chevreul ne doute pas qu'un des grands avantages du drainage « ne tienne à cette circulation de l'air qu'il établit entre l'atmosphère et « le sol au moyen du mouvement de l'eau. »

2. Il en existe cependant quelques exemples dans les bas quartiers, entre autres près de la Fleet, à Londres, où un excès permanent d'eau exerçait de fâcheux effets sur la santé publique.

grand nombre de maisons nouvelles, surtout quand elles sont situées hors des villes ou à la limite de vastes surfaces découvertes. Tel est le cas de plusieurs quartiers neufs à l'ouest de Londres, et de la plupart des riches districts où les manufacturiers établissent leurs demeures autour des villes industrielles. L'application se généralise, et pour cause, à mesure qu'on remonte vers l'Écosse. A Glasgow, par exemple, on n'élève pour ainsi dire plus une seule construction, sans drainer préalablement le sous-sol d'une manière très-soignée. Le système, le même partout, est d'ailleurs fort simple : quelques rangées, le plus ordinairement deux par maison, de drains non vernissés de 7 à 8 centimètres de diamètre, ajustés comme ceux de l'agriculture, sont placés à 1 mètre environ au dessous du sol des caves, et l'eau s'y introduit par les interstices des joints. Quand on draine à la fois tout un quartier, un même collecteur réunit tous les drains particuliers. Les eaux ainsi recueillies sont envoyées, tantôt aux égouts, tantôt dans un fossé ou dans un ruisseau, selon les circonstances. A Sheffield et à Leeds, par exemple, où le terrain est accidenté, les habitations qui occupent le sommet des éminences envoient souvent leurs eaux dans les prairies qui s'étendent devant elles.

Le drainage des rues est au contraire peu répandu dans ce pays. Là où il existe, il consiste habituellement en une seule ligne de tubes, à 1 mètre au dessous de la chaussée, dirigée dans le sens de la longueur, et déchargeant dans une bouche latérale de l'égout. On avait proposé, à une certaine époque, des conduites tubulaires doubles ou à deux compartiments, dont le plus large conduirait les eaux sales, tandis que le plus étroit, percé de trous, recevrait les eaux ordinaires. Mais indépendamment des difficultés de l'exécution, on a fait observer avec raison que les nécessités des deux drainages étaient loin de coïncider toujours ; et l'on y a renoncé.

En France les applications sont plus rares. On cherche, en général, dans les habitations, à se préserver de l'humidité par les soins donnés à la maçonnerie et surtout en élevant le rez-de-chaussée sur des caves dont le sol soit bien cimenté. Telle est la pratique suivie notamment à Paris, et nul doute que l'exemple de la capitale n'ait contribué beaucoup à restreindre les emplois du drainage dans la province [1]. On relève cependant plusieurs faits intéressants dans quelques départements du nord et de l'est, ainsi qu'en Sologne. Dans cette dernière contrée, on a réussi par le drainage à améliorer d'une façon très-notable l'état sanitaire

[1] Paris se trouve, il est vrai, dans une situation exceptionnelle, au point de vue de l'entraînement naturel des eaux souterraines. La carte hydrographique de M. l'ingénieur en chef des mines Delesse montre que la nappe d'infiltration laquelle est alimentée par les eaux météoriques du bassin généralement perméable, et non par les filtrations de la rivière, comme on serait disposé à le croire, descend continuellement à la vallée, avec une vitesse variable selon la nature des couches qu'elle traverse. La Seine fait donc appel, comme un immense collecteur, sur les eaux souterraines.

Nonobstant ces conditions favorables, un grand nombre de quartiers ne pourraient que gagner à être drainés. C'est cette conviction, basée sur un examen attentif des lieux, qui inspirait, il y a quelques années, à la commission des logements insalubres de Paris, le langage suivant :

« L'humidité excessive qui rend inhabitables une grande partie des « rez-de-chaussées de la ville de Paris doit être principalement attribuée « au défaut de drainage du sol. Il existe encore un grand nombre de rues « sans égouts, ou bien, si elles en possèdent, ces ouvrages sont construits « en maçonnerie à peu près imperméable, et sans barbacanes, de sorte « que les eaux souterraines ne peuvent pas s'y introduire.

« Dans les quartiers non drainés, le sol est généralement imprégné d'un « mélange d'eau de pluie, d'eaux ménagères et de liquides provenant des « fosses d'aisances. Ces eaux pénètrent souvent dans les murs de fonda- « tion des maisons, et s'élèvent ensuite, soit par la capillarité, soit même « par voie de siphonnement, jusqu'au rez-de-chaussée, où elles apportent « une humidité quelquefois accompagnée d'émanations désagréables et « malfaisantes.

« Si l'on tient compte, en outre, des inondations souterraines qui viennent « de temps en temps remplir les caves des quartiers nord de la ville, « inondations qui sont également dues à l'absence de drainages suffisants, « on comprendra que la salubrité publique soit fortement intéressée à l'exé- « cution des travaux nécessaires pour l'assainissement du sol. Aussi la « commission des logements insalubres est-elle unanime pour recomman-

de localités que désolaient auparavant des maladies endémiques. Les travaux étaient d'ailleurs très-simples : un seul
drain en poterie était placé dans chaque rue, à une profondeur de 1^m,80, de manière à permettre l'établissement de
caves jusqu'alors impossibles dans le pays. Quelques particuliers amorçaient sur ces lignes des drains transversaux
situés sous les cours, quand celui de la rue paraissait ne pas
devoir suffire par suite de l'éloignement. Son action s'étendait à une douzaine de mètres des deux côtés, et souvent
davantage. Un des premiers effets de l'opération était d'a-
baisser le plan d'eau souterrain, d'où une modification né-

« der cet objet important à la sollicitude éclairée de l'administration
« municipale.

« Suivant nous, Monsieur le Préfet, l'exemple donné en Angleterre
« par un grand nombre de villes, telles que Londres, Edimbourg, Glasgow,
« etc., devrait être imité par la ville de Paris. Il en ressort trois pré-
« ceptes principaux, savoir :

« 1° Distribution d'eau très-abondante dans toutes les maisons, afin de
« rendre les lavages très efficaces ;

« 2° Suppression des fosses d'aisances ;

« 3° Drainage complet des maisons et des rues.

« Votre administration s'est déjà préoccupée des moyens d'augmenter
« le volume des eaux dont dispose la ville ; mais en attendant la réalisa-
« tion de cette bienfaisante mesure, on peut et l'on doit, suivant nous,
« traiter la question du drainage des maisons et des rues, question qu'il
« faudrait toujours résoudre avant celles de la suppression des fosses et
« de la distribution des eaux abondantes à domicile.

« En conséquence, Monsieur le Préfet, la commission des logements
« insalubres émet le vœu suivant :

« Il est à désirer que l'on pratique dans les pieds-droits ou les voûtes
« des égouts existants un nombre suffisant de barbacanes pour recevoir
« les tuyaux de fuite des eaux provenant des maisons riveraines, et que,
« dans les rues dépourvues d'égouts, l'administration municipale fasse
« établir un drain collecteur d'au moins 0^m,30 de diamètre, pour recevoir
« les mêmes eaux et les verser dans l'un des égouts du voisinage. »

Depuis lors de grands travaux ont été faits sous la voie publique, mais
nous ne croyons pas que nulle part on les ait rattachés au drainage des
eaux souterraines. On s'est exclusivement préoccupé de l'évacuation des
liquides impurs par des conduits imperméables. Il est juste de dire que
l'extension de cette dernière pratique, jointe aux facilités d'écoulement
offertes partout aux eaux superficielles, ont sensiblement diminué les inconvénients signalés par la commission.

cessaire dans les conditions de la localité [1]. Dans Seine-et-Marne, des drainages partiels ont été exécutés en maints endroits, entre autres à Melun, sous le groupe de bâtiments qui comprend le palais de justice, la gendarmerie et la maison d'arrêt. Un drain de ceinture, formé d'un conduit dont la voûte en pierres sèches est très-perméable, enveloppe l'îlot de toutes parts et l'isole des terres environnantes. Plusieurs drains latéraux, venant des bâtiments et particulièrement des cours, aboutissent à ce conduit et y amènent les eaux fournies par la zone qu'il entoure. Telle est la disposition généralement adoptée. Souvent on ajoute des drains transversaux, sous les bâtiments et même sous les caves, à 40 ou 50 centimètres de profondeur, et on les protége en les recouvrant d'une couche de pierres, surmontée d'une couche de sable de rivière [2]. Dans quelques villes, comme Saint-Étienne, on effectue le drainage au moyen des égouts, qui sont disposés à double fin : le fond en est étanche, pour contenir les liquides impurs, tandis que la voûte est perméable, pour aspirer les eaux du sol. Ils se comportent alors à la manière des tuyaux de drainage. Toutefois, cette pratique tend plutôt à se restreindre qu'à s'étendre, et l'on doit s'en applaudir ; car, suivant une remarque antérieure, on court ainsi le risque d'infiltrations infectantes.

Le drainage des surfaces plantées, dans les centres populeux, s'est beaucoup répandu depuis une quinzaine d'années. Dans la Grande-Bretagne, la plupart des jardins et des parcs

1. M. Delacroix, ingénieur des ponts et chaussées, qui a dirigé le travail à la Motte-Beuvron et à la Ferté-Saint Aubin, nous signalait un autre effet non moins remarquable de ce drainage ; c'est que l'eau de divers puits, précédemment verdâtre, s'est trouvée tout d'un coup décolorée et assainie. M. Delacroix l'attribue à l'abaissement du plan d'eau, qui a eu pour effet de soustraire au contact de l'eau les matières malfaisantes contenues dans les couches superficielles. Sans doute aussi l'aération du sol n'y est pas étrangère.

2. Diverses maisons d'Antony, les châteaux de Mémorant, du Mé, de Damme-Marie les Lys, etc., ont été drainés dans ces conditions.

sont maintenant drainés. On y emploie deux méthodes, en
rapport avec le degré d'humidité. La première, la plus suivie.
a pour principal objet d'écouler les eaux superficielles. Un
drain perméable, de 10 à 20 centimètres de diamètre et quelquefois davantage, suit les allées qui répondent le mieux
aux lignes d'écoulement naturel. Des bouches latérales, ménagées de distance en distance le long de l'allée, communiquent au drain et fonctionnent à la manière des bouches
d'égout, pour recevoir les eaux pluviales qui coulent des surfaces cultivées. Ce drainage sommaire suffit habituellement
dans un pays où les parcs sont disposés en pentes variées, de
manière à n'offrir presque nulle part des surfaces horizontales. A moins donc que le terrain ne soit particulièrement
aquifère, ou que les étendues comprises entre les allées ne
soient très-considérables, ce procédé peut paraître satisfaisant. Il laisse toutefois à désirer en ce qui concerne l'aération
du sol, qui n'est assurée que dans la zone d'action de la conduite perméable. On le pratique aujourd'hui, non-seulement
dans les parcs et squares publics de la plupart des villes,
mais aussi dans les jardins particuliers. La seconde méthode,
restreinte aux lieux très-humides, ne diffère pas de celle
qu'on emploie pour les champs, les prairies, etc., c'est-à-dire
qu'on dispose, à une profondeur uniforme, des lignes de
drains parallèles, espacés à 8, 10 ou 12 mètres les uns des
autres, suivant la nature du terrain, et on les relie ensuite
par des drains transversaux dans lesquels leurs eaux s'évacuent [1].

En France, on trouve des applications analogues, mais
sur une beaucoup moindre échelle et, en certains cas, avec
quelques modifications dans le procédé. Ces emplois du drainage, même dans des contrées relativement peu humides,

1. Quelques portions de Hyde Park et presque tout Regent's Park, à
Londres, ont été ainsi drainés. Il en est de même de la grande promenade et du jardin botanique de Sheffield, du jardin botanique de Birmingham, du champ de course de Newcastle, des parcs de Glasgow, etc.

ont été rendus nécessaires par le besoin de plus en plus senti
d'entretenir la végétation au sein des villes et par la difficulté
de la faire prospérer dans un sol compacte et mal aéré. Toutefois, à Paris, on n'y a pas recours pour les promenades, ni
même pour les squares, dont le sol est généralement perméable et dont les eaux superficielles s'écoulent aux bouches
d'égout disposées le long des allées principales [1] ; mais on
l'applique habituellement aux plantations des voies publiques,
placées dans des conditions particulièrement défavorables.
La disposition adoptée par M. l'ingénieur en chef Alphand
est la suivante : devant la file des arbres règne un collecteur qui débouche à l'égout : chaque arbre est entouré d'un
rectangle de drains, dont un côté n'est autre que le collecteur lui-même, et dont les trois autres sont formés de tuyaux
ordinaires. Ce système sert non-seulement à assécher et
à aérer le sol, mais il facilite encore l'arrosage. En effet, au
moment où l'on répand l'eau à la lance autour des arbres,
on a soin de fermer un clapet situé à l'embouchure du collecteur, dans l'égout ; de la sorte, les eaux se rassemblent
dans les tuyaux et pénètrent les diverses parties du terrain.
A Marseille, on a drainé les magnifiques platanes du Prado
au moyen d'un égout longitudinal pourvu d'orifices dans la
maçonnerie. A Nîmes, on a drainé de même les deux rangées
de platanes de la nouvelle esplanade, mais avec cette parti-
cularité, que les orifices de l'aqueduc servent en même temps
à arroser les arbres souterrainement. A cet effet, l'aqueduc,
à forte pente, est muni de barrages transversaux qui main-
tiennent l'eau à 80 centimètres de hauteur en amont de
chaque barrage et à 20 centimètres seulement en aval. Les
orifices sont distribués sur les parois, à des hauteurs variables
au dessus du radier. depuis 20 centimètres jusqu'à la voûte.
L'aqueduc est d'ailleurs incessamment parcouru par les

[1] Ces bouches d'égout manquent dans le Luxembourg et les Tuileries,
qui ne sont pas du ressort de l'administration municipale ; les eaux de ces
promenades vont a des puisards plus ou moins absorbants.

eaux pures des fontaines de l'esplanade, auxquelles il sert
exclusivement d'évacuateur. Lorsque le terrain est sec, ce
qui arrive souvent à Nîmes, l'eau remonte par les orifices
en vertu de la capillarité; aussi les racines des arbres re-
cherchent-elles ce voisinage et commencent-elles même à
menacer la maçonnerie. A Bordeaux, on a assaini la belle
promenade du Jardin Public au moyen d'un vaste réseau
de drains, lequel a eu en même temps pour résultat d'améliorer les quartiers avoisinants, entre autres, la rue d'Aviau,
très-exposée jusque-là aux inondations souterraines. Nous
citons ces exemples pour montrer les services qu'on peut
attendre de cette pratique et en même temps les modifications qu'elle comporte suivant les circonstances.

Le drainage des zones suburbaines, c'est-à-dire de la région découverte qui entoure les villes et dont les eaux
refluent souvent, superficiellement ou souterrainement, vers
ces dernières, a été jusqu'à présent à peine considéré sur le
continent. Tout au plus y citerait-on quelques bouts de
routes ou d'avenues qui aient fait l'objet de cette opération ;
et, quant aux jardins et autres emplacements cultivés où elle
a pu être pratiquée, c'est à la convenance des particuliers et
par des considérations étrangères à la salubrité. Il y a lieu
cependant de penser que plus d'une ville se trouverait bien
de suivre l'exemple de l'Angleterre, notamment en ce qui
touche le drainage de la voie publique. Dans ce dernier pays,
en effet, on a entrepris sur une assez grande échelle, de
substituer les drains aux fossés découverts. Des tuyaux
de 10 centimètres, placés de chaque côté d'une route,
à 1^m,50 de profondeur, permettent d'évacuer à la fois les
eaux superficielles et les eaux d'infiltration. Les eaux superficielles pénètrent dans le drain par des bouches grillées,
analogues à celles des égouts, et les sables et graviers fins
qui traversent la grille sont arrêtés dans de petits puisards,
qu'on récure de temps en temps. On calcule que cette
installation ne coûte pas plus de 1.000 fr. par kilomètre.

On a pu faire disparaître ainsi de petits cours d'eau, qu'on a absorbés dans un tuyau souterrain. En divers cas, le drainage de la route a été lié à celui des terres riveraines, et la conduite a servi de collecteur commun. Les environs de grandes villes, de Londres entre autres, offrent plusieurs applications de ce genre [1]. Dans ce même pays, le drainage des cultures suburbaines a pris également de l'extension ; mais il convient de dire que ce n'est pas par l'action coercitive des municipalités, car les propositions faites à cet égard par le *General Board of Health* n'ont jamais été converties en prescriptions légales.

Les applications les plus utiles peut-être du drainage se rapportent aux cimetières. On a réalisé ainsi des progrès sanitaires remarquables et tout indique qu'on y recourra de plus en plus à l'avenir. Nous réservons les détails à ce sujet pour l'article consacré plus loin aux cimetières.

Si l'on jette un coup d'œil sur le rôle du drainage perméable, au point de vue de l'assainissement du sol, et qu'on le compare au drainage imperméable, on reconnaît une grande différence dans leur mode d'action. Le drainage imperméable, en effet, appartient à la catégorie des procédés dits *préventifs,* en ce sens qu'il a pour objet d'empêcher les souillures de pénétrer dans le sol, d'en prévenir conséquemment l'infection, tandis que le drainage perméable peut être à bon droit qualifié de *curatif*, puisqu'il ne prévient pas le mal, mais tend seulement à le guérir en fournissant aux matières infectantes introduites dans le sol l'oxygène nécessaire pour les détruire.

---

1 Le drainage des routes, aux environs de Londres. a été prévu par l'art 87 du *Metropolis local management act.* 1855.

CHAPITRE III

ÉPURATION DES EAUX D'ÉGOUT.

La troisième phase de la circulation continue, c'est, avons-nous dit, l'épuration des eaux d'égout, c'est-à-dire la restitution à la terre des principes fertilisants qu'elles contiennent et le retour aux rivières des liquides dépouillés de leurs éléments corrupteurs.

La nécessité de cette épuration n'est plus aujourd'hui contestée par personne. Deux raisons la commandent impérieusement : la salubrité et l'intérêt agricole. La salubrité d'abord, car les eaux d'égout sont la plus puissante et la plus générale de toutes les causes de souillures ; elles réunissent dans leur sein toutes les impuretés diverses que l'activité humaine peut enfanter, depuis les rebuts de la fabrique jusqu'à ceux de l'habitation. Ces derniers, par leur masse et leurs propriétés malfaisantes, l'emportent de beaucoup sur les premiers. Aucun résidu industriel n'altère. paraît-il, les eaux potables aussi dangereusement que les déjections humaines. La putréfaction de ces matières engendre des miasmes de la pire espèce qui, mêlés aux eaux, en quantité même invisible, produisent cependant des effets pernicieux [1]. C'est à la dispersion dans les égouts et par suite dans les rivières, des déjections des cholériques, que beaucoup de savants, en Angleterre, attribuent la propagation de la maladie [2].

Les intérêts agricoles ne sont guère moins engagés que la

[1]. La commission d'enquête sur l'emploi des eaux d'égout de Londres a conclu de ses laborieuses recherches :

« Il ne peut y avoir de doute sur les dommages qui résultent de la pratique généralement suivie de décharger les liquides d'égout et autres résidus aux rivières où les populations viennent s'alimenter. Ces liquides sont en outre une cause de mort pour le poisson et diminuent ainsi considérablement les moyens de subsistance des habitants. .. On n'a découvert aucun moyen artificiel efficace pour rendre potable ou pour approprier aux usages culinaires l'eau qui a été une fois souillée par les liquides d'égout. Les procédés connus, mécaniques ou chimiques, ne peuvent produire qu'une désinfection partielle ; une telle eau est toujours susceptible d'entrer de nouveau en putréfaction. L'eau qui a l'œil paraît le mieux purifiée, par filtration ou autrement, peut, sous certaines conditions, engendrer des épidémies graves au sein des populations qui en font usage » (*Report from the select committee on sewage metropolis*, 1864).

Plusieurs faits récents sont venus confirmer cette manière de voir. Nous citerons notamment la catastrophe arrivée à Stonehouse, en janvier 1868. Le *Western Morning News* rapporte que huit ou neuf hommes de la marine royale, qui étaient stationnés dans des baraques à Stonehouse, sont morts d'une manière presque foudroyante pour avoir bu d'une eau qui passait pour excellente, mais dans laquelle on a trouvé au microscope quelques traces de matières organiques, provenant sans doute de ce que cette eau communiquait avec d'anciennes excavations qui avaient servi dans le temps comme réceptacles d'ordures.

[2]. Nous avons déjà eu occasion, en parlant des eaux alimentaires, de signaler les faits consignés au rapport du *Registral general*, du 28 juillet 1868, et desquels il ressort que les districts de Londres particulièrement frappés par l'épidémie de 1866, étaient desservis par une compagnie d'eau dont les prises étaient corrompues par des infiltrations de liquides d'égout. Le Dr Franckland, s'emparant de ces faits et les rapprochant des observations antérieures, a développé récemment dans une leçon publique à Londres les motifs qui, selon lui, doivent faire regarder les déjections humaines comme la principale cause de la contagion du choléra. « Déjections solides dans la terre, dit-il, déjections gazeuses dans l'air, déjections liquides dans l'eau, telles sont pour nous les causes du choléra. Qu'elles n'agissent respectivement qu'en tant qu'elles sont des déjections cholériques, et que les déjections cholériques n'agissent qu'autant qu'elles contiennent certains champignons microscopiques, cela peut être la plus vraie de toutes les propositions certaines ; mais quelle que soit leur

santé publique. Les eaux d'égout représentent, en effet, une valeur d'engrais considérable. Dans les villes surtout où les matières fécales vont aux égouts, c'est un véritable torrent fertilisateur qui tous les jours se perd aux rivières. Les estimations les plus basses attribuent une valeur d'au moins

« vérité dans l'abstraction, leur application séparée est impossible Per-
« sonne ne peut sérieusement avoir la pensée de partager les produits
« excrémentiels en groupes provenant les uns de diarrhées, les autres de
« sujets sains, ou d'employer les plus forts grossissements du microscope
« pour reconnaître le ténia cylindrique et le détruire Ce sont les déjec-
« tions indistinctement qu'on doit regarder comme les causes de la con-
« tagion.

« Ainsi, mon opinion reste ce qu'elle est depuis des années. Avant tout,
« les conditions locales de sûreté à établir sont celles-ci : 1' que par des
« constructions appropriées, tous les produits excrémentiels soient si
« promptement et si complétement enleves, que les lieux habités soient,
« dans leur air et leur sol, entièrement debarrasses de toute impureté
« fécale ; 2º que l'approvisionnement d'eau de la population soit dérive
« de source telle, et amené par des canaux tels, qu'il soit impossible à
« l'eau d'être souillée par des matières excrementielles.

« Ici déjà les bons résultats d'une application même grossière de ces
« mesures sanitaires ont été surabondamment démontrés. C'est un fait
« connu de tout le monde que la maniere dont les districts du sud de
« Londres, avec leur population de trois quarts de millions d'âmes, ont
« été de plus en plus préservés du choléra, a mesure que leurs deux com-
« pagnies des eaux avaient cessé de leur distribuer de l'eau souillée par
« les égouts.

« La terreur que le choléra répand en Europe fait voir combien ces dé
« monstrations sont encore mal comprises.

« Le choléra , ajoute-t-il, qui causa ici des ravages à de longs inter-
« valles , n'est pas la seule punition que la nature nous inflige pour notre
« négligence dans les matières pareilles a celles qui nous occupent. Les
« fièvres typhoïdes et beaucoup de diarrhées endémiques sont, comme je
« l'ai souvent signalé, des preuves incessantes de la même influence déle-
« tère ; les fièvres typhoïdes, qui emportent annuellement de 15 a 20.000
« personnes de notre population, et les diarrhées qui en enlèvent aussi
« bien des milliers. Le nombre seul de ces morts est quelque chose d'hor
« rible à considérer, et la cause qui la produit n'est certainement rien
« moins que honteuse. Il faut espérer que, a mesure que l'éducation
« fera des progrès dans le pays, cet état de choses cessera; que ces morts
« si faciles à prévenir ne seront pas toujours acceptées comme une fa
« talité, qu'un jour viendra où l'on regardera comme une chose ignomi
« nieuse et intolérable qu'une population soit ainsi empoisonnée par ses
« propres excréments. »

10 fr. par tête et par an aux déjections humaines. Une ville de 4 millions d'âmes, comme Londres, envoie donc à la mer une richesse annuelle de plus de 40 millions ; un pays de 40 millions d'habitants, comme la France, où la totalité des matières fécales serait ainsi dispersée, ferait tous les ans une perte supérieure à 400 millions. Mais ce qui est plus grave encore que le sacrifice de tant de millions, c'est l'appauvrissement graduel du sol arable, conséquence d'une telle pratique. Les déjections de l'homme renferment la plus grande partie des éléments minéraux nécessaires au développement des matières qui le nourrissent. Envoyer ces éléments aux égouts et de là à la mer, où ils disparaissent sans retour, c'est engloutir peu à peu le fond même de la production et condamner d'avance la terre à la stérilité [1]. Voilà où est le danger, voilà où est l'intérêt pressant des peuples, bien plus encore que dans la perte de quelques centaines de millions qui, après tout, sont accessoires dans le budget des nations modernes.

C'est sous l'empire de ces diverses considérations que depuis une dizaine d'années on est entré résolument dans la voie qui tend à l'épuration des liquides d'égout ou à la préservation des cours d'eau. En Angleterre, où le mal était plus grand que partout ailleurs, parce que la population y est plus agglomérée, les fabriques plus nombreuses et surtout parce que le drainage public et privé est à la fois plus répandu et plus complet, les mesures adoptées ont été très-energiques. Déjà un premier acte [2] avait posé le principe que

1. Tout le monde a présentes à l'esprit les véhémentes apostrophes que l'illustre Liebig adressait à l'Angleterre. Lui rappelant que pour entretenir la fertilité sur son sol, incessamment épuisé par sa production agricole et industrielle, elle allait chercher ses engrais dans toutes les parties du monde, il la comparait a un vampire qui du fond de son île suçait la nourriture des peuples et les affamerait inévitablement un jour si elle ne changeait ses detestables pratiques. C'est aux exagérations salutaires du grand chimiste qu'on doit la réforme qui se poursuit aujourd'hui dans l'Europe occidentale.

2. Le *Sewage utilization act* de 1865, confirme par le *Sanitary act* de 1866

les villes ne doivent point décharger librement leurs eaux
d'égout aux rivières. Mais cette loi n'ayant pas un caractère
suffisamment obligatoire, une nouvelle enquête a été ordonnée en 1865, en vue de déterminer jusqu'à quel point il
convenait de contraindre les municipalités à purifier ou à
détourner leurs eaux d'égout [1]. Cette enquête qui dure encore
et qui s'étendra successivement aux principaux bassins du
royaume, a déjà eu pour résultat de faire rendre un acte
aux termes duquel aucun égout nouveau ne peut être embranché sur la Tamise, ni sur ses affluents, à une distance
de 5 kilomètres des deux côtés du fleuve [2]. En Belgique,

1. Le mandat de la commission, aux termes de l'ordonnance royale
qui l'institue à la date du 18 mars 1865, est de « rechercher jusqu'à quel
« point l'évacuation aux rivières et cours d'eau, des liquides d'égout et des
« résidus des fabriques, peut être prohibée sans danger pour la santé pu-
« blique ou sans préjudice grave pour l'industrie, et dans quelle mesure
« ces liquides ou résidus peuvent être, soit utilisés ou détournés des
« cours d'eau, soit purifiés avant d'y être dirigés. » En même temps une
dépêche du ministre sir George Grey enjoint aux commissaires de faire
porter leurs investigations sur un certain nombre de types de bassins
choisis dans des conditions variées, de manière à réunir les éléments
d'une solution répondant à tous les cas. Les types indiqués par le ministre montrent avec quel soin l'enquête est conduite. Ce sont les suivants
« 1° La vallée de la Tamise, à la fois comme un type de bassin agri-
« cole, présentant beaucoup d'ouvrages hydrauliques, tels qu'écluses, bar-
« rages et usines, lesquels affectent l'écoulement de l'eau, et en même
« temps comme renfermant un grand nombre de villes avec des fabriques
« qui déchargent leurs liquides d'égout et leurs résidus dans le fleuve
« auquel la métropole emprunte la plus grande partie de son eau potable ;
« 2° La vallée de la Mersey, y compris ses tributaires et en particulier
« l'Irwel, comme type du bassin le plus profondément souillé par toutes
« sortes de résidus manufacturiers, notamment ceux qui proviennent du
« travail du coton et des industries qui s'y rattachent ;
« 3° Le bassin de l'Aire et du Calder, comme un second type du
« même genre, mais se rattachant particulièrement au travail de la laine
« et du fer ;
« 4° Le bassin de la Saverne, pour un motif analogue, mais spéciale-
« ment en rapport avec les grands centres de l'industrie des fers ;
« 5° La vallée du Taff, en connexité avec les mines et usines métalliques ;
« 6° Un bassin comprenant un district minier dans le Cornouailles. »
2 Telle est, en substance, la pensée des deux actes qui ont été rendus
en 1866 et 1867 pour la protection de la Tamise ; telle sera aussi, sans

on a pris des dispositions analogues pour protéger la Senne; par acte royal du 29 octobre 1866, il a été décidé qu'avant d'y faire retour les liquides d'égout de la ville de Bruxelles seraient soigneusement purifiés. En France, si l'on ne peut citer encore des mesures positives, du moins observe-t-on plusieurs symptômes d'un mouvement dans le même sens[1].

L'épuration des eaux d'égout et l'utilisation sur les terres de leurs principes fertilisants est donc une nécessité à laquelle ne peuvent plus désormais se soustraire les nations civilisées.

nul doute, celle de l'acte qui sera rendu bientôt pour l'Aire et le Calder, et des autres actes qui suivront, à brefs intervalles, pour les divers bassins du royaume. Quelque incomplète que soit présentement la solution, puisqu'elle ne s'applique qu'aux égouts a construire et non aux égouts actuellement existants, elle n'en constitue pas moins un pas immense dans la voie de l'assainissement, car, par cela seul qu'on interdit au mal de s'etendre, on le condamne par avance à disparaître. La chose est bien évidente tout d'abord pour les fabriques. En effet, les nouveaux établissements, devant s'abstenir de s'évacuer aux cours d'eau, seront amenés à appliquer des procédés spéciaux de purification ou d'emploi des résidus. Or, qui ne sait que ces procédés, après les difficultés inhérentes aux innovations, finissent toujours par tourner au profit même des industriels ? Nous connaissons peu d'exemples de fabrications qui, en s'assainissant, n'aient pas réalise un bénéfice pécuniaire. Il arrivera donc nécessairement que les anciennes usines, vivant à côté d'usines nouvelles, où les méthodes seront plus parfaites, finiront par se mettre à l'unisson avec ces dernières, et renonceront ainsi aux facilités d'écoulement que la loi leur concède. Pour les villes, une considération semblable, quoique à un degré moindre, peut être invoquée. Pour quiconque a eu occasion de remarquer la rapidité avec laquelle se sont fondées en Angleterre, depuis une trentaine d'années, les agglomerations disséminées le long des principaux cours d'eau, il n'est pas douteux que ce mouvement de concentration se continuera encore et que de nouvelles villes ou bourgades se constitueront nécessairement dans le voisinage des anciennes. Or les villes comme les fabriques ne tarderont pas à trouver avantage à utiliser leurs déjections : il naîtra, en outre, entre les municipalités d'un même groupe, un sentiment d'amour-propre et d'émulation, qui devra tendre à généraliser les améliorations adoptées par quelques-unes d'entre elles

1. Parmi les publicistes convaincus qui cherchent à propager ces vérités dans notre pays, nous citerons M. Henri de Parville. Dans ses *Causeries scientifiques*, 1870, cet auteur a consacré à l'assainissement des villes une excellente notice que les hommes spéciaux eux mêmes consulteront avec beaucoup de fruit.

Tout le monde est, d'accord sur ce point , on ne diffère
que sur le choix des moyens à employer pour atteindre ce
but. Les uns pensent que ces matières peuvent être avantageusement séparées des eaux à l'aide de quelque traitement
chimique, et c'est sous la forme concentrée qu'il convient
selon eux, d'offrir l'engrais à l'agriculture. Selon d'autres,
c'est l'eau d'égout elle-même qui doit être répandue sur les
terres ; les plantes, disent-ils, sont le meilleur agent possible de séparation : tout mode artificiel est à la fois plus dispendieux et moins efficace. Ainsi deux méthodes sont en
présence : l'une par les moyens chimiques, l'autre par les
voies agricoles. De ces deux méthodes, quelle est la bonne.
et, ce point reconnu, comment doit-elle être pratiquée ? Tel
est le problème que nous essayerons de résoudre dans ce
chapitre, d'après les résultats obtenus jusqu'à ce jour en
France et à l'étranger. Pour plus de clarté, nous diviserons
le sujet en trois paragraphes : 1º Procédés chimiques.
2º procédés agricoles; 3º description d'entreprises d'irrigation.

PROCÉDÉS CHIMIQUES.

Nous rangeons sous cette dénomination tous les procédés
par lesquels on cherche à séparer tout ou partie des matières
qui souillent les eaux d'égout, à l'aide de quelque substance
ajoutée à ces eaux. Nous y rattachons, à cause de l'analogie des manipulations, bien qu'aucune réaction chimique
n'y intervienne, les méthodes de séparation incomplète par
voie de simple dépôt ou de filtrage. Les deux catégories
d'opérations ont été généralement essayées dans les mêmes
localités et ont eu les mêmes partisans; on était conduit
des unes aux autres, soit par le désir de simplifier le traite-

ment au détriment du résultat, soit, au contraire, par le désir d'améliorer le résultat au prix d'une complication du traitement.

Les principaux ingrédients chimiques dont on a fait usage sont : la chaux, le chlorure de chaux, le perchlorure de fer, le sulfate d'alumine et l'acide phénique. La chaux, qu'on se procure à bon marché à peu près partout, a eu les applications de beaucoup les plus étendues.

APPLICATIONS EN ANGLETERRE.

Une première série d'expériences sur la chaux et les sels phéniqués a eu lieu en 1856 à Manchester, par les soins des Drs Angus Smith, Grace Calvert et Mac-Dougall, en vue d'obtenir la purification de la rivière Medlock, laquelle peut être assimilée à un égout dans la traversée de cette ville, à cause de la quantité de résidus industriels et d'immondices qu'elle reçoit. Les eaux étaient arrêtées dans des bassins où s'effectuait le mélange avec la chaux, sous l'influence d'agitateurs mécaniques. Les premières expériences, portant sur 4.000 mètres cubes, démontrèrent que l'addition d'un peu plus de 1/10.000 de chaux suffisait pour déterminer la clarification. On reconnut ensuite que la chaux n'était pas épuisée par une première réaction, mais qu'on pouvait faire agir le précipité sur de nouvelles quantités d'eau impure, ce qui permit de réduire la consommation de chaux à 1/30.000. Les eaux, bien que très-claires, conservaient de l'odeur, ou, du moins, la reprenaient au bout de quelque temps. Ce fut pour la combattre qu'on eut recours alors à la poudre Mac-Dougall (mélange de phénate de chaux et de sulfite de magnésie), à la dose de 30 grammes pour 1 kilogramme de chaux employée. On parvint ainsi à diminuer la tendance à la putréfaction. Toutefois, soit par suite de la dépense ou de la difficulté des manipulations, soit par l'impossibilité d'obtenir pratiquement une désinfection satisfaisante, ou par toute autre cause, les expérimentateurs discontinuèrent leurs essais. et ils ne nous ont pas paru, quand nous les vîmes quelques années plus tard. disposés à les reprendre.

La chaux a été de nouveau expérimentée à Londres, à diverses reprises, notamment par les Drs Hofmann, Witt, Thomas Way, Franckland et Letheby. MM. Hofmann et Witt ont traité une première fois les eaux d'égout de la métropole par un peu moins de 3 dix-millièmes de chaux [1]. Ils ont reconnu qu'une partie seulement des matières fertilisantes était précipitée et que le dépôt conservait de l'odeur. Quant au liquide, il demeurait louche même après plusieurs heures de repos et était susceptible d'entrer de nouveau en fermentation, par suite de la quantité de matières organiques qu'il contenait en dissolution. Ces essais ont été repris par M. Thomas Way, qui a employé la chaux à une dose un peu moindre. Il a constaté que 2 dix-millièmes suffisaient à produire tout l'effet qu'on en pouvait attendre. Ses analyses constatent les résultats très-importants que voici [2] : 1° la

1. Exactement 0^gr,285 de chaux par litre d'eau d'egout
2. Voici, d'après M. Ronna, le tableau des analyses faites sur les eaux de l'egout de Northumberland, puisées en mars 1859.

NATURE DES SUBSTANCES	MATIÈRES PAR LITRE		
	avant l'epuration	après l'épuration	precipitees.
	grammes	grammes	grammes
Matière organique { soluble.	0,2770	0,2760	0,505
insoluble	0 5580	»	
Chaux	0 1445	0 1320	0,213
Magnésie.	0,0202	0,0134	0,003
Soude.	0,0570	0,0322	
Potasse	0 0522	0,0542	0,014
Chlorure de sodium.	0.3766	0,3494	
Acide sulfurique.	0 0762	0,0854	0,016
Acide phosphorique.	0,0375	0,0064	0,029
Acide carbonique.	0,1284	0,0740	0,127
Silice, oxyde de fer, etc.	0 0884	0.0032	0.085
	1,8160	1,0262	0 902
Ammoniaque	0,1100	0,1070	0,040

chaux ne précipite que la matière organique en suspension, qu'une filtration eût séparée, mais ne précipite pas la matière organique engagée en dissolution ; 2° l'ammoniaque fixée dans le précipité provient uniquement de la partie insoluble ; 3° la potasse soluble n'est pas fixée ; 4° les cinq sixièmes de l'acide phosphorique sont précipités. Le traitement par la chaux n'ajoute donc au dépôt séparé par un simple filtrage aucun élément fertilisant, si ce n'est de l'acide phosphorique. Ces résultats sont plus défavorables encore quand les eaux d'égout ne sont pas *fraîches*, c'est-à-dire quand elles ont subi un commencement de putréfaction ; en ce cas il y a un dégagement d'ammoniaque et des odeurs désagréables.

Des essais en grand, entrepris pour le compte de la ville de Londres, par les Drs Hofmann et Franckland, en 1859 et 1860, ont eu pour objet de constater la valeur respective, comme désinfectant, de la chaux, du chlorure de chaux et du perchlorure de fer. Ces essais, par la quantité de matières employées, se rapprochent tout à fait des conditions ordinaires de la pratique Les auteurs en ont rendu compte en ces termes, dans leur rapport au conseil métropolitain des travaux : « Afin, disent-ils, de nous mettre à même « d'opérer sur une échelle suffisante, des bassins en briques, « doublés de ciment. et contenant chacun 7.500 gallons (34 « mètres cubes 1/2), furent construits à l'embouchure de « l'égout King's Scholars Pond. Les eaux étaient élevées « dans ces bassins au moyen d'une pompe à vapeur, et les « divers désinfectants étaient mélangés, soit en les introduisant dans le jet au fur et à mesure du remplissage, soit « en les agitant mécaniquement au sein de la masse liquide.

« De plusieurs expériences ainsi conduites, il ressort que « chacun des 3 agents susmentionnés (le perchlorure de fer, « le chlorure de chaux et la chaux) peut désinfecter immé-« diatement les 7.500 gallons, quand on les applique dans « les proportions suivantes :

       Perchlorure de fer   .   .   .   1/2 gallon.
       Chlorure de chaux   .   .   .   3 livres (1 k. 454).
       Chaux.   .   .   .   .   1 bushel (8 gallons)

« Il en résulte que 1 million de gallons (4.543 mètres
« cubes) d'eau d'égout exigent respectivement :

                                              l   s   d   f.
66 gallons de perchlorure de fer coûtant.   1   12   3   (41,55)
400 livres de chlorure de chaux   2   2   10 1/2 (53,85)
132 1/2 bushels de chaux   3   6   6   (83,30)

Ces chiffres ramenés au mètre cube d'eau d'égout donnent
respectivement, pour la dépense de désinfection d'un mètre
cube :

                                                          francs
     1° Avec la chaux   18,15
     2° Avec le chlorure de chaux.   11,90
     3° Avec le perchlorure de fer.   9,15

Pour juger de la permanence de la désinfection, c'est-à-
dire pour déterminer le temps au bout duquel les liquides
séparés des dépôts obtenus avec les divers réactifs entrent en
putréfaction, ces expérimentateurs ont traité respectivement
par la chaux, le chlorure de chaux et le perchlorure de fer,
trois quantités égales d'eau d'égout, recueillies dans les mêmes
conditions, et. après désinfection parfaite, ils ont laissé reposer et ont décanté les liquides, qu'ils ont ensuite abandonnés
à eux-mêmes. Ils ont reconnu que la putréfaction se produisait après des délais variables, selon la nature de l'agent
employé, et que ces délais étaient :

     1° Pour la chaux . . . . .   2 jours.
     2° Pour le chlorure de chaux .   4 jours.
     3° Pour le perchlorure de fer . . 10 jours.

ce qui établit de nouveau la supériorité de ce dernier réactif
sur les deux autres.

Examinant enfin une autre face de la question, les
Drs Hofmann et Franckland ajoutent : « Il nous reste à por-
« ter notre attention particulière sur la nécessité de déchar-

« ger dans la rivière les eaux d'égout aussi privées que
« possible des matières en suspension. Nous avons trouvé
« que ces matières, une fois séparées des eaux, même désin-
« fectées, passent rapidement. dans les temps chauds, à un
« état de putréfaction active. Leur enlèvement préviendrait
« à un haut degré la formation de dépôts insalubres sur les
« bords de la Tamise, sans parler de l'amélioration qui en
« résulterait dans l'aspect du fleuve... La tendance putres-
« cible des matières sépaïées rend leur rapide enlèvement
« de la plus haute importance, surtout pendant l'été. Car le
« travail de la fermentation, une fois commencé, ne peut
« plus être arrêté que par des masses de désinfectants prati-
« quement impossibles .. Les opérations de cette espèce
« doivent être conduites aussi loin que possible des distiicts
« populeux. » M. Hofmann nous a confirmé de vive voix
ces conclusions.

De son côté, M. Way est arrivé à des résultats semblables
en traitant par le perchlorure de fer l'eau des égouts de
Croydon, qui est sensiblement moins chargée que celle de
Londres. Il a déduit de ses analyses [1], que le perchlorure

1. En voici le tableau

NATURE DES SUBSTANCES.	MATIÈRES PAR LITRE	
	avant le traitement	après le traitement
	grammes.	grammes
Matiere organique.	0,1312	0,1398
Chaux	0,1604	0. 223
Magnesie	0,0193	»
Soude	0,1269	»
Potasse	0 0155	»
Chlorure de calcium	»	0,0613
Chlorure de magnésium	»	0 0432
Chlorure de sodium	0 0796	0,1321
Chlorure de potassium	»	0,0248
Acide phosphorique	0,0092	traces.
Acide sulfúrique	0,0189	0,0008
Acide carbonique	0,0680	0,0245
	0,5590	0.5998
Ammoniaque.	0,0331	0,0 02

ne sépare pas les matières organiques ni l'ammoniaque contenues dans les eaux d'égout, ce qui explique très-bien pourquoi les liquides, malgré une désinfection en apparence parfaite, finissent toujours par entrer en putréfaction. On a essayé, du reste, à Croydon, d'épurer de cette manière les eaux d'égout qui souillaient la Wandle et provoquaient les plaintes des riverains, mais on a dû y renoncer, en présence de la cherté du réactif et de l'insuffisance des résultats obtenus.

Le chlorure de chaux a été expérimenté par un grand nombre de chimistes. Indépendamment des essais de MM. Franckland et Hofmann. que nous venons de rapporter, le Dr Letheby a fait, pour le compte de la Cité de Londres, une série d'observations, tant sur l'effet du chlorure que sur divers autres réactifs. Il a constaté, comme ses confrères, qu'avec une dose convenable de réactif on peut obtenir une désinfection qui semble satisfaisante, mais il n'a pas confiance dans le résultat final de l'opération, et il doute que le chlorure de chaux ou tout autre agent chimique puisse, même à dose élevée, détruire la totalité des éléments organiques qui constituent, selon lui, le véritable danger des eaux d'égout. « Sans doute, dit-il, comme conclusion de ses « expériences, la destruction d'odeurs impures comme celle « de l'hydrogène sulfuré peut être de quelque avantage ; « mais il n'y a pas la moindre preuve que ce soit là les « seuls ou même les principaux éléments d'insalubrité ; *et* « *il n'y a aucun motif scientifique de croire que leur des-* « *truction soit suffisante pour diminuer la cause ou l'éten-* « *due d'une épidémie.* »

Le sulfate d'alumine a été principalement étudié par MM. Hofmann et Witt et par M. Way. Ce dernier l'a employé avec addition de chaux, de sulfate de zinc et de charbon de bois, d'après le procédé Stothert, ce qui donne une séparation plus complète. A cet effet, il brassait dans 1 mètre cube d'eau d'égout, 1 kilog. de sulfate d'alumine, 50 gr.

de sulfate de zinc et 1 kilog. de charbon de bois pulvérisé. Il ajoutait ensuite au mélange 300 grammes de chaux éteinte. Il résulte de ses analyses[1] que le liquide séparé ne diffère pas essentiellement de celui qu'on obtient avec la chaux employée seule, si ce n'est qu'il ne contient plus d'acide phosphorique ; mais il contient, comme dans le traitement par la chaux, une proportion notable de matières organiques, il n'est pas entièrement privé d'odeurs et il entre au bout de peu de jours, en putréfaction.

Les résultats obtenus par le même savant, avec un mélange de phosphate acide de chaux et de magnésie, sont encore moins satisfaisants : la liqueur filtrée conserve un tiers de l'acide phosphorique et la presque totalité de l'ammoniaque.

Nous passons sous silence les essais faits sur plusieurs autres substances, qui ont paru moins efficaces que les précédentes.

L'impression qui est résultée de l'ensemble de ces observations n'a pas été favorable aux procédés chimiques. La pratique

1. Nous en empruntons le tableau à M. Ronna :

NATURE DES SUBSTANCES.	MATIÈRES PAR LITRE		
	avant traitement	après traitement	précipitées
	grammes	grammes	grammes
Matières organiques { en suspension.	0,2425	0,3078	1,7353
{ en dissolution.	0,5853		
Chaux.	0,2098	0,3076	0,1920
Magnesie.	0,0259	0,0258	0,0117
Alumine	»	0 0109	0,1418
Oxydes de zinc et de fer	0,0376	0 0143	0,1266
Soude	0,0342	0,0322	
Potasse	0,0509	0 0533	0,0071
Chlorure de sodium.	0,3225	0,3210	
Acide sulfurique	0,0713	0,4576	
Acide phosphorique.	0,0821	traces.	0,0552
Acide carbonique	0,1272	»	0,1208
Silice	0,1555	0,0035	0,1502
	1 9448	1,5290	2,5407
Ammoniaque	0,120	0,119	0,485

a plus que confirmé cette impression, comme on en pourra juger par le récit succinct de quelques entreprises faites par les villes anglaises. La plupart des exploitations de ce genre ont été abandonnées ; celles qui survivent encore n'ont été maintenues que par des considérations particulières, comme le désir d'utiliser une installation toute faite ou la difficulté d'appliquer, à cause de la configuration du terrain, les méthodes plus satisfaisantes dont nous parlerons plus tard.

- Un des meilleurs types d'exploitations basées sur le traitement chimique se rencontre dans la ville de Cheltenham. On a cherché, par une combinaison du filtrage avec la défécation, à épurer les eaux d'égout d'une population de 12.000 âmes, eaux contenant, selon la coutume anglaise, la totalité des matières fécales. La disposition adoptée est la suivante :

Les liquides débouchent par une extrémité de l'usine d'épuration et se répandent dans deux bassins qui renferment chacun un filtre vertical (Pl. XIII, fig. 6 à 8). Chaque filtre se présente comme une caisse quarrée, de 3^m,50 de côté, à doubles parois perforées, entre lesquelles est contenue une tranche de gros gravier de 1^m.50 de hauteur et de 0^m,60 d'épaisseur. Les eaux qui, à travers le gravier, se rassemblent dans la partie centrale de la caisse, sont emmenées par un tuyau dans un troisième bassin où s'opère le traitement au lait de chaux. Les liquides traversent ensuite un dernier filtre vertical formé de deux couches, l'une de gros, l'autre de fin gravier, et s'écoulent dans la rivière. Les matières les plus lourdes se déposent au fond des deux premiers bassins, tandis que les plus légères forment à la surface une épaisse couche floconneuse. Dans le troisième bassin, il se forme encore des résidus floconneux par suite de la combinaison avec la chaux. Quand les appareils sont obstrués, ce qui arrive moyennement au bout de deux mois, on procède au curage. Les matières extraites dans un état semi-fluide sont mélangées avec des boues sèches, des cendres, des balayures, etc., et

.le magma ainsi obtenu est livré à l'agriculture au prix de
3ʳ,40 le mètre cube. Ce prix n'est pas rémunérateur, car la
main-d'œuvre seule coûte près de 3 francs et la dépense en
chaux est d'environ 0ʳ,50. Le capital de l'usine, qui a dépassé 30.000 francs, est donc absolument improductif. Mais
la ville y était résignée d'avance, considérant cette fabrication comme un sacrifice à la salubrité publique. Les opérations ne paraissent pas d'ailleurs avoir provoqué de plaintes
dans le voisinage, sous le rapport des odeurs dégagées, résultat qu'on doit attribuer, d'une part, à ce que les bassins
sont couverts, d'autre part, à la rapidité avec laquelle les dépôts sont mélangés avec des matières absorbantes et emportés sur les terres, et surtout à la faible quantité relative sur
laquelle on opère, puisque le volume annuel de l'engrais ne
dépasse pas 2.500 mètres cubes, soit, par jour, une moyenne
de 7 mètres cubes. Quant aux eaux écoulées à la rivière,
elles sont encore laiteuses, et elles ne seraient certainement
pas exemptes d'inconvénient si les circonstances naturelles
étaient moins propices.

A Coventry, où l'on a installé une exploitation analogue,
les résultats sont encore moins favorables. Les odeurs dégagées par le traitement sont sensibles dans le voisinage et
les eaux d'évacuation laissent beaucoup à désirer, par suite
de la forte proportion de résidus industriels qui souillent les
égouts. La perte sur la fabrication est bien plus élevée
qu'à Cheltenham L'établissement a, en effet, coûté près de
110.000 francs (y compris l'achat des terrains), ce qui, en
portant l'intérêt et l'amortissement à 10 p. 100, représente
11.000 fr.; les frais d'exploitation dépassent 4.000 fr. : total
15.000 fr. par an. Quant au bénéfice de la vente, il n'atteint
pas au maximum 5.000 fr. pour 2.000 tonnes livrées au public. La perte annuelle est donc de 10.000 francs, soit, pour
une population de 5.000 âmes, une charge de 2 francs par
tête. Encore même convient-il de remarquer que la vente de
la totalité de l'engrais rencontre souvent des difficultés.

L'installation de Leicester est la plus importante où l'on ait pratiqué le traitement chimique. Il s'agit là d'une ville de 70.000 habitants, fournissant 5 millions de mètres cubes d'eau d'égout par an, soit plus de 13.000 mètres cubes par jour. On s'était proposé d'appliquer le procédé Wicksteed, dont le principe est l'emploi de la chaux, mais qui se distingue par le mode et l'agencement des manipulations. La compagnie concessionnaire des eaux d'égout s'était engagée à faire tous les frais d'établissement et d'exploitation, et elle devait être rémunérée par la vente de l'engrais. La fabrication qui a marché pendant deux ans, de 1856 à 1858, avait lieu dans les conditions suivantes :

« Le collecteur, dit M. Ronna qui a visité les travaux à
« l'époque, débouche dans un puits ; une machine à vapeur
« de 20 chevaux élève les eaux par une pompe de $0^m,70$ de
« diamètre au niveau des réservoirs. Une autre petite pompe,
« commandée par la même machine, verse dans la conduite
« maîtresse alimentée par la première pompe, une certaine
« quantité de lait de chaux préparé dans une citerne spé-
« ciale. Cette quantité, réglée par des robinets, varie entre
« $0^{gr},25$ et $0^{gr},005$ par litre, suivant la nature des eaux et la
« consistance du lait. Des agitateurs à palettes brassent le
« mélange dans une caisse étroite et longue d'où le liquide
« sort lentement, par des ouvertures horizontales, dans un
« réservoir en maçonnerie de 60 mètres de longueur sur
« 13 mètres de largeur, divisé en deux compartiments, à
« une distance de 15 mètres du point de départ, par une sé-
« rie de châssis verticaux et mobiles. Ces châssis en toile
« métallique sont destinés à retenir les corps en suspension.
« La vitesse du liquide, qui n'est plus que de $0^m,006$ à
« $0^m,008$ par seconde, permet aux sept huitièmes environ
« du dépôt floconneux de se déposer dans le premier com-
« partiment. Dans la partie comprise entre les agitateurs et
« les châssis, le réservoir est recouvert d'une voûte plate
« formant plancher. Le radier est formé de deux parties

12

« inclinées vers le milieu, où elles se réunissent en une
« rigole, dans laquelle une vis d'Archimède de 0^m,90 de
« diamètre entraîne la pâte vers un puisard. La profondeur
« du réservoir est ainsi de 1^m,50 le long des parois, et de
« 4^m,50 au milieu.

« A l'aval, de petits diaphragmes, ou vannes, laissent le
« liquide épuré s'écouler par tranches minces à la rivière.

« Une chaîne à godets élève les boues du puisard dans
« une des deux citernes situées à l'étage supérieur, à
« 6 mètres au dessus du sol. Comme à Tottenham, la diffi-
« culté consistait à débarrasser ces boues du liquide en
« excès. M. Wicksteed s'est arrêté à l'emploi d'essoreuses à
« force centrifuge qui enlèvent les deux tiers de son poids
« d'eau à 200 kilog. de matière, après un quart d'heure
« de révolution. Ces essoreuses, au nombre de douze, font
« 1.000 tours par minute.

« Plus tard, pour diminuer la dépense de ce mode de sé-
« chage, M. Wicksteed employait une presse consistant en
« une série de plateaux à toile métallique et placée à l'étage
« inférieur.

« La pâte, au sortir de la presse ou des toupies esso-
« reuses, était découpée, moulée à l'état de briquettes, et
« misé à sécher.

« Une machine de 8 chevaux mettait en mouvement les
« agitateurs, la vis et la noria. Chaque toupie était conduite
« par une petite machine horizontale à cylindre oscillant.
« Une seule chaudière fournissait la vapeur à ces diverses
« machines. Le personnel de l'usine comprenait, outre le
« mécanicien et le chauffeur, 3 ouvriers aux essoreuses,
« 1 briquetier, 5 ou 6 manœuvres. »

La compagnie, en 1856, avait dépensé une somme de
700.000 francs en installation et en essais. Elle fabriquait
annuellement 4.500 tonnes d'engrais solide. Le prix en
avait été fixé d'abord à 50 francs la tonne, puis à 25 francs,
mais sans jamais pouvoir être obtenu. Les analyses du

D^r Vœlcker lui assignent la valeur de 11 à 12 francs, qui est restée encore bien au dessus du prix du marché [1]. Mais même à 12 francs il est facile de voir que la spéculation était désastreuse. En effet, il résulte du compte de M. Wicksteed que les frais de fabrication, non compris les briquettes, le travail des essoreuses et l'entretien, s'étaient élevés, en 1858, à près de 14.000 francs. D'autre part, les 4.500 tonnes d'engrais à 12 francs auraient donné 54.000 francs ; il serait donc resté 40.000 francs seulement pour faire face à l'intérêt et à l'amortissement d'un capital de 700.000 francs, ce qui est tout à fait insuffisant. Mais la réalité, nous le répétons, a été bien loin de ce compte ; et c'est à peine si le produit de la vente a couvert les frais d'exploitation, en sorte que le capital d'établissement est resté entièrement improductif. Aussi la compagnie a-t-elle dû résigner sa concession. Aujourd'hui la municipalité de Leicester se borne a pomper les eaux et à épurer sommairement, moyennant une dépense annuelle de 35 à 40.000 francs. L'engrais ne se vend guère que 2 francs le mètre cube [2].

1. Voici l'analyse de M. Vœlcker

Eau .	11.52
Matière organique (azote, 0,60) .	12,46
Silice insoluble .	53,59
Carbonate de chaux .	53,99
Oxyde de fer et d'alumine .	2,89
Carbonate de magnesie .	3,67
Sulfate de chaux .	1,76
Chlorure de sodium .	0,45
Potasse .	0,27
Phosphate de chaux .	0,27
Total .	100,78

2. En août 1868, la municipalité de Leicester a entrepris des essais d'épuration a l'aide d'un procédé breveté au nom de MM. Sillar et Cie, dont on a fait grand bruit Les articles du *Times* et du *Chemical News* annonçaient une désinfection complete et une production à bas prix d'un engrais de première valeur. Mais il résulte des renseignements qui nous ont été fournis (décembre 1868, que le procédé Sillar ne paraît pas devoir être plus heureux que ses devanciers.

Plusieurs autres localités, Tottenham, Ely, Bristol, Chelmsford, etc., ont employé soit la chaux, soit d'autres réactifs, mais ne s'en sont pas mieux trouvées. Toutes se sont heurtées à ce double écueil : insuffisance des produits, incommodité des manipulations. Partout le résultat commercial a été déplorable et partout on a eu à se prémunir contre le danger des mauvaises odeurs résultant soit du traitement, soit de l'accumulation de l'engrais, danger qui, on le conçoit, eût été bien autre, si l'on avait eu affaire à des centres de population considérables.

Dans quelques villes on a reculé devant l'emploi des agents chimiques, et l'on s'est borné à une clarification mécanique. A Birmingham on a fait, dans ce but, une installation grandiose, qui a coûté à la municipalité près de 2 millions, mais qui n'a pas donné les résultats qu'on en attendait. La population dépasse 300.000 âmes ; le volume quotidien des liquides est de 55 000 mètres cubes. Les deux emissaires débouchent à Saltley, près du confluent de la Rea et de la Tame. Les eaux sont introduites à l'extrémité d'un bassin d'environ 100 mètres de long, 30 de large et $2^m,10$ de profondeur, divisé en trois compartiments (Pl. XIII, fig. 1 à 4). Les deux premiers sont de simples réservoirs de dépôt; le troisième comprend, en outre, un filtre *per ascensum* d'une surface de 450 mètres carrés, formé d'une grille en fer qui supporte 7 à 8 centimètres de gros gravier et 22 centimètres de gravier fin. Après avoir parcouru successivement les trois compartiments et traversé le filtre de bas en haut, les eaux clarifiées s'épanchent dans une rigole latérale qui les emmène à la rivière. Le troisième compartiment comprend encore un filtre *per descensum* marchant concurremment avec l'autre mais quand nous l'avons vu, on avait renoncé à s'en servir, parce que les dépôts fins et limoneux de Birmingham sont si obstructifs qu'une couche d'un demi-millimètre d'épaisseur suffisait à le mettre hors d'usage. Le filtre *per ascensum* lui-même n'était pas complétement à l'abri des inconvénients ; aussi dans le second système d'épurateurs qu'on terminait alors, pour alterner avec le précédent et prévenir ainsi toute interruption de service, on s'est borné aux bassins de dépôt et on a écarté la filtration. Les matières solides séparées chaque jour des eaux atteignaient au plus bas le chiffre de 60 tonnes. Mais elles constituaient un embarras au lieu d'un profit, car on ne trouvait pas à les vendre et on les offrait gratuitement aux cultivateurs qui voudraient venir les chercher. On espérait toutefois que cette situation se modifierait, et l'ingénieur de la ville, M. Till, nourrissait même le projet de profiter des 2 mètres de chute dont on dispose au dessus de la Tame pour conduire les eaux clarifiées, mais fort riches encore, aux fermes voisines, et les vendre à de bonnes conditions. Mais loin que ces espérances se soient réalisées. on a dû discontinuer en grande partie la fabrication de l'engrais solide dont on a toujours beaucoup de peine à se débarrasser.

La ville de Balckburn n'a pas été plus heureuse ; elle a récemment établi à grands frais des bassins et des filtres pour améliorer ses eaux d'égout, très-fortement chargées par le lavage des laines (Pl. XIV). Elle retient ainsi 5 à 6.000 tonnes d'engrais solide par an, mais la purification laisse beaucoup à désirer, et le débit de l'engrais n'est pas facile. La municipalité ne continue ces opérations que par crainte des riverains.

ESSAIS EN BELGIQUE.

En Belgique il n'y a eu, à proprement parler, que des études de laboratoire. Elles ont porté principalement sur le perchlorure de fer, que M. le D^r Kœne proposait d'appliquer en grand aux eaux d'égout de la ville de Bruxelles. En s'appuyant sur des estimations par trop encourageantes de la

valeur de l'engrais obtenu [1], il avait offert, en 1861, de se
charger à forfait de la désinfection de tous les liquides d'é-
gout de la capitale, réunis en un point déterminé, moyennant une subvention annuelle de 20.000 francs et la libre
disposition, bien entendu, de tout l'engrais obtenu. Il est à
remarquer que malgré les prévisions plus qu'optimistes du
D[r] Kœne sur la valeur commerciale de cet engrais et un
abaissement considérable qu'il se faisait fort d'amener dans le
prix du perchlorure, par un nouveau mode de préparation de
ce réactif, malgré, disons-nous, ces données doublement favorables, le D[r] Kœne n'a pas cru cependant pouvoir se re-
trouver sur l'opération elle-même, puisqu'il réclamait de la
municipalité un retour de 20.000 francs. Or, même à ces
conditions, il n'est pas douteux que le D[r] Kœne courait au devant d'une ruine inévitable, et la municipalité bruxelloise lui
a rendu un grand service en refusant ses propositions. Cette
municipalité, assistée des grands corps de l'État, avait fait
une étude très-approfondie de la question. Elle avait voulu
connaître les résultats obtenus en Angleterre, avant d'adopter
la solution que nous décrirons plus loin, et elle repoussa
le projet du D[r] Kœne ainsi que tous autres analogues,
comme n'offrant pas des garanties suffisantes au double
point de vue de la salubrité et de l'utilisation des principes
fertilisants.

La commission spéciale chargée, à deux reprises, par la
ville de Bruxelles, d'examiner sur place les systèmes d'épuration en vigueur dans le Royaume-Uni, a porté sur ces systèmes le jugement suivant : « L'expérience, disent les com-

1. M. Heyvaert, chimiste expert, chargé, pour le compte de la ville de
Bruxelles, d'apprécier l'engrais provenant de la précipitation des eaux
d'egout par le perchlorure, en avait porté la valeur au chiffre énorme de
168 francs la tonne. Cette estimation était basée sur des analyses qui trouvaient 3,40 p 100 d'azote et 30 p 100 de phosphate de fer dans l'engrais.
Mais ces chiffres sont en complet desaccord avec ceux de M. Way, que l'expérience a d'ailleurs confirmés partout où l'on a employé pratiquement le
perchlorure.

« missaires dans un rapport du mois de février 1866, d'accord
« avec les données chimiques, démontre que les matières
« lourdes susceptibles de se déposer dans des bassins de dé-
« cantation, ont peu de valeur au point de vue de leur em-
« ploi en agriculture, qu'elles dégagent peu d'odeur lors-
« qu'elles sont exposées à l'air et qu'elles ne méritent qu'une
« attention secondaire.

« Mais il n'en est pas de même pour les matières dis-
« soutes et pour celles qui restent en suspension malgré un
« repos prolongé ; la science et l'expérience ont démontré
« que ces matières représentent environ 95 pour 100 des
« principes utiles à l'agriculture et nuisibles à la santé pu-
« blique.

« Les procédés chimiques employés jusqu'à ce jour pour
« les extraire des eaux d'égout ont donné des résultats peu
« satisfaisants ; l'irrigation des prairies a seule permis d'uti-
« liser et de purifier ces eaux d'une manière constante... »

Ce jugement porté par des hommes entièrement étrangers à la conception des travaux qu'ils avaient à apprécier,
a, par cela même, on en conviendra, une grande valeur. Il
ne faisait au surplus que confirmer celui qu'avait déjà rendu
peu auparavant, une commission d'ingénieurs en chef [1]
chargée, pour le compte de l'État, d'étudier la même question. « La commission, avaient dit ces ingénieurs dans leur
« rapport du 30 mars 1865, a rejeté l'idée d'extraire les ma-
« tières fertilisantes contenues dans les eaux d'égout, parce
« qu'elle n'admet pas que l'assainissement de Bruxelles
« puisse être ajourné jusqu'à la solution des difficultés nom-
« breuses et peut-être insurmontables que présente cette
« extraction des engrais dissous dans les eaux salies par la
« population... . Pour purifier ainsi un volume d'eau qui se
« renouvelle chaque jour et se mesure par millions de litres,

1. Cette commission était composée de MM. Maus, président, O'Sullivan
Cognioul, Houbotte, Carez et Dubois, secrétaire.

« il faut un local très étendu, un matériel considérable et
« un personnel dispendieux. Les précipités ainsi obtenus
« doivent, pour servir à l'amendement des terres, conser-
« ver un certain degré de solidité qui sera une cause de fer-
« mentation et une difficulté pour les conserver en attendant
« la saison favorable à leur emploi. MM. les délégués de la
« commission (belge) créée en 1861, qui ont visité l'établis-
« sement de Leicester, ont en effet constaté que les produits
« recueillis répandaient au loin une odeur fétide et insup-
« portable.

« Le prix de ces engrais croît avec les frais de transport
« à mesure que l'on s'éloigne du lieu de production, et at-
« teint, à l'extrémité d'un certain rayon, un taux qui dé-
« passe le profit que l'agriculture peut en retirer. C'est ainsi
« qu'une partie des engrais naturels les plus précieux four-
« nis par les grandes villes reste sans emploi....

« Ces considérations paraissent devoir faire renoncer à
« traiter les eaux pour en extraire des engrais solides, et
« engager à chercher dans un vaste système d'irrigation
« opérée avec ces eaux sales, le moyen de rendre à l'agri-
« culture les engrais qu'elles contiennent... »

ESSAIS EN FRANCE.

Les seuls essais vraiment intéressants qu'on puisse citer
en France sont ceux de la ville de Paris, et, dans un ordre
moindre, ceux de la ville de Reims. L'importance des premiers, la valeur des hommes qui les ont inspirés ou conduits [1], leur méritent une attention toute particulière. Aussi
les décrirons-nous avec quelques détails.

---

1. M. Dumas a, comme on sait, encouragé ces expériences. L'illustre
chimiste, bien que partisan, en principe, de l'emploi agricole direct, a
pensé, nous disait-il, que l'épuration artificielle pourrait rendre provisoirement des services, et qu'en tous cas il y avait un grand intérêt pour la
science à ce qu'aucune de ces questions ne restât sans examen.

Ces essais ont commencé en 1866 et se continuent encore. A la fin de 1868 la ville de Paris a voté une nouvelle somme de 1 million pour les poursuivre sur une plus grande échelle en les reportant sur des points différents. Ils sont confiés à M. Mille, ingénieur en chef des ponts et chaussées, assisté de M. Alfred Durand-Claye, ingénieur ordinaire. Ils ont été institués en vue de compléter l'étude d'un procédé chimique d'épuration proposé par M. Le Chatelier, ingénieur en chef des mines. On a joint, depuis, à ce programme l'arrosage des cultures par l'eau d'égout, prise avant et après cette épuration ; mais nous ne nous occupons pas pour le moment de ces derniers points, qui seront examinés dans un autre paragraphe : nous nous restreignons ici à la partie chimique.

La méthode de M. Le Chatelier consiste essentiellement à traiter les eaux d'égout par le sulfate d'alumine ferrugineux, et à séparer les matières dans des bassins de dépôt d'un système particulier. Le réactif employé est fourni économiquement par la dissolution de la bauxite dans l'acide sulfurique ou par les magmas rouges de Picardie, ou mieux encore, paraît-il, par l'attaque directe du kaolin avec l'acide sulfurique [1]. Quant aux bassins de dépôt, conseillés par M. Le

---

1. MM. Mille et Durand Claye ont trouvé que les sulfates impurs de Picardie, usités au début, revenaient, sur les rives de la Seine, à 11 francs les 100 kilog., tandis que la dose équivalente de sulfate d'alumine fabriquée de toutes pièces à Gennevilliers, dans l'usine de MM. Pommier, ne revient qu'a 6f,25. M. Le Chatelier insiste sur le rôle essentiel que joue, selon lui, dans les réactions, le fer contenu dans les magmas rouges. Le sulfate de fer, en présence des matières contenues dans l'eau d'egout, « forme, dit-il, du sulfure de fer qui se régénère rapidement à l'état de « sous sulfate de peroxyde de fer. C'est à sa présence que paraît devoir « être attribué surtout ce fait que le dépôt ne perd pas d'azote et reste « désinfecté Le sulfate de peroxyde de fer alumineux peut d'ailleurs « remplacer le sulfate d'alumine ferrugineux et réduire la dépense du « réactif. » MM. Mille et Durand-Claye donnent, au contraire la préférence au sulfate exempt de fer, qui, dans les opérations, « avait, disent « ils, par sa pureté un grand avantage ; il ne donnait a l'eau aucune « coloration, tandis qu'avec le réactif extrait des pyrites, nous avons vu plusieurs fois par les chaleurs, le sulfate de fer se décomposer et se résoudre

Chatelier, ils sont établis sur le principe des digues filtrantes de M. l'ingénieur des mines Parrot, que nous avons décrites dans notre *Traité d'assainissement industriel*. Le but des opérations est d'obtenir des liquides assez purs pour être, sans inconvénient, évacués aux cours d'eau, ou employés à des arrosages, nonobstant le voisinage des habitations. L'engrais solide provenant du dépôt séché à l'air est mis lui-même à la disposition des cultivateurs.

« Ce qui caractérise, dit M. Le Chatelier, ce procédé qui
« n'exige aucune construction coûteuse, pour lequel il suffit
« d'endiguer quelques hectares de terre, c'est la facilité avec
« laquelle on peut faire varier les conditions de son applica-
« tion. On peut emprunter aux conduites d'amenée ou aux
« canaux d'épuration toutes les quantités d'eaux impures
« ou épurées, que la culture pourra utilement appliquer
« soit à des colmatages, soit à de simples arrosages. Le jour
« où la totalité (des eaux impures) viendrait à être utilisée,
« on rendrait à la culture les surfaces occupées par les bas-
« sins, enrichies à un très-haut degré par les infiltrations
« de matières fertilisantes. Les eaux peuvent être plus ou
« moins épurées suivant la saison ou l'état du fleuve ; l'addi-
« tion des réactifs peut être limitée à ce qui serait stricte-
« ment nécessaire pour faciliter un dépôt sommaire et en
« même temps pour le désinfecter. Rien ne s'oppose à ce
« que pendant les crues la défécation soit suspendue. La
« solution peut être immédiate et ne fait obstacle à l'adop-
« tion d'aucune autre combinaison ultérieure. C'est dans
« ces termes, ajoute M. Le Chatelier, que la question d'é-
« puration a été posée pour le cas particulier de la ville de
« Paris. »

Le point de départ du procédé a été l'opinion, depuis longtemps exprimée par son auteur, que la solution adoptée

« en un trouble couleur de rouille, qui nageait dans la masse, et même
« quelquefois en sulfure de fer qui noircissait la surface et les parois. »

à Londres (dont la description détaillée viendra plus loin) n'est pas actuellement applicable à Paris [1]. L'emploi des eaux d'égout de la capitale, comme agent de fertilisation, ne pourrait, selon lui, se propager que très-lentement, tandis que la Seine ne saurait continuer à recevoir dans son faible débit le torrent d'eau infecte que vomit incessamment le collecteur d'Asnières, et qui vient de s'augmenter de l'apport de la rive gauche. C'est sous l'empire de ces idées que M. Le Chatelier, qui s'occupait d'ailleurs depuis longtemps des applications industrielles des sels d'alumine, a conclu à la nécessité d'une épuration préalable, à l'aide des substances que nous avons indiquées, et qu'il a entrepris en 1865, de

[1] « La solution adoptée à Londres, dit M. Le Chatelier, et dont plusieurs « auteurs ont recommandé l'application à Paris, a pour base ou pour con- « dition nécessaire la possibilité d'évacuer l'excédant des eaux infectes, « c'est-à-dire ce que la culture ne pourra pas absorber, soit d'une façon « permanente, soit à certaines époques de l'année. A Londres, cet exce- « dant est évacué à une distance de 70 kilomètres sur une plage basse et « déserte de la mer du Nord, où son déversement n'aura d'inconvénient « d'aucune sorte et donnera, au contraire, l'occasion de conquérir sur la « mer des terrains précieux pour l'agriculture.

« Rien de pareil ne serait possible pour Paris Il faudrait conduire les « eaux à l'embouchure de la Seine ou à Dieppe, en franchissant un faîte « élevé La distance est de 230 kilomètres dans un cas, de 180 à 200 dans « l'autre, la dépense serait énorme, et le littoral ne se présente pas dans « des conditions favorables pour recevoir les dépôts; il est, en effet, « formé d'un côté par des falaises escarpées, d'autre côté par les plages « du Calvados où sont assis de nombreux établissements de bains de « mer. »

M. Le Chatelier insiste en outre sur ce point que « ni la configuration « du sol autour de Paris, ni la constitution de la propriété et de la cul- « ture, ne se prêtent, comme autour de Londres, à l'emploi illimité des « eaux d'égout. La grande culture a son siège sur les plateaux qui bordent « la vallée de la Seine, et elle est généralement entre les mains de fermiers « dont les baux sont à court terme, et qui manquent de capitaux ou de « crédit; la petite culture, qui occupe les terrains d'ailleurs peu étendus « de la vallée, opère sur des terres morcelées à l'infini.

« Par suite de cet état de choses, conclut M. Le Chatelier, l'emploi des « eaux d'égout de la capitale, comme agent de fertilisation, ne pourrait « se propager que très lentement. » Nous nous bornons à rapporter cette opinion sans vouloir ici la discuter.

concert avec M. Léon Durand-Claye, frère du précédent, une série de recherches dans le laboratoire de M. Hervé Mangon, à l'École des ponts et chaussées. Ils en ont déduit qu'une dépense moyenne de $0^f,02$ de réactif devait procurer la clarification d'un mètre cube d'eau d'égout et fournir environ 2 kilogrammes de matière sèche, dont la valeur calculée avec les prix élémentaires en usage dans le commerce des engrais payerait une grande partie des frais de l'épuration. Quant au liquide décanté, « il est, disent-ils, en même « temps désinfecté, et ne se trouble de nouveau qu'au bout « de plusieurs jours [1] ».

Telle est l'origine des expériences instituées par la ville de Paris. Elles ont eu lieu à Clichy jusque vers le milieu de l'année 1869, et à Gennevilliers, à partir de cette époque. Nous décrirons d'abord le premier champ d'opérations, que nous avons visité dans le temps et pour lequel nous possédons un compte rendu officiel, en date du 1er mars 1869.

L'établissement de Clichy était situé sur la rive droite de la Seine, près de l'embouchure du collecteur d'Asnières (Pl. VI et Pl. X, fig. 1 et 4 à 8). On puisait journellement à l'égout environ 500 mètres cubes qui étaient distribués, soit dans des bassins pour le traitement chimique, soit dans des

---

1. Nous avons reconnu, dit M. Le Chatelier, que le sulfate d'alumine « ferrugineux, a la teneur de 10 pour 100 d'alumine et 2 a 3 pour 100 « d'oxyde de fer, fourni soit par la dissolution de la bauxite dans l'acide « sulfurique, soit par les magmas rouges de Picardie, produisait une cla « rification complète et rapide des eaux d'égout recueillies au collecteur « d'Asnières ; que le maximum d'effet etait obtenu par l'emploi, pour 1 « metre cube d'eau d'égout, de 1 à 2 litres d'une dissolution au cinquième « de ces matières, soit a la teneur de 20 grammes d'alumine par litre, « que l'eau clarifiée etait en même temps désinfectée, et ne se troublait de « nouveau qu'au bout de plusieurs jours, que le dépôt contenait la tota- « lité de l'acide phosphorique et la moitie de l'azote existant dans l'eau « impure ; qu'enfin le dépôt ne s infectait pas par l'exposition à l'air, et « n'éprouvait pas la moindre déperdition d'azote.

« L'épuration devait être obtenue par une dépense de réactif de 1 centim « 3 à 2 centimes, 6 par mètre cube, fournissant environ 2 kilogrammes de « matière sèche.. »

rigoles pour l'application agricole. « La force motrice, disent
« MM. Mille et Durand-Claye, est au voisinage de l'égout
« Une locomobile de quatre chevaux mène par une cour-
« roie une pompe centrifuge qui fait 1200 tours à la mi-
« nute. La pompe puise en plein courant par une crépine
« que protége une boîte grillée. Elle aspire à 5 mètres
« et refoule à 6 mètres, franchissant une hauteur totale
« de 11 mètres, à l'aide d'une conduite métallique de
« 0^m,15 de diamètre. Dans son parcours de 640 mètres, la
« conduite circule sous le quai et reste souterraine jusqu'à
« ce qu'elle atteigne le haut du champ d'essai. Là, par une
« branche à T, elle alimente deux bouches qui sortent
« d'un tumulus de gazon et qui sont fermées au moyen
« de clapets ; la charge est de plus d'une demi-atmo-
« sphère.

« La pompe centrifuge constitue un bon organe pour les
« eaux sales ; comme elle n'a pas de soupapes, elle élève
« tout, eau, sable, détritus. La conduite en grès, malgré
« quelques accidents survenus au début par suite de défaut de
« pose, a soutenu le service pendant deux années ; lorsqu'on
« l'a démolie, on l'a trouvée propre et bonne à réemployer.
« il n'y avait de dépôts, et encore en quantité insignifiante,
« que sur quelques points où les joints en ciment forment
« un léger bourrelet. Une petite conduite de 0^m,05 en grès
« avait été aussi posée pour l'alimentation d'eau pure de la
« locomobile, qui ne pouvait fonctionner avec l'eau de Seine,
« altérée par le collecteur.

« Pour se représenter le champ d'essai, il faut imaginer
« un grand rectangle d'environ 100 mètres sur 150 mètres
« découpé dans la plaine d'alluvions qui reste libre entre
« Clichy et la Seine. Le long des clôtures, à l'intérieur.
« règnent des bandes de 20 mètres, soumises à la charrue et à
« la bêche. Au milieu sont deux bassins de 10 mètres de large
« sur 100 mètres de long avec une profondeur de 2 mètres :
« ils produisent dans le terrain l'effet de petits vallons qu'on

« peut barrer plus ou moins haut dans leur longueur pour
« les consacrer au traitement chimique.

« L'eau, qui jaillit du tumulus de distribution comme
« une source, rencontre sous les bouches un canal de déblai
« formant ceinture et bordant les terrains cultivés . . . . .

« Si la culture refuse l'eau, la route change et le courant
« va vers les bassins par des goulottes et des caniveaux en
« bois de 0ᵐ,20 d'ouverture. On lui donne par un simple
« robinet en grès le filet de réactif qui sort d'une caisse
« placée dans une barraque. L'eau barbotte dans les ca-
« naux et tombe aux bassins par une ligne de créneaux
« et un plan incliné, parfaitement mélangée de réactif.

« Là, passant d'une section de 0ᵐ·ᵠ,02 environ à une large
« section de 9ᵐ·ᵠ,00 elle subit un ralentissement considé-
« rable, marche avec une vitesse qui n'est plus que de 0ᵐ,001
« à 0ᵐ,002, laisse tomber les matières qu'elle tenait en suspen-
« sion, et va s'échapper au bout de 30 mètres, soit en filets
« paraboliques à travers la cloison filtrante en bois du bas-
« sin n° 1, soit en lame déversante sur le barrage en gazon
« du bassin n° 2.

« Comme on a pu réduire la longueur des bassins à 30
« mètres, il est resté, à l'aval des chutes, de petites vallées de
« 60 mètres, où l'on a tenté soit l'arrosage à l'eau épurée sur
« l'herbe et les légumes. soit une filtration de cette eau à
« travers un fossé rempli de meulières, procédé complé-
« mentaire simple, efficace, dû à M. l'inspecteur général Bel-
« grand. Enfin, à l'extrémité du vallon, l'eau peut se perdre
« par un drain à l'égout de Clichy et de là à la Seine. . .

« Considérons les 88.000 mètres cubes versés aux bassins
« par quantités variables, suivant la marche de l'irrigation.
« Le plein du service est ici en octobre parce qu'alors les
« arrosages ont cessé et que la terre encore couverte de pro-
« duits ne saurait être colmatée.

« Ces 88.000 mètres cubes ont été épurés au prix de 0ᶠ,02
« pour frais de réactif par mètre cube.... Au milieu de la

« campagne de 1868, l'usine de MM. Pommier, à Gennevil-
« liers, qui fabrique de toutes pièces des sulfates d'alumine
« avec du kaolin et de l'acide sulfurique. offrit des eaux mères
« au prix de 2ᶠ,50 les 100 kilog. de dissolution titrée à 10°
« de l'aréomètre Beaumé. Il en fallait 1/2 kilogr. par mètre
« cube, soit 0ᶠ,0125 presque moitié du prix primitif [1] . . .

« On a vu plus haut par quelles dispositions simples le
« courant, mélangé de réactif, vient s'épanouir dans les bas-
« sins pour y marcher avec une vitesse excessivement ré-
« duite. Cette réduction de vitesse amène la précipitation
« sans rompre le courant, elle complète très-favorablement
« l'action du réactif et a été indiquée comme la condition
« nécessaire de l'épuration par l'auteur du procédé, M. Le
« Chatelier. On se rappelle qu'au bout de 30 mètres, l'eau
« s'échappe, dans l'un des bassins en traversant une cloison
« en planches percée de trous. dans l'autre en franchissant
« le déversoir d'un barrage en gazon ; le fonctionnement de
« ce dernier appareil, simple et rustique, a été au moins
« aussi satisfaisant que celui de la cloison à trous [2]. L'eau
« d'égout est noire lorsqu'elle jaillit des créneaux à l'amont
« des bassins ; à l'aval, elle sort presque claire et légèrement
« opaline, quand elle a passé aux barrages. Elle s'achève
« alors en circulant dans le filtre en meulières ou en ruisse-
« lant dans le gazon. Quand on la voit briller à travers
« l'herbe haute et se précipiter dans la perte qui l'emmène
« en Seine, on croit voir couler un ruisseau naturel.

« Portons notre attention sur les dépôts. Tous les mois
« environ on mettait les eaux basses pour exploiter la vase.
« La forme des dépôts était remarquable : près des plans

1. Il résulte de nos informations personnelles que l'usine de MM. Pommier livrerait en grand, en telles quantités qu'on voudrait, des eaux
mères qui, rendues au bassin de Gennevilliers, reviendraient à 2ᶠ,75 les
100 kilog., soit une dépense de 0,014 environ par m. cube d'eau épurée.

2. Le barrage en gazon est précisément la disposition originale de
M Parrot.

« inclinés, à l'amont, on observait une sorte de cône de dé-
« jection ; puis l'alluvion décroissait d'épaisseur en suivant
« un profil parabolique ; au bout des bassins, il n'y avait
« plus qu'un plan horizontal de 0^m,06 d'épaisseur, preuve
« qu'on n'eût rien gagné à développer la longueur de
« 30 mètres.

« Au premier moment, on avait une boue noirâtre, très-
« liquide ; après quelques jours d'exposition à l'air, la cou-
« leur passait au gris, la couche se fendillait, se découpait
« par des fissures. Après 15 jours on pouvait reprendre le
« dépôt à la pelle et le porter sur les séchoirs. Le soleil était
« un auxiliaire ; de même pour la gelée, qui faisait sortir
« l'eau en petits glaçons. D'ailleurs pas d'odeur ; rien de dé-
« sagréable à la vue, une légèreté et une cassure à l'état sec.
« qui rappelaient le liége.

« Apprécions les quantités et les qualités.

« Les analyses de laboratoire annonçaient une quantité
« de dépôt de 2 kilogrammes par mètre cube ; en pratique,
« cette quantité n'a été que de 1^k,32. De même les éléments
« d'engrais, l'azote, l'acide phosphorique, les matières orga-
« niques perdent et sont réduits à 70 0/0 des chiffres théo-
« riques. C'est l'effet de la vitesse qui anime encore la masse
« liquide et qui transporte quélque peu de matières légères
« et riches.

« Les chiffres feront mieux apprécier ces conséquences.

SUBSTANCES	PRIX du kilogramme	TERREAU des bassins, sec		DÉPOT du laboratoire	
		quantités	valeur	quantités	valeur
	francs	kilog	francs.	kilog.	francs.
Azote	2,00	5,71	11,42	8 42	16,84
Acide phosphorique .	0,40	6,24	2,50	8,00	3,20
Matières organiques .	»	164,91	»	266,06	»
Matières minérales . .	»	823,14	»	707,52	»
Totaux	»	1.000,00	13,92	1.000,00	20,04

« Ainsi la tonne de terreau qui devait, d'après le labora-
« toire, représenter 20 francs, n'en représente plus que
« 14, après le travail industriel, et comme il y a aussi
« perte d'un tiers sur la quantité, on est ramené au prix réel
« de 10 francs la tonne. L'épuration est une machine qui
« rend 50 0/0 d'effet utile et à ce titre c'est encore une bonne
« machine pratique. N'oublions pas que dans un service
« d'ensemble nous serons probablement obligés de l'ém-
« ployer pendant moitié de l'année, puisque la culture nous
« menace d'une morte saison.

« Et maintenant tournons-nous du côté de la salubrité.
« Nous avons travaillé pendant un an à ciel ouvert et par
« tous les temps ; colmatages, arrosages, dépôts dans les ri-
« goles et dans les bassins, extractions, dessications, pas
« une main-d'œuvre qui n'ait subi la pluie et le soleil. Per-
« sonne pourtant ne s'est plaint et nous étions entourés de
« fabriques et de jardins, nous touchions à Clichy ! Lorsque
« nous rendons au propriétaire le champ d'essai où il a été
« enfoui près de 200.000 mètres cubes d'eau d'égout, per-
« sonne ne peut dire que le sol diffère du champ voisin.
« Nous avons donc été absolument inoffensifs, et la police
« d'exception n'est pas faite pour nous. »

Les essais de Gennevilliers, qui ont succédé aux précédents, ont donné des résultats analogues. La pratique de l'é-
puration, sur ce dernier point. ne diffère pas d'ailleurs sensiblement de ce qu'elle avait été à Clichy, si ce n'est qu'elle
s'exerce sur des quantités plus grandes. La nouvelle installation (Pl. XI et Pl. XII, fig. 1 à 6) a permis en effet de faire
passer aux bassins un volume moyen de 2.500 mètres cubes
par jour, soit près de 200.000 mètres cubes pendant les trois
mois de juillet, août et septembre 1869.

Nous reconnaissons volontiers que de toutes les méthodes
chimiques appliquées jusqu'à ce jour, la méthode adoptée par
la ville de Paris est celle qui a donné les meilleurs résultats,
et le sulfate d'alumine présente une supériorité réelle sur les

13

autres réactifs connus. On admettra d'ailleurs sans peine que la double expérience de Clichy et de Gennevilliers a été faite dans les conditions les plus favorables à son succès : confiée à des hommes distingués, qui avaient à cœur de justifier leur mandat, et sous le patronage d'une cité puissante, pour laquelle la question de dépense était accessoire, l'entreprise avait évidemment toutes les chances en sa faveur, et aucune exploitation véritablement commerciale ne pourrait se flatter de les réunir au même degré. Néanmoins, les résultats obtenus laissent subsister, selon nous, la plupart des objections qu'on a coutume de diriger contre le traitement chimique.

En ce qui concerne d'abord la salubrité, ces essais ne permettent pas de conclure avec certitude à l'égard d'une application définitive, et l'on est en droit de dire que la question n'a pas encore été posée sur son véritable terrain. En effet, les eaux d'égout sur lesquelles on expérimente aujourd'hui sont faiblement chargées d'impuretés, puisqu'une partie seulement des maisons y envoient leurs résidus ménagers et aucune les matières fécales [1]. Or ce n'est point là, tout l'annonce, l'état normal de l'avenir. Non-seulement, dans un temps peu éloigné, toutes les maisons devront, aux termes du décret de 1852, écouler directement aux égouts leurs eaux ménagères, mais il est indubitable que tôt ou tard elles y enverront aussi leurs matières fécales. Paris ne saurait rester en arrière de Londres et de Bruxelles, ni s'accommoder éternellement de ces pratiques barbares qui vont à l'encontre des lois naturelles, puisqu'au lieu d'éloigner promptement de l'homme tout ce qui offusque ses sens et compromet sa santé, elles retiennent au contraire dans son voisinage ce qui risque le plus de lui nuire. La ville qui a tant fait pour embellir et assainir sa surface voudra certaine-

[1] Il y a seulement cinq mille tuyaux de chute, sur 250 000, dans Paris, qui écoulent leurs eaux vannes aux égouts au moyen de tinettes filtrantes, mais aucune maison n'est encore autorisée à mettre ses cabinets d'aisance en communication directe avec les égouts.

ment abolir les fosses d'aisance qui souillent son sous-sol, et supprimer la vidange qui déshonore ses rues : la véritable salubrité est à ce prix [1]. Le point de vue pratique exige donc qu'on considère les eaux d'égout de Paris, non avec leur composition actuelle, mais avec celle qu'elles auront plus tard, quand elles charrieront, comme à Londres, la totalité des immondices. Or, à Londres, la proportion de matières organiques contenue dans les eaux est beaucoup plus considérable qu'à Paris, ainsi qu'il ressort des analyses suivantes :

PROPORTION DES PRINCIPAUX ÉLÉMENTS D'ORIGINE ORGANIQUE.

NATURE DES SUBSTANCES	QUANTITÉS PAR MÈTRE CUBE.	
	à Londres d'après M. T. Way	à Paris d'après MM. Mille et Durand Claye
	kilog.	kilog.
Ammoniaque	0,096	0,037
Potasse	0,051	0,030
Soude	0,322	0,101
Acide phosphorique.	0,082	0,015
Totaux . . .	0,551	0,183

Si l'on tient compte en outre de ce fait que les matières additionnelles dont il s'agit, à savoir les déjections humaines, sont précisément celles qui sont le plus susceptibles de dégager les mauvaises odeurs, on reconnaîtra que l'innocuité du traitement actuel n'est pas une garantie suffisante pour l'avenir.

Cette objection prendra bien plus de force encore par la considération que le danger des opérations chimiques ne ré-

---

[1] Tant que les fosses d'aisance subsisteront, Paris exhalera toujours cette odeur *sui generis*, bien connue de ceux qui ont eu occasion de parcourir les rues vers quatre ou cinq heures du matin, alors que le calme de la nuit a permis aux émanations de se ramasser au dessus du sol. Peut-on dire qu'une ville dont le sommeil se passe au sein d'un air aussi impur se trouve dans de bonnes conditions de salubrité ?

side pas tant dans le traitement lui-même que dans le maniement des boues obtenues et dans la difficulté de s'en débarrasser. Or la quantité de ces résidus, dans une exploitation d'ensemble, serait véritablement effrayante. Actuellement, d'après les observations de MM. Millé et Durand-Claye, un mètre cube d'eau d'égout donne 2 kilogrammes de boue. Il faut compter sur un débit moyen du collecteur d'au moins 300.000 mètres cubes par jour (lequel s'élèvera plus tard à 400.000 mètres cubes); ce serait donc dès aujourd'hui une masse quotidienne de 600 tonnes de boues. Mais il faut ajouter à ce chiffre l'appoint considérable qui résultera de l'admission des matières fécales aux égouts, matières dont la masse dépasse 2.500 tonnes par jour. En admettant que le traitement chimique sépare seulement la partie solide, évaluée au minimum, d'après les chimistes anglais, à $\frac{1}{10}$ du total, soit 250 tonnes, et y ajoutant 100 à 150 tonnes environ de réactif qui seraient nécessaires pour les précipiter, on aurait une nouvelle masse de 400 tonnes de boues, qui s'adjoindraient aux 600 tonnes précédentes, soit en tout un millier de tonnes par jour. Pour peu que la dessication de ces boues exigeât une huitaine de jours et que des circonstances défavorables retardassent la consommation qui devrait s'en faire sur les champs, on se trouverait avec des réserves de 15 à 20.000 tonnes, peut-être davantage, de matières putrescibles, exposées à toutes les ardeurs de températures, et aux alternatives de pluie et de sécheresse que l'été pourrait amener.

Nous parlons de consommation. Mais qu'est ce qui garantit qu'elle se ferait facilement? En Angleterre on a toujours eu beaucoup de peine à écouler des quantités *cent fois moindres* que celles dont nous parlons. On a rencontré chez les cultivateurs une grande répugnance à employer ces boues encore humectées; ils ne les acceptaient qu'à un état de dessication fort avancé, ce qui exige alors un temps très-long.

Il paraît douteux qu'à Paris, dans un territoire aussi limité
que celui de Gennevilliers, on obtînt couramment le débit
de masses pareilles. Or, que deviendrait-on, au bout d'un
peu de temps, avec des accumulations de 1.000 tonnes par
jour? L'exploitation serait promptement mise hors d'état de
continuer.

Une autre objection se présente à l'égard de la salubrité :
c'est que le procédé ne préserve que très-imparfaitement la
rivière. En effet, l'eau dite épurée emporte avec elle près des
2/3 de la richesse fertilisante. Ce point ressort très nette-
ment du tableau de MM. Mille et Durand Claye, que nous
reproduisons ci-après, en négligeant les matières minérales
qui n'ont pas d'influence sensible sur la corruption :

NATURE des SUBSTANCES	VALEUR de 1 kilog	MÈTRE CUBE d'eau d'égout naturelle.		MÈTRE CUBE d'eau d'égout épurée	
		quantités	valeurs.	quantités	valeurs
	francs	kilog	francs.	kilog	francs
Azote.	2,00	0 037	0,074	0,021	0,042
Acide phosphorique.	0,40	0 015	0,006	»	»
Potasse	0.60	0,030	0 018	0,030	0,018
Soude	»	0,101	»	0,101	»
Matières organiques.	»	0,729	»	0,240	»
Totaux. . . .	»	0,912	0,098	0,392	0,060

Ainsi 60 millimes sur 98 millimes, de richesse fertilisante,
sont entraînés à la rivière avec l'eau d'égout sortant des
bassins d'épuration. Quelles que soient les expériences ras-
surantes qui puissent être faites sur la qualité de cette eau,
il n'en est pas moins vrai qu'elle emporte dans son sein des
principes de corruption qui tôt ou tard doivent manifester
leurs effets.

Reste enfin la question de la dépense d'un pareil traitement. Cette dépense, en supposant même le débit des égouts
restreint à 300.000 mètres cubes par jour, s'élèverait à près
de 6 millions de francs par an. En effet, l'épuration propre-

ment dite, à savoir les réactifs, le curage des bassins et la main-d'œuvre, coûte actuellement d'après le dernier rapport officiel de MM. Mille et Durand-Claye (4 mars 1870), 18 centimes par mètre cube. Or, quand l'eau contiendra en, outre les déjections, ces frais seront augmentés de 50 0/0, puisque la seule partie solide de ces déjections, évaluée, avons-nous dit, à $\frac{1}{10}$ au moins du total, introduit environ 1 kil. par mètre cube, à séparer dans l'eau d'égout, soit la moitié de ce qu'on en sépare aujourd'hui. La précipitation de 3 kilog. de boue, au lieu de 2, portera donc les frais de $0^f,018$ à $0^f,027$. Quant à l'élévation de l'eau, prise au collecteur et amenée aux bassins, les auteurs des essais la cotent à $0^f,013$. Les frais généraux, l'intérêt et l'amortissement du capital engagé, ainsi que l'entretien du matériel et des ouvrages d'art peuvent être cotes, ensemble, à $0^f,012$ [1]. La dépense totale par mètre cube est donc de $0^f,052$, soit, pour 300.000 mètres cubes par jour, une dépense annuelle de 5.700.000 francs.

Il est raisonnable d'admettre que les frais d'élévation de l'eau diminueraient sensiblement avec une installation définitive et une exploitation en grand; nous ne ferons nulle difficulté de les réduire d'un peu plus de moitié et de les mettre à 6 millimes seulement. En ce cas le prix du mètre cube ressortirait à $0^f,046$, au lieu de $0^f,052$, et la dépense annuelle à 5 millions, au lieu de 5.700.000 francs. Mais, en revanche, nous n'avons rien prévu pour l'enlèvement des dépôts. Or, qu'est-ce qui garantit que les cultivateurs viendraient les prendre, même gratuitement? Toutes les grandes

---

1 Ce chiffre, assurément modéré, est formé en supposant une dépense d'établissement, aqueducs de dérivation compris, de 10 millions seulement. chiffre prévu par les auteurs des essais. En prenant 8 0/0 de ce chiffre pour l'intérêt et l'amortissement, ainsi que pour l'entretien du matériel et des ouvrages, soit 800 000 francs par an, et ajoutant 400 000 francs pour frais généraux, impôts, etc., en tout 1.200.000 francs, on arrive à $0^f,012$ par mètre cube, sur 100 millions de mètres cubes par an.

villes sont obligées de payer pour se débarrasser de leurs
immondices ; rien ne prouve donc que les 1.000 mètres
cubes par jour de l'atelier, de Gennevilliers, s'écouleraient
sans nécessiter de dépense. Dans cet ordre d'idées, qui peut
prévoir la limite où s'arrêteraient les frais ? En présence de
toutes ces incertitudes et des craintes que nous avons fait
valoir sous le rapport de la salubrité, on est en droit de douter
que le traitement au sulfate d'alumine soit la solution que
l'avenir réserve à la ville de Paris.

Quelques mots maintenant sur les essais de la ville de
Reims.

MM. Houzeau, Devedeix et J. Holden ont tenté, dans ces
derniers temps, d'épurer les eaux d'égout de cette ville au
moyen de lignite additionné de chaux ou de sulfate de fer.
Ces eaux sont, comme on sait, très-chargées de résidus industriels, au point de contenir en moyenne 3 kilogrammes
par mètre cube. Elles infectent à un haut degré la petite rivière la Vesles, dont le débit n'est guère que le double de
celui des égouts eux-mêmes. Il y a donc pour la ville et la
banlieue de Reims un intérêt de premier ordre à purifier, s'il se peut, les liquides avant leur débouché dans la
Vesles.

Les expériences de MM. Houzeau, Devedeix et J. Holden
ont été faites en grand, à raison de 400 mètres cubes d'eau
d'égout en dix heures de marche par jour. Elles ont porté sur
un volume total de 72.500 mètres cubes, d'avril 1866 à novembre 1867. On a varié les réactifs de plusieurs manières,
et les compositions qui ont donné les meilleurs résultats
sont les suivantes : 1° lignite en poudre et chaux, à la dose
moyenne de $2^k,374$ de lignite et de $0^k,588$ de chaux pour
1 mètre cube d'eau d'égout ; 2° houille pulvérisée, chaux et
sulfate de fer, à la dose de 1 kilogramme de lignite, $0^k,48$ de
chaux et $0^k,3$ de sulfate de fer par mètre cube ; le sulfate de
fer ayant ici pour but de remplacer le sulfure et le sulfate

ferrugineux qui se trouvent en grande abondance (de 10 à 18 pour 100) dans le lignite employé. Le résultat de ce traitement a été, selon les auteurs du procédé, de précipiter la totalité des matières putrescibles et de fournir des eaux parfaitement claires, non susceptibles d'entrer de nouveau en putréfaction. Quant aux boues obtenues, elles ne donnaient, assurent-ils, aucune odeur et pouvaient être desséchées à l'air sans inconvénient pour le voisinage. M. Maridort, professeur de chimie à Reims, a également rendu un bon témoignage des résultats.

Bien que notre opinion personnelle soit, comme nous l'avons déjà dit, que l'innocuité d'un pareil traitement serait loin, dans la pratique, d'être ce qu'on la suppose ici, nous nous arrêterons seulement au côté économique de la question pour montrer, d'après les propres chiffres des inventeurs, qu'une telle exploitation serait, financièrement parlant, tout à fait désastreuse. « M. Maridort, disent-ils dans
« l'intéressant mémoire qu'ils ont publié sur la question,
« après l'analyse des boues, trouve, en suivant les procédés
« de M. Boussingault, et en appliquant son évaluation des
« corps qui constituent un engrais, que le mètre cube de
« cette boue vaudrait 20 francs à l'état anhydre, mais
« comme il est presque impossible de le donner à cet état et
« qu'il faudrait même, au point de vue de son effet fertili-
« sant, lui laisser un peu d'eau, soit 40 à 50 p. 100, il ne
« faudrait le compter qu'au prix de 10 francs le mètre cube.
« Ainsi donc, 1 mètre cube d'eau épurée coûterait 0^f,04.
« D'après nos expériences, on peut compter sur un produit
« résultant de l'épuration, de 6 kilogrammes à 10 francs les
« 100 kilogrammes, soit 0^f,06, ce qui donnerait un bénéfice
« considérable... Mais il est à craindre que la grande quan-
« tité de cet engrais n'en fasse descendre le prix, et qu'au
« lieu de 10 francs, on ne soit obligé de le vendre 5 francs,
« ce qui ne donnerait plus que le prix de revient ; peut-être
« même serait-on forcé, dans le commencement, de le céder

« aux cultivateurs à raison de 3 francs le mètre cube. » Or,
à raison de 3 francs, cela ferait 0^f,018 de recette contre 0^f,04
de dépense. et même à raison de 5 francs, on aurait. non pas
le prix de revient, comme on l'avance, mais seulement 0^f,03
contre 0^f,04 de dépense. Ces résultats paraîtront encore bien
plus insuffisants si l'on songe : 1° que M. Maridort a calculé
la valeur des boues d'après les éléments qu'elles contiennent,
comparés poids pour poids aux éléments du fumier de ferme.
Or tout le monde sait que le fumier de ferme possède, indé
pendamment de ses éléments chimiques pris abstraitement,
une valeur effective de *constitution*, que les boues sont loin
de posséder au même degré, surtout avec la forte proportion
de charbon qu'elles contiennent ; 2° le prix de revient de
0^f,04 est formé en comptant moins de 0^f,02 par mètre cube
épuré, pour la main-d'œuvre, les frais généraux, l'intérêt et
l'amortissement du capital (les réactifs entrent en effet pour
0^f,0227 dans le total 0^f,04). Or, d'après les résultats observés
en Angleterre et même à Gennevilliers ce chiffre serait
considérablement dépassé ; 3° le prix de 20 fr. à l'état
anhydre ou de 10 fr. à l'état hydraté moyen est assigné sans
tenir compte des frais de transport pour amener la boue
aux champs. Le cultivateur ne payerait donc jamais ce prix
entier, et à d'autant plus forte raison que la production des
boues devenant plus considérable, il faudrait s'adresser à
des consommateurs de plus en plus éloignés.

Nous ne prétendons pas conclure de là que la ville de
Reims, en particulier, aurait tort d'appliquer un pareil traitement à ses eaux d'égout. Il se peut au contraire qu'à raison
de circonstances spéciales, l'urgence de combattre l'infection,
l'impossibilité d'employer les eaux en arrosage de prairies.
etc., elle ait intérêt à faire un sacrifice pécuniaire plutôt
que de demeurer dans l'état actuel. Mais cela ne prouverait
nullement que cette épuration est par elle-même un procédé
satisfaisant et surtout qu'on doit la recommander d'une manière générale. Il est bien évident, au contraire, que ce n'est

là qu'une solution *faute d'autre*, et que c'est cette *autre*, par conséquent, qu'il faut s'appliquer à trouver.

PROCÉDÉS AGRICOLES OU EMPLOI SUR LES TERRES CULTIVÉES.

Les methodes agricoles ont pour but essentiel d'employer les eaux d'égout *à l'état naturel*, c'est-à-dire telles qu'elles sortent des villes, pour l'arrosage des cultures et spécialement des prairies permanentes.

Cette circonstance que les eaux sont utilisées dans l'état même où elles se présentent, sans traitement préalable ni préparation d'aucune sorte, caractérise précisément le procédé et le distingue de tous les autres ; elle en fait le mérite et l'originalité, et ramène les choses à ce respect du *circulus*, proclamé comme loi nécessaire de la vie [1]. L'arrosage dans de telles conditions n'est plus en effet que la dernière phase de la circulation continue, phase durant laquelle la terre reprend au passage tout ce que les récoltes lui avaient emprunté.

A l'inverse de ce qui a eu lieu pour les procédés chimiques, où les études de laboratoire avaient précédé et guidé les applications en grand, pour les procédés agricoles la pratique a dès longtemps devancé la théorie. L'irrigation à l'eau d'égout

[1]. « Les lois de la nature, dit excellemment M. Henri Austin, rapporteur du *General Board of Health*, ne souffrent point de halte. Le simple éloignement des matières en décomposition n'est qu'un expédient. Le grand cercle de la vie, de la mort et de la reproduction doit être fermé ; et tant que les éléments de la reproduction ne seront pas employés pour le bien, ils travailleront pour le mal. » La conséquence de cette doctrine, c'est que les matières impures contenues dans les eaux d'égout doivent immédiatement faire retour à la terre, et qu'il ne faut, en aucun cas, suspendre le mouvement qui les éloigne des villes.

etait en honneur, depuis nombre d'années, à Édimbourg, Milan et autres lieux, avant que la science moderne eût songé à en faire la base de l'assainissement des cours d'eau. Ce sont les résultats obtenus dans ces localités qui ont fait concevoir la possibilité d'en généraliser le principe. On a institué alors des observations multipliées qui, à leur tour, ont déterminé des applications sur la plus grande échelle.

La méthode des irrigations a subi, en Angleterre, l'épreuve de trois grandes enquêtes, ordonnées par les pouvoirs publics et conduites par les hommes les plus éminents. La première a commencé avec les études du *General Board of Health* sur la question, vers 1852. et s'est terminée avec l'existence même de ce comité, en 1858. Les conclusions, bien que très-favorables, n'ont pu cependant se faire universellement accepter, un peu faute de preuves suffisantes et surtout à cause de la nouveauté du point de vue. D'ailleurs l'attention etait détournée du sujet par la nécessité plus pressante encore d'améliorer la salubrité intérieure des villes, si gravement compromise à cette époque. La seconde enquête, faite par le parlement lui-même, a été provoquée par la question du drainage de Londres et par l'opportunité de préserver la Tamise de l'infection. Elle a duré quatre années, de 1862 à 1865. Tous les avis ont été appelés à se produire dans des interrogatoires publics, tandis que des expériences en grand se poursuivaient à Rugby, sous l'œil d'une commission de savants et de praticiens [1]. Voici les conclusions générales de

1. Cette commission, instituée en 1861 par ordonnance royale, pour expérimenter en grand l'usage des eaux d'egout à Rugby, était, en mars 1865, composée des cinq hommes éminents dont les noms suivent : comte Essex, président Robert Rawlinson, J. Thomas Way, J. B Lawes et John Simon M. Thomas Way, que nous avons déjà eu occasion de citer, est appelé par ses compatriotes le Liebig de l'Angleterre ; M Rawlinson est inspecteur général des travaux publics , le comte d'Essex est un des premiers agronomes du royaume , M. Lawes est le plus grand fabricant d'engrais artificiels du monde entier, enfin M John Simon, secrétaire du conseil sanitaire au ministere de l'interieur, est connu par ses savantes publications.

cette seconde enquête, telles qu'elles sont consignées aux documents officiels [1] :

« Il ne peut y avoir de doute, est-il dit, sur les dommages
« qui résultent de la pratique généralement suivie de dé-
« charger les liquides d'égout et autres résidus aux rivières
« où les populations viennent s'alimenter. Ces liquides sont
« en outre une cause de mort pour le poisson, et diminuent
« ainsi considérablement les moyens de subsistance des ha-
« bitants.

« Il a été decidé que l'envoi de ces liquides aux cours
« d'eau constitue *une atteinte au droit commun.*

« Il est d'absolue nécessité qu'une telle pratique cesse.

« On n'a découvert aucun moyen artificiel efficace pour
« rendre potable ou pour approprier aux usages culinaires
« l'eau qui a été une fois souillée par les liquides d'égout. Les
« procédés connus, mécaniques ou chimiques, ne peuvent
« produire qu'une désinfection partielle : une telle eau est
« toujours susceptible d'entrer de nouveau en putréfaction.
« *L'eau qui à l'œil paraît le mieux purifiée, par filtration*
« *ou autrement, peut, sous certaines conditions, engendrer*
« *des épidémies graves au sein des populations qui en font*
« *usage.* Au contraire, le sol et les racines des plantes à vé-
« gétation active ont un grand pouvoir pour débarrasser
« rapidement les eaux d'égout des impuretés qu'elles con-
« tiennent et pour les rendre tout-à-fait inoffensives désor-
« mais. La seule alternative qui reste donc est de répandre
« les liquides d'égout sur les terres [2].

1. Voir les enquêtes de 1862 sur les eaux d'égout des villes, ainsi que les rapports de la commission d'expériences de Rugby. Voir surtout le *Report from the select committee on sewage (metropolis)*, 1864.

2. Le corps de l'enquête offre des déclarations plus explicites encore, s'il se peut, en faveur de l'arrosage, comparé aux autres procédés: « Il « résulte de nos expériences dit le Dr Hofmann, que tous les plans « conçus pour utiliser les eaux d'égout excepté celui qui consiste à les « employer en irrigations, portent en eux mêmes la preuve de leur im- « praticabilité » (Enquête de 1862, *on sewage of towns*) . Les méthodes

« Il est non-seulement possible de les utiliser en les ame-
« nant dans la campagne par un système de tuyaux et de
« conduites, mais même une telle entreprise peut devenir
« une source de bénéfices pour les villes qui disposent ainsi
« de leurs résidus.

« Ce bénéfice peut, en quelques années, augmenter consi-
« dérablement ; car déjà aujourd'hui, la quantité d'engrais
« artificiels est insuffisante et les sources des plus impor-
« tants seront bientôt épuisées. Il faut donc recourir à des
« moyens nouveaux pour fertiliser les terres.

« Le drainage de la métropole réclame comme complé-
« ment, dans le plus bref délai possible, l'adoption d'un sys-
« tème qui puisse convertir un élément nuisible en une
« source permanente de fertilité. »

La troisième enquête a été entreprise en 1865 et dure encore. Les savants commissaires[1] qui ont eu charge de
trouver les moyens de protéger les cours d'eau, après avoir
parcouru les divers bassins de l'Angleterre, ont conclu qu'il
n'y avait point d'autre solution au problème que de faire
servir les liquides d'égout à l'arrosage. « Tous les modes

« de précipitation des eaux d'égout, dit le professeur T. Way, n'ont ja-
« mais donné des résultats qui payent la somme dépensée. . C'est une
« erreur d'opérer la séparation des eaux d'égout en deux parties. »
(Même enquête.) « Mon opinion, dit le Dr Franckland, est que la seule
« méthode pour employer les eaux d'égout considérées comme engrais,
« c'est de les appliquer directement sur les terres, avec ou sans désinfec
« tion préalable, mais, s'il est possible, sans désinfection. » (Même enquête.) Selon M. Lawes, « l'emploi de l'eau d'égout à l'état naturel est
« la meilleure manière de l'appliquer aux terres. » (Enquête de 1865.)
« L'engrais des villes, dit le Dr Odling, doit être appliqué aux terres en
« l'état où il existe dans les égouts. » (Même enquête.) « Pour les con
« vertir (les éléments fertilisants des eaux d'égout) en matière solide, dit
« le baron Liebig, il faut une dépense supérieure à la valeur qu'on en re-
« tirerait pour la production. L'application de l'eau d'égout sur les terres
« offre véritablement le seul moyen d'utiliser les matières fertilisantes
« qu'elle contient » (Lettre au lord maire de Londres, du 19 janvier
« 1865.)
[1] La commission est composée de : MM. Robert Rawlinson, J. Thomas
Way et J. Thornhill Harisson, assistés d'un légiste comme secrétaire.

« d'emploi de l'eau d'égout des villes, disent-ils dans leur
« rapport de 1866 sur la purification de la Tamise, autre-
« ment que par application aux terres, nous paraissent, par
« un côté ou par un autre, soulever des objections. Les
« fosses à ordures dans les villes corrompent l'air et l'eau
« des puits : elles sont incompatibles avec la santé publique
« et doivent être abolies. Le drainage est donc devenu une
« nécessité pour toute communauté importante. La difficulté
« est d'opérer avec le volume d'eau d'égout ainsi accumulée,
« de manière à ne pas corrompre l'atmosphère ou les ri-
« vières : les désinfectants et le filtrage ont été essayés de
« bien des façons, mais sans succès. *En tant qu'appliqués*
« *aux liquides d'égout, les désinfectants ne désinfectent pas*
« *et les filtres ne filtrent pas.* » — « Aucun mode de traite-
« ment des eaux d'égout n'est satisfaisant, répètent-ils dans
« un second rapport de 1867, si ce n'est l'application directe
« aux terres pour les besoins de la culture. » La conviction
des commissaires à cet égard est telle qu'ils ont proposé
de rendre l'arrosage obligatoire, et à cette fin d'accorder
aux villes la faculté, inusitée en Angleterre, de se procurer
les terrains par voie d'expropriation [1].

<h3 style="text-align:center">PRINCIPALES RÈGLES DE L'IRRIGATION.</h3>

Pour qu'une irrigation à l'eau d'égout puisse donner les
bons résultats qu'on en attend, il est nécessaire qu'on observe
certaines règles, au double point de vue de la salubrité et du
profit commercial. Ce qui jusqu'à ces derniers temps a jeté de
la défaveur sur le procédé et a le plus contribué à en retarder

---

[1] « Présentement, disent-ils, les villes n'ont pas le pouvoir de prendre
« la terre destinée à l'arrosage par l'eau d'égout, si ce n'est d'un commun
« accord. Si, cependant, l'application des eaux d'égout aux terres ne reste
« plus facultative, il sera nécessaire que les villes soient armées de droits
« suffisants pour exproprier les terrains nécessaires à l'irrigation l'exer
« cice de ces droits doit être accompagné des restrictions convenables
« pour en prevenir l'abus »

l'adoption, c'est précisément l'insuccès qu'ont eü certaines applications faites en dehors de 'ces règles. L'omission de quelques conditions a eu en effet, pour résultat, tàntôt de donner lieu à des phénomènes d'infection, tantôt d'entraîner des sacrifices pécuniaires ; on les a faussement attribués, dans les deux cas, à la méthode elle-même. tandis qu'ils étaient dus uniquement à la manière vicieuse dont celle ci était comprise et appliquée. La première chose dans une entreprise de ce genre est donc de se placer dans les conditions mêmes que l'observation a révélées comme liées étroitement au succès du procédé.

Tout d'abord, il faut que l'eau d'égout soit distribuée aux terres en état de fraîcheur. On conçoit que si l'eau sort des villes déjà corrompue, il est impossible de garantir l'innocuité de l'irrigation. Au contraire, quand la canalisation souterraine livre des liquides convenablement frais et étendus, l'odeur que ceux ci dégagent sur les terres est à peine perceptible [1]. Il ne suffit pas cependant que le réseau urbain soit en bon état ; il faut évidemment qu'il en soit de même de l'aqueduc d'amenée. Ainsi, ce dernier doit posséder une pente égale, sinon supérieure, à celle des grands collecteurs, soit de 20 centimètres par kilomètre ; il doit, comme eux, être couvert, afin de ne pas risquer d'incommoder les populations dont il traverse le territoire, et comme eux aussi il doit être construit de manière à ne pas retenir de débris putrescibles le long des parois. Quant aux rigoles de distribution, généralement découvertes pour les besoins de l'irrigation et dans un but d'économie, il importe au plus haut degré de les entretenir avec soin et de prévenir tout séjour des matières [2]. Enfin on doit éviter les bassins de dépôt,

---

1. La salubrité de l'irrigation est ici liée à la salubrité même des galeries d'égout, laquelle varie directement, on l'a vu, avec le degré de fraîcheur des liquides qui les parcourent.

2. Les plaintes qu'ont souvent provoquées les irrigations d'Édimbourg tiennent uniquement à la mauvaise disposition des canaux. Les rigoles

les barrages et tous autres agencements de nature à rendre
les liquides stagnants sur quelque point. Indépendamment
des inconvénients inhérents à la stagnation, il arrive im-
manquablement qu'un jour ou l'autre quelque averse subite
détermine le débordément des bassins, et alors les matières
se répandent sur des terres non préparées pour les recevoir
et y pourrissent après que les eaux se sont retirées.

Nous venons de parler des *rigoles* de distribution ; c'est
qu'en effet tel est le mode consacré pour l'application des
eaux. On a essayé vainement des conduites tubulaires avec
ou sans charge forcée, destinées soit à épancher l'eau latéralement, soit à permettre l'arrosage à la lance. Ces dispositions ont été reconnues infiniment trop coûteuses, et il a
fallu y renoncer. L'emploi des tuyaux n'est admissible que
pour les lignes principales; mais pour les lignes secondaires
en beaucoup plus grand nombre, il faut se contenter des
dispositions les plus simples, souvent même d'entailles faites
à la charrue ou à la bêche, qu'on supprime au besoin
quand on vient à changer de culture. Un conduit économique peut être formé avec des tuyaux ordinaires de drainage agricole, joints par bouts, à moitié enterrés dans le
sol et à moitié en saillie. Chaque tuyau ou rang de tuyaux
peut être ainsi déplacé à la main et transporté sur un point
quelconque pour l'arrosage, et remis de nouveau en place
facilement.

Quelle que soit la situation d'un terrain d'arrosage par
rapport à la ville dont il reçoit les eaux, il faut toujours que
la distribution s'y fasse *naturellement* où par la seule action
de la gravité ; en d'autres termes, il faut que le liquide do-

principales sont si grossièrement établies et si mal entretenues, qu'elles
deviennent, disent les commissaires de 1866, « des cloaques d'eau sta-
« gnante ou s'accumulent des depôts de matières corrompues. » Des con
sequences fâcheuses sont necessairement à redouter, mais, remarquent-
ils, « ce sont là des vices qui peuvent être prévenus par les soins
« ordinaires. »

mine le terrain et qu'on n'ait qu'à le laisser couler dans les
rigoles. C'est un déplorable système que de racheter partiellement des différences de niveau en pompant tantôt sur
un point, tantôt sur un autre. Ces installations mécaniques
sont toujours mal faites et mal entretenues ; c'est une
occasion pour les liquides de séjourner et de pourrir au
pied des pompes. Quand les liquides viennent d'une région
trop basse, il faut les remonter en masse, sur un point
déterminé, de façon à faire déboucher le flot à un niveau convenable. Une seule installation importante est bien préférable à toutes ces petites installations partielles ; non-seulement chaque chose est mieux soignée, mais on évite ainsi
les causes de stagnation tenant à ce que la distribution doit
être momentanément suspendue sur telle ou telle partie du
terrain.

Il est beaucoup plus facile qu'on ne le pense généralement
de trouver un terrain propice pour y verser les eaux d'égout.
La constitution géologique du sol est rarement un obstacle,
et, à l'exception des terres exposées à être submergées, il n'y
a, pour ainsi dire, pas de terrain qui ne puisse s'accommoder à cette destination. On connaît des irrigations qui réussissent à merveille sur des sables siliceux à peu près purs,
comme à Édimbourg, et d'autres qui réussissent non moins
bien sur l'argile forte, comme à South-Norwood. Or, entre
ces deux extrêmes, sont compris à peu près tous les degrés
d'état mécanique du sol qu'on est appelé à rencontrer. A
certains égards même, selon la remarque des commissaires
de 1866, une argile compacte peut convenir mieux encore
que des sols légers ; car, par sa nature, elle est plus apte à
produire une forte végétation, et, d'après ses propriétés chimiques bien connues, elle a plus d'efficacité pour purifier
l'eau d'égout. Toutefois, il ne faudrait point s'exagérer cet
avantage qui, dans la pratique, peut être plus que contre-
balancé par la considération qu'un tel terrain livre passage à
une quantité bien moindre de liquide dans un temps donné.

A ce propos, il importe de préciser le vrai rôle du sol dans les phénomènes qui accompagnent l'irrigation des cultures. On est souvent disposé à attribuer au sol une part d'effets qui appartient réellement à la végétation. On dit, par exemple, que le sol *absorbe* les matières contenues dans les eaux d'égout, non-seulement les matières en suspension, mais encore les matières en dissolution, et qu'il s'enrichit ainsi graduellement, de sorte qu'une terre, stérile au début, devient fertile par la suite. Ce phénomène ne se produit à aucun degré sur un sol où la végétation est *suffisante*, c'est-à-dire assez touffue et assez active pour que partout où l'eau d'égout se présente elle rencontre immédiatement quelque plante prête à agir sur elle. En ce cas le sol n'agit que comme une sorte d'intermédiaire, pour transporter l'élément nutritif du liquide à la plante ; il arrête au passage les matières en suspension et sert de réservoir aux matières en dissolution, jusqu'à ce que les racines des végétaux en aient fait leur profit. Mais lui-même reste pauvre, et au bout d'un long temps il se retrouve dans le même état qu'auparavant ; témoin les sables irrigués d'Édimbourg, qui, depuis deux siècles, toujours également arides, continuent à porter des récoltes également fécondes. En réalité donc, l'absorption des principes fertilisants contenus dans les eaux d'égout, et par suite *l'épuration* de celles-ci, est faite essentiellement par les végétaux. Ce sont eux qui déterminent la séparation des matières, soit en suspension, soit en dissolution, et fixent les éléments susceptibles de les nourrir. Aussi, comme le remarquent judicieusement les commissaires de 1866, la même terre peut servir indéfiniment pour l'arrosage ; « car, disent-ils en réponse à une « préoccupation d'un autre ordre, il ne s'agit point là d'une « pratique qui épuise le sol, mais bien d'une pratique qui le « renouvelle constamment. » Effectivement, le sol ne s'épuise pas plus qu'il ne s'enrichit.

La fertilisation ou l'enrichissement du sol n'est possible

qu'à une condition : *l'insuffisance de la végétation*. Alors, il est vrai, les plantes faisant défaut pour absorber tous les éléments qui se présentent, le sol peut bénéficier dans une certaine mesure. Mais encore, il convient de distinguer, selon qu'il s'agit de terres très-sableuses ou de terres argileuses. Dans les premières, les éléments dissous se fixent à peine ; la presque totalité est entraînée par le liquide lui-même. Seules les matières en suspension s'accumulent à la surface comme sur un filtre, et elles peuvent graduellement former un dépôt plus ou moins important. Dans les terres argileuses, les principes dissous se fixent davantage et même les premières eaux sont totalement épurées par leur passage. Mais bientôt le phénomène se ralentit, le sol se sature et ne retient plus guère que les matières en suspension. Dans les deux cas, l'épuration est loin d'avoir la régularité et la constance qu'on réalise avec les végétaux. En outre, les dépôts formés à la surface et non absorbés par les plantes, sont susceptibles d'entrer en putréfaction et de développer des miasmes plus ou moins dangereux. Ainsi, perte d'une partie de la richesse et exhalaisons insalubres, tel est le double inconvénient d'une épuration qui veut mettre en jeu les forces limitées du sol au lieu des forces sans cesse renouvelées de la plante. On voit dès lors l'erreur des personnes qui poursuivent l'idée de *colmater* les terres avec l'eau d'égout, c'est-à-dire de les enrichir directement, et de se passer de la végétation. Elles arrivent bien, par là, à former des couches d'engrais, mais elles n'utilisent qu'imparfaitement les matières et compromettent la salubrité.

Le grand agent de la désinfection, et par suite de l'utilisation, on ne saurait trop le répéter, c'est la plante. Il faut donc, pour que l'opération marche dans les meilleures conditions, que la végétation soit aussi abondante et aussi énergique que possible. De là, résulte immédiatement cette conséquence : c'est que la meilleure culture, au point de vue de la salubrité, est celle des prairies permanentes ; car sur les

prairies, et sur les prairies seules, on peut répandre l'eau
d'égout, sans crainte que les matières ne rencontrent des
places vides et n'y demeurent hors des atteintes de la végétation. Et non-seulement les prairies désinfectent mieux,
mais elles désinfectent davantage ; nous voulons dire par là
qu'on y peut faire passer un plus fort volume de liquide
dans un temps donné : en effet, à surface égale, aucune culture ne développe des forces d'assimilation aussi grandes.
Enfin les prairies ont l'avantage, capital en cette matière, de
se prêter à l'arrosage en toutes saisons. Sans doute il est des
époques de l'année où, sous le rapport commercial, l'eau
d'égout convient mieux : par un temps froid et humide, par
exemple, il est évident que l'arrosage est moins fructueux que
pendant les sécheresses d'été. Mais ce n'est pas là le point
de vue qui nous occupe en ce moment : il s'agit de l'épuration proprement dite, et nous disons que les prairies sont
susceptibles de rendre leurs services tout le long de l'année.
« Si le domaine (de l'irrigation) est assez vaste, disent les
« commissaires de 1866, il n'y a pas de moment où quelque
« portion ne soit apte à recevoir l'eau d'égout. L'irrigation
« peut marcher nuit et jour, en temps humide comme en
« temps sec, en été comme en hiver. A Croydon, où l'on a
« l'avantage de la pente, l'eau d'égout (quoique variant de
« volume aux différentes heures) coule sur la terre sans in-
« terruption, *continuelle comme le temps lui-même* [1]. C'est
« un point de la plus haute importance, vu la nécessité
« que l'eau d'égout, aussitôt produite, soit emportée loin
« de la ville et appliquée dans son état de fraîcheur... »
Quant à la nature même du végétal qui doit former la
prairie, tous les avis s'accordent à reconnaître que le ray-
grass d'Italie présente le plus d'avantages. « C'est, disent
« les agriculteurs consultés, l'arrangement le plus profi-
« table ».

[1] Parole du poète anglais.

Nous ne parlons ici, bien entendu, qu'au point de vue de la salubrité ; car sous le rapport de la production, il est bien évident qu'on peut arroser utilement d'autres cultures : l'eau d'égout, comme tout bon engrais, peut féconder toute espèce de récolte. Mais avec la plupart des cultures, le danger d'infection n'est sûrement évité qu'à la condition d'agencements coûteux, et même le profit commercial s'abaisse notablement. On a reconnu en Angleterre que l'arrosage des céréales ou des plantes maraîchères ne peut se faire aussi simplement que celui du ray-grass, c'est-à-dire au moyen des rigoles découvertes dont nous avons parlé. Dans les diverses expériences auxquelles on s'est livré dans ce pays, les eaux, chargées, on ne doit pas l'oublier, des matières fécales, abandonnaient dans les rigoles et même dans l'intervalle des plantes, des matières putrescibles qui produisaient, bien qu'à un degré moindre, les inconvénients du colmatage. « L'application à la terre arable, dit la commission de Rugby dans « son rapport de 1865, exigerait essentiellement l'emploi des « tuyaux et de la lance, au lieu de rigoles découvertes, et « même ainsi on ne parviendrait à utiliser qu'une faible « partie de la quantité totale. » Les conditions dans lesquelles se trouve l'engrais, ajoutent ces mêmes expérimentateurs, « rendent tout à fait impossible de l'appliquer, sur une « large échelle, aux terres arables portant des céréales ou « d'autres récoltes alternées [1]. »

On a parfois élevé des doutes sur la qualité de l'herbe obtenue avec l'eau d'égout. Une première crainte, bien vite dissipée, qui s'était produite dans les districts très-manufacturiers, était que les résidus des fabriques ne fussent

---

1. « Les seuls chiffres exacts qu'on ait, disent-ils, sur les résultats de « l'application de l'eau d'égout aux céréales sont ceux qui proviennent « des expériences faites par le comte d'Essex sur du blé, et ceux obtenus « avec de l'avoine a Rugby et consignés dans ce rapport ; dans les « deux cas, l'accroissement des produits représente un très gros profit par « mètre cube d'eau employé. Les circonstances dans lesquelles ont eu « lieu les expériences de Rugby étaient, il est vrai, tout à fait excep-

nuisibles aux végétaux. Mais l'opinion des chimistes compétents, J. T. Way, A. Smith, Hofmann, Franckland, Lawes, etc., en même temps que les expériences agricoles accomplies sur divers points, notamment à Birmingham, ont complétement rassuré les esprits. Ces résidus se neutralisent en partie les uns par les autres et arrivent d'ailleurs sur les champs dans un état de dilution tel que les effets en sont insensibles. Une autre crainte, qui subsiste encore aujourd'hui chez quelques personnes, c'est que les déjections et autres rebuts organiques délayés dans les liquides, ne communiquent à l'herbe un mauvais goût et même ne la rendent malsaine pour les bestiaux. Les faits observés dans plusieurs localités rassurent également à cet égard. Ils démontrent que l'herbe verte est non-seulement parfaitement saine, mais que les vaches qui pâturent dessus fournissent du lait excellent, avec lequel on peut faire du beurre de première qualité. « Les chimistes, disent les commis-« saires de 1866, prouvent par des analyses minutieuses que « lait et beurre sont l'un et l'autre meilleurs que les échan-« tillons fournis par la même terre cultivée en prairie ordi-« naire. » Mais, ce qui vaut mieux encore que les vérifications du laboratoire, c'est l'expérience des personnes qui font usage du produit. Or, sans parler de la consommation qui s'effectue de temps immémorial à Édimbourg et dans d'autres lieux, on a des observations plus précises, dues à la compagnie des irrigations de Londres : cette compagnie, en effet, dans un domaine arrosé à l'eau d'égout depuis quatre ans, entretient 250 vaches laitières, nourries exclusivement avec l'herbe qui provient du domaine, et le lait vendu jour-

---

« tionnelles ; et, dans les endroits où les applications les plus étendues
« de ce genre ont été faites, à un point de vue commercial, notamment a
« Watford, Rugby et Ainwich, la pratique a été abandonnée ; d'autre
« part, à Edimbourg et à Croydon, où les meilleurs résultats de prairies
« ont été obtenus, l'application au blé et autres récoltes alternées ne fait
« point partie de l'ensemble du système adopté » (Même rapport.)

nellement dans la capitale au prix courant du marché ne le
cède en qualité à aucun autre [1].

Il est un point cependant par lequel l'herbe arrosée présente quelque infériorité. Il paraît qu'à cause, non des matières contenues dans le liquide, mais bien de la grande
quantité de liquide fourni aux plantes, l'herbé est aqueuse, en
sorte qu'elle se sèche plus difficilement pour donner du fourrage d'hiver et qu'elle convient moins bien à l'engrais du bétail, dont la chair se trouve ainsi moins ferme et moins nour-
rissante. Mais la difficulté peut être tournée. Il résulte, en
effet, de nombreuses observations qu'en associant dans une
proportion convenable ce fourrage avec certains autres aliments, par exemple, avec les tourteaux de graines oléagi-
neuses, on peut le faire consommer avec succès. C'est ainsi,
du reste, que les choses se passent à Édimbourg : les Craigentinny meadows servent avec succès à l'engrais du bétail.
Les cultivateurs qui afferment ces terrains reconnaissent eux-
mêmes que l'herbe s'y consomme d'une manière très-profi-
table, quand on l'associe avec des graines et autres aliments
bien choisis [2].

Somme toute donc, l'arrosage des prairies paraît offrir le
meilleur emploi possible de l'eau d'égout. Quant à la manière
même d'effectuer cet arrosage, nous avons peu de chose à en
dire : on opère avec l'eau d'égout comme avec l'eau ordinaire. En Angleterre, l'usage a consacré la méthode dite
d'Édimbourg, laquelle consiste à disposer la surface du terrain en plans inclinés sur chacun desquels l'eau est déver-
sée au moyen d'une rigole, presque de niveau, qui suit l'arête
supérieure. Une autre rigole, tracée le long de l'arête infé-

---

1. C'est à dessein que dans toutes ces questions nous n'invoquons pas les
faits obtenus à Gennevilliers, car peut-être ne trouverait-on pas cet exemple
assez concluant, à cause de l'absence des matières fécales dans l'eau d'é-
gout de Paris

2. Voir les dépositions de MM. A. Bryce et J. Christy, ainsi que les
explications de M. W. Hope, dans l'enquête de 1865, sur l'emploi des
eaux d'égout de la métropole.

rieure, recueille l'excédant des eaux, qui découle de la prairie, et l'évacue au dehors ou sur une autre bande de terrain; enfin quelques rigoles transversales, tantôt perpendiculaires aux précédentes, tantôt obliques, suivant l'inclinaison du sol, ouvertes à la bêche ou par un trait de charrue, facilitent la dispersion du liquide. La façon de la terre, en vue d'un semblable arrosage, ne dépasse pas ordinairement 3 à 400 francs par hectare [1]. Une autre méthode, qui présente plus d'avantages, quand l'eau d'égout est relativement peu abondante et qu'on se propose dès lors de l'économiser, est celle qu'on applique en Espagne pour les irrigations ordinaires. Elle consiste à diviser la surface en plates-bandes horizontales, entourées chacune d'un petit mur en terre ; l'eau se déverse d'une de ces enceintes dans l'autre, après avoir atteint une hauteur de 6 ou 7 centimètres. Il est clair qu'on peut de cette manière utiliser la totalité du liquide, c'est-à-dire rendre nul l'écoulement superficiel ; mais il est visible aussi que ce procédé ne saurait convenir quand il s'agit de faire passer un fort volume d'eau dans un temps donné [2].

Un point de la plus haute importance, sous le double rapport de la salubrité et du rendement, c'est l'assèchement du sol qui reçoit les eaux d'égout. La plupart des inconvénients

1. « La terre destinée à l'irrigation, disent les rapporteurs de 1866, « n'exige pas un travail coûteux pour être réglée et nivelée ; elle ne né- « cessite pas non plus qu'on installe des bassins dispendieux pour rece- « voir et conserver les liquides. L'argile forte, que la charrue a découpée « en crêtes et sillons, peut être ramenée à une pente uniforme en abais- « sant les crêtes et remblayant ainsi en partie les sillons, de façon à ce « que l'eau d'égout, quand elle arrive, ne tombe pas dans chacun d'eux « comme dans un fossé, en laissant le reste relativement à nu. Ce travail « peut coûter environ 5 livres l'acre (312 francs l'hectare). On peut débar- « rasser les champs peu étendus des haies inutiles, afin d'avoir de plus « larges surfaces à sa disposition. »

2. La compagnie d'irrigation de Londres se proposait, comme nous le dirons, d'appliquer ce procédé sur son domaine, si elle avait été assez heureuse pour vendre au public la majeure partie de ses eaux d'égout.

dont on s'est plaint au voisinage des irrigations, tiennent à ce que les moyens d'écoulement sont insuffisants ; les liquides forment alors des flaques marécageuses qui exhalent des odeurs insupportables. La première condition est donc que la surface du sol soit bien réglée et que l'excédant des eaux s'en écoule librement. Quant à la portion qui pénètre à l'intérieur, on ne doit pas hésiter à recourir au drainage, pour peu que la perméabilité du sol ou la disposition des couches sous-jacentes laisse à désirer. En thèse générale, il est bon que la plus forte proportion possible d'eau passe à travers le sol comme à travers un filtre ; on est sûr ainsi que la séparation des matières en suspension se fait mieux et que les éléments dissous subissent eux-mêmes plus directement l'action de la racine des plantes. Si l'on a recours au drainage, il ne faut pas perdre de vue que les drains profonds sont les plus efficaces, parce qu'ils favorisent davantage la circulation de l'air, si nécessaire ici pour brûler la forte proportion de matières organiques charriées avec les liquides. Quand la configuration du terrain le permet, l'eau sortant des drains peut être appliquée avantageusement à trois ou quatre arrosages successifs : on la purifie ainsi plus complétement. Car c'est encore là un des points qui ont donné lieu à réclamations ; on a souvent attribué à l'inefficacité des irrigations, un manque de pureté qui tenait uniquement à ce que les liquides avaient passé trop vite sur les prairies. On aurait dès lors prévenu l'objection en se servant de l'eau plusieurs fois de suite.

Reste enfin la question de l'emplacement. S'il est vrai, comme nous l'avons dit, que la nature géologique du sol crée rarement un obstacle, en revanche, il est d'autres considérations qui restreignent le choix. Ainsi l'on doit éviter, pour diverses raisons, de se placer dans le voisinage des villes ; car, bien que les irrigations convenablement conduites développent peu d'odeurs, il faut cependant prévoir le cas où, par suite de négligences ou d'accidents fortuits, des in-

convénients viendraient à se produire. D'ailleurs, quand on opère sur les eaux d'une grande ville et qu'on arrose par conséquent une grande surface, un tel voisinage, ne fut-ce qu'à raison de l'humidité, ne saurait être indifférent. En outre, les nappes d'eau souterraines risquent d'être souillées par les infiltrations, et les puits domestiques, si le sol est très-poreux, peuvent être mis tout à fait hors d'usage. A un autre point de vue, celui du haut prix des terrains, on a grand intérêt à fuir les lieux peuplés : « La dépense d'achat
« de la terre, disent les commissaires de 1866, peut faire
« plus que compenser les frais d'accroissement de conduite
« et ceux de l'élévation mécanique des eaux même à une
« hauteur considérable [1]. Si tout le terrain qui avoisine la
« ville est bâti et qu'on ne puisse en acquérir qu'à un prix
« inusité, cela ne crée point un obstacle, il faut seulement
« aller plus loin pour chercher un emplacement où le sol
« ait moins de valeur. Le conseil de salubrité de Croydon,
« ainsi qu'il ressort de la déposition du président et de l'in-
« génieur, est tout prêt, s'il ne peut renouveler à des condi-
« tions raisonnables le bail de la ferme de Beddington, à
« pomper son eau d'égout à 150 pieds (45 mètres) de haut
« pour dominer le terrain dans un rayon étendu. »

Quand on est obligé de relever les eaux à l'aide de pompes, il convient, ainsi que le fait le Conseil métropolitain de Londres pour le service de ses égouts, d'éliminer de ces eaux les corps étrangers susceptibles de déranger les mécanismes. Ces corps consistent, d'une part, en pailles, chiffons, bois et autres objets flottants, d'autre part, en pierrailles, fers

---

1. L'élévation mécanique des eaux d'égout de Londres ne revient pas a plus de 1 centime par mètre cube porté à 75 metres de haut. Or, 1 centime ne représente pas le dixième de la valeur commerciale des eaux d'égout. Quant aux frais de conduite, ils sont encore moins considérables, surtout quand on opere sur de grands volumes de liquides. Ainsi, à Londres, l'etablissement de l'aqueduc destiné à conduire l'eau d'égout au bord de la mer ne la renchérira pas de 3 millimes par mètre cube et par myriametre de parcours.

cassés et autres corps durs. La séparation se fait simplement, sans arrêt du liquide, au moyen de grilles et de canaux découverts, où la vitesse est assez ralentie pour que les débris pesants puissent se déposer. Quand on n'a pas à pomper, cette séparation n'est plus indispensable ; néanmoins elle peut avoir son utilité pour prévenir l'obstruction des conduites, ou même pour préserver les cultures de la présence de corps inertes sans aucune efficacité pour la végétation. On se détermine à cet égard selon la nature des liquides auxquels on a affaire.

En résumé, employer les eaux d'égout à l'état naturel, en les débarrassant au besoin des corps les plus grossiers qui pourraient obstruer les conduites ; les répandre aussi fraîches que possible sur des prairies permanentes, disposées en vue d'une irrigation par fossés et rigoles découvertes ; amener les eaux par un aqueduc couvert, ayant une pente d'au moins 20 centimètres par kilomètre, et prévenir l'arrêt des matières dans cet aqueduc ainsi que dans tous autres canaux ; distribuer l'eau par la seule gravitation et conséquemment remonter, s'il est nécessaire, le flot à la machine, de façon à commander la surface d'arrosage ; choisir des terrains dont la perméabilité soit en rapport avec la quantité de liquide qui doit les traverser, et en général préférer les sols légers et drainés à tous autres ; veiller par dessus toutes choses à ce que l'écoulement, soit superficiel, soit souterrain, se fasse bien et qu'il n'y ait nulle part de nappe stagnante ; éviter le voisinage des villes ou même des districts populeux, et s'attacher à *se bien placer* plus encore qu'à diminuer les frais de parcours ou d'élévation mécanique ; enfin conduire l'irrigation avec toutes les précautions qui en assurent la marche régulière et qui préviennent les accidents de nature à nuire au voisinage, telles sont les conditions principales dont il importe de ne pas s'écarter si l'on veut que ce genre d'opération donne tous les bons résultats qu'on est en droit d'en espérer.

DOSE A L'HECTARE.

C'est un point très-controversé que celui de savoir quelle est la quantité d'eau d'égout qu'il convient de faire passer annuellement sur un hectare de prairie. Il va de soi que cette quantité varie suivant le climat et surtout suivant la nature du terrain et ses facilités d'écoulement; mais ce n'est pas de cela qu'il s'agit : nous supposons une même nature de terrain, pareillement cultivé, dans une même localité. C'est dans ces conditions identiques que les chiffres mis en avant par les divers praticiens varient considérablement. On trouve, par exemple, des agronomes qui, dans l'enquête relative à l'emploi des eaux d'égout de Londres, ont réclamé une surface d'arrosage correspondant à une dose de 1.500 mètres cubes seulement par hectare [1], tandis que les commissaires belges, chargés d'élaborer le projet relatif à la ville de Bruxelles, ont admis la possibilité de faire passer sur un hectare 200.000 mètres cubes [2]. Mais sans nous arrêter à ces extrêmes nous pouvons dire que les appréciations usuelles varient entre 5.000 et 20.000 mètres cubes.

La cause d'un aussi grand écart tient à ce qu'on ne se place pas au même point de vue. Les uns raisonnent implicitement comme s'il s'agissait de *retirer le plus grand profit possible* de l'eau d'égout, et les autres comme s'il s'agissait d'en *épurer la plus grande quantité possible* sur une surface donnée. Or on peut dépasser notablement la dose qui correspond au plus grand profit agricole, sans, pour cela, cesser d'obtenir une épuration satisfaisante. Voyons en effet comment les choses se passent.

Si l'on envoie très-peu d'eau sur un hectare, le rendement de la récolte augmente, il est vrai, mais dans des proportions

---

1. 80 000 hectares pour 120 millions de mètres cubes par an.
2. 60 hectares seulement pour 12 millions de mètres cubes.

trop faibles pour que les frais afférents à la préparation du
terrain et aux soins de l'irrigation puissent être couverts. Il
y a donc une limite au dessous de laquelle l'opération ne serait pas pécuniairement avantageuse. Mais au dessus de cette
limite, toute nouvelle dose, accroissant le rendement et
n'accroissant pas sensiblement les frais (dans toute irrigation les frais sont, comme on sait, à peu près indépendants
de la quantité d'eau), apporte nécessairement un bénéfice.
On peut ainsi élever la dose et augmenter en même temps
le profit total, tant que toute addition d'eau déterminé un
surplus de rendement. Or les observations recueillies en
divers lieux et les expériences de Rugby, notamment, démontrent qu'on peut effectivement augmenter beaucoup la
dose (quand le terrain, bien entendu, s'y prête), sans cesser
d'accroître le rendement; ainsi, même au delà de 25.000 mètres
cubes, la commission de Rugby obtenait encore un résultat
fructueux. Il semblerait donc, à s'en tenir là, que la vérité
est du côté de ceux qui articulent les gros chiffres et que la
meilleure dose est celle qui va jusqu'au point où une nouvelle
quantité d'eau ne déterminerait plus un accroissement de
rendement. Mais ce n'est là qu'un côté de la question, car il
faut voir non-seulement si le supplément de dose produit un
bénéfice, mais s'il n'en produirait pas un encore plus grand
dans le cas où on l'appliquerait à un autre terrain au lieu
de l'appliquer sur le même. Or, c'est précisément ce qui a
lieu, comme le bon sens, du reste, le faisait prévoir : une
même quantité d'eau ne donne pas le même bénéfice, selon
qu'elle s'ajoute à une dose déjà forte ou à une dose encore
faible. Il résulte en effet des expériences de Rugby :

Que sur une terre arrosée avec 7.500 mètres cubes d'eau à
l'hectare, l'accroissement de récolte dû à chaque mille mètres
cubes était 12,50 pour 100 de la récolte primitive, c'est-à-
dire de la récolte obtenue sans arrosage ;

Qu'en ajoutant une nouvelle dose de 7.500 mètres cubes,
chaque mille mètres cubes de cette dose additionnelle n'ap-

portait qu'un accroissement de récolte de 10,50 pour 100 ;

Qu'en ajoutant une troisième dose de 7.500 mètres cubes, chaque mille mètres cubes de cette troisième dose ne produisait qu'un accroissement de 8,10 pour 100 ;

Et ainsi de suite, en s'affaiblissant à mesure qu'on forçait davantage la dose.

Il est donc évident qu'au dessus d'une certaine limite, il y a plus de profit à reverser la dose supplémentaire sur un deuxième hectare de terrain, malgré les frais d'appropriation qui en résultent, qu'à la superposer sur le même hectare, l'écart entre les deux rendements correspondants faisant plus que compenser les frais d'arrosage du deuxième hectare. Quant à assigner cette limite, c'est assez difficile, on le comprend, car elle peut varier avec une foule de circonstances. La commission de Rugby l'a fixée à 12.000 mètres cubes environ (pour les terrains de Rugby, s'entend), c'est-à-dire qu'au dessus de ce chiffre il y aurait, suivant elle, plus de bénéfice à reporter le surplus sur un autre hectare [1]. D'autres praticiens, entre lesquels M. Hope, l'un des concessionnaires des eaux d'égout de Londres, ont articulé,

---

1. « Eu égard au coût de la distribution, lit on aux conclusions de la « commission, il est probable que le mode d'emploi le plus avantageux « consisterait à restreindre les surfaces en adoptant des arrangements « spéciaux en vue d'appliquer la plus forte part, sinon la totalité de l'eau, « a des prairies permanentes ou autres disposées de façon à pouvoir la « prendre toute l'année, en ne comptant qu'occasionnellement sur d'autres « cultures situées à proximité de l'aire ainsi desservie. On ferait surtout « fond, pour obtenir au moyen de l'eau d'egout des produits autres que « le lait et la viande, sur le défoncement périodique des prairies et sur « l'application à la terre labourée de l'engrais solide résultant de la putré-« faction des herbes irriguées. Il est probable que la dose d'environ « 12.000 mètres cubes à l'hectare, judicieusement appliquée sur des « prairies bien disposées pour la recevoir, assurerait, dans la grande ma-« jorité des cas, le résultat le plus avantageux. » Et plus loin : « A en « juger par les résultats des expériences et par ceux de la pratique or-« dinaire, on doit admettre que l'emploi le plus avantageux de l'eau, « dans la majorité des cas, consistera à l'appliquer à raison de 12 000 « mètres cubes environ par hectare de prairie ordinaire ou de ray-grass « d'Italie. »

dans l'enquête de 1865, le chiffre de 7 à 8.000 mètres-cubes comme étant le plus avantageux: Il est vraisemblable que ce chiffre répondait, dans leur esprit, aux terrains que la compagnie métropolitaine se proposait alors d'arroser, c'est-à-dire aux terrains situés le long de la Tamise, lesquels sont dans des conditions d'écoulement moins favorables que ceux de Rugby ; or il est clair qu'à mesure que les facilités d'écoulement diminuent, la même dose est plus voisine du point de saturation des cultures, et il y a dès lors intérêt à s'arrêter plus tôt dans la voie des doses croissantes. Entre les chiffres de la commission de Rugby et ceux de la compagnie métropolitaine, on peut adopter celui de 10.000 mètres cubes, comme correspondant à la moyenne des terrains [1].

Telle est la conclusion à laquelle on arrive quand on se place au point de vue exclusif du profit agricole.

Mais si l'on veut examiner la question au point de vue de la clarification des liquides, les choses changent de face et la limite précédente peut être considérablement dépassée. On peut facilement la doubler, la tripler même, sans préjudicier à la salubrité, pourvu que le terrain soit favorablement disposé pour l'assèchement. A peine est-il besoin de dire qu'une terre forte et compacte, même drainée, conviendrait mal en ce cas, et qu'avec de pareils volumes, il est nécessaire de se placer sur des sols légers. Avec des sables absolument purs, jouissant de toutes les facilités d'écoulement superficiel et souterrain, la consommation pourrait être poussée jusqu'à 40.000 mètres cubes par hectare. C'est, du moins, ce que tendent à prouver quelques observations faites aux environs d'Édimbourg et à Rugby, ainsi que des arrosages récents dans les graviers de Gennevilliers. La compagnie métropolitaine avait admis la possibilité de pareilles

---

1. Ce volume ainsi réparti sur l'hectare représente une hauteur d'eau annuelle de 1 mètre.

doses pour les sables littoraux qu'elle projetait de reprendre sur la mer du Nord, et la commission d'enquête de 1866 a même accepté, à la suite de ses investigations, le chiffre de 50.000 mètres cubes [1]. Toutefois, on ne doit pas se le dissimuler, et les autorités que nous citons ont été les premières à le reconnaître, à ces extrémités la parfaite épuration des liquides n'est plus assurée. On peut bien, encore faire face aux nécessités de l'assèchement et prévenir la putréfaction sur le sol, mais on court risque de corrompre les cours d'eau. La dose de 40.000 mètres cubes à l'hectare est donc une limite extrême qu'il ne faut pas dépasser, et qu'il est même prudent de ne pas atteindre.

En résumé, on peut poser les chiffres suivants :

mètres cubes à l'hectare.

10.000. . . Maximum du profit agricole [2] et excellente épuration.
20.000. . . Profit moyen et épuration convenable.
40.000. . . Profit très-faible. — Maximum du volume à épurer.

Il n'est pas sans intérêt de rechercher à quels nombres d'habitants dans les villes ces chiffres correspondent. Bien

1. . Le rapport entre l'étendue de terre à arroser, disent les commis-
« saires dans leur rapport de 1867, et la population est variable. Si le but
« est de clarifier l'eau d'égout sur la moindre surface possible, sans pré-
« occupation du plus grand produit (commercial) a obtenir ou du plus
« haut degré de purification, un terrain à sous-sol de sable ou de gravier
« convient le mieux : ce terrain agit comme un filtre, il absorbe de forts
« volumes de liquide et l'eau coule à travers le sous-sol. Mais ce mode
« d'opérer avec d'énormes quantités de liquides sur un sol perméable ne
« doit pas être recommande quand on est expose à corrompre des puits
« ou des cours d'eau. Sur un sol pauvre (sableux ou graveleux) on peut
« faire passer ainsi annuellement de 5.000 à 20.000 tonnes par acre (de
« 12.500 à 50.000 mètres cubes par hectare), tandis que sur une bonne
« terre, où l'on désire obtenir des récoltes payant bien et une purifica-
« tion parfaite, 6 000 tonnes par acre (15.000 mètres cubes à 1 hectare)
« sont tout ce qu'on peut appliquer avantageusement ... Si l'irrigation
« donne naissance à des flaques marécageuses, cela sera dù entièrement à
« la disposition du terrain, à l'insuffisance de l'écoulement à la surface et
« à travers le sous-sol, bien plutôt qu'à la quantité de liquide appliquée. »
2. Par mètre cube, s'entend.

entendu, il ne peut être ici question que de moyennes plus ou moins approximatives, vu que pour un même nombre d'habitants, le volume des eaux d'égout varie avec plusieurs circonstances et principalement avec celles-ci : 1° avec la quantité d'eau distribuée dans la ville pour le service public ou les usages privés ; 2° avec la quantité d'eau pluviale. Ce dernier élément est lui-même soumis à deux influences : d'une part, la nature du climat, et d'autre part, la densité relative de la population ou l'étendue de la ville par rapport au nombre de ses habitants.

Les seules observations précises qu'on possède à cet égard ont été faites à Paris et à Londres.

A Paris, MM. Mille et Durand-Claye ont constaté qu'en 1869 la distribution d'eau a été moyennement de 217.591 mètres cubes par jour et le débit des égouts de 244.664 mètres cubes [1]. Ce débit comprend l'affluent de la rive gauche, lequel a été relié à celui de la rive droite à partir du mois de novembre 1868. Le débit des égouts a donc été égal à la distribution d'eau pure, augmentée de 12 pour 100. En d'autres termes, les pluies, dont le volume cependant s'était élevé, d'après les mêmes observateurs, à 106.881 mètres cubes par jour, ou à la moitié du volume de la distribution, n'ont cependant augmenté cette distribution que de 12 pour 100, ou, si l'on veut, n'ont guère fait que compenser les pertes de tous genres qu'éprouvent les eaux à leur trajet dans la ville.

A Londres, les observations de M. Bazalgette ont conduit

1. Ce chiffre a été obtenu en ajoutant à 218.664 mètres cubes, débit du collecteur d'Asnières en 1869, 20.000 mètres cubes provenant d'une partie de la région nord est de Paris (Belleville, La Chapelle, Charonne, etc.) ainsi que de la voirie de Bondy, et qui s'écoulent à la Seine au moyen de l'égout départemental dit *collecteur de Saint-Denis*. Ce dernier collecteur évacue aussi des eaux fournies par Saint Denis et par d'autres régions extérieures à Paris, mais on a dû naturellement en faire la déduction puisque la comparaison ne porte que sur l'agglomération parisienne ou sur la partie comprise entre les fortifications.

la Compagnie métropolitaine d'irrigation à admettre qu'elle pourrait disposer de 120 millions de mètres cubes d'eau d'égout par an, non compris les jours des plus grosses pluies, au nombre d'une quinzaine. La distribution publique, d'un autre côté, est d'environ 300 000 mètres cubes par jour, ou de 110 millions de mètres cubes par an. Le débit des égouts est donc égal au volume de la distribution, augmenté de 10 pour 100. Ainsi nous retrouvons à peu près le même résultat qu'à Paris, sous déduction, il est vrai, des 15 jours de grosses pluies, qui auraient sensiblement élevé le débit. Mais cette correction était nécessaire pour rendre les résultats comparables, parce qu'à Londres la population est beaucoup moins dense qu'à Paris. et parce qu'en outre le climat y est plus humide. Sous cette réserve, on peut dire que dans l'une comme dans l'autre capitale, le volume des eaux d'égout est peu supérieur au volume de la distribution.

Il convient de remarquer qu'à mesure que le chiffre de la distribution s'élève, cette inégalité tend à disparaître ; car la quantité de pluie, restant constante, compense de moins en moins les pertes, qui sont une fraction à peu près déterminée du total. Donc, si pour des distributions de 120 à 140 litres par habitant et par jour (qui sont celles sur lesquelles ont porté les observations), on trouve que le débit des égouts est peu supérieur au volume de la distribution, il est vraisemblable que pour 160 à 180 litres, par exemple, la différence serait tout à fait négligeable.

Cela posé, remarquons que dans la généralité des villes la distribution d'eau varie de 100 à 200 litres par habitant et par jour, et qu'on peut considérer le chiffre de 160 à 170 litres comme une bonne moyenne. Or ce contingent représente 60 mètres cubes environ par an [1]. Par suite, les chiffres précédemment établis de 10.000 mètres cubes, 20.000 mètres

1. 165 litres multipliés par 365 jours donnent 60 mètres cubes et un quart (exactement 60 225 litres)

cubes et 40.000 mètres cubes à l'hectare, correspondent
respectivement à 166 habitants, 333 habitants et 666 habitants ; en d'autres termes, pour pratiquer l'épuration, il
faut 1 hectare par 166, 333 ou 666 habitants, selon qu'on
veut donner à l'hectare des doses de 10.000, 20.000 ou
40.000 mètres cubes. On peut présenter ces nombres sous
une forme plus facile à retenir, en disant qu'il faut 1 hectare
et demi par 250, 500 ou 1.000 habitants. D'après cela, la
relation entre le chiffre de la population d'une ville, la surface des prairies et arrosées les résultats de l'opération est la
suivante :

Nombre d'habitants
correspondant à
1 hectare 1/2 arrosé,

250. . . . . Maximum du profit agricole et excellente épuration.
500. . . . . Profit moyen et épuration convenable.
1.000. . . . . Profit très-faible. — Maximum du volume à épurer.

Ainsi la moindre surface dont on doive disposer est celle
de 1 hectare et demi par 1.000 habitants, soit 3.000 hectares
pour une ville qui, comme Paris ou la rive nord de Londres,
compterait environ 2 millions d'âmes. Au dessous de cette
limite, la salubrité pourrait être gravement compromise, et,
pour avoir des résultats agricoles avantageux, il serait nécessaire de se maintenir sensiblement au dessus, par exemple
d'avoir une surface double.

Tant que la distribution d'eau s'écarte peu de la moyenne
que nous avons supposée, ces conclusions sont applicables,
car la distribution venant, par exemple, à augmenter, le débit des égouts augmente, il est vrai, et par suite aussi la dose
à l'hectare ; mais comme, d'autre part, les matières d'égout
se trouvent plus délayées, on peut, sans inconvénient, en
faire passer un volume un peu plus grand sur le même terrain. Mais il est bien évident qu'il y a une limite, et que si
l'on s'écarte beaucoup, en plus ou en moins, de la moyenne
supposée, la surface exigée par habitant devient plus grande

ou plus petite. Néanmoins, il est vraisemblable qu'entre 150 et 200 litres, par exemple, les chiffres ci-dessus peuvent être maintenus, étant toujours entendu que les villes dont on s'occupe sont dans des conditions de climat et de densité analogues à celles de Paris, ou que, si elles sont dans des conditions semblables à celles de Londres et de la plupart des villes anglaises. on fait la correction relative aux jours de grosses pluies.

VALEUR DE L'EAU D'ÉGOUT.

La valeur de l'eau d'égout, estimée commercialement, est un point encore plus controversé que celui de la dose à l'hectare. Nous espérons mettre en évidence la cause de ces divergences, par l'analyse attentive des travaux faits en Angleterre et des dépositions entendues dans les diverses enquêtes. Mais hâtons-nous de dire que, si les appréciations varient beaucoup sur le *quantum* de la valeur à attribuer aux eaux d'égout, elles ne touchent pas du moins au principe de cette valeur elle-même, en ce sens que tout le monde s'est accordé à reconnaître que l'eau d'égout, rendue au lieu d'arrosage, possède une valeur propre, autre que celle de l'eau ordinaire, et susceptible de se traduire en résultats commerciaux.

L'opinion la plus défavorable, relativement à l'importance de cette valeur, existe en France et peut-être à Paris. Dans notre pays, certaines personnes ne sont pas éloignées de croire que les liquides d'égout ne valent pas beaucoup plus que l'eau de certains fleuves, ou que, s'il y a une différence en leur faveur, du moins cette différence ne vaut guère la peine d'être chiffrée commercialement; d'où, comme conséquence, que toute entreprise qui serait fondée sur la vente ou l'emploi de ces liquides comme moyen de rémunérer le capital engagé dans le travail de dérivation et d'arrosage, serait nécessairement ruineuse pour ses auteurs.

Sans partager absolument cette manière de voir, nous reconnaîtrons cependant que, dans une certaine mesure, elle est fondée. Il est indubitable que les eaux d'égout de Pàris ont une valeur sensiblement inférieure à celle qu'on attribue en Angleterre à ces sortes de liquides. La raison en est qu'à Paris, les égouts ne reçoivent pas, comme nous l'avons plusieurs fois remarqué, les matières fécales ni même la totalité des eaux ménagères.

Mais ce n'est point à cette dernière circonstance que nous faisons allusion, quand nous parlons de l'écart entre les évaluations relatives à l'eau d'égout. Nous supposons des liquides *complets*, c'est-à-dire enrichis, comme en Angleterre ou dans une partie de la Belgique, de toutes les déjections. C'est dans ces conditions, en apparence identiques, que les evaluations se montrent, disons-nous, très-divergentes; car le prix assigné à l'eau d'égout, rendue sur les lieux d'arrosage, par les divers chimistes ou agriculteurs qui, dans le Royaume-Uni, se sont occupés de la question, varie depuis $0^f,05$ le mètre cube jusqu'à $0^f,40$ [1], soit dans le rapport de 1 à 8.

Un pareil écart s'explique par deux raisons.

En premier lieu, les liquides sur lesquels on a expérimenté avaient des richesses fort différentes, non-seulement parce que

---

1. L'évaluation la plus élevée est celle du baron Liebig. L'illustre chimiste, faisant le calcul des éléments fertilisants contenus dans les liquides de Londres, d'après le chiffre de la population, arrive à un total de 50 millions de francs, tandis que le volume total des eaux d'égout serait de 150 millions de mètres cubes par an (lettre au lord maire, du 19 janvier 1865) Il convient même, en acceptant ces bases, de porter le chiffre de 50 millions à 60 millions au moins, attendu que la population sur laquelle le baron Liebig a raisonné est inférieure à la population réelle; mais 60 millions de francs pour 150 millions de mètres cubes representent $0^f,40$ pour un mètre cube. Empressons-nous d'ajouter que le grand chimiste a fait remarquer lui même que l'état de dilution dans lequel se trouvent les éléments en modifie considérablement la valeur L'estimation ci-dessus n'est donc, dans l'opinion même de son auteur, qu'une sorte de limite supérieure de la valeur possible des eaux d'égout.

le drainage privé était plus ou moins répandu dans la population, et que les établissements industriels étaient plus ou moins nombreux, mais surtout parce que les villes étaient inégalement pourvues d'eau alimentaire. Il est clair en effet que si la consommation par tête vient à doubler, la valeur vénale des liquides d'égout s'abaisse notablement. Or il est facile de reconnaître que les diverses localités sur lesquelles ont porté les observations et auxquelles se référaient tacitement les personnes entendues dans les enquêtes, possèdent précisément des distributions d'eau très-inégales : ainsi, à Édimbourg, par exemple, la consommation par tête est inférieure à 100 litres, tandis qu'à Rugby elle atteint presque 200.

En second lieu, et c'est là une cause d'écart encore plus puissante que la précédente, les uns ont raisonné comme si l'arrosage devait être *constant*, c'est-à-dire pratiqué tout le long de l'année, sans tenir compte des besoins de la culture, et les autres, au contraire, comme s'il devait être *intermittent* ou pratiqué seulement aux époques les plus favorables ; en d'autres termes, on n'a pas distingué, selon que l'eau d'égout doit être employée *à la convenance du cultivateur,* quand et comme bon lui semble, ou selon qu'elle doit être répandue obligatoirement, de façon à satisfaire avant tout *aux exigences de la salubrité.* Or c'est là une distinction qu'il importe essentiellement de faire, car, de l'avis de tous les praticiens, la circonstance est décisive et fait varier la valeur de l'eau au moins dans la proportion de 1 à 4. « J'aimerais « mieux, dit un des hommes les plus autorisés, M. Lawes, « l'auteur des expériences de Rugby, j'aimerais mieux « donner 2 deniers (0ᶠ,20) par tonne dans un cas que 1/2 « denier (0ᶠ,05) dans l'autre. » Ces chiffres, à peu de chose près, ont été reproduits par tous les agriculteurs qui ont déposé aux enquêtes de 1864 et 1865 [1].

---

1. M. Archibald Campbell, après avoir accepté le chiffre de 2 deniers par tonne, ajoute : « Si j'étais forcé de prendre une grande quantité d'eau « d'égout toute l'année, cela ne me conviendrait pas : si je le faisais, je

En prenant la moyenne, entre les deux extrêmes que nous venons de citer, $0^f,05$ et $0^f,20$, on arrive à une valeur courante de $0^f,125$ par mètre cube. Tel est le chiffre auquel nous nous arrêterons désormais. Cette estimation est d'ailleurs corroborée par celle des chimistes et des ingénieurs qui ont eu à se prononcer sur la question. Leurs évaluations, bien que différant entre elles, par suite, sans nul doute, des mêmes motifs qui ont influencé les agriculteurs, font ressortir cependant la même moyenne, 12 à 15 centimes [1]. Enfin les résultats pratiques constatés dans diverses localités viennent également en confirmation. A Édimbourg, par exemple, un grand nombre de pièces de terre recevant en moyenne 10.000 mètres cubes à l'hectare, ont atteint une valeur locative de 1.500 francs par hectare, alors

« ne voudrais pas la payer plus d'un farthing (1/4 denier) à 1/2 denier
« la tonne. » (Enquête de 1865) M. Fréderic Wagstaff « consentira
« bien, dit-il, à payer l'eau d'égout de Londres 2 deniers, mais en sup-
« posant qu'il puisse la prendre au moment même où elle lui serait le
« plus utile, et en telle quantité que de besoin et non aux autres époques
« de l'année. » (Même enquête.) Les autres agriculteurs, MM. Joseph Paxton, Samuel Bury, Congreve, Watershaws, etc., ont fait entendre des appréciations analogues. Ces avis ont d'autant plus de poids que les hommes dont nous citons les noms étaient riverains de l'aqueduc de dérivation projeté pour les irrigations de Londres et pouvaient dès lors être appelés un jour à acheter l'eau d'egout a la compagnie concessionnaire Ils avaient donc un intérêt evident à ne pas forcer d'avance le chiffre qu'ils consentiraient plus tard à payer.

1 Le docteur A. Vœlcker fixe la valeur de l'eau d'egout a $0^f,20$ la tonne (enquête de 1863,. M. Rawlinson se déclare disposé à accepter ce chiffre (enquête de 1864). Le professeur Way, qui donne une des évaluations les plus basses, admet une valeur d'environ 1 denier $0^f,10$ par tonne La moyenne entre ces chiffres est $0^f,15$.

En France, MM. Mille et Durand-Claye ont assigne une valeur de $0^f,15$ au mètre cube d'eau d'égout de Paris, mais cette estimation n'est pas tres concluante, car d'une part elle a été faite en chiffrant la valeur théorique des divers eléments contenus dans l'eau d'égout, ce qui tend, selon la remarque du baron Liebig, à surelever la valeur de cette eau elle-même, et d'autre part, l'eau d'égout de Paris est loin comme on l'a dit, d'avoir sa composition normale, ce qui tend inversement à diminuer beaucoup cette valeur On ne saurait donc voir dans cette concordance des chiffres qu'une coincidence toute fortuite.

qu'elles ne se louaient pas 50 francs auparavant. En déduisant les frais de culture qui sont peu importants (la terre ne reçoit aucune autre espèce de fumure), on arrive à un chiffre de 12 à 1.300 francs, représentatif de la valeur des 10.000 mètres cubes, soit $0^f,12$ à $0^f,13$ par mètre cube. Dans la même localité, des parties hautes, qui paraissent recevoir une vingtaine de mille mètres cubes par hectare, ont atteint jusqu'à 2.500 fr. de valeur locative, ce qui met le mètre cube à $0^f,10$ ou $0^f,11$, chiffre plus faible que le précédent, à raison de la trop forte dose (20.000 mètres cubes, au lieu de 10.000). Il est d'ailleurs à remarquer que l'eau d'égout d'Édimbourg n'a pas toute la valeur qu'elle pourrait avoir, parce qu'elle ne reçoit qu'une partie des matières fécales. A Croydon, où la dose est modérée et appliquée avec une grande intelligence, la valeur approche de $0^f,15$. De son côté, M. Lawes a trouvé à Rugby que l'application de 20.000 mètres cubes fournissait un revenu de 1.500 fr., ce qui assignerait au mètre cube une valeur de près de $0^f,08$, et par suite de près de $0^f,10$ avec une dose moitié moindre. Mais l'eau de Rugby ayant une composition relativement faible à cause de l'abondance de la distribution d'eau (200 litres environ par tête et par jour), on retombe bien près, on le voit, des précédentes évaluations. Au surplus, nous reviendrons avec plus de détail sur ces chiffres, quand nous décrirons les entreprises d'irrigations ; nous verrons, par la même occasion, que les résultats obtenus à Milan concordent parfaitement avec les précédentes.

En résumé, on peut admettre que l'eau d'égout, enrichie, nous le répétons, de toutes les déjections de la population, et employée partie à la convenance de la culture, partie pour satisfaire aux exigences de la salubrité, a une valeur moyenne de $0^f,12$ à $0^f,13$ le mètre cube [1]. Cette valeur aug-

---

1 Cette valeur est établie dans l'hypothèse d'une distribution d'eau alimentaire s'éloignant peu de la moyenne des villes sur lesquelles ont porté les observations, par conséquent de 130 à 140 litres par tête et par jour, ce qui est à peu près, notamment, le chiffre de Londres Si l'on considérait

mente ou diminue, selon qu'on modère à son gré la dose à l'hectare, ou selon, au contraire, qu'on est obligé de l'exagérer ; elle varie alors entre les limites extrêmes de 0^f,05 et 0^f,20. On peut ainsi poser, avec une grande probabilité d'exactitude, l'échelle suivante :

0^f,20 pour les circonstances exceptionnellement favorables, où l'on n'aurait à se préoccuper que des besoins de la culture ;

0^f,15 pour la dose normale de 10.000 mètres cubes à l'hectare ;

0^f,10 pour la dose intermédiaire de 20.000 mètres cubes à l'hectare ;

0^f,05 seulement pour la dose extrême de 40.000 mètres cubes, quand tout est sacrifié aux nécessités de l'épuration.

Les trois derniers chiffres correspondent respectivement, on le remarquera, aux surfaces d'arrosage calculées à raison de 1 hectare 1/2 par 250, 500 et 1.000 âmes de la population desservie.

Il est à peine besoin d'ajouter que ces évaluations doivent être influencées par le climat; dans un pays très-sec, par exemple, l'eau d'égout prendrait, abstraction faite des éléments fertilisants qu'elle contient, une notable valeur d'arrosage, en rapport avec les besoins d'humidité de la culture.

Si l'on écarte le prix exceptionnel de 0^f,20, sur lequel la prudence fait un devoir de ne pas compter, on voit qu'un entrepreneur qui se propose d'exploiter des eaux d'égout, doit restreindre ses prévisions entre 0^f,05 et 0^f,15. Tout son art devant être évidemment de se rapprocher le plus possible de la limite supérieure 0^f,15 par mètre cube [1], il ressort de là

une ville où la distribution fût très-différente, la valeur de l'eau d'égout se trouverait nécessairement changée.

[1]. Il y a pour l'entrepreneur d'autant plus de nécessité à le faire, que la limite inférieure de 0^f,05 ne paye pas en général, à moins de circonstances très favorables, les frais de l'opération ; c'est ce qui ressortira avec évidence des chiffres que nous indiquerons plus tard pour quelques grandes entreprises. Or il est bien certain que si l'insuffisance des profits existe à l'égard des cités importantes, elle existe à bien plus forte raison

une conséquence importante. Le prix de $0^f,15$ et même celui de $0^f,10$ ne peut être sûrement atteint, comme on l'a vu, si l'irrigation est faite exclusivement au point de vue de l'épuration ; mais il faut qu'on puisse tenir compte aussi, dans une certaine mesure, des convenances de la culture. Or la culture, de son côté, ne peut en général consommer l'eau tout le long de l'année, et il y a des périodes plus ou moins longues où elle refuse de la recevoir. L'entrepreneur doit donc, s'il se propose de vendre son eau au public, prévoir le cas où une partie seulement de cette eau serait vendue, et où même, à certaines époques, elle resterait entièrement à sa charge. Il doit dès lors s'organiser de manière à pouvoir laisser les agriculteurs libres de prendre l'eau quand et comme bon leur semble, et ne pas leur imposer une consommation constante, sous peine de voir son prix tomber précisément vers la limite de 5 centimes. Mais comme l'épuration ne souffre pas d'ailleurs d'arrêt, il s'ensuit que l'entrepreneur doit être en mesure de consommer lui-même, à un moment quelconque, la portion invendue de ses eaux ; en d'autres termes, il faut qu'il ait à sa disposition une certaine étendue de terrain. Pour peu que la proportion d'eau non vendue soit considérable, comme elle formera alors une fraction importante du revenu, il sera essentiel qu'elle soit employée dans de bonnes conditions commerciales. Par conséquent la dose à l'hectare, sur le terrain de l'entrepreneur, ne devra pas être trop forte, ne pas dépasser, par exemple, celle qui correspond au prix de 10 centimes ou la dose 20.000 mètres cubes. A plus forte raison en serait il ainsi, si l'entrepreneur avait en vue de consommer lui-même la tota-

pour les villes secondaires, car, dans un travail de dérivation, la depense d'établissement n'augmente pas en proportion du volume des eaux. Ce n'est guère que vers $0^f,08$ ou $0^f,10$ que les grandes entreprises auxquelles nous faisons allusion paraissent en état de couvrir leurs frais. Il y aurait donc pour les entrepreneurs plus qu'un motif d'amélioration des bénéfices, il y aurait une véritable nécessité vitale à viser au prix de $0^f,10$ à $0^f,15$ par mètre cube.

lité de ses eaux. En ce cas, il ne devrait sous aucun prétexte descendre au dessous de 10 centimes, et il devrait, par conséquent, avoir au moins 1 hectare 1/2 par 500 habitants, et même il devrait faire tous ses efforts pour disposer, s'il était possible, de 1 hectare 1/2 par 250 habitants.

Ainsi la condition fondamentale pour qu'une entreprise d'irrigation soit fructueuse, c'est : si l'entrepreneur entend consommer lui-même toutes ses eaux, qu'il dispose de 1 hectare 1/2 au moins pour 500 habitants ; et s'il se propose, au contraire, d'en vendre la plus large part possible, qu'il soit en mesure de consommer la portion des eaux que n'achèteront pas les cultivateurs. Cette portion elle-même sera appliquée à dose plus ou moins forte, selon que, par son importance, elle formera ou ne formera pas un des éléments essentiels du bénéfice.

Nous raisonnons là, c'est évident, au point de vue du succès purement commercial. Mais si l'on ne s'occupe que du côté sanitaire, si par exemple l'entrepreneur n'est autre que la ville elle-même, cherchant beaucoup plus tôt l'assainissement que le profit, la condition change, et la ville peut être amenée, pour simplifier la conduite de son opération et réduire la mise de fonds au strict nécessaire, à se procurer la moindre surface possible. Elle peut alors décider d'y appliquer des doses de 20 à 40.000 mètres cubes à l'hectare, c'est-à-dire se contenter de 1 hectare 1/2 par groupe de 500 à 1.000 habitants.

Un autre point très-important, qui doit guider l'entrepreneur, quel que soit d'ailleurs le résultat, sanitaire ou commercial, qu'il poursuive, c'est de se procurer de préférence des terrains de qualité inférieure. Il y a beaucoup plus d'avantage, toutes choses égales d'ailleurs, à acheter à bas prix une terre infertile qu'à payer chèrement une terre féconde. Les qualités propres au sol disparaissent devant la puissance de l'arrosage ; les seules choses à considérer, sont la perméabilité et la facilité d'écoulement. Pourvu que le sol

présente cette double condition, le reste n'importe guère,
comme le prouvent les brillantes récoltes obtenues avec l'eau
d'égout sur des sables siliceux absolument purs.

DESCRIPTION DE DIVERSES ENTREPRISES D'IRRIGATIONS.

IRRIGATIONS EN ANGLETERRE.

Rien ne démontre mieux la supériorité de la méthode des
irrigations, sous le double rapport de la salubrité et de la
culture, que l'observation des résultats obtenus en Angleterre. Ces résultats, dont nous avons été temoin en plusieurs
lieux, ont d'autant plus de valeur aux yeux d'une critique
impartiale, qu'ils ont été minutieusement scrutés et appréciés par les personnes qui avaient le plus d'intérêt à ne pas
se laisser induire en erreur, savoir : 1° par le comité chargé
de préparer la solution à intervenir pour les eaux d'égout
de Londres ; 2° par la commission d'enquête pour la protection des cours d'eau ; 3° ce qui semblera peut-être plus
décisif encore, par une autorité étrangère à l'Angleterre, par
le comité belge envoyé pour étudier le projet d'assainissement de la Senne. Aussi ferons-nous de fréquents emprunts
aux rapports officiels de ces corps savants, préférant même,
sur les points essentiels, exposer les faits d'après ces documents que d'après nos propres observations.

Édimbourg est un des points qui a le plus attiré les visiteurs. L'antiquité des irrigations qu'on y pratique (deux
siècles selon certains auteurs), la stérilité absolue du sol et
la prospérité des récoltes l'ont désigné de bonne heure à
l'attention. Les délégués du conseil métropolitain l'ont visité

en 1865. Leur première remarque porte sur la qualité des eaux d'égout, lesquelles, ne recevant qu'une partie des matières fécales, sont naturellement moins riches et ont moins de valeur que celles qui se trouvent dans les conditions normales.

Ces eaux proviennent de 70 à 80.000 habitants, concentrés dans la vieille ville. Elles sortent du côté est, à un endroit nommé Sunny Bank, sur la route de Berwick, et forment un ruisseau découvert qui contourne sur ce point une prairie très-favorablement disposée pour l'arrosage. De là le ruisseau coule au nord jusqu'à la ferme de Lochend, qui comprend environ 32 hectares d'argile ou de sable, avec sous-sol rocheux. M. Scott, qui l'occupe, « s'est donné beau-
« coup de mal pendant ces dix dernières années, disent les
« délégués, pour appliquer l'eau dans les meilleures condi-
« tions possibles. Il peut irriguer une partie de ses terrains
« par gravitation ; pour le reste, il a fait construire une roue
« hydraulique de quatre à cinq chevaux, faisant marcher
« quatre pompes qui remontent l'eau sur cinq hectares,
« moyennant une dépense annuelle de 250 à 300 francs. La
« majeure partie de sa terre porte du ray-grass d'Italie,
« qu'il faut labourer et réensemencer tous les trois ans. Il
« fait trois coupes par an et arrose trois fois entre deux
« coupes ; sur 12 hectares il a obtenu cinq coupes. Il vend
« tout le produit à des nourrisseurs de vaches : il n'a pas
« fait le compte du poids, mais il a assuré au comité que sa
« terre, qu'on aurait difficilement louée auparavant 320 fr.
« l'hectare, rapportait aujourd'hui 1.500 fr. l'hectare.
« M. Scott a aussi un bassin ou réservoir, dans lequel il
« laisse l'eau déposer et d'où il retire une quantité consi-
« dérable de matière noire, de nature animale, qu'il estime
« un engrais très-actif. »

Les Craigentinny meadows sont plus connus que les prairies de Lochend. Elles sont sur le bord de la mer et longent la route entre Leith et Portobello, à environ 2.300

mètres d'Édimbourg. Elles sont la propriété de M. Samuel Christy Miller. Il y a là en tout une centaine d'hectares, dont 80 sont arrosés par gravitation et 20 au moyen d'une machine à vapeur. Leur nature varie beaucoup : la partie qui est le plus près de la mer, appelée Figgate Whims, est absolument formée d'un sable pur que le moindre coup de bêche ramène à la surface ; mais à l'ouest de la route, le sol est formé d'un bon limon, passant à l'argile compacte près des bâtiments.

L'eau d'égout arrive de la ville par un canal découvert et est distribuée par des rigoles sur la surface de la terre, laquelle est dans des conditions plutôt favorables, par suite d'une bonne inclinaison vers la mer. Les renseignements obtenus sur les lieux par le comité métropolitain, relativement à la quantité d'eau appliquée, n'ont pas été concluants, car, aucun moyen mécanique de jaugeage n'ayant été prévu, il est impossible de faire une estimation même approximative. Mais il n'y a aucun doute sur les résultats eux-mêmes ; les coupes d'herbes sont affermées annuellement à l'enchère et le prix atteint de 1.250 à 1.750 francs par hectare, dans la partie basse, et même, sur quelques points de la partie haute, il s'est élevé jusqu'à 2.500 francs par hectare. L'acheteur a le droit de faire autant de coupes qu'il veut, du 1er avril au 10 octobre, époque où le propriétaire rentre en jouissance de sa terre et fait pâturer les moutons dessus, pendant six semaines avant l'hiver. Certaines parties du terrain passent pour être irriguées depuis deux cents ans, mais la plus grande partie l'est seulement depuis quarante ans : elle a été au début ensemencée en gazon varié et ne l'a pas été de nouveau. La terre qui avoisine la côte ne valait pas auparavant 16 francs de loyer par hectare : elle en vaut aujourd'hui plus de 1.300. Il faut faire observer que ni M. Scott, à Lochend, ni M. Miller, à Craigentinny, ne payent rien à la ville d'Édimbourg pour l'eau d'égout, qui, depuis un temps immémorial, s'est écoulée au ruisseau où ces agriculteurs s'alimentent ; mais il ressort des chiffres ci-dessus qu'elle a une valeur réelle, qui doit s'éloigner peu de 11 à 12 centimes par mètre cube. Cette valeur serait vraisemblablement accrue d'un quart et portée à 14 ou 15 centimes si l'eau recevait la totalité des matières fécales. Quant aux résultats sanitaires, ils ne laissent à désirer qu'à cause de la manière dont est faite l'application. Ainsi que nous l'avons déjà remarqué, le mauvais état des rigoles, l'excès de liquide et le manque d'écoulement sur certains points nuisent à l'efficacité du procédé ; néanmoins il n'en est pas résulté d'inconvénients sérieux, et on n'a constaté jusqu'ici aucune atteinte à la santé publique.

C'est à Croydon que, de l'avis des délégués, on trouve l'application la plus complète. La terre arrosée confine Beddington Park, et consiste en 100 hectares d'un sol glaiseux, reposant sur la craie. Toute la surface possède une bonne inclinaison vers la Wandle, éminemment favorable au succès de l'opération. L'eau d'égout est filtrée sommairement et amenée par gravitation dans un canal ouvert au sommet des terres ; de là elle se distribue par de petits fossés ou tranchées, et coule à la surface au moyen de rigoles temporaires tracées çà et là par les cultivateurs. La population dont les déjections sont ainsi amenées sur les terres est de 17.000 âmes. La dose annuelle à l'hectare est évaluée à 7.500 mètres cubes. Un dixième de la surface totale est arrosée à la fois, en sorte que chaque portion reçoit l'eau trente-six jours par an. Le liquide coule environ pendant cinq heures sur la terre, et ce temps est tout à fait suffisant pour le *déodoriser*, disent les délégués, et pour permettre aux herbes de le dépouiller de ses matières fertilisantes. Après deux ou trois jours d'irrigation, le flot qui abandonne les terres est à peu près insipide, incolore et inodore. La plus grande partie de la ferme porte du ray-grass d'Italie, qu'il faut renouveler tous les trois ans, et les produits paraissent très-considérables. Quelques portions sont encore à l'état de prairies naturelles. Le conseil de Croydon a pris à bail cette métairie, à raison de 250 francs par hectare, et la sous-loue lui-même à M. Marriage, sur le pied de 312^f,50, ce qui constitue une différence de 62^f,50 à son profit.

On doit considérer cette dernière somme comme une sorte de redevance mise à l'emploi de l'eau, mais le chiffre est loin de représenter la valeur du liquide, car, d'après les comptes produits à la commission métropolitaine, il y a 4 coupes annuelles par hectare, qui se vendent chacune environ 500 francs. L'herbe est surtout employée pour nourrir à l'étable des vaches laitières. Les travaux préparatoires du sol, en vue de l'arrosage, ont coûté de 4 à 600 francs par hectare, desquels le conseil a payé 250 francs. Quant à la dépense pour la filtration sommaire, elle est à peu près compensée par la vente des dépôts, dont le prix atteint 1^f,90 la charretée. Pour avoir la valeur de l'eau, il faudrait déduire du revenu brut, ou de 2.000 francs environ : 1° la valeur locative de la terre avant l'arrosage ou 250 francs ; 2° l'intérêt et l'amortissement des frais de préparation du sol, soit 50 francs ; 3° les frais de culture, qui ne sont pas exactement connus mais qui ne doivent pas dépasser 300 francs ; 4° la dépense du réensemencement répartie sur trois ans, ou 330 francs environ. Il resterait ainsi 1.070 francs pour les 7.500 mètres cubes, ce qui porterait la valeur du mètre cube à 14 centimes. Ce chiffre élevé ne doit pas surprendre, par la raison que la dose à l'hectare est ici très-modérée et susceptible conséquemment de donner le maximum de bénéfice. Il serait même encore plus fort si la distribution d'eau alimentaire n'atteignait pas le chiffre considérable de près de 200 litres par tête.

La commission d'enquête de 1866-1867 cite des preuves non équivoques de la supériorité du procédé. « Aussi long-« temps, dit-elle, que le conseil de salubrité de Croydon a « eu recours à des procédés chimiques pour purifier les

« eaux d'égout, il a été en butte à des procès continuels, à
« raison de la corruption des eaux. Il s'est mis alors à ap-
« pliquer la méthode des irrigations à Beddington, et les
« eaux qui sortaient des champs arrosés tombaient dans la
« Wandle. M. Gurney, n'ayant pas assez d'eau à son usine,
« demanda au conseil de lui laisser conduire l'eau qui s'é-
« coulait des champs arrosés, dans la Wandle. à un point
« au dessus de l'usine ; et en ayant obtenu la permission, il
« établit à ses frais un canal d'une longueur considérable,
« par lequel toute l'eau est maintenant amenée à travers ses
« terres le long d'un chemin à voitures, et rejoint la rivière
« dans son parcours sur la propriété. Il ressort du témoignage
« et de M. Gurney et de son agent M. Reynolds, qui réside
« sur le domaine, tout près de l'embouchure de Beddington,
« qu'il y a bien encore accidentellement quelques sujets de
« plainte sur l'état de l'eau d'arrosage, qui vient quelquefois
« des champs soit trouble, soit assez imparfaitement purifiée
« pour souiller à la fois la rivière Wandle et l'atmosphère
« dans le voisinage ; mais ces faits, quand ils se produisent,
« comportent. nous nous en sommes assurés, une explica-
« tion. Quand l'eau est trouble (mais sans être chargée de
« matières d'égout), cela tient probablement, comme le sug-
« gère M. Gurney, à ce que le bétail qu'on envoie pâturer
« sur les terres arrosées (lequel est très-nombreux par rap-
« port à la superficie), a foulé le sol et l'a souillé avec ses
« excréments. Quand au contraire l'eau de sortie manifeste
« à la fois à la vue et à l'odorat des signes incontestables de
« la présence des matières d'égout, c'est que celles-ci n'ont
« pas été répandues sur une assez grande étendue de terrain.
« L'odeur a été reconnue la plus forte le dimanche soir, pro-
« bablement parce que ce jour-là on néglige de faire tout le
« nécessaire pour distribuer convenablement l'eau d'égout [1].

1. Cela ne paraîtra pas surprenant à quiconque connaît la manière scru-
puleuse dont le repos du dimanche est observé en Angleterre.

« M. Reynolds dit expressément que le vice est seulement
« accidentel ; que d'autres fois l'eau arrive aussi pure qu'il
« peut le désirer, pure comme l'eau de la rivière ; qu'il
« n'aperçoit pas d'inconvénient dans l'irrigation avec les
« liquides d'égout quand elle est bien conduite ; qu'il croit
« au contraire que c'est là un grand principe et qu'il pense
« que ce serait bien dommage que ce principe fût mis en
« question par suite de la négligence de ceux qui l'appliquent.
« Si, à un moment quelconque, M. Gurney trouvait l'eau
« défectueuse, il n'aurait qu'à fermer son canal et à laisser
« cette eau hors de chez lui. Mais il ne l'a pas encore fait [1]. »

A Rugby, l'eau d'égout est appliquée à la terre depuis
quinze ans. La population est de 8.000 âmes, et la totalité

[1]. Ces faits n'ont pas été moins favorablement appréciés par les délégués du gouvernement belge. Voici en effet ce qu'on lit dans leur rapport
du 20 février 1866 :

« Les soussignés se sont rendus d'abord a Blind Corner (Croydon), ou
« ils ont vu les eaux d'égout sortir d'un collecteur, passer de là a travers
un filtre disposé de manière à retenir d'abord les matières solides plus
« légères que l'eau, et ensuite les matières solides plus pesantes ; de sorte
« qu'après avoir traversé ce filtre, l'eau est entièrement liquide, quoique
« légèrement trouble

« Au sortir de ce filtre cette eau est dirigée, par des canaux à ciel
« ouvert, sur une grande prairie dont elle irrigue successivement les
« diverses parties. Elle est ensuite rassemblée dans un canal qui la dirige
« vers un cours d'eau.

« En parcourant la prairie dans tous les sens, les soussignés n'ont
« senti aucune odeur ; ils ont été frappés du développement et du degre
« de vigueur de l'herbe, dont une partie venait d'être fauchée et dont
« l'autre présentait l'aspect d'un fort regain, ainsi que de la limpidité de
« l'eau sortant des canaux. Ils ont constaté que celle ci n'avait ni odeur
« ni saveur rappelant son origine.

« Enfin ils ont pu remarquer que le système employé ne présente aucun
« inconvénient pour le voisinage, et qu'il ne laisse rien à désirer au point
« de vue de l'épuration des eaux

« Leur attention s'est portée ensuite sur les matières solides retenues
« par le filtre. Ces matières, rassemblées en tas, n'avaient aucune odeur ;
« elles se vendent au prix de 3 sh (3f,75) le tombereau.

« Les soussignés ont pris deux échantillons d'eau, l'un de l'eau au
« sortir de l'égout collecteur, l'autre au sortir du canal qui la reçoit après

des déjections de la ville est amenée, par un conduit de 45 centimètres de diamètre, à des pompes à feu, à l'ouest du North Western Railway, où, après une filtration sommaire à travers des claies en osier, elle est élevée à une hauteur de 8 à 9 mètres, pour être distribuée sur les terres.

Les opinions différant beaucoup sur le mérite des opérations conduites à Rugby, il importe de donner quelques détails. La surface totale consacrée à l'irrigation est d'environ 180 hectares, dont 160 appartiennent à M. Walker et ont été affermés par M. Campbell, et dont 6 ont été le champ des célèbres expériences de M. Lawes, pour le compte de

« l'irrigation; ils ont également emporté un échantillon des produits solides
« retenus par le filtre. Ces matieres seront soumises à l'analyse chimique.

« Il nous a été assuré par l'ingénieur des travaux que la prairie irri-
« guee donne annuellement six récoltes de bonne qualité, et que le revenu
« moyen, qui était de 25 shillings par acre (80 francs environ par hectare),
« a dépassé 40 livres (2 500 francs par hectare).

« La superficie de la prairie irriguée est de 37 acres (près de 15 hec-
« tares), elle reçoit les eaux d'egout d'une population de 8.000 habitants
« environ.

« Les soussignés se sont ensuite rendus à Beddington, sous-district
« South Wandsworth, division Croydon, où l'on pratique l'irrigation d'une
« grande surface, sans filtration préalable des eaux d'égout. C'est, dans
« cette localité que les délégués de la commission des Trois Pouvoirs ont
« trouvé installé, en 1862, le mode d'épuration qui a fonctionné depuis
« cette époque sans interruption

« La végétation de la partie irriguée est forte et vigouréuse, et l'eau
« qui s'en échappe est parfaitement inodore, incolore et sans saveur
« spéciale. . . . .

. . . .

« Le résultat de l'épuration des eaux d'égout, telle qu'elle se pratique à
« Beddington, ne laisse rien à désirer ; il est seulement regrettable que
« la terre irriguée ne soit pas mieux aménagée, afin d'éviter les émana-
« tions désagréables, mais très limitees, que laissent dégager certaines
« parties où les eaux ont déposé une couche de matières solides qui se
« putréfient.

« L'un des soussignes avait constaté l'état de limpidité et de pureté
« des eaux s'échappant de la prairie irriguee, lors de la visite des
« délégués de la commission des Trois Pouvoirs, faite au mois de sep-
« tembre 1862, de sorte que la durée de l'expérience démontre la con-
« stance du résultat .. »

la commission royale, desquelles nous avons souvent parlé. La qualité et le niveau du sol varient beaucoup : la surface est généralement formée d'une argile compacte, passant parfois au sable, avec sous-sol argileux ; certaines portions sont très-peu au dessus du niveau des rigoles dans lesquelles elles s'égouttent, d'autres sont au moins à 9 mètres plus haut. On doit naturellement s'attendre à ce que les résultats obtenus varient un peu. Le tout est disposé en gazon, ou. pour parler plus exactement, l'eau d'égout a été appliquée à de vieux pâturages, sans autres travaux préparatoires qu'une série de petites rigoles et de fossés qui reçoivent l'eau de la conduite de décharge et la distribuent par gravitation sur la surface. Naguère la distribution s'effectuait à la lance, mais M. Walker l'a abandonnée comme trop coûteuse et comme restreignant sans nécessité l'écoulement de l'eau.

La différence entre les terres arrosées et celles qui ne le sont pas, saute aux yeux ; en outre, les premières diffèrent entre elles notablement, par suite de l'inégale répartition de l'eau d'égout, selon que la terre a été disposée en plans inclinés ou qu'elle n'a reçu aucune préparation spéciale.

M. Walker n'a pas le moyen de mesurer exactement la quantité d'eau donnée à la terre, mais il l'estime entre 1.250 et 2.500 mètres cubes à l'hectare, dans l'année, en cinq ou six arrosages. Il paye pour cela 1.250 francs par an, en totalité, au conseil local.

Le comité du conseil métropolitain n'a pu obtenir exactement, dans sa visite, ni du propriétaire ni du fermier, le chiffre du rendement à l'hectare, sous forme, soit de coupe verte, soit de foin, soit d'herbe mangée sur place, les trois modes ayant été employés concurremment ; mais on lui a assuré que l'hectare, qui précédemment ne pouvait être loué que 110 francs par an, pourrait l'être aujourd'hui à 220 francs au moins, en sorte que la valeur aurait doublé. De plus, le propriétaire est convaincu que ni la disposition du terrain. ni le mode d'emploi de l'eau, ni l'espèce de gazon, ne sont

tout ce qu'on pourrait souhaiter. Mais ce qui est surtout défavorable, au point de vue du profit agricole, c'est l'étendue
de la surface, qui est bien le quadruple de ce qu'elle devrait
être. Néanmoins, même dans des conditions si peu propices,
l'eau d'égout prendrait une valeur d'environ 6 centimes,
puisque le bénéfice afférent à son emploi, soit 110 francs par
hectare, se diviserait entre 1.800 ou 1.900 mètres cubes représentant la dose moyenne.

Les irrigations de Carlisle offrent un intérêt particulier,
en ce qu'on a tenté d'y prévenir les mauvaises odeurs par
l'addition d'un agent chimique. La population totale de la
ville est de 30.000 âmes. Pour 8.000 environ, les déjections
se perdent à l'Éden par un conduit séparé, qui passe sous
l'une des prairies occupées par l'entrepreneur, M. Mac
Dougall, et pour les 22.000 autres, les eaux sont amenées à
un appareil à vapeur de cinq chevaux, qui les remonte à
3 mètres ou $3^m,50$ de haut, pour les distribuer aux terres.
Ces eaux sont, avant leur ascension, désinfectées par l'ad-
jonction d'acide phénique ou fluide désinfectant du même
M. Mac Dougall, dans la proportion de 55 litres pour 2.270
mètres cubes environ de liquide par jour, ce qui entraîne
une dépense de 625 francs par an. L'eau ainsi traitée est
versée par les pompes dans un fossé découvert, parallèle à la
rivière Caldew, et elle se répand sur le sol au moyen
d'auges mobiles en fonte. Originairement, la distribution
s'effectuait par des rigoles, mais elles étaient comblées par
les inondations, qui sont très-fréquentes en cet endroit, ou
foulées par les bestiaux, de sorte que la dépense à faire pour
les maintenir en état était plus grande que celle des auges.
M. Mac Dougall afferme du duc de Devonshire 42 hectares,
mais il n'en arrose que 28 situés entre le canal Calédonien
et les rivières Caldew et Éden.

Tout le sol est sableux et très-poreux, laissant filtrer l'eau
librement, et il est disposé en pâturage ordinaire. Les

prairies ne paraissent pas avoir reçu de gazon artificiel, et elles sont entièrement broutées par le bétail. Aucune partie du fourrage n'est coupée et exportée ; conséquemment le résultat net est difficile à connaître. Chaque portion est irriguée quatre fois par an ; la dose à l'hectare ne paraît pas très-exactement fixée, mais en admettant un débit moyen de 2.000 mètres cubes par jour, ce serait une dose d'environ 25.000 mètres cubes par hectare et par an. La surface totale est, avons-nous dit, de 42 hectares, dont 28 arrosés et 14 non arrosés. Elle porte habituellement 600 moutons et de 90 à 120 têtes de gros bétail. Les nourrisseurs de ces troupeaux payent une redevance hebdomadaire de 4^f,40 à 5 francs par tête de gros bétail, et de 0^f,65 par mouton ; ce qui représente un revenu brut d'environ 45.000 francs par an, duquel il faudrait déduire les frais de culture, qui sont peu élevés, ainsi que le prix d'affermage. Une autre preuve de l'accroissement de valeur dû à l'eau d'égout, c'est ce fait que M. Mac Dougall a pu, en 1864, sous-louer le tout à M. Hetherington, boucher de Carlisle, au prix de 20.000 fr. par année.

A Carlisle, le pâturage est beau et de bonne qualité, peutêtre meilleur que partout ailleurs : on pourrait l'attribuer à ce que le bétail est gardé dessus, mais on donne pour raison que l'acide phénique prévient la décomposition, en sorte que l'azote contenu dans le liquide ne se combinerait pas avec l'hydrogène ou avec l'acide carbonique pour former de l'ammoniaque libre ou du carbonate d'ammoniaque (deux composés qu'on accuse de stimuler les grosses herbes, lesquelles, par leur rapide développement, étouffent les espèces plus fines et moins robustes), mais cet azote serait fourni aux racines des plantes dans l'état même où il se trouve originairement dans l'eau d'égout, et ne serait libéré qu'en tant que de besoin, au fur et à mesure qu'il serait réclamé par la végétation. On a fait valoir aussi, auprès des délégués du conseil métropolitain, qu'un autre effet de l'acide phénique

serait de détruire les insectes parasites; mais sur ce point,
comme sur le précédent, les délégués se sont abstenus d'exprimer aucune opinion, désirant, ont-ils dit, « rapporter
« simplement ce qu'ils avaient vu et entendu. »

Quant à nous, nous sommes disposé à croire que les
avantages résultant de l'emploi de l'acide phénique sont à
peu près illusoires, et que cette pratique serait sans doute
abandonnée si elle n'était pas exercée par l'inventeur même
du désinfectant. Carlisle est du reste la seule ville, à notre
connaissance, où l'on ait essayé d'empêcher la putréfaction
de l'eau d'égout employée à l'arrosage. Dans toutes les
autres localités, c'est l'application même au sol qui réalise
la désinfection.

Des irrigations du même genre sont installées sur d'autres
points, à Worthing, Norwood, Malvern, Tavistock, etc., et
partout où l'opération est sagement conduite, on constate
également que les résultats sanitaires sont excellents : « A
« Worthing, disent les commissaires de 1866-1867, nous
« avons trouvé le système qui fonctionne depuis un an, irré-
« prochable. Pas un seul cas de maladie n'a été attribué à
« l'arrosage. » — « En ce qui concerne Norwood, disent-
« ils plus loin, aucune plainte n'a été formulée par les per-
« sonnes qui représentent ce district dans le conseil de salu-
« brité de Croydon. » A Malvern, le concessionnaire des
eaux, M. Mac Cann, s'est engagé, en retour de l'abandon
gratuit que lui en fait la ville, à les désinfecter complétement
par l'arrosage. Il les répand sur 20 hectares de prairies, et
la municipalité se déclare très-satisfaite de l'exécution du
contrat.

Dans les plus modestes bourgades ou même dans de
simples habitations l'opération ne semble pas impossible.
« Il n'y a pas de raison, disent les commissaires de 1866.
« pour que tout liquide d'égout, soit des villes ou des vil-
« lages, soit des maisons isolées, ne soit pas appliqué aux

« terres, au lieu d'être écoulé directement dans les cours
« d'eau. » En confirmation du précepte, déjà plusieurs
entreprises se font remarquer en Angleterre. A la prison
de Stratford, à l'asile des aliénés de Broadmoor et dans
d'autres établissements similaires, on utilise aujourd'hui
sur les champs les liquides provenant des bains, de la
cuisine, des waters-closets, etc. A Broadmoor, notamment,
le système a été installé dans d'excellentes conditions,
par les soins de M. Menzie, intendant de la forêt de Wind-
sor. Le nombre des habitants de l'asile est de 600. Il s'a-
gissait naturellement de proportionner les frais d'installation au peu d'importance d'une telle population.M. Menzie
a donc introduit quelques modifications en harmonie avec
les circonstances particulières dans lesquelles il se trouvait. Les deux principales de ces modifications ont consisté à isoler complétement les liquides impurs d'avec les
eaux pluviales ou d'arrosage fournies par les toits, allées,
cours, jardins, etc., et à séparer mécaniquement, sans intervention d'agent chimique, les matières solides en suspension. De la sorte, on a pu réduire la canalisation au
dernier degré de simplicité. Les conduites imperméables qui
desservent les habitations et amènent les eaux impures au
bassin de dépôt sont formées par des tuyaux en poterie vernissés, assemblés hermétiquement. Quant aux conduites
d'arrosage ou de distribution, ce sont simplement des tuyaux
de drainage ordinaires, posés à la surface, et à travers les
joints desquels l'eau s'épanche sur les champs. On n'a pas
fait le compte exact de la dépense, mais elle est peu élevée
et, au dire des administrateurs, fort au dessous du bénéfice
qu'elle procure. Près de 8 hectares de terrains graveleux
sont ainsi arrosés et portent jusqu'à cinq coupes de ray-
grass ; on y cultive aussi avec avantage divers légumes.
Quant aux matières solides, séparées dans le bassin de dépôt,
elles sont retirées huit à dix fois par an; on les mélange
avec des cendres et de la chaux provenant des épurateurs à

gaz, et on forme ainsi un engrais auquel on attribue la même valeur qu'au fumier de ferme [1].

Nous abordons maintenant l'entreprise la plus remarquable de toutes par la hardiesse de la conception et la nouveauté des points de vue : celle qui a eu pour objet d'utiliser les liquides de la partie nord de Londres ou d'une population de 2 millions et demi d'âmes.

Cette entreprise a été suggérée principalement par l'intérêt agricole ; car, les grands travaux de drainage du Conseil métropolitain, bien qu'ayant laissé subsister le déversement

1. Les dérogations au type urbain introduites par M. Menzie dans l'installation de Broadmoor s'expliquent aisément D'une part, dans des établissements de ce genre, comme dans les habitations privées, il est visible que le rapport des surfaces découvertes aux surfaces bâties est infiniment plus grand que dans les villes, des lors, si l on voulait convoyer ensemble les eaux des unes et des autres surfaces on serait amené à donner aux conduites étanches des sections considérables, tandis qu'on peut les réduire à un très-petit diamètre, en éliminant les eaux pluviales, lesquelles, de leur côté se contentent d'évacuateurs du type le plus simple et le plus économique. D'ailleurs, le liquide fertilisant se trouverait souvent beaucoup trop étendu et perdrait alors de sa valeur, de plus on serait obligé, l hiver surtout, de surveiller l'irrigation pendant la nuit, tandis que, moyennant cette séparation, on n'a pas à s'en occuper, vu que la source d'engrais est à ce moment à peu près tarie. D'autre part, la précipitation des matières solides en suspension est justifiée par la nécessité où l'on est le plus souvent de pratiquer l arrosage autour de l'habitation et dans des lieux qui servent a la promenade. Or la putréfaction de ces matières sur le sol développerait toujours quelques odeurs désagréables. Cet inconvénient est loin d'avoir la même importance dans les irrigations urbaines, car on choisit des emplacements éloignés de toute agglomération, et qui ne sont destinés, en aucun cas, a l'agrément. Un autre avantage de la séparation des solides, au point de vue des frais d'installation, c'est de permettre la distribution avec des drains simplement assemblés bout à bout, et de supprimer toute espèce d'agencement pour dériver les liquides sur le sol. Les interstices des joints suffisent pour ce dernier objet, tandis que si les eaux charriaient des matières pâteuses ou des sables, ces joints ne tarderaient pas à s'obstruer Ces considérations et quelques autres du même genre, qui ne se présentent évidemment pas dans les irrigations urbaines, peuvent commander de semblables modifications, quand on veut appliquer le système à de petits groupes d'habitations.

des liquides dans la Tamise, avaient mis la salubrité à peu près hors de cause. Mais l'opinion publique s'est émue à bon droit de la déperdition d'une si énorme source d'engrais, estimée, nous l'avons dit, de 30 à 40 millions de francs par an. De là sont sortis de nombreux projets, parmi lesquels celui de MM. Hope et Napier a définitivement prévalu. L'exécution en a été confiée à la *Metropolis sewage and Essex reclamation Company* ou *Compagnie métropolitaine,* constituée par acte du parlement, en date du 19 juin 1865 [1].

Aux termes de cet acte, le capital de la Compagnie est de 52,500,000 francs, pouvant être porté, par des émissions successives, à 100 millions, dont 75 millions en actions et 25 millions en obligations. La souscription a été annoncée comme couverte, en 1865. Malheureusement il est bien à craindre que cette souscription n'ait été en partie nominale ou que, si elle a été réelle, les souscripteurs n'aient cherché depuis à se dégager; car les travaux, commencés d'abord avec une grande activité, ont été ensuite à peu près arrêtés. On doit en chercher la cause, non dans les défauts mêmes de la conception primitive qui, au point de vue technique, était, au contraire, parfaitement mûrie et raisonnable, mais dans de fausses appréciations financières. La Compagnie avait cru pouvoir s'aventurer sans subvention, ou du moins sans autre subvention que la concession gratuite de sables littoraux qu'elle avait à reprendre, par des travaux d'endiguement, sur la mer du Nord. Mais ce secours était insuffisant et la Compagnie aurait dû stipuler une subvention en argent. Faute d'avoir bien fait ses calculs, elle se voit

---

1. Cet acte a été rendu, sur les conclusions conformes du conseil métropolitain et d'un comité d'enquête pris dans le sein de la chambre des communes Le rapport du comité, en date du 30 mars 1865, concluait en ces termes : « Votre comité est d'avis que le projet qui lui a été soumis « (celui de MM Hope et Napier) constitue un mode avantageux et profitable d'employer l'eau d'égout de la partie nord de la métropole, *et il « n'a pas de raison de penser qu'aucun autre projet plus avantageux ou « plus profitable puisse être conçu.* »

aujourd'hui arrêtée au début de son œuvre et, quoique sa foi dans le mérite de l'idée n'ait pas été un seul instant ébranlée, elle se trouve dans l'impossibilité matérielle d'en poursuivre la réalisation. Nous décrirons néanmoins en grands détails et la conception première de la Compagnie, et le commencement d'exécution qu'elle a reçu, parce qu'il y a là des considérations très-intéressantes et un enseignement précieux pour toutes les entreprises qui pourraient tenter de se fonder dans le même but. Nous demeurons, en effet, convaincu, quant à nous, que les bases conçues par la Compagnie métropolitaine, au point de vue de l'emploi des eaux, sont à peu près les meilleures qui se puissent imaginer, et que toute entreprise nouvelle devra plus ou moins se les approprier.

Les eaux d'égout de la rive nord devaient être dérivées à l'extrémité de l'émissaire, à Barthing-Creek, au moyen d'un grand aqueduc, de 70 kilomètres de nord, aboutissant à la mer du Nord, au dessus de l'embouchure de la Tamise (Pl. XV). Le volume des eaux, on l'a dit, dépasse 100 millions de mètres cubes par an, non compris les jours de grosses pluies. Elles devaient être distribuées, autant que possible, aux propriétés situées sur le parcours de l'aqueduc et qui consentiraient à les acheter; le surplus devait être déversé sur les sables du littoral. La superficie des propriétés privées, susceptibles d'être desservies par gravitation, dépasse 40.000 hectares; celle des sables à endiguer atteindrait au besoin le chiffre de 13.000 hectares[1].

Le grand aqueduc de dérivation, exécuté sur une faible longueur, est construit sur le modèle de l'émissaire de la ville. Il est de forme circulaire, au diamètre de 3 mètres, et repose sur une solide base en béton. Il s'embranche sur

---

1. Les plans des travaux sont dus à deux ingénieurs en renom, MM. Bateman et Hemans. Ils sont exécutes, sous leur direction, par un jeune et habile ingénieur, M. Tancred. Nous devons des remerciements particuliers à MM. Hemans et Tancred qui, non seulement, nous ont fourni de nombreux renseignements, mais ont bien voulu nous faire visiter eux-mêmes les travaux commencés.

les ouvrages de la ville en deux endroits : 1° sur l'émissaire même, de façon à prendre les eaux immédiatement avant leur entrée dans le réservoir et à un niveau de $0^m,45$ au dessous de la haute mer ; 2° sur le bassin de sortie dit *spécial,* à un niveau de $4^m,95$ au dessous du précédent, ou de $5^m,40$ au dessous de la haute mer ; cette dernière prise est ménagée en vue des averses. En temps ordinaire, la première seule fonctionnerait et détournerait la totalité des liquides ; mais lorsque les égouts charrieraient des torrents d'eaux pluviales, on la fermerait pour laisser le flot s'écouler à la Tamise, et l'on recueillerait alors, par la prise inférieure, l'eau d'égout contenue dans le réservoir. L'aqueduc se dirige de l'ouest à l'est, à peu près parallèlement à la Tamise. Vers le quarantième kilomètre, une branche d'une trentaine de kilomètres, projetée pour un avenir bien lointain, se détacherait vers le nord-est, traverserait le Crouch. et se jetterait à la mer au dessus de cette rivière. L'exécution de cette branche, qui aurait pour but, comme la ligne principale, d'arroser des terres en culture et de conquérir une nouvelle aire de sables sur la mer, est naturellement subordonnée au développement que prendraient les irrigations.

Dans le tracé de l'aqueduc, on n'a pas eu seulement en vue de faire arriver les eaux sur les sables du littoral, dans les meilleures conditions possibles ; mais il fallait aussi que l'arrosage des terrains situés sur le parcours pût se faire d'une manière économique. Dès lors, on était forcé de se maintenir à une certaine hauteur au dessus du sol, sous peine d'entraver la vente des eaux par la nécessité d'une élévation mécanique chez chacun des futurs consommateurs. Or les concessionnaires avaient compris, dès l'abord, que le seul moyen de populariser l'engrais, c'était de le délivrer sans frais accessoires ni embarras d'aucune sorte, par conséquent coulant librement à la surface du sol, ou même en pression pour ceux qui voudraient en user à la lance ; en un mot, d'opérer, comme on dit, le service *par gravitation.* On ne devait d'ailleurs songer à desservir que les terres occupant un certain étage, pour que l'écoulement s'y fît bien ; sans quoi l'eau d'égout était destinée à y produire plus de mal que de bien. Enfin il fallait une certaine inclinaison de l'aqueduc pour prévenir le dépôt des parties boueuses. D'après les expériences que nous avons déjà rappelées et qui ont été confirmées par les propres observations de MM. Bateman et Hemans, on s'est arrêté à la pente de 20 centimètres par kilomètre. En tenant compte de ces diverses circonstances, ainsi que de la nécessité d'arriver sur les sables à une certaine cote au dessus de la basse-mer, afin d'assurer le desséchement, on avait conclu à élever artificiellement la dérivation de près de 20 mètres, c'est-à-dire à faire franchir aux eaux cette hauteur au moyen de machines à vapeur. La réussite pratique du procédé, après les œuvres du Conseil métropolitain, ne pouvait être mise en doute ; et, quant à la dépense, elle ne devait pas être très-considérable. 300.000 francs environ par an. On a donc décidé la création de deux stations de pompes, l'une à 5.600 mètres de Barking, devant faire franchir aux eaux un saut de 9 mètres, et l'autre à 6.400 mètres plus loin, devant leur faire franchir un saut de 10^m,50. L'aqueduc devait, par conséquent, être interrompu à chacun de ces deux points, et se poursuivre, au delà, à un niveau plus élevé. On a calculé que grâce à ces pompes, la surface, à droite et à gauche du canal et de la branche du nord, susceptible d'être arrosée par gravitation, et cependant à un niveau assez élevé pour que l'asséchement en fût bien assuré, n'était pas moindre de 42.000 hectares [1].

____

1 Au premier abord, cette surface paraît plus que suffisante pour recevoir le liquide qui lui est destiné ; car si l'on admet que les 100 millions de mètres cubes de la rive nord se partagent par moitié entre cette surface et les sables du littoral, le contingent par hectare ressortirait seulement à 1.200 mètres cubes, ce qui est évidemment très-faible. Mais il faut compter que les propriétés qui feraient usage du nouvel engrais ne s'arro-

D'après le projet, l'aqueduc, sur la moitié environ de sa longueur, est enterré dans le sol; sur l'autre moitié, il domine plus ou moins le terrain et est renfermé dans un remblai semblable à ceux des chemins de fer. La hauteur moyenne de ce remblai est de 5 mètres et sur quelques points, pour la traversée d'étroites vallées, elle s'élève jusqu'à 10 mètres. En deux endroits le remblai est remplacé par des arches en maçonnerie. Diverses routes sont franchies à l'aide de tuyaux en fonte, et la branche projetée au delà du Crouch passe en siphon sous la rivière afin de ne pas intercepter la navigation. Il est à peine besoin d'ajouter que des passages, en dessus ou en dessous de l'aqueduc, sont prévus pour les besoins de la propriété privée ou pour les chemins publics. De 200 mètres en 200 mètres, une sorte de trou d'homme est ménagé dans la couronne de l'aqueduc; ce trou est fermé par une plaque en fonte mobile et sert à la prise de l'engrais. Dans les portions où l'aqueduc domine le sol, c'est-à-dire pour les 42.000 hectares dont nous avons parlé, il suffit d'introduire dans le trou d'homme l'embouchure d'un siphon disposé *ad hoc* par la Compagnie, et l'eau d'égout coule librement à la surface. Dans les autres portions, où le sol est au contraire plus élevé que l'aqueduc, le cultivateur

seraient pas en totalité, loin de là : une partie seulement des terrains, celle affectée plus spécialement à certains herbages, consommerait l'eau d'égout; le reste continuerait probablement a être cultivé comme par le passé. Pour se placer dans les conditions de la réalité, il faut donc prévoir une zone d'arrosage beaucoup plus vaste que celle qui suffirait théoriquement. A ce point de vue, le chiffre de 42.000 hectares pourrait même être trop faible. Mais il aurait été facile de l'augmenter plus tard, au moyen de branches supplémentaires et de nouvelles stations de pompes. M. Hemans estimait qu'en poussant, par exemple, un aqueduc vers le faîte qui sépare la vallée du Crouch de celle de la Tamise, on gagnerait aisément 20 000 hectares et il paraît acquis, qu'en élevant les eaux a une douzaine de mètres au dessus du niveau actuellement prévu, on porterait la surface à 80.000 hectares Enfin si un jour la totalité de l'eau venait a être vendue, sur le parcours de l'aqueduc, il faudrait peut-être trouver 150.000 hectares. Mais la configuration du pays le permet; car il suffirait de s'étendre vers Chelmsford, à la cote de 50 ou 60 metres.

pour avoir l'engrais doit ajuster le tuyau de la pompe locomobile qui commence à se populariser dans les fermes anglaises, et il aspire ainsi le liquide. Mais il ne faut pas s'y
tromper : cette dernière pratique serait exceptionnelle, et
les concessionnaires ne pouvaient compter réellement que
sur la première.

Pour mener à bien son entreprise, la Compagnie a reçu
de la loi de grands pouvoirs. Elle jouit notamment de deux
prérogatives importantes : l'une, de mener à travers la propriété privée le grand canal de dérivation et sa branche du
nord, c'est-à-dire d'exproprier pour cause d'utilité publique
les terrains nécessaires à l'établissement et à la conservation
des ouvrages ; l'autre, qui consiste à pratiquer sous les
chemins publics des conduites latérales destinées à apporter
l'eau d'égout aux propriétés situées dans la zone irrigable
et dépourvues de communication directe avec l'aqueduc.
Cette dernière disposition avait été jugée suffisante pour assurer les libres allures de la Compagnie [1]. Ainsi, elle devait
desservir la propriété privée de deux façons : 1° par des conduites directes, à travers champs, chez les fermiers qui con-
finaient immédiatement à son aqueduc ou qui se seraient
fait autoriser par ceux qui les en séparaient ; 2° par des
lignes plus ou moins détournées, empruntant les chemins
publics depuis leur rencontre avec l'aqueduc jusqu'au point
où ils atteignaient la propriété qui réclamait l'arrosage. L'un
ou l'autre de ces moyens, selon le cas, permettait de faire face
à tous les besoins.

L'aqueduc projeté et son embranchement, à leur arri-

1. Dans l'enquête de 1865, la question avait été posée de savoir s'il
conviendrait de conférer aussi à la compagnie l'énorme privilege de faire
passer les conduites latérales dans la propriété privée, mais les représentants de la compagnie répondirent, avec autant de bon sens que de
modération, « que toute ferme devant être touchée en quelque point par
« un chemin public, on pourrait toujours, à la rigueur, y arriver par là,
« et que, demander a la loi davantage, ce serait courir le risque de tout
« compromettre devant le Parlement »

vée sur la mer du Nord, rencontrent de vastes formations
de sables, de plusieurs kilomètres de largeur, lesquelles s'é-
tendent en longueur depuis l'embouchure de la Tamise
jusqu'au Blackwater, c'est-à-dire sur près de 30 kilomètres.
Ces formations peuvent être partagées en deux groupes :
l'un, le plus important, compris entre la Tamise et le
Crouch, est connu sous le nom de Maphin-Sands ou de Foul-
ness-Sands ; l'autre, entre le Crouch et le Blackwater, est
appelé Dengie-Flat. L'aqueduc aboutit au centre du premier
groupe; et la branche du nord au centre du second. C'étaient
là les sables qu'il s'agissait, dans une certaine étendue, de
conquérir sur la mer. Les plans présentés par la Compagnie
avaient en vue l'endiguement de 8.000 hectares environ à
Maplin et de 5.000 hectares à Dengie, avec un développement
total de digues de 40 kilomètres. L'exécution de la branche
nord étant ajournée, il en était naturellement de même du
travail de Dengie, et quant à Maplin, on se bornait pour
commencer à enclore près de 3.000 hectares. Cette surface
est couverte en entier par la haute mer ; son niveau
moyen au dessus de la basse mer est de 4 mètres, et les
parties les plus basses sont à 1^m,80 seulement. Elle forme,
dans son ensemble, un plan incliné assez uniformément vers
la mer et dont la pente moyenne est de 0^m,65 par kilomètre.
La hauteur moyenne de la digue, de la base au sommet, devait être de 5^m,50 et atteindre au maximum 8 mètres. La
crête aurait dépassé de 1^m,75 le niveau des hautes marées et
eût mis ainsi les terrains à l'abri des vagues. La grande
étendue de bancs de sable, qui règne en avant de l'enceinte
projetée, eût servi naturellement à la protéger contre la
grosse mer et aurait joué le rôle de brise-lames [1].

____

1. Des travaux de même genre, exécutés sur plusieurs points de l'Angleterre, notamment dans la baie de Morecambe, sur la côte ouest du
Lancashire, et dans la baie de Malahide, pour la traversée du chemin de
fer de Dublin à Drogheda, montrent suffisamment la marche à suivre en
cette circonstance. M. Hemans, qui a exécuté les remblais de Malahide

Le territoire ainsi protégé était destiné à une irrigation des plus actives. Les eaux d'égout, versées par l'aqueduc au niveau des parties les plus élevées, devaient être reçues dans des canaux et distribuées au sol par un réseau de rigoles découvertes. On comptait donner 15 à 20.000 mètres cubes à l'hectare et au besoin pousser à 30.000. Bien entendu, on ne prétendait pas que ce fût la meilleure manière d'utiliser l'engrais ; mais pour toute la portion non vendue sur le parcours, la Compagnie, plutôt que de la laisser couler en pure perte à la mer, avait un intérêt évident à en user dans la plus large proportion possible. Car, nous l'avons vu, jusque vers 25.000 mètres cubes à l'hectare, quand l'écoulement est bien assuré, toute quantité ajoutée à une première dose donne un accroissement de produit brut, et par suite de produit net, si la valeur du liquide est d'ailleurs comptée pour rien, comme c'est précisément le cas pour la portion qui reste aux mains du concessionnaire. Mais à raison de 20.000 mètres cubes par hectare, la Compagnie absorbait, sur 3.000 hectares, 60 millions de mètres cubes, soit les trois cinquièmes de son approvisionnement annuel, et, en étendant l'endiguement à 5.000 hectares seulement, elle l'aurait absorbé en totalité, sans dépasser une dose qui, sur des sables purs, ne cessait pas d'être fructueuse. On voit donc que le

devait être appliqué la même méthode à Maplin, en l'accommodant, bien entendu, à la destination différente des terrains. Son mode d'opérer eût été le suivant : la digue était formée de sable obtenu, partie en creusant le fossé de ceinture, de 8 mètres de large et de 30 à 40 centimètres de profondeur, qui devait régner à l'intérieur de l'enceinte, et partie aux bancs qui s'étendent du côté de la mer. Le sable était simplement accumulé jusqu'à la hauteur voulue, en laissant les talus prendre leur pente naturelle. La face extérieure recevait un revêtement d'argile pilonnée de 50 centimètres d'épaisseur, sur laquelle on étendait une couche de chaux. La portion située au dessus de la mer, ainsi que le couronnement, étaient soigneusement gazonnés. Sur la face intérieure, on se contentait de tasser les matériaux aussi bien que possible. La largeur de la digue, au sommet, était de 1^m,25 ; la largeur à la base variait, naturellement, selon la profondeur et était moyennement de 34 mètres.

plan de la Compagnie suffisait pour faire face au plus pressé, c'est-à-dire pour faire passer à travers des prairies le flot quotidien incessamment fourni par la ville. Mais ile ût été à souhaiter que les choses tournassent autrement, et qu'au lieu de jeter de grandes masses de liquide sur quelques milliers d'hectares, la surface d'irrigation s'étendît beaucoup, grâce à un emploi de plus en plus général sur le parcours. De la sorte, la consommation moyenne par hectare se serait considérablement abaissée, et tout le monde y eût gagné, la compagnie, aussi bien que le public.

Les terrains endigués étant situés au dessous du niveau de la haute mer, l'eau d'arrosage ne pouvait s'en écouler d'une manière continue. Aussi devait-elle être retenue jusqu'au moment où la marée descendante en permettrait la sortie, à moins qu'on ne préférât l'épuiser à l'aide de machines à vapeur. Cette seconde solution devait être moins coûteuse qu'on ne serait tenté de le croire au premier abord. Si l'on suppose, en effet, que la moitié des eaux seulement fussent amenées sur les sables, et que l'épuisement artificiel s'exerçât la moitié du temps, soit finalement sur 25 millions de mètres cubes, comme d'ailleurs la hauteur moyenne à racheter par les pompes n'était guère que de 1 mètre, la dépense annuelle d'extraction ne devait s'élever qu'à quelques milliers de francs [1]. Mais il n'était même pas probable qu'on en vînt là : le fossé de ceinture pouvait suffire comme réservoir, en attendant les moments propices pour faire écouler. Car avec les dimensions qu'on projetait de lui donner, ce fossé contenait plus de 40.000 mètres cubes, c'est-à-dire le sixième environ de la production journalière de la rive nord de Londres. Or, on n'était jamais forcé de garder l'eau plus de quatre heures, en sorte que, même si elle venait en totalité aux sables, le fossé suffisait encore pleinement à cette desti-

---

1. A quoi s'ajoutaient, bien entendu, l'intérêt et l'amortissement du capital engagé dans l'établissement des machines.

nation. A la marée descendante, les eaux devaient trouver leur issue à travers la digue, au moyen de bouches de décharge munies de clapets, ouvrant de dedans en dehors et restant fermés pendant toute la période du flux. Le même arrangement était pris pour les cours d'eau naturels qui parcourent actuellement cette région : ils étaient recueillis dans des canaux et s'écoulaient seulement à la marée basse. Le territoire était d'ailleurs complétement à l'abri des eaux de la mer ; car aucune infiltration n'était possible à travers une digue constituée comme celle dont nous avons parlé [1].

Le sol, formé de sable pur, offre une perméabilité parfaite, et régulièrement, deux fois par jour, il se trouvait débarrassé de toutes les eaux d'arrosage ou autres qui le parcouraient; donc dans les meilleures conditions possibles pour recevoir et évacuer de grandes quantités de liquides, sans que la culture eût jamais à souffrir d'un excès d'humidité. Toutéfois, les deux premières années, on comptait ne rien produire, le terrain étant encore trop imprégné d'eau de mer et de matières salines. Ge laps de temps était consacré à laver le sable et à l'adoucir : les eaux de pluie et celles d'égout le traversant sans interruption auraient entraîné peu à peu tous les éléments nuisibles. Mais dès la troisième année, on pouvait obtenir une bonne récolte.

L'irrigation devait être conduite à la mode d'Édimbourg ou à la mode d'Espagne, et peut-être selon l'une et l'autre à la fois. Le choix entre ces deux méthodes dépend évidem-

---

1 « J'ai, dit M. Bateman, une grande habitude de la construction des « grands filtres pour clarifier l'eau destinée à l'alimentation des villes, et « si je faisais un filtre de cette sorte (comme la digue), je ne pourrais pas « faire passer une seule goutte d'eau a travers. Les filtres artificiels sont « formés de sable lavé, et après peu de temps la surface s'obstrue, de « sorte que le filtre ne fonctionnerait plus si on ne la grattait pour exposer « une couche fraîche du sable le plus pur. Or, si nous voulions ici, de « quelque manière, faire filtrer l'eau à travers le sable, nous ne réus « sirions pas a en obtenir une goutte, une fois que la digue sera con- « struite. » (Enquête de 1865.)

ment de la quantité de liquide dont on dispose. Si l'on est assez pourvu pour n'avoir pas à y regarder, on adopte la première méthode qui, comme on sait, consomme davantage, mais est d'une pratique plus simple ; si, au contraire, on a intérêt à économiser l'eau, parce qu'on a réussi à en vendre beaucoup sur le parcours de l'aqueduc, on emploie la seconde méthode, qui exige plus de soins mais utilise beaucoup mieux.

Bien que la Compagnie eût expérimenté l'application de l'eau d'égout sur plusieurs sortes de cultures, elle n'avait aucune hésitation pour préférer les prairies permanentes. Toutes ses combinaisons agricoles ont toujours pivoté autour de cette idée. Le projet qui lui souriait le plus consistait à ériger sur son domaine un grand nombre de fermes consacrées à la production du lait de vaches. Chacune de ces fermes aurait été pourvue d'une habitation et des bâtiments que comporte une laiterie. On s'efforçait d'y attirer les laitiers de Londres par l'appât d'un loyer fixé tout d'abord à un chiffre bien moindre que celui qu'ils payent d'ordinaire à la ville. On comptait aussi, pour les décider, sur la perspective d'un air pur et d'une demeure saine, deux choses auxquelles l'Anglais n'est jamais indifférent. La Compagnie passait avec eux des marchés et leur fournissait à bas prix le fourrage vert rendu à domicile [1]. L'avantage eût été si évident pour eux que la Compagnie ne doutait pas d'en obtenir, avant l'achèvement des travaux, des engagements qui lui assuraient la consommation sur place de toutes ses récoltes ; « de telle sorte, di-
« sait-elle, que pas un quintal ne sera exporté en nature,
« mais que la totalité s'en ira exclusivement sous forme de
« lait, de fromages et autres produits accessoires se ratta-
« chant aux laiteries. »

L'éloignement de Londres n'était pas considéré par la

---

1. Elle parlait de le leur vendre sur le pied de 20 à 22 francs la tonne, tandis qu'il leur coûte aujourd'hui à Londres, de 25 à 26 francs.

Compagnie comme un obstacle; elle comptait avoir facilement raison de la concurrence des producteurs urbains et suburbains. Elle est, en effet, admirablement placée, pour les transports, par suite du voisinage du chemin de fer de South End, qui vient aboutir à quelques kilomètres de son territoire, et auquel elle projetait de se relier au moyen d'une voie ferrée spéciale. Le litre de lait, rendu à Londres, aurait été, de ce chef, grevé à peine de quelques centimes.

En résumé, la Compagnie vendait aux cultivateurs la plus grande quantité d'eau possible, et elle utilisait le surplus sur son propre terrain.

Il n'échappera à personne que c'est précisément cette double opération menée de front, et la facilité de faire venir l'une au secours de l'autre, qui faisait le mérite du plan de MM. Napier et Hope. On se rappelle, en effet, à quel point varie la valeur des eaux d'égout, selon qu'on les distribue à la convenance de la culture ou d'après les exigences de la salubrité, et combien il importe de laisser l'acheteur libre de consommer l'engrais aux époques et dans les proportions qu'il lui plaît. Cette condition entraîne qu'on ait un exutoire toujours ouvert pour écouler l'excédant ; or tel est justement l'office que devait remplir le domaine de Maplin : il recevait l'eau que le public n'achetait pas et permettait dès lors de faire varier à tout instant la vente au gré de la demande.

Les dépenses prévues pour réaliser cette grande entreprise étaient considérables. Le projet se soldait par une somme ronde de 60 millions, ainsi qu'il ressort d'un prospectus distribué par la Compagnie à ses actionnaires, et dans lequel la dépense était évaluée comme il suit:

Ouvrages d'art de tous genres (aqueduc, endiguement,
pompes, travaux préparatoires), suivant un premier
forfait passé avec M. William Webster[1], grand
entrepreneur de travaux publics 46.336.200
Sommes payées, sous forme d'actions libérées, à
MM. Napier et Hope, fondateurs, comme reconnaissance d'apports et remboursements de frais d'études
préliminaires et autres 1.250.000
Intérêt à 5 pour 100 des capitaux engagés, pendant
la période de construction, achat des terrains, frais
d'études, dépenses d'actes et d'administration . .   12.413.800
                              Total. 60.000.000

En regard de cette mise de fonds, voici quels étaient les
bénéfices que l'on comptait réaliser.

La Compagnie, dans son prospectus, portait à 18 millions
(720.000 livres sterling) le chiffre de la recette brute annuelle. Elle n'en donnait pas les motifs, mais il est visible
que ce chiffre répondait, dans sa pensée, à l'hypothèse d'une
valeur de $0^f,15$, attribuée au mètre cube d'eau d'égout. En
effet, dans le même prospectus, la Compagnie faisait connaître
qu'elle comptait dériver 120 millions de mètres cubes en totalité (avec le supplément fourni par les pluies, évalué à
une vingtaine de millions de mètres cubes par an). Or, le
chiffre de 120 millions multiplié par $0^f,15$, donne bien les
18 millions annoncés par la Compagnie. Mais une telle estimation est doublement fautive, car elle implique: 1° que
la totalité de l'eau disponible est vendue au public ou, du
moins, qu'on peut lui attribuer la même valeur que si
elle était vendue réellement; 2° que le prix courant de vente
est de $0^f,15$. Or, la quantité effectivement vendue devait être
bien inférieure au total disponible, surtout pendant les premières années de l'exploitation. La Compagnie elle-même

____

1. M. Webster, avec qui la compagnie avait traité, est le même qui a
construit, pour le compte du conseil métropolitain, près de la moitié des
ouvrages du *main drainage* de Londres.

avait prévu le cas, et elle avait formulé dans les enquêtes l'hypothèse où elle ne placerait que la moitié ou même le tiers de son approvisionnement. D'autre part les eaux utilisées sur le domaine de la Compagnie, devaient être loin d'obtenir la même valeur commerciale que celles achetées par les cultivateurs [1]. Le prix de $0^f,15$ le mètre cube est donc inadmissible pour la totalité. Même pour la partie vendue, il serait prudent de le réduire ; car, bien qu'intrinsèquement il représente la valeur de l'eau consommée à la convenance de la culture, on ne doit pas cependant se flatter de l'obtenir toujours sur une grande échelle. Il convient donc d'abaisser le prix de l'eau vendue à $0^f,10$, et de ne raisonner d'ailleurs que sur un volume de 100 millions de mètres cubes, en négligeant le contingent des pluies.

Cela posé, pour apprécier la recette, il faut faire quelques conjectures, puisque la répartition éventuelle de l'eau est nécessairement inconnue. Supposons une vente d'un tiers, soit, sur 100 millions, une vente de 33 millions de mètres cubes. A raison de $0^f,10$, on aurait, de ce chef, une première recette brute de 3.300.000 francs. Quant à l'excédant du liquide, il n'a pas de valeur commerciale proprement dite, puisqu'il devait être consommé par la Compagnie elle-même. Mais nous pouvons trouver indirectement quelque base d'évaluation. En effet, la Compagnie, par l'organe de M. Hope, avait émis la prétention de louer les sables arrosés de Maplin à raison de 1.560 francs l'hectare (25 livres par acre). Ce chiffre, bien qu'ayant un précédent à Édimbourg, paraît difficile à réaliser sur une grande échelle, et on trouvera sans doute raisonnable de le réduire à 1.000 francs ; c'est, de ce deuxième chef, une recette annuelle de 3.000.000 francs. La recette brute totale serait donc, en ce cas, de 6.300.000 francs.

---

1. On doit, en effet, entre les eaux vendues au public et celles consommées par la compagnie, faire la même distinction qu'entre les irrigations conduites au point de vue soit de la culture, soit de la salubrité ; or nous avons vu l'énorme différence que cela apportait dans la valeur de l'engrais.

Quant aux dépenses d'exploitation, comprenant l'élévation des eaux, l'entretien des divers ouvrages, la surveillance, l'administration centrale, etc., la Compagnie les
évaluait, dans son prospectus, à 1.250.000 francs par an.
Ce chiffre est certainement trop faible et nous le porterons
à 1.800.000 francs [1]. Il resterait ainsi un bénéfice net
de 4.500.000 francs, ce qui, en dehors du mode de répartition
adopté, correspondrait à 7 1/2 p. 100 du capital engagé.

Ce résultat aurait pu être dépassé si la vente de l'eau était
venue à se développer. Il faut considérer, en effet, que chaque
mètre cube livré au public rapporte à la Compagnie plus du
double de ce qu'elle en tire, quand elle le consomme elle-
même [2]. Le bénéfice pourrait donc s'élever jusqu'à la limite
marquée par la vente de la totalité de l'eau. Cette limite, en
calculant toujours sur 100 millions de mètres cubes, serait de
10 millions de recette brute, donnant près de 9 millions de
recette nette (par suite de la diminution des dépenses), ou environ 15 p. 100, par an, du capital engagé. Mais, en revanche,
si la vente ne prenait pas, la Compagnie avait comme limite
extrême opposée, le revenu de son propre domaine. En ce cas

---

1. Ce n'est pas tout à fait 2 centimes par mètre cube.

2. Cela ressort du calcul même qui précède, où l'on voit que les 66
millions de mètres cubes employés par la Compagnie ne lui rapportent
que 3 600.000 francs par an, soit moins de 5 centimes le mètre cube, au
lieu de 10 centimes que lui donnent les mètres cubes vendus. Même en admettant le prix invraisemblable de fermage de 1.560 francs l'hectare, mis en
avant par M. Hope, le prix ne ressortirait encore qu'à 7 centimes le mètre
cube. On ne doit pas s'étonner de cette différence, car, 1° on est placé,
par suite de la forte dose à l'hectare (22.000 mètres cubes), dans la condition défavorable déjà signalée ; 2° on subit une dépréciation provenant
de la grande quantité de terrains arrosés sur un point déterminé, 3° on
est éloigné de Londres et, conséquemment, on ne peut louer les herbages
aussi cher qu'aux portes d'une grande ville où l'on est exonéré des transports Il est donc tout naturel qu'avec la dose de 22.000 mètres cubes, on
n'atteigne pas le chiffre de 10 centimes le mètre cube, que nous avons
indiqué cependant dans un paragraphe antérieur comme répondant à l'application d'une telle dose à l'hectare.

elle aurait vraisemblablement, pour consommer son eau dans des conditions moins désavantageuses, porté la superficie endiguée à 5.000 hectares, ce qui aurait entraîné un accroissement de dépense d'établissement de 5 à 6 millions, et sans doute aussi un accroissement des frais d'exploitation. Ces 5.000 hectares affermés à 1.000 francs auraient produit 5 millions bruts, ou environ 3 millions net, soit seulement 3 1/2 p. 100 du capital engagé, pour l'intérêt, l'amortissement et les imprévus. Il suit de là, que les efforts les plus énergiques de la Compagnie devaient tendre à la vente de l'eau, et que l'affaire n'était réellement possible que dans ces conditions.

La Compagnie, au surplus, s'en était parfaitement rendu compte, et c'est précisément pour faire naître le goût de l'eau dans le public qu'elle se livre depuis trois ou quatre ans à une vaste expérimentation, qui est une sorte d'enseignement en plein champ. Elle a loué une ferme de 84 hectares de terrains légers, à sous-sol graveleux, dont la constitution est si pauvre qu'en certains endroits la terre arable manque presque entièrement et que le gravier affleure la surface. Aucune sorte d'engrais ni d'amendement n'y est employée. On se borne à arroser avec l'eau d'égout que des pompes prennent dans l'émissaire et envoient dans des bassins d'alimentation. On applique concurremment les deux systèmes d'irrigation d'Édimbourg et d'Espagne, c'est-à-dire par rigoles de pente et par plates-bandes de niveau. La principale culture est le ray-grass d'Italie. Sur une pièce ensemencée en août 1866 et sur laquelle on avait fait passer 10.000 tonnes d'eau d'égout par hectare jusqu'au 1er juillet suivant, on a obtenu 750 quintaux métriques de fourrage à l'hectare, en trois coupes, savoir: 200 quintaux au commencement d'avril 1867, 250 quintaux au milieu de mai et 300 quintaux vers la fin de juin. Sur d'autres pièces, la récolte a été plus belle encore. On a également bien réussi avec des pommes de terre, des choux, du céleri, des fraises, du lin, de la luzerne, etc. Enfin la Compagnie produit du lait en abondance, qui se débite journellement sur le marché de Londres. Mais tout cela ne lui garantit pas la réussite financière de sa combinaison. Il n'est que trop évident qu'elle ne peut compter, au moins pendant de longues années, sur une vente importante de l'eau au public, et que dès lors elle n'a devant elle d'autre perspective de bénéfices que ceux des sables à endiguer, c'est-à-dire, nous venons de le voir, une rémunération tout à fait insuffisante. Aussi la Compagnie s'arrête devant cette tâche ingrate, et le problème de l'emploi des eaux d'égout de Londres reste sans solution [1]. Telle est la situation actuelle d'une entreprise, de laquelle cependant le Conseil métropolitain avait dit, dans son rapport officiel de 1868 : « Eu égard « à ce qui a été fait, il paraît y avoir de bonnes raisons d'es- « pérer que le succès couronnera cette entreprise et qu'il « sera démontré définitivement que l'irrigation à l'eau d'é- « gout est non-seulement une mesure opportune, mais que « c'est même un emploi profitable de ce qui auparavant « était rejeté comme un rebut [2]. »

1. Nous apprenons en cours d'impression que la Compagnie métropolitaine a définitivement renoncé à son entreprise

2. On a fait quelques objections contre le plan de la Compagnie : 1° On a dit que la surface desservie par gravitation était beaucoup trop faible et qu'elle n'aurait pas dû être moindre de 200.000 hectares, afin que chaque hectare effectivement arrosé ne reçût pas plus de 2 à 3.000 mètres cubes. Il n'est pas douteux, en effet, que, toutes choses égales d'ailleurs, il y a avantage à répartir l'eau sur une plus grande surface, mais il ne faut cependant pas pousser les choses à l'extrême, et le chiffre de 40.000 hectares, offert par la compagnie, est déja fort respectable D'ailleurs, si la vente se developpait les entrepreneurs auraient intérêt, tous les premiers, à elargir le cercle de la clientèle pour faire hausser les prix: or, leur projet comporte, on le sait, le cas échéant, une extension facile au moyen de pompes à feu supplémentaires et de nouveaux embranchements. 2° On a prétendu que les irrigations infecteraient la contrée. Mais, d'une part, il est interdit à la Compagnie de les pratiquer à moins de 3.000 mètres de la banlieue de Londres, et, d'autre part, la région traversée par l'aqueduc ne renferme aucune agglomération importante Quant aux sables littoraux, il n'en faut pas parler, la seule population qu'on y trouverait serait celle que la Compagnie y aurait appelée elle-même par ses travaux.

Des demandes en concession se sont également produites, pour les eaux d'égout de la partie sud de Londres. Le projet qui aurait sans doute été agréé sans les circonstances financières, est celui de M. T. Ellis. L'eau d'égout devait être prise au réservoir de Crossness, à 25 kilomètres en aval de London-Bridge, et être conduite jusqu'à Higham-Creek, à 5 kilomètres en aval de Gravesend, et à 48 kilomètres de London-Bridge, par un aqueduc couvert, de forme circulaire, de 3m,50 de diamètre. Cet aqueduc recevait sur son parcours les eaux d'égout de Darford et de Gravesend, et pouvait se décharger dans la Tamise à la marée haute, au moyen d'un bassin de réserve fonctionnant à la manière de ceux du Conseil métropolitain. Près de l'embouchure, des machines à vapeur refoulaient les eaux dans une conduite grimpante de 3.200 mètres de long et les envoyaient dans un vaste réservoir sur le coteau de Shorne, à une hauteur de 85 mètres. De là, les liquides étaient distribués par des tuyaux enterrés sous les chemins, et pouvaient desservir par gravitation une surface de 78.500 hectares. On pouvait aussi employer l'eau à la

L'exemple des Craigentinny meadows, sur lequel on voulait appuyer l'objection, ne prouve rien, puisque les mauvaises odeurs, nous l'avons vu, y viennent uniquement du manque de soins dans l'application du procédé. 3° On a contesté la possibilité de préserver efficacement des eaux de la mer les sables de Maplin. On a dit que ces sables étant mouvants, l'eau, poussée par la pression extérieure, laquelle n'est pas contre-balancée à l'intérieur de l'enceinte, s'introduirait nécessairement par le pied de la digue, a travers les sables, et detruirait la vegetation. Cet argument, auquel des noms d'ingenieurs ont prêté une certaine autorité, a été réfuté péremptoirement par la Compagnie. Elle a fait observer qu'a maree haute et dans les parties profondes, où les infiltrations pourraient precisément sembler le plus à craindre, la digue exercerait, par son propre poids, sur les bancs de sable, une pression de 15 tonnes par mètre carre, et que cette pression serait plus que suffisante pour que les sables devinssent tout à fait imperméables à l'eau. Quant a savoir si les sables, par suite de leur nature mouvante, pourraient supporter un poids semblable sans se derober, chose qu'on avait paru également mettre en doute, la Compagnie a repondu par des experiences directes. Elle a fait éprouver très-soigneusement la capacité de résistance de ces sables et elle a trouvé qu'ils supporteraient, au besoin, une pression de 50 tonnes par mètre carre, plus que triple, par

lance ou la faire couler dans des rigoles à ciel ouvert, menées à des points convenables. La compagnie cultivait à ses frais un domaine de 1.600 hectares. Le volume total des eaux disponibles est d'environ 270.000 mètres cubes par jour, ou de près de 100 millions de mètres cubes par an ; c'est donc une moyenne de 1.750 mètres cubes par hectare et par an offerte à toute la surface desservie. Le coût des travaux était estimé de la manière suivante :

	francs
Aqueduc	10.750.000
Pompes à vapeur et bâtiments	5.697.000
Conduites de refoulement.	1.776.000
Réservoir de Shorne	3.125 000
Réservoir de décharge et usine pour la fabrication des superphosphates de chaux	5.000.000
Conduites de distribution.	15 514 200
Domaine de la compagnie	1.750.000
Imprévu	4.361.200
Total.	47.975.400

La dépense annuelle des machines à vapeur était portée,

conséquent, de celle qu'ils auraient a supporter avec la digue. Rappelant d'ailleurs les exemples de la baie de Morecambe et de celle de Malahide, la Compagnie a fait observer qu'une fois les travaux faits, la mer se charge elle-même d'en augmenter la puissance, par les depôts qu'elle accumule graduellement contre l'obstacle qui lui est opposé. 4° Enfin, on a objecté que les sables littoraux, composés presque exclusivement de silice pure, n'étaient susceptibles de rien produire et que la prétention de les fertiliser était une grande erreur. « C'est en vain, écrivait l'illustre Liebig au « maire de Londres, qu'on pense à transformer les sables de Maplin en « un sol fertile produisant une végétation luxuriante ; pour en arriver là « il faudrait plus de deux millions de tonnes d'argile afin de former à la « surface du sol l'épaisseur requise d'un pouce. » Mais la Compagnie, fidèle à la théorie que nous avons exposée, a protesté qu'elle ne prétendait nullement à fertiliser les sables, « mais seulement à féconder les récoltes « qu'ils etaient destinés a porter » Au surplus elle a voulu sortir de la discussion théorique, et repondre par des faits, visibles pour tout le monde. En conséquence, elle a pris du sable à Maplin même, et l'a transporté à Barking Creek, où elle l'a répandu sur un hectare et demi de terrain, en une couche de 25 à 30 centimètres d'épaisseur. Une partie de la surface a

tout compris, à 1.715.000 francs, soit 0ᶠ,017 ou moins de 2 centimes par mètre cube d'eau d'égout remontée à 91 mètres environ [1].

IRRIGATIONS DE BRUXELLES.

La ville de Bruxelles a adopté pour ses eaux d'égout, une solution analogue à celle de Londres.

Les liquides doivent être épurés par leur passage à travers des prairies permanentes; toutefois, avant de servir à l'arrosage, ils subiront dans des bassins de dépôt une clarification sommaire destinée à écarter les corps les plus grossiers. Cette précaution, laissée de côté à Londres, est commandée ici, comme nous le dirons bientôt, par les circonstances particulières dans lesquelles on se trouve. C'est à une compagnie anglaise, *Belgian public works Company*, déjà chargée de l'exécution des grands collecteurs de Bruxelles, qu'est échue également la tâche de réaliser cette épuration [2].

été mise en prairie permanente ; l'autre a reçu différents légumineux, tels que pois, carottes asperges, les navets etc Ensuite on a répandu l'eau d'égout en abondance. Les carottes, les asperges, y sont venues d'une grosseur surprenante; l'herbe poussait à raison de 10 et 11 centimètres par semaine, soit près de 6 mètres par an. On faisait plusieurs récoltes et sept coupes de fourrages. Cette végétation, toujours active, sous l'influence des liquides chauds et riches des égouts de Londres, rappelait celle des terres les plus privilégiées sous d'autres climats.

1 Comme se rattachant aux irrigations de Londres, ou, pour parler plus exactement, à la protection de la Tamise, on peut mentionner l'entreprise qui a en vue d'utiliser pour l'arrosage, dans un même plan d'ensemble, les eaux d'égout des huit principales villes en amont de Londres, savoir : Oxford, Abingdon, Reading, Kingston, Richmond, Twickenham, Isleworth, et Brentford. Une compagnie constituée au capital de 8.325.000 francs, dont 6.250.000 francs en actions et 2.075.000 francs en obligations, a obtenu du Parlement un acte qui l'investit de tous les pouvoirs nécessaires. Toutefois l'exécution n'a pas encore commencé à cause, paraît-il, de la difficulté qu'on éprouve à se procurer les terrains nécessaires à l'irrigation.

2. Nous devons les renseignements qui suivent à l'obligeance de la compagnie ainsi qu'à celle de MM. de Rotes, ingénieur des ponts et chaussées, préposé au contrôle des travaux pour le compte du gouverne-

Les travaux relatifs à cette dernière entreprise ont été reconnus d'utilité publique et concédés par un arrêté royal du 29 novembre 1866. Aux termes de cet arrêté et des conventions qu'il vise, un délai de quatre ans et demi était assigné à l'exécution des travaux. Ceux-ci devraient donc être terminés, et l'épuration en vigueur, le 29 mai 1871. Mais des faits regrettables, qui se sont dénoués en partie devant les tribunaux, ont apporté, des retards imprévus. Empressons-nous d'ajouter depuis que les travaux ont repris avec activité.

La durée de la concession est de soixante-six ans. La Compagnie a reçu de la ville, indépendamment de la libre disposition des eaux d'égout, une subvention de quatre millions une fois payée, et une rente annuelle de 100,000 francs en capital, équivalant à peu de chose près, à un capital de deux millions de francs. C'est en tout, par conséquent, une subvention une fois payée de six millions [1], non compris, bien entendu, celle qu'elle reçoit pour le drainage proprement dit de la ville ; cette somme de six millions correspond, pour une population comme celle de Paris, à quarante millions environ.

Les eaux de Bruxelles sont, comme celles de Londres, chargées de toutes les déjections de la population, ainsi que

ment belge, et Depaire, pharmacien chimiste, membre du conseil municipal de Bruxelles, lequel avait été spécialement chargé de l'étude de ces questions au sein du conseil.

1. Cette subvention a eu en vue de tenir compte des circonstances extérieures dans lesquelles la compagnie devait opérer et qui étaient de nature à renchérir son entreprise. Ainsi, les travaux pour amener les eaux depuis la ville devaient être, relativement à l'ensemble, bien plus coûteux, par exemple, que l'aqueduc embranché sur le reservoir de la ville de Londres, en outre, les concessionnaires etaient tenus de construire une usine de décantation. Enfin ils avaient, pour pratiquer l'irrigation, à se pourvoir de terrains aux portes même de Bruxelles, terrains nécessairement fort chers, tandis que la compagnie métropolitaine n'avait, on se le rappelle, qu'a endiguer des sables concédés gratuitement par l'État, lesquels, tous travaux faits, ne devaient ressortir qu'au prix modique de mille francs environ l'hectare.

des résidus d'un très-grand nombre de fabriques échelonnées
le long de la Senne, lesquelles cesseront désormais de s'évacuer
à cette rivière. Le volume des liquides n'est pas actuellement
très-considérable, mais avec la distribution d'eau projetée
pour un avenir prochain, il atteindra sans doute le chiffre
de 40.000 mètres cubes par jour, soit environ 15 millions
de mètres cubes par an. Les eaux d'égout, réunies dans un
seul émissaire sur la rive droite de la Senne, seront amenées
à l'usine de décantation au moulin Saint-Michel, à 5 kilomètres en aval de Bruxelles (Pl. IX). Cette usine consistera
simplement en bassins de dépôts, dont la superficie, avec les
dépendances, couvrira 12 hectares. La ville se charge d'exproprier, pour le compte des concessionnaires, ces terrains
qui sont compris par l'arrêté royal dans la déclaration
d'utilité publique. Au sortir des bassins, les eaux se déver-
seront sur des prairies en exploitation régulière, dont
l'étendue, laissée à l'appréciation des concessionnaires, devra
être telle en tout cas, que l'épuration soit « aussi parfaite
« qu'à Blind Corner (Croydon), c'est-à-dire sans odeur dans
« le voisinage » [1]. La compagnie se procurera à ses périls et

1. L'article 17 de la convention passée le 15 juin 1866 entre la ville de
Bruxelles et les concessionnaires, fixe un minimum de surface d'arrosage
de 60 hectares. Ce minimum est évidemment très-insuffisant, car les 15
millions de mètres cubes prévus pour l'année, répandus sur 60 hectares,
donneraient 250.000 mètres cubes à l'hectare, soit une hauteur d'eau de
25 mètres. Nous doutons qu'aucun terrain cultivé, aussi perméable et aussi
bien drainé qu'on veuille le supposer, pût faire face d'une manière durable à l'épuration d'un pareil volume de liquide. En mettant un zéro de plus
au chiffre de la surface, soit 600 hectares au lieu de 60, on rentre dans des
conditions plus normales, 25.000 mètres cubes par hectare ; c'est à peu
près le contingent adopté par la compagnie de Londres pour ses sables
littoraux. Fort heureusement pour la ville de Bruxelles, ce minimum est
corrigé par la clause générale qui exige, en tout état de cause, la surface
nécessaire pour réaliser une épuration *aussi parfaite qu'à Croydon*. Du reste
la compagnie concessionnaire reconnaît elle-même, toute la première, l'im
possibilité pratique de ce minimum, et elle avait en vue, nous disait le directeur d'arroser, si elle pouvait se les procurer, non pas 60 hectares, ni même
600, mais bien 1,800 hectares, lesquels recevraient ainsi de 8 à 9.000
mètres cubes seulement

risques la surface nécessaire à l'arrosage. Toutefois, l'autorité municipale s'engage, si la Compagnie le demande, à faire toute diligence auprès du gouvernement pour obtenir l'expropriation pour cause d'utilité publique des terrains dont il s'agit[1]. On pense que le principe de l'expropriation prévaudra dans les conseils du gouvernement. Si cette prévision se réalisait, il en résulterait une grande facilité offerte à l'assainissement des villes en Belgique, puisque le principal obstacle à la pratique des irrigations, c'est précisément, on l'a vu, l'impossibilité où se trouvent souvent les municipalités de se procurer les terrains à des conditions acceptables.

On a remarqué la différence que présente le système de Bruxelles comparé à celui de Londres, à savoir la clarification préalable qu'on y fera subir aux eaux, tandis qu'à Londres on voudrait les employer à l'état naturel. La raison de cette différence tient, avons-nous dit, aux circonstances locales. En effet, tandis que la Compagnie métropolitaine opèrerait dans une contrée à peu près inhabitée et jetterait ses eaux invendues sur une plage déserte, le concessionnaire de Bruxelles, au contraire, pratiquera l'arrosage à une faible distance de bourgades peuplées, non loin de la capitale elle-même, et dans une région sillonnée de voies de communication. Il y a

1. L'article 26 de la concession porte : « De son côté, le collège échevinal s'engage, si les seconds soussignés (les concessionnaires) en font « la demande, à faire toute diligence auprès du gouvernement pour obte « nir : 1° l'expropriation, pour cause d'utilité publique, des terrains dont « il est parlé à l'article 17 ; 2° l'autorisation de raccorder l'usine de dé « cantation et d'épuration par voie ferrée au réseau des chemins de fer « de l'État ou des chemins de fer concédés » Cette clause, insérée dans un document officiel, est le premier pas fait dans la voie que nous avons indiquée, comme devant seule donner la solution au problème de l'emploi des eaux d'égout. Il serait fort à désirer pour les progrès de l'assainissement que l'expropriation fût accordée par le gouvernement belge. Ce fait aurait une portée qui dépasserait les limites du royaume : il préparerait les esprits, en tous pays, beaucoup plus efficacement que les publications scientifiques à accepter une mesure rendue désormais nécessaire par les besoins des sociétés modernes.

donc ici un grand intérêt, un intérêt primant la question
d'économie, à ce que l'irrigation développe le moins d'odeur
possible. Or il est certain qu'en séparant, avec des précautions convenables, les matières les plus grossières en suspension dans les liquides, on est encore plus sûr d'atteindre
le but; car on prévient ainsi les émanations que des corps
abandonnés sur le sol pourraient dégager pendant leur lente
décomposition. La combinaison belge a donc sa raison d'être
comme celle de Londres avait la sienne.

IRRIGATIONS DE MILAN.

Les eaux d'égout de la ville de Milan, chargées, comme
celles des villes précédentes, des immondices de la population
(y compris les matières fécales), servent à l'arrosage d'un millier d'hectares de prairies situées en aval de la ville, sur un
parcours d'environ 16 kilomètres. La population est de 150.000
âmes, mais le volume des liquides est beaucoup plus fort que
celui qui correspond d'ordinaire à un pareil chiffre, car il
atteint 100.000 mètres cubes par jour, soit près de 700 litres par
habitant. C'est que dans ce volume figurent pour une très-
large part les eaux naturelles qui traversent la ville, et dans
lesquelles se délayent les résidus des maisons. Le drainage,
tant public que privé, est d'ailleurs assez primitif, ce qui
s'explique par sa grande ancienneté ; il paraît remonter à
plus de cinq cents ans. Les égouts et les drains particuliers
se réunissent dans deux collecteurs, qui ne sont autres que des
cours d'eau naturels canalisés. L'un d'eux, la Sevese, dessert
la partie centrale ou la ville proprement dite, et est maçonné
et couvert. L'autre, le Naviglio, qui se jette dans le précédent,
dessert la partie excentrique ou les faubourgs; il est beaucoup plus grossièrement établi et circule à ciel ouvert.
L'ensemble de ces liquides est finalement recueilli par un
troisième canal, également à ciel ouvert, la Vettabia, qui
sert d'émissaire à la ville. C'est sur le parcours de ce dernier

que les eaux sont vendues aux propriétaires des prairies.
L'excédant rejoint la rivière Lambro, à 17 ou 18 kilomètres
au sud de Milan. La surface des prairies confine aux portes
mêmes de la ville, et toute la région est soumise à un arrosage très-actif, tant avec les eaux de la Vettabia qu'avec
celles de divers autres canaux naturels, exempts de produits
d'égouts. Malgré ces pratiques, on n'a constaté à aucune
époque de tendance marquée aux épidémies ni aux fièvres
endémiques. Une commission anglaise, chargée en 1857 de
visiter ces contrées et de faire une enquête sur la salubrité
des irrigations, a rendu à leur égard un témoignage très-
favorable. M. l'ingénieur en chef, Mille, chargé, il y a peu
d'années, par M. le préfet de la Seine, d'une mission semblable, a confirmé ces appréciations.

Indépendamment des matières qui les enrichissent, les
eaux de la Vettabia ont, sur la plupart de celles qu'on emploie
dans le pays, l'avantage d'être à une température plus élevée.
Leur circulation en partie souterraine et leur mélange avec
le tribut des maisons ont pour résultat de les tiédir d'une
manière sensible. Cette circonstance, très-favorable à l'arrosage en toute saison, ainsi que nous en faisions naguère la
remarque à propos des liquides d'égout de Londres, permet
de cultiver à Milan ces prairies désignées sous le nom de
Marcites qui reçoivent l'eau au cœur même de l'hiver, alors
que la neige recouvre les terres environnantes. « Les mar-
« cites, dit M. Ronna, se distinguent des prairies ordinaires
« dont la surface en pente douce est alimentée par un canal
« supérieur distribuant l'eau dans des saignées suivant les
« lignes de niveau, en ce qu'elles sont sillonnées transver-
« salement et divisées en compartiments ou *ailes* de $0^m,03$
« de pente et de 7 mètres environ de largeur. C'est entre ces
« ailes, et au sommet des ados de distribution que sont les
« rigoles de distribution.

« Ces rigoles ont $0^m,30$ de largeur sur $0^m,24$ de profondeur.
« L'eau vient sur chaque arête supérieure, ruisselle sur le

« gazon et tombe dans des colatures ou rigoles de 0ᵐ,20 à
« 0ᵐ,25 de largeur sur 0ᵐ,16 à 0ᵐ,20 de profondeur, qui
« l'entraînent par une pente de 3 à 5 pour 100 dans le fossé
« d'écoulement ou colateur. Une planche de 120 mètres de
« longueur ainsi répartie en compartiments est suivie d'une
« autre un peu plus courte, où le colateur de la première
« devient irrigateur dans la seconde. La reprise des mêmes
« eaux s'opère ainsi trois fois et même jusqu'à douze fois
« sur la même prairie. Cette reprise paraît indispensable,
« car en évaluant le produit minimum de la Vettabia à
« 100.000 mètres cubes par 24 heures, ou 1 mètre cube à
« la seconde, et la tranche liquide nécessaire à la consom-
« mation d'un hectare de marcites par 24 heures, à 0ᵐ,30 de
« hauteur, on trouve que les eaux de ce canal ne pourraient
« fertiliser que 30 hectares au lieu d'un millier actuellement
« irrigués.

« L'eau, toujours ruisselante à la surface, abrite le gazon
« du froid et des vents ; de sorte qu'il s'épaissit de décembre
« à février et devient assez abondant pour permettre une
« première coupe en février. On suspend l'arrosage huit
« jours au moins avant de faucher. Les produits de l'année
« sont proportionnels à la dépense d'eau. L'herbe, mélangée
« de ray-grass et de trèfle, se coupe six fois. »

Le produit de ces coupes dépasse ordinairement 50 tonnes
par hectare [1], représentant 13.000 kilog. de fourrage sec. Il
atteint quelquefois 80 tonnes, et l'on a même des exemples
de marcites donnant jusqu'à 100 tonnes, soit plus de 25.000
kilog. de foin. On évalue le revenu net moyen à 500 francs
par hectare ou plutôt 600, en comprenant la vente des
limons riches que la Vettabia abandonne graduellement sur
les prairies et qu'on est obligé d'enlever tous les cinq ou six

---

1 Les coupes se distribuent comme il suit : dans chacun des mois de
fevrier et d'avril, 12,000 tonnes environ ; en juin et août, 9.000 ; en octobre et décembre, 6.000 ; total 54.000 tonnes. Les coupes d'hiver sont
de moins bonne qualité que celles de la fin du printemps et de l'été

ans. Ce limon provient des terres que les eaux des canaux roulent naturellement et qui retiennent une partie des matières organiques fournies par les maisons. Ce flot trouble détermine sur le sol une sorte de colmatage qui tend à en exhausser continuellement le niveau. Pour le maintenir, on a soin, au bout de quelques années, d'*écrouter* la terre sur plusieurs centimètres. L'humus ou terreau ainsi retiré constitue un engrais de premier ordre que recherchent les maraîchers et dont la vente donne environ 600 francs par hectare.

Essayons d'assigner une valeur à l'eau d'égout de Milan. Les 100.000 mètres cubes par jour, répartis sur 1.000 hectares, représentent une consommation quotidienne de 100 mètres cubes à l'hectare ou une dose annuelle de 36.000 mètres cubes. Or, avons-nous dit, le produit net est de 600 francs. La valeur de l'eau de la Vettabia est donc de $0^f,0167$ le mètre cube. Mais ce n'est point là, remarquons-le bien, de l'eau d'égout ordinaire : c'est de l'eau d'égout étendue de six fois son volume d'eau pure. En effet, le débit de la Vettabia représente, pour une population de 150.000 âmes, un contingent de 700 litres par tête et par jour, qu'on peut considérer comme le septuple de la consommation normale d'une ville où le drainage est aussi imparfait. Il faudrait donc multiplier la valeur ci-dessus par 7 pour rentrer dans les conditions d'une eau d'égout ordinaire ; on aurait ainsi $0^f,116$ pour la valeur de cette eau. Mais il y a une autre correction en sens inverse à faire subir à ce chiffre. En effet, quand on arrose avec 7 mètres cubes d'eau de la Vettabia, on ne se trouve pas dans les mêmes conditions que si l'on arrosait avec un seul mètre cube d'eau d'égout ordinaire ; car à l'action des matières fertilisantes s'ajoute celle des six autres mètres cubes d'eau pure, action qui, sous un climat comme celui de l'Italie, est loin d'être négligeable. En d'autres termes, l'arrosage, abstraction faite de tout engrais, a ici sa vertu propre, dont il faut tenir compte. Quelle est la valeur de cet arrosage, pris intrinsèquement ? Comment doit se répartir le profit net, entre les principes fertilisants d'une part, et l'eau pure d'autre part? On peut en trouver une mesure approximative au moyen de ce fait que, dans le Milanais, l'eau de la Vettabia se vend couramment le double de celle des autres canaux [1]. Il semble donc que l'addition des matières issues du drainage donne à cette eau une seconde valeur égale à celle qu'elle possédait déjà, et que conséquemment les éléments qui vont se diluer dans 7 mètres cubes de la Vettabia ont une valeur égale à la moitié de $0^f,116$ ou à $0^f,058$. Mais pour avoir l'eau d'égout normale il faut délayer ces éléments dans 1 mètre cube d'eau pure, ce qui ajoutera à leur valeur celle de cette eau elle-même, soit un septième de $0^f,058$ ou un peu plus de $0^f,008$. Le mètre cube de liquide d'égout, ramené à la composition normale, sera donc finalement coté à près de $0^f,07$. Or nous ne nous écartons pas ici beaucoup des chiffres que nous avons déjà eu occasion de poser, puisque nous avions précédemment fixé à $0^f,05$ environ, la valeur correspondant à la dose de 40.000 mètres cubes, et que, dans le cas actuel, la dose est précisément de 36.000 mètres cubes. Nous obtenons, on le remarquera, un chiffre un peu plus favorable, $0^f,07$ au lieu de $0^f,05$, ce qui tient évidemment à cette double circonstance: 1° que le ciel de la Lombardie est beaucoup plus propice aux hautes doses que celui de l'Angleterre ; 2° que les eaux de la Vettabia étant très-faiblement chargées de matières organiques, on est beaucoup moins exposé à saturer la végétation. Il n'est même pas douteux, eu égard à ces considérations, que l'eau ressortirait à un prix plus élevé encore, à $0^f,10$ peut-être, si le drainage de la ville de Milan était plus parfait et si les marcites ne subissaient pas la concurrence des irrigations ordinaires qui couvrent cette fertile contrée.

1. 800 francs l'once au lieu de 400 francs. L'once mesure un débit de 44 litres à la seconde.

ESSAIS ET PROJETS D'IRRIGATIONS A PARIS.

Concurremment aux essais de traitement chimiques que nous avons déjà décrits, à Clichy et à Gennevilliers, la ville de Paris s'est livrée, avec le concours des mêmes ingénieurs, MM. Mille et Durand-Claye, à des essais d'utilisation agricole directe, qu'il est intéressant d'examiner.

Nous continuérons d'emprunter au compte-rendu du 1er mars 1869 le récit des opérations effectuées à Clichy. Elles avaient pour objet : 1° l'arrosage proprement dit ou la distribution de l'eau à des cultures diverses; 2° le colmatage ou une sorte de filtrage naturel obtenu en faisant passer de grandes quantités de liquide à travers un sol poreux qui devait retenir les impuretés et qui était ensuite mis en culture. Le tout se passait sur le champ, de 100 mètres de large sur 150 mètres de long, dont la partie centrale était réservée à l'épuration chimique (Pl. VI et Pl. X, fig. 1 à 3). « En « hiver, en morte saison, quand on veut colmater, disent « MM. Mille et Durand-Claye, on trace des rigoles qu'on va « trancher sur la ligne maîtresse et qu'on peut ouvrir ou « fermer en tête au moyen d'une motte de gazon. Enlevez « cette motte, après avoir barré le canal par une planchette, « l'écoulement devient latéral et le sol est couvert par sub-« mersion. En été, en temps de végétation et d'arrosage, la « préparation consiste à disposer le sol en billons ou en « planches pour faire la grande culture ou la culture des « légumes. On met les billons et les planches en amorce sur « la ligne d'arrosage. Avec les vannettes à main qui coupent « la ligne maîtresse, avec les mottes de gazon qu'on remue « d'un coup de pied pour ouvrir les lignes secondaires, on « fait descendre l'eau dans les raies qui sillonnent le sol. « La fraîcheur se communique par infiltration aux plantes, « qui occupent toujours le point haut et ne sont pas touchées « par les liquides. Le dépôt reste dans le point bas et de-

« vient l'engrais de la récolte suivante, quand on retourne
« le sol.....

« Le colmatage a duré de novembre en mars, opérant
« pendant cinquante jours, avec un maximum en fé-
« vrier.

« Il a reçu 12.000 mètres cubes absorbés par une surface
« de 2.000 mètres carrés ; le sol a été noyé d'une hauteur
« d'eau de 6 mètres, dix fois la pluie du climat. Par suite,
« on peut compter que dans les graviers d'alluvion de la
« plaine, chaque hectare digèrera à la rigueur en hiver
« 60.000 mètres cubes.

« L'arrosage a eu lieu de mars en octobre, opérant pen-
« dant cent quinze jours, avec un maximum en mai, à cause
« des chaleurs prématurées et un autre maximum en juil-
« let, époque où la sécheresse amène d'ordinaire le sommeil
« de la végétation. Il s'exécutait par rotation, revenant à peu
« près une fois par semaine sur chaque planche, et oscil-
« lant autour d'une hauteur d'eau de $0^m,10$, module que
« M. de Gasparin a déjà fixé pour les irrigations du midi. Les
« cultures dans leur ensemble ont exigé dans la saison $3^m,60$
« de hauteur d'eau ; c'est à peu près ce que donne, avec des
« peines infinies, l'arrosement du maraîcher.

« Le dépôt qui reste sur le sol colmaté ou dans le fond
« des rigoles a l'aspect d'une vase noirâtre, mélangée d'une
« infinité de brins de paille et même de poils ; il ressemble
« à du feutre humide. Au bout d'un jour ou deux, il passe
« au gris, garde sa texture feutrée que recouvre une pelli-
« cule de matière argileuse desséchée et devient léger ; sa
« densité descend à 700 kilog. le mètre cube. Il est dé-
« pourvu d'odeurs, les pluies l'humectent, sans le réduire
« en boue.

« On songe de suite à le rapprocher des dépôts obtenus au
« laboratoire avec l'alumine. Voici la comparaison des élé-
« ments :

SUBSTANCES.	DÉPOT des rigoles.	DÉPOT du laboratoire.
	kilog	kilog
Azote	7 30	7,50
Acide phosphorique	7,60	7,00
Matières organiques	245,15	272,:0
Matières minérales	739 95	713,30
TOTAUX.	1.000,00	1.000,00

« L'azote, l'acide phosphorique, les matières organiques
« et minérales sont sensiblement en concordance. N'est-ce
« pas la preuve que *le laboratoire et le sol ont pratiqué deux*
« *opérations identiques*, l'une par précipitation, l'autre par
« filtration, et qu'en théorie au moins, *les deux méthodes,*
« *agricole et chimique, rentrent l'une dans l'autre.* »

A Gennevilliers, les opérations sont tout à fait semblables,
sauf qu'elles ont lieu sur une beaucoup plus grande échelle
(Pl. VI et Pl. XI). Pendant le deuxième semestre de l'année
1869, on a consommé 100.000 mètres cubes par mois, qui ont
été distribués à une trentaine d'hectares, dont 5 appartenant en propre à la ville : c'est une moyenne de 40.000
mètres cubes par hectare et par an. L'eau a servi partie à
l'arrosage des cultures, partie au colmatage. « Pendant tout
« l'été et une partie de l'automne, alors que la terre est cou-
« verte de produits, disent MM. Mille et Durand Claye dans
« leur compte-rendu du 8 mars 1870, l'eau circule dans des
« rigoles ou des raies venant baigner les racines des légumes,
« des betteraves, des pommes de terre, etc., sans toucher
« leurs feuilles ; pour les prairies, pour les luzernes, la sub-
« mersion du sol est générale, mais se fait par couches
« minces qui n'atteignent que les parties basses des tiges.
« Cet arrosage est forcément accompagné d'une sorte de
« *colmatage*, puisque le fond des rigoles ou des raies retient
« le dépôt solide que charriaient les eaux d'égout. Le dépôt

« retourné à la pelle et enfoui à l'époque des façons, forme
« amendement et engrais.

   « Après les récoltes, lorsque le sol est nu, se placent les
« colmatages proprement dits. A l'aide de petits barrages
« établis dans les rigoles, l'eau dépasse la crète des berges
« et vient produire une série d'inondations partielles qui
« sont limitées au besoin par de petits bourrelets en terre.
« L'eau est absorbée par le sous-sol perméable et la terre se
« recouvre d'une couche limoneuse, riche en particules or-
« ganiques, qui est incorporée au sol au moment des façons
« ou chargée en tombereaux pour aller fertiliser d'autres
« parties. — *Les dépôts des bassins résidus de l'épuration*
« *sont évidemment de même nature que les dépôts naturels*
« *du colmatage.* »

Ces derniers mots, qui confirment l'appréciation déjà portée sur le travail du sol, à Clichy, montrent immédiatement
l'insuffisance du colmatage, considéré comme procédé d'épuration. Puisque de l'aveu des expérimentateurs eux-mêmes,
les matières retenues par le sol sont les mêmes que les matières retenues par l'agent chimique, les eaux qui filtrent à
travers le sol doivent emporter avec elles, comme celles qui
s'échappent des bassins. les trois cinquièmes de la richesse
fertilisante. Donc le conseil donné par ces expérimentateurs
d'utiliser pour l'arrosage des cultures les eaux épurées provenant du traitement chimique, s'applique également aux
eaux provenant du colmatage. Mais que signifierait une
semblable recommandation si elle n'impliquait pas que les
plantes sont susceptibles de reprendre dans ces eaux des
principes qui avaient échappé à l'action seule du sol? Il
ressort donc clairement de là que dans le colmatage, tel
qu'il s'est pratiqué à Clichy et à Gennevilliers, on n'obtient
pas ce degré de pureté que peut seule procurer l'intervention
d'une végétation active et sans solution de continuité. L'arrosage lui-même des plantes maraîchères ne répond pas
complétement à la question, car un colmatage partiel se

produit évidemment dans l'intervalle des plantes, ainsi, du reste, que le font remarquer les auteurs mêmes des expériences.

Quant aux objections que font naître de telles opérations au point de vue de la salubrité de l'atmosphère, il est presque superflu de les reproduire. Chacun a présents à l'esprit les risques qu'on pourrait courir avec des eaux d'égout plus fortement souillées, répandues en abondance sur de grandes surfaces et par tous les temps, et abandonnant sur le sol des dépôts de matières putrescibles qui ne rencontreraient pas immédiatement des plantes pour les absorber et pour s'en nourrir [1]. L'innocuité constatée à Clichy et à Gennevilliers est loin d'être une garantie suffisante, car les conditions de ces expériences diffèrent trop, comme nous l'avons déjà rappelé, de celles qu'on est destiné à rencontrer dans la pratique.

A un autre point de vue, l'installation récemment faite à Gennevilliers peut-elle être considérée comme le noyau d'une exploitation définitive ? Peut-on espérer que l'emploi fait sur 25 à 30 hectares, des eaux offertes gratuitement aux cultivateurs par les ingénieurs de la ville de Paris, déterminera de nombreux imitateurs, et qu'un jour les paysans de la presqu'île de Gennevilliers consommeront et même payeront les 300 ou 400 mille mètres cubes débités quotidiennement par les collecteurs d'Asnières et de Saint-Denis ? Tel n'est pas notre avis. D'abord le territoire de cette presqu'île est très-limité et, si l'on se tient à une distance raisonnable des habitations, on ne peut guère compter sur une surface arrosable de plus de 1.500 hectares, ce qui représente une consommation annuelle de 80 à 100.000 mètres cubes par hectare. Ce chiffre est énorme et montre que ce n'est point l'eau qui manquera à la terre, mais bien la terre qui manquera à l'eau ; d'où il suit que les cultivateurs ne se feront pas con-

---

1. Cette manière de voir vient de recevoir une nouvelle confirmation par un rapport du Dr Franckland, de 1870, dont M. Dumas a rendu compte à l'Académie des sciences, dans la séance du 16 mai.

currence entre eux pour s'alimenter, mais qu'au contraire
la ville de Paris sera à leur merci. Dès lors, comment s'attendre à trouver dans un pareil concours le débouché régulier et toujours ouvert que réclame le flot incessant de la ville? En outre, n'est-il pas à craindre qu'une application aussi exubérante, et faite avec peu de discernement par des consommateurs isolés, ne fasse naître des inconvénients qu'on ne tolérerait pas longtemps dans une riche banlieue? Enfin l'éducation du cultivateur est bien lente et cette région sera peut-être aux trois quarts couverte de maisons de campagne avant que le maraîcher se soit converti à la doctrine de l'arrosage payant. Pour ces diverses raisons, nous pensons que c'est sur de tout autres bases que doit reposer la solution. On nous pardonnera sans doute d'en dire quelques mots.

En dehors de tout système particulier d'irrigations, il est deux considérations fondamentales qui doivent, selon nous, dominer l'entreprise. La première, c'est l'abolition des fosses d'aisances et l'envoi direct des matières fécales aux égouts, sans préjudice, bien entendu, de la généralisation du drainage privé tel qu'il se pratique aujourd'hui dans les principaux quartiers En effet, les eaux d'égout de Paris, avec leur composition actuelle, ne rémunéreraient pas suffisamment une entreprise d'irrigation. Elles augmenteraient incontestablement, et même dans de grandes proportions, le rendement agricole, mais pas assez pour donner à l'entrepreneur un profit commercial, dans la véritable acception du mot, ce qui est fort différent. Ces eaux, en effet, privées qu'elles sont aujourd'hui des déjections de la population et même d'une grande partie des résidus ménagers, ne valent probablement pas plus de la moitié de ce que valent les eaux de Londres ou de Bruxelles et en général les eaux des villes anglaises. C'est ce qui ressort des analyses que nous avons déjà citées et que nous reproduisons ici, en mettant en regard des éléments les prix en usage dans le commerce des engrais :

ELÉMENTS FERTILISANTS CONTENUS DANS 1 MÈTRE CUBE
D'EAU D'ÉGOUT.

NATURE des SUBSTANCES	VALEUR du kilog	A LONDRES d'après M Th Way.		A PARIS d'après MM Mille et Durand. Clayo	
		quantités.	valeurs.	quantités	valeurs.
	francs	kilog.	francs	kilog.	francs
Azote.	2 00	0,006	0,192	0,037	0,074
Potasse	0,60	0,0·1	0 036	0,030	0 018
Soude	0,12	0 322	0 005	0,101	0,012
Acide phosphorique .	0,40	0,0ö2	0,033	0,015	0,006
TOTAUX . . .	»	0,551	0,266	0,183	0 110

Ainsi les valeurs des éléments fertilisants, à Paris et à
Londres, sont entre elles à peu près dans le rapport de 2 à 5.
Il est vrai qu'à ces chiffres s'ajoute une quantité constante,
qui est la valeur propre à l'eau, en tant qu'instrument d'arrosage, abstraction faite de sa composition chimique. Néanmoins on peut admettre avec assez de vraisemblance que
sous des climats aussi tempérés que ceux de Londres et de
Paris, l'eau d'égout dans la première de ces villes doit rendre
le double des services agricoles qu'elle rend dans l'autre.

Mais il y a un autre motif bien plus puissant pour qu'on
fasse marcher de pair la suppression des fosses d'aisances avec
l'emploi des eaux d'égout ; c'est que cette suppression est le
seul moyen de subvenir aux frais de l'entreprise sans imposer aucune charge aux populations. En effet, actuellement,
la vidange des fosses fixes dans Paris entraîne, outre les inconvénients de tous genres que chacun connaît, une dépense de 7 à 8 millions par an, supportée par les propriétaires des maisons. Or l'envoi des matières fécales aux
égouts, soit directement, soit avec l'intermédiaire de tinettes
filtrantes, fera disparaître la presque totalité de cette dépense. ainsi que les frais d'entretien et de réparation des
fosses. Ce serait donc une somme de 9 à 10 millions qui

deviendrait libre et que la ville de Paris pourrait recouvrer
sur les propriétaires sous une autre forme. Elle pourrait, par
exemple, généraliser la redevance de 30 francs par tuyau de
chute, actuellement établie sur les 3 à 4.000 maisons qui
communiquent aux égouts, et, comme il y a environ 250.000
tuyaux de chute dans Paris, la municipalité percevrait ainsi
une somme de plus de 7 millions, sans augmenter aucune-
ment les charges présentes de la propriété et en l'exonérant
même de tous les embarras et de tous les dégâts qu'occasionne le procédé si repoussant de la vidange. Une portion
de ce revenu de 7 millions ferait face à l'entreprise de l'emploi des eaux d'égout, de telle sorte que le problème de la
préservation du fleuve et de l'assainissement de la ville se
trouverait résolu, en même temps que les finances municipales recevraient encore un certain boni. Cette combinaison
est, selon nous, beaucoup plus pratique et plus sûre que celle
qui consiste à attendre du concours éclairé des cultivateurs
la rémunération d'une pareille entreprise.

La seconde considération à laquelle nous avons fait allusion, comme important essentiellement au succès financier
de l'opération, c'est que l'entrepreneur ait la faculté d'exproprier pour cause d'utilité publique les terrains nécessaires à l'épuration. En ce qui concerne l'emplacement de
l'aqueduc et des ouvrages d'art, cela va de soi : il ne saurait
être question de procéder sans expropriation; on l'a concédée
en Angleterre, où cependant on l'avait refusée aux chemins
de fer : à plus forte raison la concèderait-on en France. Mais
nous parlons des surfaces mêmes destinées à recevoir l'eau :
il est indispensable, à nos yeux, de pouvoir les exproprier.
Rappelons, en effet, que la condition *sine quâ non*, d'un bon
prix de vente de l'eau d'égout, c'est que le cultivateur en puisse
faire usage à son gré, quand et comme il lui plaît. C'est dire
que le concessionnaire en gardera une portion à sa charge;
et même cette portion, dans un pays aussi peu porté aux innovations agricoles, sera bien près, dans les commencements,

d'atteindre la totalité. Il faut donc que le concessionnaire de
Paris, bien plus encore que celui de Londres, ait en propre
un domaine, où il puisse verser l'excédant et au besoin la
totalité de ses eaux. Ce domaine, supposé d'ailleurs dans les
meilleures conditions d'écoulement, ne saurait avoir moins
de 1 hectare 1/2 par 1.000 habitants, si l'on a en vue seulement d'épurer, et devra en avoir le double, si l'on veut employer l'eau d'une manière qui ne soit pas par trop désavanta-
geuse. Pour une population de 2 millions d'âmes, le domaine
aurait donc 6.000 hectares [1]. L'opération, déjà médiocre
à ce chiffre de superficie, serait déplorable au dessous [2].
Or, 6.000 hectares, dans un pays où la propriété est si morcelée, ne sont pas faciles à se procurer, et M. Le Chatelier a
eu raison d'y voir un grand obstacle à la pratique des irrigations, et par suite un argument en faveur de son système
d'épuration par voie chimique. Quant à aller chercher des
terrains au bord de la mer, c'est, vu l'éloignement, un expédient qui, sans être impraticable, serait cependant assez coûteux pour faire reculer à bon droit les capitalistes; d'ailleurs,
il n'est pas établi qu'on trouverait sur le littoral une telle
surface favorablement disposée. Il est donc vraisemblable
que s'il fallait se procurer les terrains par les voies ordinaires, on ne réussirait pas à constituer un domaine convenable, même en consentant à le former de plusieurs lots indépendants [3]. Car, qu'on ne l'oublie pas, l'obligation de faire
passer 20 à 25 mille mètres cubes d'eau sur un hectare limite

---

1. Avec cette superficie et le chiffre de la future distribution de Paris,
l'hectare recevrait 25 000 mètres cubes environ, ce qui est plus du double
de la dose correspondant au plus grand profit agricole.

2. Nous nous plaçons ici, bien entendu au point de vue du capitaliste
qui engage librement ses fonds, et non au point de vue de la municipalité qui pourrait trouver bon de faire un sacrifice dans l'intérêt de la salubrité et qui, en ce cas jugerait peut-être préférable d'abaisser la surface
à 3.000 hectares.

3. On ne pourrait pousser trop loin ce morcellement du domaine, sous
peine de rendre la conduite de l'irrigation fort compliquée et coûteuse

singulièrement le choix : autant il est facile de trouver des sols qui acceptent 5 à 6 mille mètres cubes, autant on peut avoir de peine à en trouver qui absorbent quatre ou cinq fois cette quantité. On court donc le risque de se heurter auprès des propriétaires à des prétentions inadmissibles. Le seul moyen de lever cet obstacle, c'est évidemment d'accorder l'expropriation pour cause d'utilité publique des terrains indispensables à l'arrosage.

Ce serait la mise en pratique de la pensée exprimée par la commission anglaise de 1866, pensée reprise par les autorités belges et déposée par elles, nous l'avons dit, dans le contrat passé avec les entrepreneurs de l'assainissement de la Senne. Il ne s'agirait pas, bien entendu, d'une expropriation sans limites et sans garanties, mais elle serait soumise à certaines réserves. Ainsi la superficie expropriable pourrait être restreinte, par exemple, à la moitié de celle dont on aurait besoin pour opérer l'arrosage dans des conditions commerciales acceptables, soit à 1 hectare 1/2 par 1.000 âmes de la population ; l'autre moitié serait acquise par le concessionnaire de gré à gré. On exproprierait donc 3.000 hectares [1], avec lequels on pourrait, à la rigueur, faire face aux nécessités de l'assainissement, et quant aux 3.000 autres hectares destinés à procurer la rémunération des capitaux, on les acquerrait à l'amiable. C'est seulement avec une telle base d'opération assurée, que l'entrepreneur pourrait raisonnablement s'engager dans l'affaire. Car alors les prétentions des propriétaires seraient sans doute sensiblement diminuées, par le fait seul qu'ils sauraient l'entrepreneur déjà muni des terrains strictement indispensables à l'épuration.

Ainsi les deux conditions en quelque sorte préalables de toute entreprise d'irrigations avec les eaux d'égout de Paris, sont :

1. L'emplacement des terrains expropriés serait fixé par le même décret qui approuverait l'établissement de l'aqueduc et des ouvrages d'art.

1° Que ces eaux soient enrichies de toutes les déjections de la population ;

2° Qu'on ait la faculté d'exproprier au moins 1 hectare 1/2 par 1.000 habitants.

Reste à dire quelques mots d'une considération d'un autre ordre, mais qui a bien aussi son importance dans un pareil sujet : c'est l'obligation d'élever mécaniquement les eaux d'égout.

Une telle obligation se présente à Paris, comme du reste pour la plupart des cités importantes qui, étant étendues le long d'un cours d'eau, se trouvent à un niveau inférieur à celui des campagnes environnantes. Dès lors les liquides doivent être remontés artificiellement afin de pouvoir se distribuer aux terres par gravitation et jouir en même temps d'un écoulement assuré Cette opération passé, auprès de certaines personnes, pour un obstacle insurmontable. On suppose, d'une part, que les pompes risquent d'être obstruées par les matières solides en suspension dans les eaux, et d'autre part, que la dépense des machines à vapeur est presque inabordable. Fort heureusement, il n'en est pas ainsi. L'expérience de Londres et même celle de Gennevilliers montrent qu'avec un grillage métallique interceptant les corps volumineux, les pompes n'éprouvent aucun dérangement ; les grandes machines élévatoires du Conseil métropolitain fonctionnent depuis plus de quatre ans avec une régularité parfaite. Quant à la dépense de l'ascension, quoique considérable, elle est cependant au dessous de ce qu'on imagine. Ainsi que nous l'avons rapporté précédemment, l'élévation de l'eau d'égout à 75 mètres n'augmente pas en Angleterre le prix du mètre cube de plus de 0^f,01. En tenant compte des différences dans le coût des houilles, la dépense en France n'excéderait guère 2 centimes pour une élévation à 100 mètres.

Ces principes généraux posés, tout se réduit à une question de tracé. Nous n'avons pas à rechercher ici quel pourrait

être le meilleur : c'est une détermination tout à fait en dehors
de la compétence de ce travail. Nous nous bornerons à rapporter, à titre d'exemples, et sans prétendre nous y associer, deux projets mis en avant, il y a peu d'années,
par deux ingénieurs distingués, MM. Mille [1] et Aristide
Dumont.

Voici le projet de M. Mille, tel qu'on le trouve décrit dans
un rapport de 1862 à M. le préfet de la Seine, sur les irrigations et les prairies à marcites du Milanais.

« ..... Il reste la question la plus importante. Les résultats
« obtenus en Lombardie peuvent-ils se répéter en France ?
« Les environs de Paris peuvent-ils, comme la banlieue de
« Milan, avoir des marcites, des prairies d'hiver à végétation
« constante ? Oui, pourvu qu'il y ait ici la même volonté, la
« même persévérance.

« Mais, dira-t-on, le soleil d'Italie nous manque et sans
« lui l'on ne réussira pas. Il est curieux de remarquer que
« la seconde application en grand des eaux d'égout ait eu lieu
« à Édimbourg ; elle y a produit des prairies qu'on coupe
« quatre et cinq fois par an, et où l'herbe, abondante et
« précoce, est payée cher par les nourrisseurs. Notre climat
« de France vaut bien celui d'Écosse ; ainsi nous pouvons
« poursuivre.

« A Paris, la Vettabia, c'est l'égout d'Asnières, qui roule
« 1^{m3} à la seconde, et aura plus tard 2^{m3} à verser dans la
« rivière [2]. Les liquides, déjà clarifiés par les opérations
« qui précèdent l'émission en Seine, la récolte des fumiers
« flottants et le dragage des sables, les liquides sont plus
« troubles que ceux de Milan ; il faudrait ajouter deux ou
« trois volumes d'eau pure pour les ramener à la limpidité
« du modèle. La limite agricole de la dilution n'est
« donc pas atteinte, et la difficulté toute mécanique con-

---

1. M. Mille est le même ingénieur qui dirige aujourd'hui les essais
de Gennevilliers.

2. Il versera bien davantage dans quelques années.

« siste encore à soulever de grandes masses d'eau à bas
« prix.

« Qu'on jette les yeux sur la carte hydrographique du
« bassin de la Seine, on remarquera qu'entre les confluents
« de la Marne et de l'Oise, la rivière se promène, en longs
« serpents, dans une érosion du calcaire grossier. L'ancien
« lit d'inondation, large d'environ 10 kilomètres, a été rem-
« pli en cailloux et en gravier, alluvions si maigres et si peu
« fertiles qu'elles ne portent guère qu'une végétation fores-
« tière. Le bois de Boulogne, le bois du Vésinet, la forêt
« de Saint-Germain couvrent successivement ces langues
« d'atterrissement. Si les champs de Gennevilliers font
« exception, c'est qu'à proximité des quartiers peuplés; ils
« ont été fertilisés au moyen des boues et des fumiers de
« la ville.

« Au dessus des grèves de la Seine, au nord, et sur le
« calcaire grossier, s'étend la plaine de l'Ile-de-France. Elle
« a été, entre Montmorency, Saint-Denis, Noisy-le-Sec,
« entièrement prise par la culture maraîchère, qui fait ici
« de gros légumes pour la halle, grâce aux engrais de Paris.
« Plus loin, sur les mêmes terrains, on ne rencontre que des
« céréales. Au sud-est de Meaux, à Corbeil, commence la
« Brie, plateau argileux qui, comme la Flandre, se livre à
« la culture industrielle; tandis qu'au sud-ouest, au delà de
« Versailles, la Beauce continue le plateau de Trappes et
« montre encore un grenier à céréales.

« Or, que faut-il à la Brie et à la Beauce, sinon de l'engrais
« flamand, des liquides concentrés susceptibles d'enrichir
« les fumiers de la ferme ? Aux champs maraîchers de l'Ile-
« de-France, ce qui convient au contraire, c'est un arrosage
« avec des eaux tièdes d'égout permettant d'échauffer le sol
« de bonne heure ou de lutter contre la sécheresse en été.
« Quant aux grèves de la Seine, elles vont, si l'on y fait pas-
« ser un courant d'eau trouble, se colmater et devenir un vrai
« fond de marcites.

« Mais à première vue l'exécution paraît impossible..

« L'égout d'Asnières débouche à la cote 25 mètres, les grèves
« sont 10 mètres plus haut, à la cote 35 mètres ; la plaine de
« Montmorency, Saint-Denis et Noisy, ou le réservoir qui
« l'alimenterait, doit se prendre à la cote 75 mètres, à 50
« mètres au dessus de la rivière ; tandis que la Brie, à la
« cote 100 mètres, et la Beauce, à la cote 175 mètres ; donnent
« à franchir les différences de niveau de 75 à 150 mètres ;
« comment vaincre ici les obstacles?

« A la rigueur on en viendrait à bout avec la machine à
« vapeur ; mais quand il s'agit de remuer 200.000 mètres
« cubes par jour, on entre dans la création d'un matériel
« gigantesque et dans une consommation de charbon presque
« illimitée [1]. Heureusement une solution meilleure est à
« portée.

« La Seine, malgré ses longues inflexions, garde une
« pente forte de 1 mètre par myriamètre ; il en résulte une
« vitesse qui gêne la navigation à la remonte et qui rend les
« barrages indispensables. Il y en aura prochainement trois
« entre la sortie de Paris et Poissy : le premier à Suresnes,
« le second à Marly et Besons, le troisième à Andresy.
« Réglés à 3 mètres et $2^m,40$ de chute, retenant un fleuve de
« 75 mètres cubes à l'étiage sur les deux premiers points et
« de 120 mètres cubes environ après le confluent de l'Oise,
« les barrages créent des forces motrices de 2.400 chevaux à
« Suresnes, comme à Marly et Besons, de 3.600 chevaux à
« Andresy : 1 ou 2 mètres cubes d'eau par seconde ne
« peuvent être difficiles à soulever par de pareilles puis-
« sances [2].

1. Nous avons vu que ces appréciations sont exagérées et que la dépense
n'est guère que de 2 centimes par mètre cube élevé à 100 mètres.

2. Le barrage de Suresnes existe aujourd'hui et pourrait facilement
être utilisé pour l'élévation des eaux. Quant a celui d'Andresy, il n'est
pas démontré qu'on aurait intérêt à aller chercher là une force motrice,
car lé tracé de l'aqueduc se trouverait ainsi fixé en partie, tandis qu'il

« En effet, les ingénieurs de Louis XIV, en construisant
« les machines de Marly, ont résolu le problème que nous
« rencontrons devant nous aujourd'hui. Le vieil attirail de
« roues, de balanciers et de pompes, dont la complication et
« le bruit ne répondaient qu'à un effet utile insignifiant, a
« été remplacé par un système fort simple et très-énergique.
« Six roues de 12 mètres de diamètre mènent chacune
« quatre pompes horizontales qui puisent l'eau en rivière
« et la refoulent d'un jet au sommet de la montagne.
« Chaque roue prenant 200 chevaux de force travail-
« lant sous une charge manométrique de 180 mètres,
« chasse 2.000 mètres cubes par jour à 150 mètres de hau-
« teur !

« Donc, chaque roue peut envoyer au plateau de la
« Beauce, et à plus forte raison en Brie, 2.000 mètres cubes
« par jour, c'est-à-dire tout ce que Paris produit de liquides
« de vidanges, en les supposant isolés et partout rassemblés.
« Si l'on considère les eaux d'égout et qu'il suffise de les
« refouler, non à 150 mètres de hauteur, mais à 50 mètres.
« pour les envoyer au réservoir qui les dispersera dans
« l'Ile-de-France, il faut tripler le résultat et compter sur
« 6.000 mètres cubes en 24 heures. Si l'on descend encore
« d'altitude et qu'on veuille répandre les eaux sur les grèves
« de la Seine où il n'y a que 10 mètres à franchir, au lieu
« de 50 mètres, le chiffre doit être quintuplé ; chaque roue
« puisera 30.000 mètres cubes à l'égout et les versera à la
« surface des alluvions de gravier pour les transformer
« bientôt en prairies et en herbages. Avec six roues absorbant
« 1.200 chevaux, avec le système actuel de la machine de

serait peut-être préférable de le diriger dans un autre sens, même au
prix de l'abandon d'une force naturelle. D'ailleurs si les moteurs hydrauliques sont économiques, ils ont bien aussi l'inconvénient d'être sujets à
des irrégularités qui, vis à-vis d'une tâche aussi continue que celle dont
il s'agit ici, peuvent avoir des conséquences graves. En somme, c'est une
question à examiner.

« Marly, on aurait raison deś 200.000 mètres cubes que
« versera l'émissaire.

« Si donc le barrage que l'on doit construire à Suresnes
« était descendu 7 kilomètres plus bas et porté à Asnières ;
« si l'on dotait ainsi l'embouchure en Seine d'une force
« motrice de 2.400 chevaux, on peut affirmer que la solution
« économique serait complète. La puissance de la chute
« mènerait les appareils de dragage et de filtrage des solides
« d'égout, et enverrait les liquides dans la campagne, partout
« où la consommation agricole le demanderait.

« Cette consommation se fera-t-elle ? L'éducation d'une
« population de cultivateurs est lente, il faut en convenir :
« elle exige du temps, des efforts d'instruction, des sacrifices
« d'exemple ; mais ici, les éléments de succès existent. Le
« maraîcher de la banlieue de Paris est un travailleur ardent
« et assidu, comme le Flamand et le Lombard ; depuis les
« chemins de fer, il se sent attaqué par la concurrence de
« rivaux plus favorisés du ciel, les maraîchers d'Angers, de
« Bordeaux, d'Avignon et de Perpignan ; il saisira vite des
« procédés d'arrosage qui lui donneront les moyens de
« faire des primeurs ou de doubler ses récoltes. Quant aux
« prairies irriguées, il y aura pour les appeler les besoins
« d'une nourriture verte réclamée par les vaches laitières
« ou par les bœufs qui approvisionnent le marché de
« Paris.

« *Conclusions*. — Amener une force motrice de 2.400
« chevaux à la bouche de l'égout d'Asnières, ou conduire
« l'émissaire jusqu'à l'une de ces puissances gigantesques
« créées par les barrages de la navigation et à peine utili-
« sées ; construire dans la campagne un système de réser-
« voirs, de canaux de rigoles de distribution et de fossés
« d'assainissement ; transformer, élever la production ma-
« raîchère de la banlieue par l'emploi habilement pratiqué
« des eaux riches et tièdes que l'on ne sait encore que
« perdre dans la Seine ; voilà un programme qui n'est ni

« simple ni facile, mais qui est digne d'attirer l'attention des
« hommes soucieux de l'avenir [1].

« En définitive, l'œuvre des Visconti et des Sforza, de saint
« Bernard et de Léonard de Vinci n'était pas plus aisée, et
« nous la trouvons aujourd'hui tellement vivante, tellement
« imprimée à la surface comme au fond du pays, qu'elle
« nous semble venir de la nature même.

« N'ayons donc pas peur, lorsqu'un grand intérêt nous
« conseille d'entreprendre ce qui est difficile; il n'y a que
« cela de durable. »

Le plan de M. Aristide Dumont s'éloigne peu de celui de
M. Mille :

« Les machines d'Asnières, dit-il, enverraient les eaux
« dans trois directions différentes. Un premier tuyau suivrait
« la direction du chemin de fer du Nord pour se bifurquer
« ensuite au delà de l'Oise, en deux branches, l'une allant
« aboutir dans les environs de Montdidier et l'autre du côté
« de Gournay. Le second tuyau suivrait la ligne de l'Est et
« se bifurquerait aussi en deux branches, l'une allant sur
« les plateaux de la Brie, et l'autre du côté de Villers-
« Cotterets. Le troisième tuyau, enfin, suivant la direction
« du chemin de fer de l'Ouest, irait porter les eaux-vannes
« d'un côté sur les plateaux de la Beauce et de l'autre côté
« vers Dreux. Sur tout le parcours de ces tuyaux, il serait
« établi, de distance en distance, des prises d'eau où des
« bureaux de vente d'engrais liquide; chaque tuyau serait
« terminé à son extrémité par un réservoir dont le trop-plein
« se déverserait dans le cours d'eau le plus voisin [2]. »

---

1. A ce programme il faut ajouter, l'envoi des matières fécales aux
égouts dont l'auteur ne parle pas.

2. La salubrité publique se trouverait singulièrement compromise par
cette disposition, car la vente de l'engrais ne se généraliserait pas du
premier coup Ce qu'il faut à l'extrémité de chaque tuyau, ce n'est pas
un réservoir, mais bien un domaine appartenant à l'entrepreneur et toujours prêt à recevoir l'excédant des eaux.

Notre opinion personnelle est qu'aucun de ces deux projets, dans les termes où ils sont conçus, ne serait exécutable, à raison précisément de ce que les auteurs ont cru pouvoir se passer de la faculté d'exproprier pour cause d'utilité publique les terrains nécessaires à l'irrigation. Il suit de là que pour trouver des emplacements favorables, ils ont été forcés de se porter à des distances considérables et de multiplier démesurément les canaux de distribution. On peut donc prédire que les frais de conduite des eaux sur le lieu d'arrosage seraient tout à fait hors de proportion avec la valeur même de ces eaux. En outre, ce qui est une autre conséquence de l'absence du droit d'exproprier, les auteurs font reposer toute leur combinaison sur l'espoir d'une vente régulière de l'engrais aux cultivateurs, espoir chimérique, nous l'avons dit, surtout pendant les premières années de l'exploitation. Ce n'est pas, selon nous, sur de telles bases qu'un projet vraiment praticable peut s'appuyer. Il faut, de toute nécessité, introduire parmi les données du problème la condition qu'un minimum de superficie pourra être acquis par voie d'expropriation. La question alors se simplifiera singulièrement, et l'étude des environs de Paris fera connaître, sans nul doute, à une distance raisonnable, des terrains dans des conditions d'altitude et de constitution qui permettront d'y répandre l'eau à un prix acceptable. Et quant aux charges financières qui, nonobstant ces facilités, pourront encore subsister, on en trouvera, nous l'avons vu, une ample contre-partie dans la suppression des fosses d'aisances, qu'un tel emploi des eaux rendra possible désormais.

CONCLUSION SUR LES PROCÉDÉS D'ÉPURATION.

En résumé, les procédés chimiques appliqués à l'épuration des eaux d'égout souillées par les déjections, ont constamment présenté jusqu'ici les inconvénients ci-après :

1° Ils nécessitent des manipulations qui affectent plus ou

moins la salubrité du voisinage. Le curage des bassins de dépôt et la dessiccation des boues, notamment, sont accompagnés d'odeurs qu'il paraît à peu près impossible d'éviter quand on opère en grand.

2° La séparation des matières n'est jamais complète : il subsiste toujours en grande quantité dans les eaux vannes, soit à l'état de suspension, soit surtout à l'état de dissolution, des principes fertilisants qui sont une cause de corruption pour les cours d'eau en même temps qu'une perte pour l'agriculture.

3° La valeur commerciale de l'engrais obtenu est inférieure à son prix de revient, sinon au lieu même de production, du moins à quelque distance : or, quand on traite les eaux d'une grande ville, la totalité de l'engrais ne peut être consommée qu'à la condition d'être exportée dans un rayon étendu.

Ces conclusions défavorables ne s'appliquent, bien évidemment, qu'aux ingrédients chimiques essayés jusqu'à ce jour. Il n'est point dit que quelque autre substance, encore inconnue, ne sera pas susceptible de résoudre le problème d'une manière satisfaisante, et à ce point de vue, le champ reste ouvert aux expériences. Toutefois, il faut bien le reconnaître, un tel ensemble de résultats négatifs constitue une forte présomption contre cette classe de procédés, et la prudence ne permet guère d'espérer le succès dans une voie où tant de tentatives ont déjà échoué.

En Angleterre, toutes les entreprises qui se sont fondées en vue d'appliquer un traitement chimique, ont successivement discontinué leurs opérations, après avoir subi des pertes considérables, et dans ce pays où l'on n'abandonne pas facilement une idée qu'on a crue juste, on a cependant renoncé complétement à celle-là. Enfin en Belgique, où l'on s'est livré à une longue et consciencieuse enquête sur la question et où les propositions séduisantes n'ont pas manqué pour l'application des procédés chimiques, on est arrivé exacte-

ment aux mêmes conclusions qu'en Angleterre. En France.
les expériences de Clichy et de Gennevilliers n'infirment
point ces résultats, car malgré les soins et le talent de leurs
auteurs, ces expériences révèlent un chiffre de dépense considérable et ne mettent pas dès aujourd'hui la salubrité hors
de cause, puisque les liquides employés n'ont pas la composition qu'ils doivent avoir, et qu'on ne s'est pas trouvé dans
les vraies conditions de la pratique. Quant aux essais de
Reims, ils sont encore moins favorables et ne sauraient nullement être invoqués.

L'insuffisance des procédés chimiques est donc manifeste ; c'est autrement que l'eau d'égout doit être employée.

L'eau d'égout doit être répandue sur les terres cultivées,
telle qu'elle sort des villes, sans traitement ni préparation
d'aucune sorte, ou, comme on dit, *à l'état naturel*. La seule
précaution à prendre, c'est, à l'aide d'un grillage, d'éliminer les corps encombrants ; quant aux matières en suspension, elles ne font point obstacle à l'élévation mécanique des
eaux, ni à leur distribution dans des canaux.

Divers motifs établissent la supériorité de cette méthode :

1° De tous les moyens de transporter les éléments fertilisants contenus dans l'eau d'égout, le plus simple et le plus
économique est souvent de faire couler cette eau elle-même
aux lieux de consommation.

2° L'eau d'égout présente l'engrais sous la forme la mieux
appropriée à la végétation. L'expérience prouve, en effet,
que dans les villes bien drainées et bien pourvues d'eau alimentaire, les matières fertilisantes, tout naturellement et par
la force même des choses, se trouvent délayées au point que
réclame la culture. Ni trop pauvre ni trop riche, l'engrais
peut être immédiatement absorbé par les plantes, sans qu'il
soit besoin de l'affaiblir ou de le renforcer. D'ailleurs, cet
engrais se suffit à lui-même, c'est-à-dire que le liquide d'égout, à l'état naturel, renferme dans un juste équilibre tous
les éléments nécessaires aux récoltes.

3° La végétation est l'instrument le plus puissant et le moins coûteux pour obtenir la séparation des principes fertilisants. Nul traitement artificiel n'utilise ces principes en aussi forte proportion, et par conséquent ne livre aux rivières des eaux aussi bien purifiées. C'est seulement après avoir subi l'action purificatrice des plantes, que les liquides d'égout peuvent être impunément déversés dans les cours d'eau.

4° Le mode de séparation par les végétaux, non-seulement ne développe pas les odeurs des traitements artificiels, mais même arrête celles que peuvent exhaler par eux-mêmes les liquides d'égout. Le contact de la plante produit, en effet, une désinfection immédiate, et il semble que les principes odorants soient précisément les premiers fixés.

Ces derniers avantages ne sont complétement obtenus que sous certaines conditions, à savoir quand l'eau d'égout est appliquée à l'arrosage des prairies permanentes, et spécialement aux prairies formées de *ray-grass* d'Italie. L'intervention d'une végétation serrée et active peut seule sauvegarder entièrement la salubrité. L'action du sol, en ce cas, est secondaire ; c'est la plante qui exerce l'action sélective et qui s'enrichit. Le sol ne retient guère pour lui-même que les matières terreuses en suspension, lesquelles ont la moindre part dans l'infection des cours d'eau.

La nature et la constitution du terrain importent donc peu au résultat final des opérations. Ce qu'on doit rechercher avant tout, c'est qu'il soit meuble et pourvu de moyens d'écoulement assurés. La grande, on peut presque dire l'unique condition, c'est que l'eau ne séjourne jamais, ni autour des plantes ni dans les rigoles, et que partout où se présente une matière putrescible, elle rencontre aussitôt une plante pour l'absorber. En un mot, la végétation doit être *sans solution de continuité.* Avec des liquides d'égout très-riches en résidus organiques, comme ceux qui renferment les déjections, la culture maraîchère, et à plus forte raison le colmatage, peuvent faire courir de sérieux dangers à la salubrité.

L'eau d'égout doit être distribuée au sol *par gravitation,* c'est-à-dire coulant librement à la surface. Si la topographie du terrain ne s'y prête pas, il ne faut pas craindre d'élever l'eau mécaniquement : cette opération, moins coûteuse qu'on ne le pense généralement, ne dépasse guère 2 centimes par mètre cube remonté à 100 mètres de hauteur.

Enfin, au point de vue commercial, l'arrosage des cultures peut être une bonne spéculation, si l'eau d'égout contient les immondices de la ville et si l'on s'est procuré les terrains à un prix raisonnable. Quant à l'étendue de la surface, elle peut être réduite à 1 hectare 1/2 par 1.000 habitants, même pour les villes richement pourvues d'eau. Avec des surfaces plus étendues, le profit agricole augmente sensiblement, et le maximum du rendement paraît correspondre à une superficie quadruple, soit celle de 1 hectare 1/2 par 250 âmes de population ; c'est environ une dose de 10.000 mètres cubes d'eau d'égout à l'hectare. A cette dose, l'eau d'égout prend sur les lieux d'arrosage, une valeur de $0^f,10$ à $0^f,15$ le mètre cube, laquelle dans les circonstances ordinaires assure la rémunération des capitaux engagés.

DEUXIÈME PARTIE.

OBJETS DIVERS.

CHAPITRE PREMIER

VIDANGES.

Dans les villes, malheureusement encore en très-grand nombre, où les principes de la circulation continue ne sont point appliqués dans leur intégrité et où les matières fécales ne sont pas déchargées aux égouts, on emploie diverses sortes d'appareils pour recueillir ces matières et les éloigner ensuite des maisons avec le moins de dommage possible pour les habitants. Des précautions multiples doivent être prises, soit au point de vue de la santé publique ou de la protection des ouvriers occupés au service des appareils, soit au point de vue du meilleur parti à tirer des matières et de leur distribution à l'agriculture. Ces précautions n'atteignent jamais complétement leur but : elles laissent toujours subsister des inconvénients sensibles et elles n'empêchent pas la déperdition de l'engrais. Hors de l'envoi direct aux égouts et de l'application des liquides d'égout aux terres, toute solution est défectueuse. Il importe néanmoins de faire connaître les meilleurs expédients, car c'est déjà beaucoup que d'atténuer le mal inhérent à des pratiques qui sont le fléau des villes civilisées.

RÉCOLTE ET ENLÈVEMENT DES MATIÈRES.

FOSSES D'AISANCES FIXES.

Les fosses d'aisances fixes, recevant à la fois les matières solides et les liquides, sont encore les appareils les plus répandus sur le continent. Elles consistent essentiellement en une chambre plus ou moins spacieuse. creusée dans le sol, sur laquelle s'embranchent les tuyaux de chute des latrines, et dans laquelle les déjections s'entassent pendant plusieurs mois et quelquefois pendant des années, avant qu'on procède au curage. La condition fondamentale de toute fosse fixe, c'est d'être *étanche*, c'est-à-dire de ne livrer passage, à travers ses parois, à aucune infiltration qui souillerait le sol.

Nous ne retracerons pas ici les indications prescrites par l'autorité publique, dans les villes bien ordonnées, tant au point de vue de l'imperméabilité des fosses que de l'accomplissement des détails du service. Les ordonnances de police rendues dans ce but, notamment à Paris, sont trop connues pour qu'il soit besoin d'insister. Nous nous bornerons à constater que la condition fondamentale de l'im-

perméabilité n'est, en fait, presque jamais remplie. Les
trépidations du sol, les alternatives de pression et de dépression auxquelles sont soumises les maçonneries par suite
de la réplétion et de la vidange de la fosse, les chocs des outils
des ouvriers contre les parois, la présence de liquides cor-
rosifs parfois versés dans les latrines, mille causes enfin,
sans parler de la mauvaise qualité des matériaux et du
manque de soin dans la construction, ont pour résultat de
déterminer dans les murs des fissures plus ou moins nombreuses, à travers lesquelles les matières se frayent un passage vers le terrain environnant. C'est même à cette circonstance que doit souvent être attribué le long temps que les
fosses mettent à se remplir : les liquides s'écoulent graduellement par les fentes et la matière se concentre de plus en
plus dans la fosse. Il serait superflu de s'étendre sur les
dangers que ces infiltrations font courir à la santé publique ;
nous en avons déjà dit quelques mots au début de ce travail,
et tout le monde comprend combien il est mauvais pour les
populations de vivre sur un sol souillé, duquel s'élèvent incessamment des miasmes morbifiques [1].

1. Nous ne parlons là que des fosses qui passent pour bien établies. Mais
que dire, quand les fosses n'ont pas de fond, ou se réduisent même, comme
cela a lieu trop souvent, a de simples trous d'ordures ? En Angleterre,
avant la réforme sanitaire, et encore aujourd'hui dans les villes où cette
réforme n'est pas entièrement appliquée, les *middens* ou fosses a ciel
ouvert jouent un grand rôle. Ce sont des puits de 1 mètre à 1^m,50 de
profondeur, garnis ordinairement, au fond, d'une couche de sable ou de
gravier de 25 à 30 centimètres d'épaisseur, dans lesquels sont à la fois
accumulés les matières fécales, les débris de la cuisine, et les residus des
foyers, le tout arrosé des eaux perdues de l'evier. La présence des cendres
et des escarbilles de coke, en suffisante quantité, diminue, il est vrai, le
dégagement des odeurs. L'excédant des liquides se perd dans le sol ou
est évacué de diverses manières, selon les circonstances ; quant aux parties
solides ou pâteuses, elles forment un magma consistant, qu'on enlève à la
pelle. En Belgique et en Allemagne, on observe des faits analogues et sur
bien des points, la description que faisait M Schmit en 1854, dans son
rapport d'enquête, est encore vraie : « A d'autres, disait-il, de dévoiler
« toute l'horreur qu'éprouve le visiteur des maisons pauvres, dans les
« cités flamandes, à la vue de l'extrême misère qui y règne. Je me borne-

Un autre inconvénient très-grave des fosses fixes, c'est qu'elles font obstacle à la propreté des cabinets d'aisance ; et cela, d'autant plus qu'elles sont elles-mêmes mieux établies et plus étanches. En effet l'obligation de curer les fosses aussitôt qu'elles sont remplies, fait éviter soigneusement tout ce qui peut contribuer à accélérer la réplétion ; dès lors on proscrit toutes les eaux qui ne sont pas strictement indispensables au service du cabinet. Non-seulement on écarte les eaux de toilette, mais on mesure parcimonieusement celles qui sont destinées à laver la cuvette du siége. Souvent même dans les maisons qui ne sont pas récemment construites, aucune installation n'est prévue pour la distribution de l'eau de lavage : on a voulu, en supprimant tout robinet ou toute caisse à eau, enlever aux habitants la tentation d'en verser dans la cuvette et l'on aime encore mieux avoir des cabinets malpropres et puants que d'encombrer la fosse.

Les fosses couvertes sont naturellement le réceptacle d'une grande quantité de gaz infects, qui s'y développent par la fermentation des matières et qui tendent à s'échapper par les moindres fissures. Ces gaz sont en outre d'une nature inflammable et il est arrivé plus d'une fois qu'ils ont donné lieu à des explosions [1]. Si les fosses étaient absolument closes

« rai à signaler un fait qui intéresse vivement la salubrité publique : A « chacune de ces habitations est annexée une échoppe partagée en deux « compartiments, dont l'un sert de latrines, et l'autre a remiser les « cendres tamisées et les balayures. La fosse d'aisances, pratiquée sous le « premier compartiment, est simplement un puits cylindrique de moins de « 1 mètre de profondeur et de 0ᵐ,80 de diamètre, *découvert, non voûté.* « En travers, on a placé une planche pour poser les pieds. Ainsi la, en « toute saison, 5 à 6 hectolitres de matières fecales peuvent être amassés, « laissés à découvert, à deux pas de la porte et de la fenêtre de l'habita- « tion, et séjourner des semaines entières, tandis que dans le second « compartiment de l'échoppe, les balayures en fermentation ajoutent a « l'infection de ces misérables demeures. »

1 Les accidents dus aux fosses sont encore assez fréquents. Il n'est pas rare de rencontrer dans les journaux, des faits comme celui-ci ; « Les habi-

de toutes parts, cette accumulation de gaz finirait par compromettre la solidité de l'enveloppe. Mais comme la fermeture n'est jamais hermétique, ce danger n'est pas à craindre;
seulement les gaz remontent dans le tuyau de chute et de là
s'introduisent dans les appartements, soit par les fissures de
ce tuyau lui-même, soit par les joints de la cuvette. De là
cette odeur caractéristique qui règne dans la plupart de nos
maisons, même les mieux établies, et qui est inconnue dans
les demeures de la classe aisée en Angleterre.

Le moyen le plus généralement employé pour parer à cet
inconvénient consiste à munir la fosse d'une cheminée
d'aérage débouchant au dessus du toit. Mais ce moyen,
rendu obligatoire, notamment à Paris, ne produit pas tout
l'effet qu'on en attendait. Il arrive fréquemment, comme
pour les égouts, que l'air du dehors descend par la cheminée, et que les gaz sont refoulés dans les cabinets [1], à
travers même l'épaisseur de la lame d'eau qui garnit la
soupape. Un tel procédé n'a son efficacité que si la cheminée
est le siége d'une aspiration artificielle. Dans quelques
fabriques on profite des moyens spéciaux qu'on a à sa disposition : par exemple, on fait communiquer la fosse avec la

« tants de la rue Martel ont été mis en émoi, hier, à minuit et demi, par
« une terrible explosion, dont le bruit a été comparé à la détonation
« simultanée de plusieurs pièces d'artillerie. Le sieur R..., qui se trouvait
« dans les cabinets d'aisances de la maison n° 1, avait eu la malencon-
« treuse idée de jeter dans la fosse une allumette enflammée. Les gaz
« qui y étaient amassés prirent feu aussitôt; toutes les dalles furent
« arrachées et lancées de côté et d'autre dans la cour ; toutes les vitres et
« glaces du voisinage furent brisées... » (*Moniteur* du 27 mars 1864.)

1. Témoin l'accident survenu à Paris le 15 septembre 1865, et dont le
Journal des Debats, du 19, rend compte en ces termes : « Vendredi, à
« sept heures et demie du soir, une formidable détonation répandait l'a-
« larme, dans le théâtre du Palais-Royal et aux environs. C'étaient les
« waters closets, qui venaient de faire explosion au moment où le sieur
« B..., sergent major des pompiers de service, y pénétrait une lumière à la
« main. Ce sous-officier fut lancé à une certaine distance, mais n'a eu
« d'autre mal que quelques légères contusions. Les degâts sont peu
« importants. »

cheminée des appareils à vapeur [1]; d'autres fois on entretient dans le tuyau d'aérage une combustion lente et sans flammes, avec un feu de tourbe [2].

Mais ces expédients ne sont guère susceptibles d'application dans les maisons particulières, si ce n'est pourtant, comme on l'a fait quelquefois, en envoyant le tube de ventilation dans un coffre de cheminée et surtout de cheminée de cuisine, où l'on fait du feu toute la journée [3]. Une disposition qui mérite d'être citée à cause de sa simplicité se rencontre dans quelques établissements publics de Belgique. On adapte au tuyau de chute, prolongé au dessus du toit, une girouette qui, dans ses mouvements, fait tourner un petit ventilateur aspiratoire. Les jours où soufflent les vents d'ouest ou du midi, qui sont précisément ceux où le tuyau fonctionnerait le moins activement, le ventilateur, par ses évolutions rapides, lui vient utilement en aide. Mais somme toute, ces divers palliatifs ne détruisent pas le vice fondamental du système des fosses fixes, lequel, quoiqu'on fasse, reste comme une atteinte grave à l'hygiène, au sein des habitations.

1. Comme chez M. Wulvérick, à Saint-Quentin ou chez M. Binyon, à Manchester.

2. Par exemple, chez MM. Rogelet, Houzeau et Maumene, à Reims.

3. Chez M. Hammers, bourgmestre de Dusseldorf, toutes les opérations rebutantes, entre autres le lavage du linge, sont reléguées dans le sous-sol. Un grand poêle, affecte a divers usages domestiques, y est fréquemment en feu. La fosse est pourvue d'un tuyau d'évent qui débouche dans la cheminée même de ce poêle. L'aspiration, sans être continue, est assez répétée pour prevenir toute mauvaise odeur, ainsi que nous avons pu nous en convaincre. Il est vrai que M. Hammers habite seul sa maison et qu'il est très-soigneux de tout ce qui touche à la salubrité.

L'aspiration par cheminée a été rendue obligatoire par la commission des logements insalubres de Lille, en 1864. « Toutes les fois, dit son rap « porteur, que la disposition des lieux l'a permis, la commission a pres « crit l'ouverture de ce tuyau dans une cheminee voisine, condition qui, « eu égard au tirage plus fort, constitue un des plus puissants moyens « de desinfection pour la fosse et le cabinet. »

L'opération du curage est connue de tout le monde par ses inconvénients. Personne n'ignore les odeurs détestables dont se remplissent les maisons et même les rues avoisinantes, les traces de matières infectes dont le sol est souillé, le bruit insupportable qui accompagne les préparatifs d'extraction et le transport des tonneaux, les dangers enfin que courent les ouvriers, obligés de descendre dans un milieu empesté, qui les expose aux émanations les plus délétères. On a essayé d'améliorer de bien des manières cet état de choses. Les procédés peuvent être classés en chimiques et en mécaniques. Les premiers sont à peu près les mêmes partout : on projette dans la fosse, quelque temps avant le curage, une certaine quantité de substances réagissantes ou absorbantes, et l'on brasse le mélange pour arriver à une destruction plus ou moins complète des émanations excrémentielles. Quant à la nature des substances, elle varie à l'infini ; les deux plus employées sont le sulfate de fer et le charbon [1]. La désinfection, telle qu'elle est pratiquée le plus souvent, est fort imparfaite. Le réactif est employé seul, tandis qu'il devrait toujours être associé à de la matière absorbante ; en effet, le sel métallique peut bien détruire le carbonate et le sulfhydrate d'ammoniaque, mais il ne saurait retenir ces odeurs complexes inhérentes à la matière animale. En outre le temps qui sépare le moment de l'ouverture de celui de l'extraction, temps limité forcément par les convenances de l'habitation, dépasse rarement douze heures, alors que trois ou quatre jours au moins seraient nécessaires pour compléter la réaction. Enfin, le brassage est plus ou moins entravé, et difficilement toutes les parties sont amenées en contact les unes des autres. Ajoutons, pour ne rien omettre, que la désinfection, même très-bien conduite, laisse toujours subsister des dangers pour les ouvriers, à cause des gaz qui

---

1. On emploie aussi des sels de zinc, de plomb, de manganèse, des acides, de la chaux, des chlorures, du tan, de la tourbe, etc...

sont retenus par les parois et qui se répandent dans la fosse quand celle-ci est vidée[1].

Depuis quelques années on a proposé deux nouvelles classes de désinfectants qui ont, en certains cas, donné de bons résultats : ce sont les composés phéniqués et les sels à base de magnésie. Avec des substances très-peu coûteuses, et contenant une faible proportion d'acide phénique, comme le coaltar, le goudron de houille, etc., M. le Dr Lemaire a obtenu une désinfection satisfaisante des fosses et des cabinets. Ce savant pense que par un emploi méthodique de ces ingrédients ou d'autres de la même famille, on pourrait réaliser un progrès très sensible sur les anciens procédés.

Les sels à base de magnésie ont été appliqués sur une plus grande échelle. Le réactif dont il a été fait le plus usage et auquel MM. Blanchard et Chateau ont attaché leurs noms, est le *phosphate acide double de magnésie et de fer*[2]. Ce

---

1. En voici un exemple récent, emprunté au *Moniteur* du 13 juillet 1865 « Un déplorable évènement a causé hier matin une vive émotion dans la « rue du Pont-Louis-Philippe. Trois ouvriers maçons, Dodon, maître « compagnon, Vidalliat et Catty, sont descendus vers huit heures trois « quarts dans la fosse d'aisances d'une maison de cette rue pour la réparer. « A peine y étaient-ils entrés, qu'ils se sont sentis asphyxiés par les gaz « méphitiques qu'elle renfermait Leurs forces, subitement paralysées, ne « leur permirent pas de remonter. Ils poussèrent quelques cris de détresse « et s'évanouirent... Deux de ces infortunés n'ont pu être rappelés à la « vie. L'asphyxie était complète. Le nommé Dodon a été retiré vivant et « transporté d'urgence à l'Hôtel-Dieu. »

2. Nous conservons la dénomination adoptée par les inventeurs, quoiqu'ils reconnaissent eux-mêmes que leur substance n'est point un sel *double*, dans l'acception chimique du mot, mais simplement un mélange de phosphate de magnésie et de phosphate de fer, rendus acides pour pouvoir être employés à l'état de dissolution. Ce mélange contient les divers éléments actifs dans les proportions suivantes :

Acide phosphorique	239
Magnésie	39
Protoxyde de fer	32
Eau et impuretés (chaux principalement)	690
	1.000

Au surplus, on fait varier les doses des éléments au gré des consommateurs

composé a été substitué par eux au phosphate acide simple
de magnésié, dont ils se servaient exclusivement à l'origine,
mais qui était insuffisant pour détruire l'hydrogène sulfuré
et les sulfhydrates qui peuvent prendre naissance pendant
les opérations. Le rôle du réactif est présentement *double*
comme sa composition. D'une part, le phosphate de magnésie
fixe l'ammoniaque à l'état de phosphate ammoniaco-magnésien à peu près insoluble dans les eaux vannes, et d'autre part,
le phosphate de fer complète la désinfection en précipitant
le soufre à l'état de sulfure de fer [1]. On emploie le réactif, soit
pour désinfecter la fosse au moment de la vidange, soit pour
obtenir une désinfection permanente pendant toute la durée
du service. Naturellement le mode d'application diffère
dans les deux cas. Dans le premier cas, on verse la liqueur
peu à peu, et par intervalles, à une dose variable, suivant le
degré de dilution des matières. Quand on n'opère que sur
les parties solides, c'est-à-dire après la séparation des eaux
vannes, la dose est en moyenne de 6 à 7 p. 100 du poids
des matières. On transporte ensuite le produit au dépotoir,
où, pour rendre la désinfection complète, il est bon d'ajouter
1 p. 100 du réactif et d'abandonner le travail à lui-même

---

1. Ce réactif a fixé l'attention de M. Dumas qui, dans l'enquête sur les
engrais, de 1866, s'est exprimé en ces termes : « L'enquête a mis en évi-
« dence plusieurs procédés en cours d'étude parmi lesquels la commission
« a spécialement remarqué celui qui a pour objet la conservation du
« phosphate ammoniaco magnésien de la partie utile des vidanges. Il
« résulte des expériences de M. Boussingault que ce sel est le plus effi-
« cace de tous les engrais connus, et sa préparation économique et
« abondante dans les fosses mêmes paraît aujourd'hui facile à réaliser.
« En faisant intervenir dans la fosse l'acide phosphorique, la magnésie
« et l'oxyde de fer, on peut obtenir, ainsi que l'ont fait MM. Blanchard et
« Chateau, une désinfection durable. Après la dessiccation des produits a
« l'air libre, il reste pour residu un engrais pulvérulent sans odeur, qui a
« fixé toute la richesse de la vidange en lui ajoutant la sienne, et qui jouit
« par conséquent d'une grande valeur agricole. L'hygiène des villes et la
« prospérité des campagnes trouveraient donc un profit égal à l'adoption
« d'un procédé de ce genre. »
(Rapport de la commission des engrais, 1866.)

pendant quelques jours. Quand on se propose, au contraire, de désinfecter la fosse d'une manière permanente, pendant le service, on commence, aussitôt après la vidange précédente, par laver le sol et les parois de la fosse avec du réactif étendu de dix fois son volume d'eau. Puis on éparpille sur le sol une matière poreuse quelconque, telle que tannée, tourbe, etc., imbibée de réactif étendu de deux à trois volumes d'eau. MM. Blanchard et Château recommandent, en outre, de disposer cette matière en petits tas sous les tuyaux de chute. Cela fait on ferme la fosse et l'on n'a plus besoin de la rouvrir jusqu'à la vidange suivante. L'entretien du réactif a lieu, en effet, au moyen des cabinets d'aisances eux-mêmes. Tous les quinze ou vingt jours on introduit du réactif par l'une des cuvettes, à une dose qui doit représenter à peu près 1 p. 100 du poids des matières solides et liquides, non compris, bien entendu, les eaux de lavage. Il n'est pas nécessaire de verser le réactif à la fois par tous les tuyaux ; il suffit d'opérer tantôt par l'un, tantôt par l'autre, de façon à ce que la dose se trouve, au bout d'un certain temps, répartie aussi uniformément que possible. Ce système a été appliqué à Paris dans soixante-dix ou quatre-vingts fosses, et continue encore à l'être chez plusieurs personnes qui s'en montrent satisfaites. Les applications faites en province ont également été l'objet de témoignages favorables ; tout récemment, M. le Maire de Saint-Étienne a, par un arrêté, rendu le procédé obligatoire dans toutes les fosses fixes des maisons qui n'ont pas la possibilité d'écouler leurs immondices à l'égout public [1]. Dans d'autres villes, notamment à Marseille, Tou-

---

1. L'article 2 de l'arrêté de M. le maire de Saint-Étienne, en date du 5 juillet 1867, est ainsi conçu :

« Le curage de ces fosses devra être opéré fréquemment et dans tous « les cas à toute réquisition de la police, et la vidange devra être préala- « blement désinfectée par le phosphate acide double de magnésie et de « fer, ou un autre procédé reconnu supérieur par le conseil d'hygiène et « approuvé par le maire. »

Diverses commissions déléguées par les municipalités pour procéder à

lon, Vannes, etc., les commissions déléguées par les municipalités pour procéder à des expériences authentiques ont
également constaté de bons résultats. Toutefois, à raison de
difficultés sur la nature desquelles nous n'avons pu être très-
bien édifié, et que les inventeurs attribuent à des considérations d'ordre purement administratif ou à des froissements
d'intérêts privés, le procédé ne s'est encore généralisé dans
aucune autre localité [1].

Somme toute, et malgré des améliorations positives con-
statées en divers cas les agents chimiques ne peuvent être
considérés jusqu'ici comme ayant réussi à pallier les vices
inhérents au système des fosses d'aisances fixes. Leur utilité

des expériences, notamment a Marseille, à Vannes, etc., en ont constaté
les bons résultats dans des documents officiels. Mais les pourparlers
engagés en vue d'une application définitive n'ont pas encore eu de suite.

1. Au point de vue commercial, l'emploi du phosphate double de magnésie et de fer paraît être avantageux, à en juger par ce fait que les
fosses ayant fait usage de ce réactif, à Paris, ont été vidangées
gratuitement par la compagnie la Mutualité, tandis que cette opération
donne lieu d'ordinaire on le sait, a un déboursé de la part du propriétaire. Les inventeurs ont établi un compte des dépenses et recettes,
d'après plusieurs expériences officielles de désinfection, d'où ressortirait un
bénéfice important. Ces expériences ont été faites notamment sur la fosse
du marché aux Carmes, sur la fosse du n° 8 *bis* de l'avenue Lowendhal, etc.
La fosse du marché aux Carmes a été expérimentée deux fois, d'après les
ordres de M. Rousselle, ingénieur en chef de la ville de Paris, aux dates
respectives du 8 octobre 1866 et du 18 janvier 1867. La première fois on
a extrait 25 mètres cubes de matières, qui ont été traitées par 285 kilogrammes de réactif, soit un peu plus de 1/2 p. 100. et la seconde fois
13 mètres cubes de matières, qu'on a traitées par 285 kilogrammes ou un
peu plus de 1 pour 100. La matière sèche provenant du traitement, ana-
lysée à l'École des ponts et chaussées, a manifesté une richesse en azote
égale a 6,20 p. 100 dans un cas et à 7,60 dans l'autre cas, soit une
moyenne de près de 7 p. 100, correspondante à une consommation
moyenne de réactif de près de 1 1/2 p. 100 du poids de la matière brute
Dans les produits de la fosse Lowendahl, M. Chateau, analysant lui-
même, a trouvé 8,60 p. 100 d'azote, correspondant à une consommation
de réactif d'environ 3 p. 100. C'est sur les résultats de cette dernière fosse
que MM. Blanchard et Chateau établissent leur compte de bénéfice comme
suit :
La quantité de matières extraites, soit 11 mètres cubes, a reçu 336 kilo-

là où elle a apparu, n'a eu trait qu'aux odeurs; car pour les infiltrations et pour l'infection qui en est la suite, la présence des réactifs a été évidemment de nul effet. Peut-être même les réactifs favoriseraient-ils les infiltrations en aidant à la séparation des eaux vannes, lesquelles deviennent ainsi plus aptes à pénétrer dans les fissures; et il est douteux que la légère amélioration produite dans la qualité de ces liquides puisse être considérée comme compensant cette tendance plus grande aux infiltrations.

Dans l'ordre des procédés mécaniques, on peut citer un perfectionnement important, qui tend à diminuer beaucoup les inconvénients du curage; nous voulons parler du système de vidange dit *hydrobarometrique*, en usage depuis

grammes de réactif, dont moitié donnée dans la fosse et moitié au dépotoire. Ces 336 kilogrammes à 25 degrés contenaient 60 kilogrammes d'acide anhydre. Le produit du traitement a été 2:350 kilogrammes d'engrais tout à fait sec ou 2 820 kilogrammes d'engrais sec ordinaire ou engrais marchand à 30 p. 100 d'humidite. Cet engrais renfermait :

		Fr.
94k,60 d'azote à 2 francs le kilog.		189,20
140 kilog. d'acide phosphorique à 1 franc		140,00
1.630 kilog de matières organiques, à 0f,05		81,50
7 kilog. de potasse, a 1 franc		7,00
Total.		417,70

Valeur de laquelle il faut déduire :

336 kilog. de réactif à 35 francs les 100 kilog.		117,70
La différence, soit		300,10

représente le bénéfice brut, duquel il resterait encore à retrancher les frais du traitement dans la fosse et ceux de la fabrication au dépotoir Il pourrait y avoir aussi à tenir compte, pour être tout à fait exact, des frais de transport et de diverses autres depenses, selon le mode de contrat d'après lequel s'effectuerait le service de la vidange, c'est-à-dire suivant qu'on supposerait, par exemple, que le propriétaire doit payer une somme a l'entrepreneur, comme il le fait aujourd'hui; ou suivant, au contraire, qu'on admettrait, ce qui semble plus rationnel, que la vidange doit être opérée gratuitement. Mais si l'on néglige ces divers ordres de dépenses, le bénéfice brut par mètre cube de matière extraite ressort, d'après les calculs de MM. Blanchard et Chateau, à 27 francs et quelques centimes; ce qui, on le voit, laisserait une grande marge pour tous les frais accessoires.

quelques années dans plusieurs villes du midi et que nous
avons vu nous-même fonctionner à Bordeaux, où il a été
introduit en 1864 [1]. On en connaît le principe, expérimenté
depuis longtemps : nous le rappellerons en quelques mots.
— Le vide doit être fait par avance dans des tonnes en fer,
qu'on apporte ensuite sur des chariots à proximité de la
fosse. Aussitôt que la communication est établie, au moyen de
tuyaux, entre la fosse et la tonne, les matières, sous l'influence de la pression atmosphérique, se précipitent dans la
tonne avec une grande vivacité. Toute la difficulté réside
dans l'application industrielle, et, en particulier, dans la manière d'obtenir économiquement un vide à peu près parfait.
On sait, par exemple, qu'avec les machines pneumatiques,
l'opération est longue, dispendieuse, et qu'on laisse toujours
de l'air dans l'appareil. Voici comment le problème est résolu à Bordeaux, sous la direction de M. le Dr A. Comman-
dré, gérant de la *Compagnie hydrobarométrique du Midi.*

Une machine à vapeur met en mouvement une double
pompe aspirante-foulante, dont le tuyau d'aspiration s'é-
panche dans un conduit horizontal pourvu de six branchements (Pl. XVIII, fig. 1 et 2). Ce conduit communique à volonté soit avec la pompe, soit avec une cuve alimentaire placée au dessus du bâti et recevant le tuyau de refoulement. La
tonne qu'il s'agit de préparer est amenée en regard d'un des
branchements et mise en communication avec lui au moyen
d'un orifice de vidange situé à la partie inférieure. On ouvre
alors la cuve alimentaire, et l'eau, par suite des différences
de niveau, pénètre dans la tonne qu'elle remplit en quelques
minutes. Pendant ce temps, on a soin de maintenir ouvert,
à la partie supérieure de la tonne, un petit robinet par lequel
l'air méphitique contenu dans celle-ci se rend sous le foyer
de la machine à vapeur. La réplétion terminée, on ferme la

1. A Paris ce systeme n'a pas pris une grande extension, pour des raisons, pensons-nous, étrangères à la question technique.

cuve et le robinet d'air, on fait agir la pompe, et en trois ou quatre minutes l'eau est extraite et renvoyée à la cuve. Pour éviter que cette eau salie n'obstrue les clapets de la pompe, on lui fait traverser un filtre formé d'une plaque percée de trous de 5 millimètres de diamètre, sur laquelle s'arrêtent les débris. La même eau sert trois semaines ou un mois avant d'être jetée. L'appareil étant parfaitement étanche et ne laissant point rentrer l'air au fur et à mesure de la sortie du liquide, du même coup le vide est réalisé, et la tonne est, dès lors, prête pour la vidange. On l'amène au lieu du travail et on l'abouche avec un système de tuyaux posés d'avance, dont le dernier plonge au bas de la fosse. L'ascension des matières, quoique rapide, se fait uniformément, sans secousses, et les parties les plus consistantes sont entraînées. Au point de jonction des divers tubes, l'odeur est absolument nulle. Quand on défait les joints pour remplacer une tonne par l'autre, il s'échappe quelques gouttes de liquide qu'on reçoit dans un baquet contenant du sulfate de fer. Cette opération s'accomplit en plein jour dans les quartiers les plus élégants de Bordeaux ; nous y avons assisté plusieurs fois sans jamais sentir la moindre odeur. La tonne chargée est envoyée à la gare du chemin de fer du Midi, où elle se déverse dans un wagon-citerne placé au dessous, lequel emporte le contenu dans les Landes. Elle est ensuite rincée et réexpédiée à l'atelier d'aspiration.

Les avantages de ce système sont de plusieurs sortes : 1° les ouvriers sont dispensés d'entrer dans les fosses pour enlever les parties consistantes, ainsi que cela se pratique avec les appareils à pompe les plus perfectionnés ; 2° la durée de la vidange est très-courte, chaque tonne de 2 mètres cubes de capacité n'exigeant pas cinq minutes pour s'ajuster et se remplir ; 3° aucun gaz ne se répand au dehors, tandis qu'avec les tonneaux ordinaires l'air méphitique, chassé par l'entrée des matières fécales, infecte les alentours, malgré les précautions prises pour le brûler ; 4° enfin, il n'est point

nécessaire d'ouvrir les fosses à l'avance pour effectuer le
brassage et la désinfection [1]. Le seul inconvénient qui se
produit, inconvénient commun d'ailleurs à tous les systèmes
de vidanges, c'est l'odeur au moment de la pose des tuyaux
dans la fosse. Aussi la Cie hydrobarométrique s'efforce-t-elle
de le faire disparaître en provoquant chez les habitants l'installation de tuyaux permanents ou inamovibles, lesquels,
partant du fond de la fosse, viennent aboutir à la rue, sous
le trottoir, où ils sont fermés par un regard qui ne s'ouvre
que pour la vidange. L'opération, dès lors, s'accomplit sans
qu'il soit nécessaire d'entrer dans les maisons (Pl. XVIII,
fig. 3). De semblables tuyaux ont déjà été posés à Bordeaux,
dans quelques habitations particulières et dans des édifices
publics, à la Bourse, par exemple, et ils fonctionnent à la satisfaction des intéressés.

FOSSES MOBILES.

Nous designons sous le nom générique de *fosse mobile*
tout réceptacle non fixé dans le sol et destiné à être trans-

1. A Toulouse, on a proposé une manière différente de faire le vide
dans les tonnes. L'idée, due a M. Loiseau, a été expérimentée en 1863,
sous les yeux des délégués du conseil d'hygiène. L'appareil n'est autre
qu'un baromètre à eau. Un tube vertical de 10^m,30 de haut plonge par
l'extrémité inférieure dans un reservoir, tandis que l'extrémité supérieure
peut s'aboucher à l'orifice de vidange des tonnes qu'on amène au dessus.
Au début des opérations, le tube et la tonne etant pleins d'eau, l'écoulement est produit par le poids de la colonne, et le vide se fait dans la tonne.
Quant au tube, il conserve la hauteur d'eau de 10^m,30. La tonne ayant
ensuite été remplie de matières à la fosse, on l'abouche de nouveau, et le
vide se fait de même, grâce au mélange boueux, qui joue le rôle de l'eau :
et ainsi de suite indéfiniment. Ce procédé a bien fonctionne devant les
délégués du conseil d'hygiène et a obtenu son entière approbation. Il est
cependant inférieur à celui de Bordeaux, car independamment des difficultés matérielles d'installation et de nettoyage d'un pareil tube, l'opération doit être plus dispendieuse, puisqu'elle revient en définitive à déplacer, non-seulement le contenu des tonnes, mais encore tout le poids de
l'attirail lui-même, qu'il faut élever a 10^m,30.

porté avec la charge qu'il contient. Ces réceptacles peuvent d'ailleurs être placés de diverses manières : soit à l'extrémité dés tuyaux de chute, dans la région habituelle des fosses fixes, c'est-à-dire dans les caves ou le sous-sol; soit dans les cabinets mêmes, immédiatement au dessous du siége. Dans ce dernier cas, ils se réduisent à de simples boîtes, d'une faible capacité, et dont l'enlèvement est nécessairement beaucoup plus fréquent.

Le principal avantage des fosses mobiles, c'est de ne pas contribuer à la corruption du sol. Elles évitent aussi les opérations si désagréables de la vidange ordinaire ; mais elles donnent lieu à un va-et-vient d'appareils toujours rebutants et elles peuvent engendrer dans la maison plus d'odeurs que les fosses fixes, tantôt par l'imparfaite jonction du tuyau avec l'appareil, tantôt par la présence de l'appareil lui-même au sein des cabinets. Elles font d'ailleurs le plus grand obstacle à la propreté des cabinets, car leur capacité restreinte ne permet pas l'usage d'une suffisante quantité d'eau [1].

Parmi les réceptacles de la première catégorie, c'est-à-dire disposés à l'extrémité du tuyau de chute, on peut citer comme un des mieux ajustés, le tonneau mobile de M. Schmit, ingénieur à Liége, qui a reçu de nombreuses applications en Belgique. Divers établissements publics, entre autres la maison de réclusion de Vilvorde, les hospices de Bruxelles et de Malines, le dépôt de mendicité de Hoogstraeten, plusieurs casernes etc., ont adopté cet appareil et se louent de ses services. L'installation de Vilvorde, la première en date et qui a servi de modèle à toutes les autres, est conçue de la manière suivante (Pl. III, fig. 3 et 4). Les fosses ou tonneaux mobiles sont logés dans une ancienne fosse fixe, appropriée pour servir de cave. Chaque tonneau a une capa-

---

1. Nous ne parlons ici, bien entendu, que des fosses mobiles qui conservent la totalité des liquides et des solides. Celles qui se débarrassent des liquides au fur et à mesure, ou appareils à *système diviseur*, feront l'objet d'un paragraphe spécial.

cité de 2 à 3 hectolitres. Assis sur un plateau garni de roulettes, qui s'appliquent sur deux rails en bois, il se manie facilement; un couvercle à ressort sert à le fermer et à le luter (quelquefois à l'aide d'un peu de chanvre) quand il est plein et qu'on l'a dégagé du tuyau de chute. Celui-ci est droit, vertical, composé d'une série de tubes assemblés par des joints de sable sans ciment. Il reçoit les matières de huit siéges, ménagés aux quatre étages de la maison, et repose, au niveau du rez-de-chaussée, sur une très-forte pierre de taille. Son prolongement, au travers et au dessous de cette pierre, se compose d'un fort patin en fonte portant un tuyau à coulisse, en cuivre battu, susceptible d'être allongé ou raccourci à volonté. Une espèce d'écuelle, s'accrochant sous cette dernière partie du conduit, sert, à un moment donné, à en fermer l'issue inférieure. Ces tonneaux donnent si peu d'odeur que le bourgmestre a autorisé les habitants à transporter les vidanges en plein jour dans les rues, à condition que les vaisseaux qui les contiennent fussent construits dans le même système. On estime que le prix d'installation des appareils est couvert en trois ans par la vente de l'engrais.

Les réceptacles placés sous les siéges ne peuvent pas, comme les précédents, emprisonner les émanations, car par cela même qu'ils doivent être retirés librement, il n'y a pas de raccord hermétique possible avec les parois extérieures de la cuvette ; les odeurs sont inévitablement destinées à se répandre sous le siége et de là, à s'échapper par les fentes de la boiserie ou par le jeu qui existe toujours entre le bord supérieur de la cuvette et la table du siége. Le remède aux inconvénients ne peut donc se trouver dans aucun système d'ajustement, mais seulement dans l'emploi des substances qui préviennent les dégagements odorants. En Angleterre on a appliqué divers réactifs, mais peu à peu l'usage en a été abandonné, à cause de la dépense qu'ils occasionnent, et surtout à cause du soin qu'il faut avoir de les verser au fur et à mesure que les boîtes se remplissent Toutes ces précautions, bonnes en théorie, sont à peu près illusoires dans la pratique. Le seul expédient sur lequel on puisse raisonnablement compter consiste à disposer en une fois, au fond de la boîte, une certaine quantité de matière absorbante sans valeur, et à laisser ensuite les déjections s'accumuler jusqu'au point où l'absorption des gaz cesse d'être efficace. C'est ainsi qu'on opère dans un grand nombre de maisons de la classe pauvre en Belgique. Les *bacs à cendre* y sont en quelque sorte le réceptacle national. Ces appareils, sous une apparence des plus grossières, procurent en réalité une désinfection à peu près satisfaisante. Il ressort de récentes enquêtes qu'à Liége, par exemple, 2 à 3.000 maisons *intra muros* et 12 à 1500 dans les faubourgs font usage de ce moyen. Les bacs placés sous les siéges sont préalablement garnis avec la cendre des foyers à houille et avec l'argile brûlée des *hochets* ou *boulettes*. Les déjections, à ce contact, sont desséchées et rendues inodores; à l'occasion, on ajoute de nouvelles quantités de cendres sur les matières entassées et on remplit ainsi le bac d'une sorte de magma très-consistant. Les émanations sont si peu sensibles, que la municipalité autorise la vidange de ces bacs dans des tombereaux qui font le transport en plein jour [1]. Mais il n'en reste pas moins un maniement odieux, qui paraît difficilement supportable dans une habitation de la classe aisée [2].

---

1. Au quartier des tanneurs, dans la même ville, chaque latrine es pourvue d'un petit coffret contenant du tan épuisé. Chaque personne, en quittant le siege, jette une poignée de tan dans le bac. et l'on a reconnu que cette matière detruit les odeurs au même degre que les cendres

2. Nous avons peine à comprendre comment au Havre, par exemple, les habitants peuvent s'accommoder des boîtes, sans substance absorbante, qu'on place sous les sieges et que la Cie des vidanges vient enlever toutes les semaines. On isole, il est vrai, autant qu'on le peut, les latrines au fond d'une cour, mais souvent aussi les cabinets sont dans la maison même et alors on se représente aisément ce que doit être le va-et-vient de ces bacs par les corridors.

SYSTÈME DIVISEUR.

Les appareils à *système diviseur* ont pour objet de séparer les liquides d'avec les solides. Leur utilité repose sur ce principe, que les matières ainsi isolées en deux groupes sont beaucoup moins susceptibles d'entrer en putréfaction. De là résulte : 1° qu'on peut les garder plus longtemps dans les appareils, sans développer des odeurs aussi préjudiciables ; 2° que les liquides peuvent, en bien des cas, être évacués, soit aux égouts, soit aux cours d'eau, alors que mélangés aux solides, cette émission n'eût pas été tolérée ; 3° que les infiltrations de la partie solide sont rendues plus difficiles et que dès lors le sol est en partie préservé.

Le système de la division peut être appliqué de deux manières : 1° en recueillant les liquides et les solides dans des compartiments distincts, au moment même de leur émission ; 2° en éliminant les liquides après coup par voie de filtrage ou de décantation. Il semble que le premier mode eût dû d'abord être essayé : car le but de la séparation étant proposé, l'idée qui se présente tout naturellement à l'esprit, c'est précisément d'empêcher le mélange. Toutefois, par suite des difficultés d'exécution et peut être aussi par suite d'un sentiment de pudeur qui s'oppose à ce que l'homme soit rendu témoin des agencements dont ses fonctions secrètes sont l'objet, on a renoncé généralement à effectuer la séparation dans la cuvette elle-même, ainsi qu'il faudrait le faire pour réaliser le premier mode [1], et on opère exclusivement

1. Nous ne connaissons qu'un seul exemple de séparation pratiquée sous le siége même, c'est le système du Dr John Lloyd, dont la patente est exploitée à Manchester par la *Sanitary and town sewage manure Company*. La cuvette est privée de soupape et les matières tombent directement dans un réceptacle à deux compartiments dont la cloison séparative est placée de telle sorte que les solides vont exclusivement d'un côté et les liquides de l'autre. Chaque compartiment est pourvu d'un mélange de cendres et de chaux au moyen duquel les matières sont

la division après coup dans les fosses, soit fixes, soit mobiles.

Les fosses fixes à diviseur·ont eu, à un certain moment, beaucoup de vogue à Paris. On a cru y trouver la solution aux difficultés de la vidange et une ordonnance de police les avait, il y a quelques années, rendues obligatoires. Néanmoins· ces appareils se sont peu répandus dans la capitale, et on tend plutôt à y renoncer qu'à en augmenter le nombre. Malgré la variété des formes, le principe est toujours le même : les déjections arrivant pêle-mêle dans un réceptacle commun, un échappement est offert aux liquides par des orifices pratiqués dans l'une des parois et suffisamment petits pour retenir les matières solides ou pâteuses. Dans le système Dugleré, par exemple, qui a été installé dans quelques maisons et établissements de Paris, entre autres au Grand hôtel du Louvre, à l'Hôtel de ville, aux Halles centrales (partiellement), etc., la cloison en ciment romain, formant la séparation, a la forme d'un demi-cylindre de $0^m,40$ de diamètre et de $0^m,07$ d'épaisseur; elle est criblée de trous de $0^m,004$ de diamètre. Les solides restent dans le réservoir, tandis que les liquides filtrent à travers les orifices et se rendent dans un réservoir spécial, placé latéralement à un niveau un peu

instantanément desséchées et désinfectées. Le service de la vidange se fait avec beaucoup de régularité. Des chariots envoyés à jours fixes par la Compagnie emportent les boîtes pleines et les remplacent, séance tenante, par des boîtes propres. Le service se fait gratuitement contre l'abandon des matières, qui sont vendues a l'agriculture. Chaque boîte peut servir pendant huit à dix jours sans être vidée. Celles que nous avons vues étaient, quoique pleines, privées d'odeur Afin de remédier aux émanations qui peuvent se produire au moment même où les matières tombent dans le réceptacle, ainsi qu'au désagrement du service des boîtes, la Compagnie établit aussi des appareils mécaniques, manœuvrés à la main, au moyen desquels on précipite au fur et à mesure les substances désinfectées dans une conduite qui débouche à un réceptacle extérieur convenablement dispose Néanmoins, de tels systèmes, quelque ingénieux qu'ils puissent être et de quelques soins qu'ils soient entourés dans l'application, n'ont évidemment pas l'avenir pour eux, en Angleterre moins que partout ailleurs.

plus bas ou tout à fait au dessous, suivant les localités.
Chaque compartiment présente une ouverture pour la vidange
et un tube de ventilation. A Lyon les diviseurs fixes ont
eu plus de succès. On en a installé un assez grand nombre
en communication directe avec les égouts. La paroi dans
laquelle sont pratiqués les orifices forme la cloison séparative
de la fosse et d'un canal en maçonnerie (Pl. IV, fig. 13).
Ce dernier, de 1^m,50 de haut et d'une pente minimum de
0^m,05 par mètre, débouche dans l'égout public. Les liquides y coulent sur lě fond et gagnent le chenal de
l'égout en traversant la banquette, au moyen d'une petite
rigole ménagée à cet effet.

Le principe de la séparation a été appliqué à une grande
variété de fosses mobiles. On peut les distinguer en deux catégories, selon qu'on y fait usage ou non d'ingrédients chimiques.

Parmi les appareils où l'on opère à l'état naturel, un des
types les plus connus et en même temps les mieux disposés,
est la *tinette filtrante* de la Cte Richer, usitée dans 4 à
5.000 maisons de Paris et reproduite dans plusieurs villes de
province, entre autres à Marseille. Cet appareil n'est autre
qu'un tonnelet en tôle, avec filtre métallique, pourvu d'un
robinet à la partie inférieure (Pl. V, fig. 1). Il est placé dans
le branchement d'égout et reçoit directement le tuyau de
chute des latrines qui s'engage à frottement dans le couvercle.
Deux appareils semblables sont affectés à chaque maison, de
façon à ce que celui qu'on enlève puisse être immédiatement remplacé par un autre ; le service est fait par les
soins de la Compagnie. La manutention s'opère exclusivement par les égouts, tantôt au moyen des galeries d'entrée,
tantôt au moyen des puits de descente. Un tombereau fermé
stationne près de l'ouverture de la trappe, tandis que les tinettes, bien lutées et sans odeur, sont remontées à l'aide
d'une corde et chargées dans le chariot. Tout se passe discrè-
tement, sans incommoder la rue et à plus forte raison les

maisons. Une tinette peut fonctionner assez longtemps sans être changée : tout dépend des habitudes de la maison, c'est-à-dire de la quantité d'eau qu'on répand dans les cabinets. Lorsqu'on en use avec abondance, la plus grande partie des matières solides passe à l'état d'eau trouble à travers le filtre et se rend directement à l'égout. Dans tous les cas, la tinette ne conserve que des parties très-consistantes, à moitié desséchées, mêlées à des corps étrangers, et dont l'odeur est relativement faible [1].

A Nantes, on a essayé quelques applications d'un autre système, dû à MM. Legué et Danguy, et qui a été l'objet d'un rapport très-favorable du conseil d'hygiène du département. Cet appareil, dont la destination est de retenir une plus forte proportion de solides que n'en conservent les tinettes filtrantes ordinaires, se compose : 1° d'un réservoir articulé hermétiquement avec le tuyau de chute ; 2° d'un épurateur. Le réservoir est divisé en deux compartiments par un diaphragme vertical percé de trous. Les matières tombant dans un compartiment filtrent à travers le diaphragme, et les liquides se réunissent dans l'autre compartiment, à la partie supérieure duquel ils rencontrent un déversoir. Un tuyau les verse près du fond de l'épurateur, sur une plaque de zinc ou de tôle, pour éviter l'agitation du dépôt. Puis ces liquides, pour remonter jusqu'au déversoir définitif, placé à la partie supérieure de l'épurateur, traversent trois filtres métalliques et se trouvent dès lors en état d'être épanchés au dehors. L'avantage de cet appareil est d'évacuer des eaux-vannes beaucoup plus limpides, qu'on admet même sans difficulté sur la voie publique. Mais on

[1] Ce système, avons-nous dit, est tout à fait général à Marseille, mais il y existe trop souvent dans des conditions défectueuses. Ainsi, la plupart du temps, la tinette est dans une arrière-cour, au niveau du sol, en sorte que les liquides gagnent à ciel ouvert le ruisseau de la rue. Si la maison a été mieux installée et que la tinette ait été logée dans une cave, on établit une communication souterraine avec l'égout ; mais cela n'a lieu que dans des constructions récentes.

peut lui reprocher sa complication et les soins de nettoyage qui sont nécessaires pour prévenir l'obstruction des filtres.

Les tinettes à réactifs ont pour principaux représentants les appareils de MM. Blanchard et Chateau et ceux de la Cie chaufournière de l'Ouest (primitivement Cie Mosselmann). La fosse mobile de MM. Blanchard et Chateau, après avoir subi plusieurs modifications, dont la principale a consisté à rendre vertical le filtre primitivement horizontal, est aujourd'hui disposée de la manière suivante. Le tonnelet (Pl. XVII, fig. 7) reçoit une plaque à jour, maintenue verticale par des guides en bois, laquelle le divise en deux compartiments, dont l'un n'est guère que le dixième de l'autre. Le bas de la plaque se recourbe en dedans du petit compartiment, de manière à se raccorder avec la paroi du tonnelet et à laisser au dessous un espace vide destiné à l'écoulement des liquides, dans lequel se loge le robinet de sortie. On introduit dans ce compartiment 8 à 9 litres de matières filtrantes (tannée filamenteuse, crottin lavé et séché, tourbe, etc.), imbibées de 1 litre du même réactif dont on fait usage dans les fosses fixes, c'est-à-dire de phosphate double de magnésie et de fer. Les déjections tombent pêle-mêle dans le grand compartiment, et les liquides de tous genres, urine, eaux ménagères, eaux de lavage, etc., passent par les petits trous de la cloison, en abandonnant dans l'intérieur du filtre la plus grande partie de leur azote et de leur soufre, à l'état de phosphate ammoniaco-magnésien et de sulfure de fer. Les eaux de sortie, peu putrescibles, sont perdues, aux égouts ou aux ruisseaux. On peut ainsi, au bout d'une vingtaine de jours, retirer d'une tinette alimentée par vingt à vingt-cinq personnes, environ 80 kilogrammes de matière pâteuse qui, séchée à l'air libre, fournit de 25 à 30 kilogrammes de bonne poudrette marchande à peu près dépourvue d'odeur [1]. L'ap-

---

1. Les analyses de M. Chateau assignent à cette poudrette une dose moyenne de 4 à 5 p. 100 d'azote, à l'état sec, et de 8 à 10 p. 100 d'acide phosphorique, également à l'état sec

pareil, ainsi modifié, nous paraît avoir une grande supériorité sur le type primitif, où une bonne partie du réactif se trouvait forcément entraînée par les premières eaux de lavage [1]. Toutefois, même avec ces perfectionnements, il ne faut pas se dissimuler que le système s'accommode mal des pratiques nouvelles de propreté qui tendent à augmenter considérablement le volume des eaux additionnelles, car si le phosphate ammoniaco-magnésien est à peu près insoluble dans les eaux-vannes, il ne l'est pas au même degré dans l'eau pure, où il se dissout, au contraire, en proportion notable. En thèse générale, le procédé réussit d'autant mieux que les cabinets envoient moins d'eau, et à ce point de vue, il pourrait trouver un grand secours dans la cuvette séparatrice de la Cie chaufournière. dont nous parlerons plus loin. Ces tinettes nous semblent surtout destinées à rendre des services dans les habitations rurales, où l'on manque en général de moyens convenables pour récolter les matières et où l'on a en même temps toutes facilités pour les utiliser immédiatement.

Les réceptacles de la Compagnie chaufournière sont également des fosses mobiles à système diviseur, mais fonctionnant dans des conditions différentes. Le réactif, quand on en fait usage, consiste simplement en chaux grasse ou en farine de chaux éteinte, selon qu'on opère sur les solides

---

1. Ces nouvelles tinettes s'emploient dans plusieurs établissements, à la colonie de Mettray, a l'asile et à la prison de Besançon, etc., ainsi que dans des maisons particulières, notamment à Toulon et a Saint-Étienne Dans cette dernière ville, l'arrête municipal déja cité, du 25 juin 1867, les a rendues obligatoires, a défaut d'évacuation directe aux égouts ou de fosses fixes conformes aux règlements. L'article 3 de cet arrêté porte en effet :

« Les habitants qui ne voudront pas se conformer aux dispositions des « articles 1 et 2 du présent arrêté (relatifs à l'évacuation aux égouts et « aux fosses fixes) seront tenus d'installer à la chute de leurs tuyaux de « lieux d'aisances des tinettes mobiles destinées à recevoir et désinfecter « les matières par l'emploi du procédé Blanchard et Château. Ils devront « s'entendre avec la compagnie concessionnaire dudit procédé pour la « fourniture, la pose et le service regulier des appareils. »

ou sur les liquides. L'efficacité de cette substance, qui d'ordinaire a pour effet d'expulser l'ammoniaque des matières fécales, est fondée sur ce que lorsque les matières sont à l'état de fraîcheur, le dégagement ammoniacal ne se produit pas, ou du moins est presque insensible [1]. L'état de fraîcheur lui-même est d'ailleurs assuré, dans de certaines limites, par la séparation instantanée entre les solides et les liquides, séparation que les appareils ont précisément pour objet de réaliser. La disposition de ces appareils ainsi que le mode d'emploi du réactif ont été très-diversifiés, la Compagnie et particulièrement son directeur actuel, M. Renard, s'étant attachés à approprier chaque type aux circonstances dans lesquelles il était appelé à servir [2]. Nous nous bornerons à indiquer les dispositions principales (Pl. XVII, fig. 1 à 5).

La fosse mobile usuelle est un cylindre en tôle galvani-

1. Nous avons pu constater par nous-même l'inodorité des mélanges obtenus dans ces conditions. Ce fait paraît dû à ce que l'ammoniaque n'existe pas toute formée dans les matières fraîches, mais a ce qu'elle se développe seulement quand les matières fermentent et que l'urée se décompose. M Barral a formulé cette opinion dans l'enquête officielle sur les engrais et le président, M. Dumas, y a adhéré. Voici en effet ce qu'on lit au compte-rendu de la séance du 6 décembre 1864 : « M. *Barral* J'ai « vu quelques résultats de ce procédé. M. Mosselmann, je crois, a fondé « sa préparation des matières fécales et des urines sur des principes « scientifiques exacts, et il exploite sa méthode qui consiste dans un « usage judicieux de la chaux, avec une grande connaissance des affaires « et de la pratique agricole. . — M. *Dumas* Il paraîtrait nécessaire, dans « cet engrais, de distinguer le cas où il est produit avec de la matière « fraîche et le cas où il est fait avec de la matière non fraîche. — « M. *Barral* : Oui, monsieur le président, quand la matière est fraîche, « la chaux a des propriétés conservatrices ; mais quand la matière n'est « pas fraîche, la chaux la détruit. »

2. C'est ainsi que la Compagnie a créé des types pour établissements publics, stations de chemins de fer, maisons particulières, urinoirs, etc. On rencontre dans sa collection des échantillons en rapport avec toutes les classes de la société, depuis le plus élégant *water closet* jusqu'au siège le plus primitif. Quelques unes des plus récentes dispositions, dues à M. Renard, sont véritablement très-ingénieuses et nous paraissent constituer de sérieuses améliorations

sée, de 70 à 80 centimètres de haut sur 40 centimètres de diamètre. Elle se ferme hermétiquement et est facilement maniée par deux hommes. On l'ajuste au tuyau de chute au moyen d'un tuyau en zinc à glissière ou manchon, qui repose sur l'orifice central de la fosse, et qu'on relève quand on veut emporter celle-ci. Elle est divisée en deux compartiments très inégaux par une plaque verticale de 20 à 25 centimètres de large, percée de trous de 6 millimètres de diamètre, distants de 3 centimètres. Lorsqu'on entreprend de récolter les liquides aussi bien que les solides, on dispose une seconde fosse semblable au dessous de la première, et on les met en communication au moyen d'un tuyau qui unit les deux petits compartiments. Le grand compartiment de la fosse supérieure est vide, celui de la fosse inférieure est plein de farine de chaux éteinte. A mesure que les matières tombent dans la première fosse, les liquides s'échappent à travers les trous de la cloison et vont dans la seconde fosse, où ils filtrent de même à travers la cloison et gagnent la farine de chaux placée de l'autre côté. Celle-ci s'en imbibe, et par suite de la concentration graduelle qui s'opère dans les liquides durant leur séjour, elle se charge de principes de plus en plus riches et forme finalement l'engrais que la Compagnie vend sous le nom de *chaux supersaturée*[1]. Les matières solides, de leur côté, s'accumulent dans la fosse supérieure, et malgré l'absence de tout réactif, elles s'y conservent très bien pendant un mois sans entrer en fermentation, grâce à la séparation complète des liquides. Une semblable installation trouve facilemont place dans un soussol, et, quand l'appareil est bien tenu, on n'est pas sérieu-

---

1. Un hectolitre de chaux peut absorber successivement, par suite de l'évaporation graduelle de l'eau, 2 1/2 à 3 hectolitres d'urine, et l'on calcule que pour avoir 1 hectolitre de chaux supersaturée, il suffit de 20 kilogrammes de farine de chaux, lesquels absorbent 123 kilogrammes d'urine et forment un engrais pesant 75 kilogrammes à l'état naturel et 55 kilogrammes après deux mois de magasinage.

sement incommodé par l'odeur. La fosse aux solides peut servir vingt-cinq à trente jours pour dix personnes sans être changée; pendant ce laps, la fosse aux liquides est généralement renouvelée trois fois. Les solides recueillis sont traités au dépotoir par de la chaux grasse qu'on a éteinte préalablement avec la moitié de son poids d'urine fraîche. La farine de chaux obtenue par cette extinction sert à envelopper les matières, à les *praliner*, comme dit la Compagnie. et l'on obtient ainsi la *chaux animalisée* sous forme de nodules de matière desséchée, emprisonnés dans une coque de chaux durcie qui empêche le contact de l'air et prévient la décomposition [1]. Ces nodules peuvent se conserver très-longtemps sans exhaler d'odeur sensible.

Une installation moins complète que celle que nous venons de décrire, mais que les circonstances commandent souvent, consiste à supprimer le réceptacle inférieur et à laisser perdre les urines à l'égout. C'est la disposition que la Compagnie a dû adopter le plus ordinairement à Paris, où les manipulations et les transports sont très-dispendieux. On se trouve alors dans des conditions analogues à celles des tinettes filtrantes de la Compagnie Richer, avec cette supériorité toutefois que le filtre de la Compagnie chaufournière étant vertical effectue mieux la séparation des matières. Le résultat de cette séparation est toujours, même en l'absence de réactif, de diminuer l'odeur des matières et de rendre la vidange moins insalubre, à la condition, bien entendu, que les appareils soient hermétiques et que l'écoulement des liquides se fasse rapidement. Sous ce rapport, on doit louer les dispositions adoptées par la Compagnie chau-

---

1. Les analyses assignent à ces nodules la composition suivante :

Eau	48,75
Matière organique	40,65
Phosphate de chaux . . .	7,35
Azote	3,25
Total.	100,00

fournière. Elles sont en général fort soignées et ont rendu des services réels, dans les bâtiments de l'exposition universelle de 1867. Le système appliqué dans le compartiment français et dans les bureaux de la Commission impériale a fonctionné pendant huit mois sans provoquer de plaintes. Il est superflu d'ajouter que les appareils de la Compagnie chaufournière, comme ceux de MM. Blanchard et Chateau. répondent d'autant mieux à leur destination qu'ils sont traversés par une moindre quantité d'eau de lavage; ils offrent donc le même obstacle à la propreté des cabinets d'aisances. Ils n'en sont pas moins susceptibles de rendre des services à la salubrité, quand la récolte à domicile est commandée par les circonstances, et ils ont alors le mérite de ne faire intervenir qu'un réactif très-simple et peu coûteux, qu'on peut, à peu près partout, se procurer facilement.

CABINETS D'AISANCES.

La salubrité des cabinets d'aisances se ressent directement du système de réceptacles employé. Il faut se représenter en effet tout réceptacle de matières comme un foyer plus ou moins actif de dégagements, duquel les émanations tendent incessamment, quoi qu'on fasse, à gagner les appartements. La véritable condition de l'assainissement des cabinets c'est donc la suppression même des réceptacles, ou l'envoi direct des déjections aux égouts. Mais en dehors de ce moyen radical, il est clair que les inconvénients sont d'autant moindres que les réceptacles sont eux-mêmes plus réduits, ou que les matières y ont moins de facilité à se putréfier. A ce point de vue les fosses mobiles valent mieux que les fosses fixes, et les appareils avec diviseur mieux que les appareils sans diviseur ; de même encore, les agents chimiques qui préviennent la fermentation sont un progrès sur l'état naturel. Ainsi, en thèse générale, la première condition à rechercher c'est de réduire le foyer des émanations.

La seconde condition d'assainissement, bien connue aujourd'hui de tout le monde, c'est l'usage d'une abondante quantité d'eau. Tous les systèmes de fosses qui ont pour objet de garder la totalité des matières, comme aussi ceux où l'on veut retenir des éléments plus ou moins susceptibles d'être entraînés par l'eau, sont évidemment, comme nous l'avons déjà remarqué, un grand obstacle à la salubrité. Aussi pour avoir des cabinets véritablement dignes du nom de *water closets*, a-t-on installé à Paris et à Lyon ces diviseurs soit fixes, soit mobiles, qui laissent filtrer immédiatement la totalité des liquides et graduellement, par voie de dissolution ou d'entraînement, la plus grande partie des solides, si bien qu'il ne reste pour ainsi dire plus dans le réceptacle que des corps inertes, souillés de matières. Mais alors on se demande à quoi sert d'introduire dans le mécanisme de l'expulsion une semblable complication, qui, sans préserver efficacement les galeries de l'infection qu'on redoute pour elles, entretient néanmoins au bas du tuyau de chute une source de mauvaises odeurs ; car si la quantité de matières retenue par le filtre est insignifiante par rapport à celle qui passe, elle suffit cependant pour engendrer des émanations considérables. De tels appareils ne se justifient que dans les maisons où la faible inclinaison du tuyau de chute, par exemple, fait craindre l'obstruction que pourraient déterminer les parties les plus consistantes et surtout les corps étrangers. Sauf ce cas, ils constituent évidemment une disposition fort illogique, puisqu'ils manquent à la condition première, qui est en même temps la raison d'être des réceptacles, à savoir de conserver les déjections sous une forme plus ou moins concentrée.

Quand on se propose de réaliser ce dernier objet, l'usage de l'eau est forcément limité. Pour y suppléer, on a imaginé diverses dispositions, parmi lesquelles nous citerons comme particulièrement ingénieuse la *cuvette séparatrice* de la Compagnie chaufournière de l'Ouest, due à M. Renard.

laquelle a pour destination de séparer les eaux de lavage des matières fécales. Cette cuvette (Pl. XVII, fig. 6), que nous avons vue fonctionner d'une manière très-efficace, est caractérisée par la présence d'une gorge pratiquée au dessus de la soupape et dans laquelle se rassemblent les eaux de lavage qui glissent en tournoyant sur les parois polies de la cuvette : de là, ces eaux s'échappent par un petit tube, distinct du tuyau de chute. On sépare ainsi 70 pour 100 des eaux de lavage employées ; 30 pour 100 seulement rejaillissent sur la soupape et vont rejoindre les matières. Ajoutons que la soupape est agencée de façon à ne basculer que par la volonté expresse de la personne qui la manœuvre, en sorte qu'on peut vider dans la cuvette toute l'eau qu'on veut, sans crainte qu'elle n'aille à la fosse : la soupape reste alors fermée, et l'eau s'écoule exclusivement par la gorge et le tuyau spécial.

Une troisième condition pour prévenir les mauvaises odeurs c'est d'intercepter les communications entre le siége et le tuyau de chute ; il faut que, d'une part, toutes les fissures soient exactement fermées, et que, d'autre part, la cuvette soit munie d'une soupape joignant hermétiquement. C'est ordinairement ce dernier point qui laisse à désirer, sauf dans les cabinets bien pourvus d'eau, où il est dès lors aisé de maintenir sur la soupape une tranche liquide qui masque les rainures. Mais quand l'eau manque ou encore quand la propreté de la cuvette est mal entretenue, le siége devient un foyer de mauvaises odeurs et il est désirable que son ouverture soit soigneusement fermée. La planche qui se rabat dessus est généralement insuffisante, parce que l'ajustement est imparfait et que les émanations trouvent une issue entre la table du siége et la face inférieure du couvercle. Nous parlons surtout ici, bien entendu, des cabinets de la classe peu aisée. Or c'est pour eux principalement que les précautions sont nécessaires, parce que la salubrité tend plus qu'ailleurs à y être compromise. D'autre

part il faut que les moyens employés soient peu coûteux et
d'un système très-simple, pouvant braver une certaine ru-
desse dans la manœuvre. Sous ce rapport on peut recommander la disposition adoptée dans les prisons cellulaires
bâties récemment en Belgique. La cuvette du siége est en
faïence ou en grès vernissé; on y ménage une rainure qu'on
remplit de sable fin. Le couvercle à tabatière, fermant hermétiquement, est muni d'un rebord qui plonge dans la rainure et intercepte l'issue des gaz. Parfois même, comme à
la maison de reclusion de Vilvorde, le couvercle est installé
de manière à se refermer par l'effet de son propre poids, dès
que le détenu quitte le siége.

Enfin, dans les cabinets d'aisances, on ne doit jamais négliger la ventilation. On ne saurait à aucun prix se passer
de ce moyen, tandis qu'il permet, jusqu'à un certain point,
de se passer de tous les autres. Toutes les fois que les circonstances du local le comportent, la manière la plus simple
et en même temps la plus efficace de réaliser la ventilation.
c'est de pratiquer une large croisée prenant jour sur un
emplacement étendu et découvert. Malheureusement cette
disposition n'est pas toujours possible dans les quartiers
populeux, où le terrain a beaucoup de prix, ni dans les
édifices publics où les constructions sont profondes et où
l'on ne veut cependant pas reléguer les cabinets aux extrémités du bâtiment. L'aération ordinaire est alors insuffisante ; le meilleur moyen d'y suppléer nous paraît être
d'adapter un tuyau ou cheminée d'aspiration, partant soit du
plafond du cabinet, soit de l'intérieur du siége, et débouchant
au dessus du toit. Il est bon que ce tuyau soit échauffé par
le contact de quelque cheminée à feu ou, à défaut, qu'on y
maintienne allumé un bec de gaz. Nous avons rencontré
cette disposition dans nombre d'édifices publics, entre autres
au grand théâtre de Bordeaux et à l'hôpital d'Aix-la-Chapelle. Elle est d'une application plus facile dans les établissements industriels, où l'on peut en général faire déboucher

le tuyau dans quelque haute cheminée de fourneau et produire ainsi une aspiration énergique.

EMPLOI ET TRAITEMENT DES MATIÈRES.

Au sortir des fosses, les matières sont traitées diversement, suivant le régime de ces fosses et aussi suivant les habitudes locales. Tantôt elles sont perdues en partie aux cours d'eau, tantôt employées sur les terres à l'état naturel, tantôt converties en engrais artificiel ou traitées en vue de certains produits chimiques.

La perte partielle aux cours d'eau ou aux égouts est fréquente avec les fosses à diviseur, fixes ou mobiles, ainsi qu'avec les fosses fixes ordinaires dans lesquelles la vidange est précédée d'une désinfection. Il arrive alors qu'après avoir brassé les matières avec les réactifs et avoir laissé les parties lourdes se déposer, on décante le liquide éclairci ou les *eaux-vannes* et qu'on les écoule au prochain exutoire, afin d'éviter les frais de transport. Cette pratique a été alternativement permise et interdite à Paris, selon que l'état de la santé publique ou les plaintes des habitants en faisaient sentir l'opportunité. Un tel mode étant l'absence même de tout procédé d'assainissement, il n'y a naturellement aucun précepte technique à formuler à son sujet, si ce n'est d'éviter que les eaux-vannes circulent à la surface du sol et risquent d'imprégner le terrain. A ce point de vue on ne peut qu'approuver la disposition prescrite par la préfecture de police de la Seine, aux termes de laquelle les eaux-vannes devaient être conduites par un tuyau flexible à la bouche de l'égout.

Dans les petites localités et même dans les villes moyennes, l'agriculture offre d'ordinaire un débouché suffisant pour que les matières puissent être immédiatement emportées dans la campagne sans passer par un établissement central óu *dé-potoir,* comme à Paris. Lorsqu'il en est ainsi et que les matières sont utilisées sur les terres au fur et à mesure de l'extraction, les inconvénients se font sentir, moins dans la ville même, que pendant le transport et aux points où l'application s'effectue. On doit se prémunir notamment contre les mauvaises odeurs que dégage l'engrais quand il est répandu à un trop grand état de concentration. Nulle part ces pratiques ne s'accomplissent avec autant de soins et de méthode que dans les Flandres et dans la Hollande septentrionale. Soit qu'on veuille utiliser les déjections à l'état naturel, soit qu'on préfère les mélanger avec des corps étrangers et en faire des composés, on peut prendre exemple sur les villes d'Anvers et de Louvain, dans un cas, sur celles de Groningue et de Bonn (Prusse rhénane), dans l'autre cas.

A Anvers, l'exploitation des vidanges, faite depuis des siècles au profit du trésor communal, a de tout temps rapporté des sommes considérables. Le bénéfice annuel, graduellement réduit par la concurrence du guano, est encore de 80.000 francs, après avoir été de 110.000 il y a une vingtaine d'années. Douze *vidangeurs-jurés,* nommés par le collége échevinal, président aux vidanges, visitent les fosses après l'opération, et s'assurent si elles sont encore en bon état. Ce sont eux qui jaugent la fosse, constatent la quantité extraite et rédigent les déclarations indiquant le volume d'engrais obtenu. La quantité totale, fournie par la ville chaque année, est d'environ 30.000 mètres cubes. Les matières solides sont embarquées en vrac et déposées dans un réservoir central, formé de plusieurs citernes, situé sur la rive gauche de l'Escaut : c'est là qu'un agent de la ville les vend au public ; les matières liquides sont chargées dans des bateaux-citernes, qui vont alimenter les fosses à gadoue des cultivateurs et des marchands. Les unes et les autres circulent dans divers sens : on trouve des fosses le long de l'Escaut et de ses affluents, sur les canaux de Flandre et du Brabant, et jusqu'à Campenhoüt, près de Louvain, qui absorbe près d'un dixième de l'engrais. Mais c'est surtout le pays de Waes, où la culture des plantes industrielles est si développée, qui consomme une grande quantité de cet engrais ; malgré la longueur et la difficulté des transports, le Campinois, au retour du marché d'Anvers, en emporte souvent, et les fosses de dépôt que la ville a fait construire à Cruybeeck sont presque toujours vides, tant la demande est active. Le prix moyen des matières fécales ordinaires est de 9 à 10 francs par mètre cube livré au bateau ; il varie, selon la densité, de 5 à 18 francs.

La ville de Louvain opère également la vidange en régie. Son bénéfice n'est que d'une quinzaine de mille francs, c'est-à-dire relativement moins élevé qu'à Anvers, parce qu'elle a surtout en vue de donner au commerce de cet engrais toute l'extension désirable. Elle a acquis des bateaux couverts pour le transport, et a établi dans diverses communes. accessibles par eau, des fosses de dépôt, parmi lesquelles celles de Campenhout sont les plus considérables. Ces dernières ne servent pas seulement pour les matières alvines de Louvain, mais on peut encore y recevoir et débiter, au profit de la ville, la gadoue provenant d'autres localités. Nous avons dit tout à l'heure qu'Anvers y envoyait près du dixième de sa production. Mais on en fait venir de bien plus loin : dans une seule année on a acheté 10.000 hectolitres de gadoue d'Amsterdam. Les fosses de Campenhout ont une capacité de 300 mètres cubes ; celles de Boortmeerbeck, dans la même contrée, n'ont guère moins. Elles sont couvertes par un toit en pannes et présentent un débarcadère. Le bord des réservoirs est situé à 10 mètres environ du canal. Pour opérer le transbordement de la gadoue hors du bateau-citerne dans les fosses, on a établi un chenal de 10 mètres de longueur. sur la digue de séparation, et l'on puise au seau avec une bascule. Ce seau contient un quart d'hectolitre. On débite par le même procédé [1].

A Groningue, on met un soin plus grand encore à utiliser tous les immondices de la ville. Les maisons sont en général dépourvues de fosses d'aisances. On place sous le siége des cabinets des vaisseaux en bois ou en fer qui sont vidés deux fois par semaine dans des voitures couvertes, où l'on charge également la boue des rues et des égouts. On recueille à part les résidus secs, tels que balayures, poussières, débris, etc. Les cendres des foyers sont emportées par des voitures spéciales.

Toutes ces matières sont conduites hors la ville sur un terrain abrité par des hangars. Le sol est pavé et divisé en plusieurs emplacements un peu concaves. Avec les résidus secs on forme des espèces de digues circulaires, et les matières liquides ou pâteuses sont répandues au milieu. La partie qui filtre est conduite par des gouttières dans une grande citerne en maçonnerie. On biasse ensuite les matières comme on fait du mortier, et l'on obtient un engrais particulièrement estimé. Les agriculteurs attachent une grande importance à ce que la préparation ait lieu suivant certaines règles : les composts ne doivent renfermer ni paille ni foin. et les matières fécales doivent être récentes, à quelques jours de date seulement, pour avoir tout leur prix.

Ce service est fait par une corporation payée par la ville. Le directeur est chargé également de la vente et de l'expédition du produit. Il se rend de temps en temps dans la province, sur les lieux mêmes, et y vend à l'enchère, par devant un huissier, l'engrais en lots de 18.000 kilogrammes environ, et au prix de 120, 140 francs, quelquefois même 200 francs, soit normalement de $7^f,50$ à 8 francs la tonne.

---

1. Des pratiques analogues se retrouvent dans plusieurs autres villes de Belgique, surtout dans les Flandres, à Gand, Bruges, Lockeren, etc. (Voir pour plus de détails le rapport de M. G. P. Schmit, ingénieur à Liége qui a étudie cette question par ordre du gouvernement belge).

L'expédition a lieu dans des bateaux couverts, contenant précisément 18.000 kilogrammes chacun. Les liquides ayant dégoutté des tas sont vendus d'une manière analogue, mais seulement au prix de 2f,50 le mètre cube. On les répand sur les champs au moyen de charrettes semblables à celles qui font l'arrosage des villes. Le bénéfice net retiré par la ville de ces opérations est de 40.000 francs par an. Mais ce qui a bien plus d'importance que ce chiffre, ce sont les résultats agricoles qu'on a obtenus. Un vaste terrain, situé au sud de la province, autrefois couvert de landes et de tourbe, est maintenant une des parties les plus fertiles de cette riche contrée.

Depuis quelques années la ville d'Arnhem, dans la Hollande méridionale, a suivi l'exemple de Groningue et retire déjà près de 20.000 francs de ses engrais.

A Bonn, l'emploi des matières fécales est également porté à un haut degré de perfection. Elles sont centralisées par l'Académie royale d'agriculture de Poppelsdorf, qui possède de vastes terrains à proximité de la ville. On fabrique des composts semblables à ceux de Groningue, et on les consomme entièrement dans les dépendances de l'établissement.

En France, dans les villes de quelque importance, on préfère généralement convertir les matières en poudrette [1]. C'est là, on le sait, une fabrication des plus barbares, qui a pour résultat de perdre les 9/10 des principes fertilisants

---

1. Dans quelques départements du Nord et de l'Est, notamment dans la vallée de l'Isère, on emploie les déjections à l'etat naturel. On connaît également les tentatives faites à la ferme de Vaujour, pour le compte de la ville de Paris, sous la direction de MM Mille et Moll. Mais, au total, ce débouché est restreint. Plus récemment, quelques entrepreneurs de vidange se sont mis à fabriquer des composts. La Cie chaufournière de l'Ouest prepare actuellement un mélange nommé par elle *taffo* et qui n'est autre que la matiere fécale solide, retirée de ses appareils diviseurs et traitée par des substances telles que gadoue sèche, balayures, déchets de halles et fabriques, etc. Elle les associe à raison de 70 de matière fecale pour 30 de matière étrangère, et forme ainsi des briquettes comprimées a la machine, qui se conservent très-bien et qu'elle livre au commerce.

contenus dans l'engrais, et qui, en même temps qu'elle empeste l'atmosphère, abandonne des liquides éminemment putrescibles. L'établissement le plus considérable en ce genre et le mieux tenu, bien qu'il soit un foyer d'infection, est celui de Bondy, qui reçoit le contenu des tonneaux à vidange de tout Paris, soit plus de 2.000 mètres cubes par jour, sans parler des eaux-vannes. Les matières y parviennent, à l'état fluide, par l'intermédiaire d'un tube souterrain de 30 centimètres de diamètre, partant du dépotoir de la Villette [1], et dans lequel une machine à vapeur agit par voie de refoulement. Elles sont reçues dans sept bassins successifs, d'une superficie totale de 15 hectares et d'une contenance de 160.000 mètres cubes environ. Le séjour, dans chaque bassin, dure à peu près six mois, en sorte que les matières mettent trois ou quatre ans pour se convertir en poudrette. Elles n'arrivent à cet état final qu'après avoir perdu, non-seulement une grande quantité d'eau, mais encore une énorme proportion d'éléments fertilisants, qui s'échappent en empestant la contrée. Les liquides du dernier bassin, jugés suffisamment appauvris, sont lâchés à la Seine. au moyen d'un siphon, en aval de Saint-Denis. Le volume ainsi refoulé dépassait naguère 60.000 mètres cubes par an.

Un progrès récent a consisté à exploiter ces liquides pour la fabrication des sels ammoniacaux, de façon à évacuer des eaux vannes beaucoup moins chargées qu'auparavant. Une importante usine a été fondée par la Compagnie Richer, sous la direction de M. Margueritte, qui a graduelle-

---

1. Ce dépotoir, remarquable par ses dimensions et par sa parfaite installation, comprend 3 vastes citernes souterraines, en ciment romain, de 500 mètres cubes de capacité chacune. L'air est renouvelé dans ces citernes au moyen d'un ventilateur puissant; le tuyau de prise de ce ventilateur parcourt toute la longueur de la citerne et aspire sur divers points, par des orifices de grandeur croissante au fur et à mesure de l'éloignement. Il y a quelques années, alors que l'aspiration se faisait en un seul point, il se produisait de temps à autre des cas d'asphyxie. La disposition actuelle y a complètement remédié.

ment introduit dans cette industrie nouvelle d'ingénieux perfectionnements. Les eaux sont distillées dans l'appareil connu
vulgairement sous le nom de *chauffe-vin*. La vapeur qui barbotte sur les divers plateaux entraîne avec elle le carbonate
d'ammoniaque, qu'on recueille dans un condenseur. On con-
centré la liqueur, on la traite par l'acide sulfurique, et l'on
obtient le sulfate d'ammoniaque par voie de cristallisation.
Quand nous avons vu l'usine, M. Margueritte se proposait de
traiter par l'acide sulfurique la moitié seulement du carbonate, et d'employer l'acide carbonique dégagé à faire passer
l'autre moitié à l'état de bicarbonate, qu'on ferait réagir ensuite sur du sel marin, de façon à avoir du bicarbonate de
soude et du chlorhydrate d'ammoniaque. Peut-être même
serait-on amené à traiter ainsi la totalité du carbonate, ce
qui obligerait à avoir une source directe d'acide carbonique.

Les eaux-vannes du septième bassin, traitées comme il
vient d'être dit, fournirent dès 1863, première année de la
fabrication en grand, 318.000 kilogrammes de sulfate d'ammoniaque, pour 33.000 mètres cubes de liquides. On a augmenté cette production et l'on comptait arriver à traiter
200.000 mètres cubes, en opérant non-seulement sur les eaux
épuisées, mais aussi sur les eaux d'arrivages, préalablement
éclaircies par une filtration sommaire à travers des grilles.
L'écueil de ces dernières opérations c'est l'engorgement des
appareils, par suite des matières que charrient les liquides
et dont les grilles sont impuissantes à les dépouiller ; on a
plusieurs fois été obligé de suspendre la fabrication pour ce
motif [1].

1. La voirie de Bondy est actuellement en voie de transformation À
la suite des energiques réclamations dont cet établissement a été l'objet,
la ville de Paris s'est mise en devoir d'effectuer désormais les opérations
en vases clos. On aura ainsi une vaste fabrique de produits chimiques,
a laquelle on devra appliquer les procedés d'assainissement usites dans
l'industrie. Mais il est douteux qu'on parvienne a conjurer tous les désa-
gréments et a couper court aux réclamations. Il nous paraît beaucoup
plus probable qu'une solution plus radicale et plus sûre, celle qui consiste

Plusieurs autres méthodes de traitement des matières fécales par voie chimique, ont été tentées sans succès. Ainsi
MM. Blanchard et Château ont proposé de précipiter les
éléments fertilisants contenus dans les eaux-vannes, au
moyen du phosphate double de magnésie et de fer. De son
côté le docteur Kœne, à Bruxelles, a proposé de traiter les
mêmes liquides par le perchlorure de fer. En Angleterre
quelques usines de peu d'importance s'étaient fondées dans
ce but. A Hyde, près Asthon, les matières fécales étaient
mélangées avec des résidus oléagineux et du sel commun,
puis distillées à siccité. La partie solide était vendue aux
agriculteurs, tandis que la partie liquide, suffisamment
concentrée, était utilisée pour la préparation des laines
brutes, du lin, etc. Ces opérations, peu rémunératrices d'ailleurs, ont dû être discontinuées, à cause des mauvaises
odeurs qu'elles répandaient dans le voisinage.

En résumé, la meilleure manière d'utiliser les déjections
paraît être de les appliquer aux terres *à l'état naturel,* en
ayant soin seulement de les étendre d'eau ou de les mélanger à des matières qui en tempèrent l'action en formant
des composts. De la sorte on tire mieux partie de l'engrais
et, chose surprenante au premier abord, on cause moins
d'incommodité au voisinage que par tout traitement chimique ou par la conversion en poudrette. Mais il n'en reste
pas moins une manipulation par elle-même très-rebutante,
et des frais de transport considérables [1], qui sont un nou-

à supprimer la vidange ordinaire et à envoyer tout aux égouts, prévaudra dans un avenir prochain.

1. Afin d'éviter ces manipulations et les inconvénients de tous genres
qui s'y rattachent, le préfet de la Seine, baron Haussmann, avait conçu
le projet de mettre les fosses d'aisances en communication avec des conduites spéciales pratiquées dans l'un des pieds droits ou sous l'une des
banquettes des égouts. Des machines à vapeur, agissant par aspiration
sur l'ensemble de ces conduites auraient refoulé les matières dans des
réservoirs éloignés, où elles auraient été offertes à l'agriculture en quelque
sorte à pied d'œuvre. Ce système de vidanges souterraines a été exposé

véau motif de préférer l'envoi des matières aux égouts, sauf,
à employer convenablement les eaux fournies par ces derniers. Il est à remarquer que par là, on réalise précisément,
de la manière la plus naturelle et la plus économique, la di-

par son auteur dans un rapport au Conseil municipal, à la date du
16 juillet 1858.

« Depuis 1854, dit M. Haussmann, la recherche du meilleur système de
« vidange a été poursuivie par l'administration, comme par la science et
« l'industrie, et de grands pas ont été faits vers une bonne solution.
« L'une des combinaisons indiquees alors consistait dans la suppression
« des fosses et la mise en communication directe, des tuyaux de des-
« cente, avec des conduites spéciales posees dans les egouts. Des pompes a
« vapeur, agissant par aspiration sur l'ensemble de ces conduites, de
« vaient refouler les matières débitées par elles dans des réservoirs
« éloignés, pour qu'elles y fussent traitées et offertes à l'agriculture
« Deux objections s'élevaient :
« La premiere etait la dépense, supposee très-considérable, des con-
« duites spéciales à poser ; mais les ingénieurs savent aujourd'hui prati-
« quer sous la banquette des égouts, dans l'epaisseur même de la
« maçonnerie, des tubes en ciment d'un assez grand diamètre, très-
« solides, imperméables, et dont les frais, ajoutés à ceux qu'entraîne la
« construction de l'égout même, sont très-peu elevés.
« La seconde objection était la quantité d'eau jetée dans les fosses,
« quantité deja très-grande qui le sera bien plus encore, lorsque chaque
« maison et chaque etage seront approvisionnés avec abondance par les
« nouvelles eaux de distribution Les vidanges, disait-on, en seront trop
« étendues pour être transformées en engrais utile et productif. Or, les
« expériences faites au nom d'une Compagnie que la ville a subvention-
« née, dans la ferme de Vaujours, sur l'usage de l'engrais liquide, par
« M. l'ingénieur en chef Mille, et par M Moll, professeur au Conserva-
« toire des Arts et Métiers, ont constaté que, pour féconder le sol, cette
« sorte d'engrais doit être très-largement etendue d'eau ; qu'employe
« sans cette précaution, il brûle en quelque sorte les récoltes ; qu'un
« arrosage fréquent, abondant, à la lance, comme celui qu'on emploie
« pour l'eau pure au bois de Boulogne, constitue le procédé le plus effi-
« cace en même temps que le moins incommode.
« S'il en est ainsi, plus la propriéte domestique mêlera d'eau aux
« vidanges, plus la préparation de l'engrais sera économique et rapide
« Dans un rayon assez prolonge autour de Paris, les agriculteurs com-
« prendront bien vite le parti qu'ils peuvent tirer de ce guano, beaucoup
« moins cher et tout aussi précieux que celui qu'on va chercher à travers
« l'Océan, et le problème sera bien près d'être résolu
« Mais une sérieuse difficulté subsiste encore · on doute que l'emploi
« des engrais liquides que débiteront quotidiennement les tuyaux d'éva-

lution que réclame la culture et qu'il faut toujours effectuer après coup dans les fermes, quand il s'agit d'appliquer les matières reçues à l'état naturel.

« cuation des fosses de Paris puisse avoir lieu avec une certaine régula-
« rité ; on craint que les intermittences de l'arrosage des prés et des
« champs, forcement suspendu pendant les froids et pendant les récoltes,
« ne rendent nécessaire la construction de bassins de réserve, bien autre-
« ment grands et tout aussi desagreables pour le voisinage que ceux de
« Bondy . . . .
« En l'état des études, il importe de disposer les égouts pour l'un ou
« l'autre système, et cela peut se faire presque sans depense.
« Dans l'epaisseur de l'un des pieds droits ou sous l'une des banquettes,
« des conduites en ciment seront partout établies. Les fosses d'aisance des
« maisons riveraines communiqueront, d'une part, avec ces conduites au
« moyen de tuyaux , d'autre part, avec la galerie d'égout, par l'embran-
« chement exécute conformement au décret de 1852.
« Ainsi, les galeries d'egout seront appropriées a toutes les hypo-
« thèses.
« Si le système de l'emploi direct par l'agriculture des matières éten-
« dues d'eau est un jour adopté, les conduites spéciales seront preparees
« et n'attendront plus que l'action des machines,

CHAPITRE II

PROTECTION DE LA VOIE PUBLIQUE.
LOGEMENTS INSALUBRES.

NETTOIEMENT DE LA VOIE PUBLIQUE.

L'entretien de la voie publique en état de propreté comporte deux ordres de moyens : les uns, qui rentrent dans le système général de la circulation continue, consistent dans le lavage périodique de la chaussée et l'entraînement des résidus aux égouts : nous les avons déjà mentionnés et n'avons pas à y revenir ici ; les autres consistent dans l'enlèvement mécanique des résidus et leur transport à l'aide de charrettes ou tombereaux.

Ces derniers moyens n'offrent en quelque sorte rien de technique : ils ne diffèrent point dans leur principe de ceux qui ont été en usage de tous temps chez les simples particuliers ; aussi n'en parlerions-nous pas si nous n'avions en vue d'indiquer les principales mesures administratives dont ils ont été l'objet et qui exercent, selon les cas, une influence très-grande sur la salubrité. Ces mesures concernent soit l'enlèvement même des résidus, c'est-à-dire leur transport à distance des villes, soit l'emploi de ces résidus, de façon à en tirer, s'il est possible, un parti utile et, en tous cas, à prévenir l'infection que leur accumulation pourrait engendrer.

ENLÈVEMENT DES RÉSIDUS.

A ne considérer que l'enlèvement des boues et immondices provenant de la voie publique elle-même, la ville de Paris est assurément sans rivale. Chacun a pu remarquer la rapidité avec laquelle on les fait disparaître en temps de pluie et a dû être frappé de la différence que présentent sous ce rapport les autres grandes villes de l'Europe [1]. Cette branche des services municipaux paraît donc, à Paris, à peu près aussi bien organisée qu'elle peut l'être.

Mais il n'en est pas de même de l'enlèvement des débris domestiques. Étant admis l'absence de drainage privé, ou du moins d'un drainage en état d'évacuer la totalité des débris des maisons (ce qui est encore le cas dans la généralité de l'Europe), et par suite le transport de ces matières à la surface, Paris se trouve en arrière de plusieurs capitales et même de quelques villes de province, telles que Lyon et Bordeaux. En effet, à Paris, les débris domestiques, que des tombereaux doivent emporter chaque matin, de six à huit heures en été et de sept à neuf heures en hiver, sont admis sur la voie publique dès la veille au soir [2]. Le motif de cette coutume est de laisser à l'industrie du chiffonnage le moyen de s'exercer. On a agité, il y a quelques années, la question

1. A Londres, par exemple, le balayage des boues ne se fait pas régulièrement · ce sont souvent des gens de la classe pauvre qui débarrassent le passage devant les piétons et réclament un penny ou un demi-penny (10 ou 5 centimes), pour le service rendu.

2. Réglementairement les résidus ne devraient être déposés sur la voie publique qu'à partir de quatre heures du matin ; mais en fait, on les tolère beaucoup plus tôt, après la sortie des spectacles dans les grands quartiers, et dès dix heures du soir dans les autres

de savoir si l'on supprimerait cette industrie, mais des considérations étrangères à la salubrité ont fait écarter toute mesure radicale à cet égard [1], en sorte que le chiffonnage continue encore à s'exercer dans la plupart des quartiers de la ville. Les résidus domestiques restent donc exposés un long temps sur la voie publique, tandis que diverses causes, le piétinement des chevaux, le roulement des voitures, la pluie et le vent, le chiffonnage lui-même, tendent à les disperser incessamment et à les faire pénétrer dans les interstices du sol.

A Lyon, ces inconvénients sont prévenus par suite des dernières mesures administratives. Aux termes des règlements en vigueur, « les ordures, immondices, paille et rési-
« dus quelconques provenant de l'intérieur des habitations ne
« devront jamais être déposés sur le sol des rues, mais ver-
« sés directement par les habitants dans les tombereaux du

---

1. Les inconvénients du chiffonnage frappent tous les esprits ; aussi a-t-on songé, à diverses reprises, a faire disparaître cette industrie. En 1862, la commission municipale de la ville de Paris prit à cet égard les conclusions suivantes :

« 1° Rapporter l'article 11 de l'ordonnance de police du 1er sep-
« tembre 1853, qui autorise le depôt sur la voie publique des ordures et
« résidus de ménage, et revenir à l'arrêté du prefet de police, du 5 no-
« vembre 1846, qui, par l'article 10, défend de rien déposer sur la voie
« publique, et enjoint l'apport direct des ordures ménageres des maisons
« aux voitures de nettoiement.

« 2° Permettre le dépôt des ordures menagères versées dans des reci-
« pients indiqués par l'administration municipale et placés à l'entrée des
« portes, allees, passages et cours privées ; ces récipients seraient enle-
« vés et replacés où ils auraient ete pris, par les ouvriers du service de
« l'enlèvement.

« 3° Autoriser, par tolerance et pendant cinq ans, dans la division su-
« burbaine, le dépôt des ordures ménagères sur la voie publique, tel qu'il
« se pratique aujourd'hui.

« 4° Interdire le chiffonnage a toute personne non autorisee par la pos-
« session nominative de la medaille.

« 5° Obtenir de M. le préfet de police, qu'à l'avenir il ne soit plus
« delivré de nouvelles médailles, et que les anciennes soient retirées à
« mesure des extinctions.

« 6° L'apport des ordures ménagères aux tombereaux, et l'enlèvement à
« domicile suppriment le chiffonnage dans la rue, exercé par 6.500 chif-

« nettoiement, ou déposés par eux dans des seaux qui seront
« placés à l'entrée des allées. Les seaux doivent être en mé-
« tal, munis d'une anse solide et d'une capacité de 50 litres
« au plus. Ils devront-être enlevés dans le délai d'un quart
« d'heure après le passage des tombereaux. » A Bordeaux,
les immondices ne sont pas non plus admis d'avance sur
la voie publique ; mais au moment du passage du tombereau une cloche avertit les habitants, qui descendent alors
leurs baquets à ordures et les rentrent aussitôt après les avoir
vidés. Dans les beaux quartiers, où l'on tient la main à la
stricte exécution de la consigne, l'opération s'accomplit en
quelques minutes et la rue demeure parfaitement nette. Des
mesures analogues sont en vigueur dans plusieurs villes de
l'étranger, à Londres, Edimbourg. La Haye, etc. Les municipalités ne sauraient trop en poursuivre l'application, car

« fonniers environ, et tous les inconvénients de ces fouilles sur le pavé de
« notre ville disparaîtront ; mais, en supprimant le chiffonnage dans la
« rue, on ne supprimera pas l'industrie, car elle s'exercera aussi bien, si
« ce n'est mieux, dans les dépôts.

« Cette industrie, dont le mode est repoussant, doit être encouragée a
« cause des produits utiles qu'elle donne a la fabrication du papier, du
« carton, du noir animal ; le revenu de cette industrie peut être évalue
« sans crainte d'erreur à 1.500.000 fr. [1] et de première main. La ville
« doit pour une partie profiter de ce revenu, par l'exonération des frais
« qu'occasionne le service de l'enlèvement.

« 7° Les dépôts destinés a recevoir les produits de l'enlèvement qui
« s'élèvent à 1.070 mètres cubes, par jour, et, par an, a 385.000 mètres
« cubes, devront être au nombre de 4, etablis à 2.000 mètres des fortifi-
« cations, entourés de murs, et disposés selon les prescriptions de la
« préfecture de police, qui en aura la surveillance comme établissement
« de première classe. »

Ces conclusions n'ont pas été mises en pratique ; d'une part, l'établissement d'un ou plusieurs dépôts centraux ne laisse pas de présenter des
difficultés de divers genres, au point de vue de l'installation matérielle, de
la salubrité, etc.; d'autre part, on hesite à toucher aux moyens d'existence
d'une classe spéciale de travailleurs qui paraissent peu aptes a toute autre
espèce de profession.

1. Des évaluations récentes portent à 10.000 francs par jour, soit à plus de
3 millions et demi par an, la valeur brute des débris de tous genres récoltés
par les chiffonniers tant dans l'ancien que dans le nouveau Paris. (Note de
l'auteur.)

elles constituent une condition fondamentale de la salubrité de la rue. Mais une solution préférable, si elle peut un jour être adoptée, est celle que M. le préfet de la Seine avait en vue pour la ville de Paris et que nous avons déjà fait connaître : par ce système, on se le rappelle, les débris domestiques précipités dans les branchements d'égouts, au moyen d'ouvertures spéciales et de trémies, seraient emportés souterrainement par les galeries.

Une question qui se rattache à la propreté de la voie publique est celle du pavage. C'est un point débattu que celui de savoir dans quelle mesure le pavage peut contribuer à la salubrité du sol. D'un côté, il empêche, s'il est étanche, les liquides impurs de pénétrer dans le sol ; mais, d'un autre côté, il empêche également l'accès de l'air et des eaux pluviales, en sorte qu'il nuit à la combustion ou au déplacement des matières infectantes qui, pour des causes quelconques, peuvent se trouver dans le sol [1]. D'ailleurs l'imperméabilité d'un pavage n'est jamais complète, d'où il suit qu'une partie des éléments soit corrupteurs soit purificateurs pénètre toujours réellement dans la couche sous-jacente. « La réponse « à cette question, dit M. Chevreul, n'est donc point aussi « simple qu'elle le paraît au premier abord. » Ce qu'il semble naturel d'inférer de ces considérations théoriques, c'est que la pire condition pour la salubrité résulte d'un pavage défectueux, c'est-à-dire d'un pavage qui tout en s'opposant à l'infiltration de la plus grande partie des eaux. en laisse cependant une certaine quantité pénétrer par de nombreux interstices. ainsi que cela arrive, par exemple, entre les joints des pavés après un service de quelque durée. Car alors les eaux impures qui glissent sous le pavé y abandonnent gra-

---

1. On sait que ces matières ne proviennent pas seulement de l'infiltration des impuretés superficielles, mais aussi de bien d'autres causes, les fosses d'aisances, les fuites du gaz, les cadavres d'animaux et d'insectes qui vivent dans le sol, les infiltrations des eaux paludéennes extérieures à la ville, etc.

duellement des éléments combustiblés, qui se brûlent d'abord plus ou moins sous l'influence des agents atmosphériques, mais qui ne tardent pas à former entre le pavage et le sol proprement dit une sorte d'enduit, lequel rend à la fois le passage des eaux pluviales plus difficile et en même temps intercepte entièrement l'oxygène en fixant au fur et à mesure les faibles quantités qui se présentent. C'est ce que confirment les analyses faites à diverses époques sur la matière noirâtre qui se rencontre sous les pavés de Paris. On a reconnu que cette matière renferme, outre des substances organiques et minérales variées, une très-forte proportion de protosulfure ou d'oxyde intermédiaire de fer, lequel est extrêmement avide d'oxygène. Le fer très-divisé qui a donné naissance à ce corps provient du frottement des roues des voitures et des fers des pieds des chevaux. « Il est visible, « dit M. Chevreul, en conclusion d'une série d'expériences, « que la couche noire qui se trouve entre et sous les pavés de « Paris est une matière combustible qui défend les couches « inférieures du sol de l'action de l'oxygène, que cette couche « noire soit du fer métallique, de l'oxyde de fer intermé- « diaire ou du fer sulfuré, puisqu'elle tend en définitive à « se changer en peroxyde de fer : elle apporte donc un ob- « stacle réel à la transmission de l'oxygène que l'eau en- « traîne dans le sol, oxygène qui est nécessaire à la des- « truction des matières organiques qu'il contient, et par « conséquent à son assainissement. » Ainsi les conditions les plus favorables à la salubrité du sol seraient, soit un pavage absolument hermétique, soit l'absence de pavage; mais comme la première condition n'est pas réalisable, du moins dans une pratique prolongée, avec nos matériaux actuels, il s'ensuit qu'en fait le pavage est défavorable à la salubrité du sol, et cela d'autant plus qu'il s'éloigne davantage de cette imperméabilité absolue dont nous parlons [1].

1. Le celèbre Franklin était si frappé de l'influence que devait exercer

EMPLOI DES RESIDUS.

Les résidus provenant de la voie publique ou engendrés par la circulation et les agents atmosphériques vont, avons-nous dit, aux égouts, avec l'eau qui lave les ruisseaux. Il n'y a donc pas à se préoccuper de leur emploi, puisque, sauf les sables siliceux qu'on retient pour l'entretien de la chaussée, ils ne servent qu'à grossir le flot général des impuretés. Quant aux débris domestiques, qu'emportent les tombereaux, il convient, après que l'industrie du chiffonnage en a séparé ce qu'elle peut utiliser, de ne pas les laisser exposés à l'air, en grand tas, à la porte des villes ; car ces rebuts se composent en partie de matières organiques, susceptibles d'entrer en fermentation. On doit au contraire essayer d'en tirer parti pour l'agriculture, soit en les employant comme amendement, soit en les associant à d'autres matières pour former des composts. La nature diverse de ces débris les dispose d'ordinaire très-bien à figurer dans des engrais composés ; car à côté des fragments de végétaux ou des dépouilles d'animaux, on y voit des cendres, des escarbilles, des rognures d'étoffes, etc., qui remplissent le rôle d'absorbants vis-à-vis des matières liquides ou pâteuses qu'on vou-

a la longue le pavage des rues sur la salubrité du sol et par suite sur la qualité des eaux souterraines, qu'il en déduisait comme conséquence inévitable, la nécessité pour les villes de s'alimenter aux rivières ou à des sources éloignées. « J'ai observe, dit-il dans le codicille joint à son testa-
« ment, que le sol de la ville étant pavé ou couvert de maisons, la pluie
« était charriée loin et ne pouvait point pénétrer dans la terre et renouve-
« ler et purifier les sources ; ce qui est cause que l'eau des puits devient,
« chaque jour, plus mauvaise et finira par ne plus être bonne a boire,
« ainsi que je l'ai vu dans toutes les anciennes villes. Je recommande
« donc qu'au bout de cent ans le corps administratif emploie une partie
« des 100 000 livres sterlings a faire conduire a Philadelphie, par le
« moyen de tuyaux, l'eau de Wissahieken Creek, à moins que cela ne soit
« deja fait. L'entreprise est, je crois, aisée, puisque la crique est beau
« coup plus élevée que la ville, et qu'on peut y faire monter l'eau encore
« plus haut en construisant une digue. »

drait leur associer. A ce point de vue, on peut trouver avantage à les réunir aux boues limoneuses qui, dans les villes dépourvues d'égouts, sont également emportées par des tombereaux et forment des masses importantes, surtout dans les temps de pluie. D'une manière générale les municipalités doivent viser à faire absorber par l'agriculture tous les résidus que l'eau des égouts n'entraîne pas. Aucun moyen technique n'est à indiquer à cet égard : c'est par des mesures administratives, intelligemment conçues, qu'on peut y pourvoir. La plus efficace d'ordinaire est de convier les petits cultivateurs des environs à cet enlèvement, même au prix d'un sacrifice pécuniaire ; car la première condition, nous le répétons, c'est de prévenir l'accumulation des rebuts en masses putrescibles, au voisinage des villes. Or le plus sûr moyen d'obtenir la dispersion de ces rebuts et leur consommation immédiate c'est de les expédier de la ville dans diverses directions ; tandis que si l'on commence par les concentrer sur un point unique, on décide difficilement les agriculteurs à venir les y quérir, par suite du haut prix du transport vis-à-vis de la faible valeur de l'engrais.

CONDUITES DU GAZ DE L'ÉCLAIRAGE.

La solution radicale, avons-nous dit, aux inconvénients des conduites du gaz, serait que ces conduites fussent logées dans les égouts. Mais jusqu'à ce jour une telle solution n'a pas été adoptée et rien n'indique qu'elle doive l'être dans un avenir très-rapproché. Il y a donc lieu de signaler les principales précautions usitées pour atténuer, dans une certaine mesure, l'infection inhérente au système actuel de pose. Nous ne parlons pas ici, bien entendu, des moyens, tels que le drainage perméable, destinés à détruire l'infection du sol une fois qu'elle s'est produite, mais seulement des procédés qu'on peut appeler préventifs, ou avec lesquels on se propose d'empêcher l'infection de se produire.

Le meilleur procédé, sans contredit, consiste à renfermer les conduites dans un canal étanche en maçonnerie, de telle sorte que les fuites de gaz restent emprisonnées entre les parois de ce canal et celles de la conduite. Comme il faut d'ailleurs qu'on puisse être averti de l'existence des fuites afin de les réparer, l'espace annulaire où elles se renferment doit être interrogé de distance en distance au moyen de regards. On y parvient très-simplement en mettant cet espace en communication avec les candélabres de la voie publique, lesquels sont pourvus, dans leur socle, d'un petit orifice débouchant à l'air libre, par lequel le gaz s'échappe et répand son odeur caractéristique. Cette disposition a été adoptée sur divers points, entre autres à la promenade du Prado, à Marseille, où, grâce à elle, les arbres qui dépérissaient autrefois sont devenus magnifiques [1]. A l'étranger on retrouve aussi quelques exemples d'enveloppes en maçonnerie : nous citerons la place verte d'Anvers, les nouvelles plantations du quai d'Avray, à Liége, certaines parties du Bois, à La Haye, etc. Partout le moyen a parfaitement réussi et aucun doute ne s'est élevé sur les bons services qu'on en peut attendre ; mais il a l'inconvénient d'être fort coûteux à établir et d'entraîner de doubles réparations, car il faut chaque fois démolir la maçonnerie pour arriver à la conduite. Aussi y a-t-on renoncé dans beaucoup de circonstances où l'on reconnaissait cependant l'utilité de remédier à l'infection [1].

On a dû chercher dès lors des palliatifs d'un système plus économique. L'un d'eux, dont nous avons vu quelques ap-

1. A Marseille, la Compagnie du gaz est tenue par son cahier des charges, dans tous les terrains à plantations, de renfermer les conduites dans des canaux en béton, parfaitement étanches.

plications partielles en Prusse, particulièrement à Dusseldorf, se résume à envelopper la conduite d'une couche d'argile de quelques centimètres d'épaisseur, bien tassée contre les tuyaux. Mais il est rare que des fissures ne se forment pas et que le gaz ne se fraye pas un passage sur un point ou sur un autre. En outre on n'a pas toujours à sa disposition, dans des conditions de bon marché, de grandes quantités d'argile suffisamment plastique. Un autre expédient que nous ne citons qu'à titre de mémoire, car on y a renoncé, avait été appliqué à Maestricht : on avait employé des conduites en verre épais, dans l'espoir d'obtenir ainsi une canalisation beaucoup plus imperméable. Mais on les a abandonnées depuis dix ou douze ans pour divers motifs : 1° le mastic de joint, assez semblable au mastic des vitriers, ne résistait pas à la pression ordinaire du gaz et lui livrait passage ; 2° les tuyaux eux-mêmes souffraient des froids prolongés et se fêlaient, à moins d'être enfouis à une grande profondeur, etc. Bref, dans cette ville comme ailleurs on en est revenu aux anciens tuyaux en fonte.

Le palliatif jusqu'ici le plus pratique — à défaut de canaux étanches en maçonnerie — paraît être celui qu'emploie le service municipal de la ville de Paris et qu'on retrouve avec quelques variantes dans d'autres localités. A Paris, M. Alphand a adopté la disposition suivante, qu'un arrêté de M. le préfet de la Seine, en date du 8 avril 1856, a rendue obligatoire pour la Compagnie du gaz, dans tous les endroits pourvus de plantations (promenades, squares, boulevards, etc.). Les conduites principales sont entourées de cailloux sur une épaisseur de 30 centimètres au moins, qu'on recouvre d'une sorte de toit en papier goudronné, afin d'empêcher les sables et terres du dessus de s'infiltrer à travers les interstices. Les branchements sont enfermés dans des drains ordinaires qui débouchent, d'une part, dans la pierrée de la conduite principale, et d'autre part, communiquent avec l'atmosphère au moyen d'une petite ouverture ménagée dans le socle des candélabres ou dans le soubassement des édifices. L'objet de ce système est moins d'aérer le sol et d'offrir un libre échappement au gaz que de faciliter la reconnaissance des fuites au moyen de l'odeur caractéristique qui se répand au dehors. A Lyon, sous les nouvelles plantations, au Parc, par exemple, les tuyaux sont renfermés dans une conduite en poterie, munie de tubes d'évent.

Somme toute, les moyens actuellement en vigueur sont bien insuffisants et l'infection due au gaz va croissant. C'est au point que dans les villes où ce mode d'éclairage est déjà ancien, on ne trouve presque plus un endroit du sol qui ne soit souillé. Les arbres ne résistent qu'avec une grande difficulté et à mesure qu'il s'agit de les remplacer on éprouve plus de peine à sauver les jeunes plants. Aussi se voit-on obligé souvent d'exclure le gaz des promenades les plus agréables [1].

Comme se rattachant à cette question nous dirons un mot des infiltrations qui se produisent au siége même des usines à gaz. Elles ont évidemment beaucoup moins d'importance que celles des conduites ; elles peuvent cependant, dans certaines conditions topographiques, si, par exemple, la nappe d'eau souterraine coule de l'usine à la ville, entraîner des

[1]. A Bruxelles, par exemple, où le parc est un lieu de passage très-fréquenté, on a renoncé cependant à admettre le gaz. Au surplus, dans cette ville, l'infection due aux conduites a acquis une si grande intensité que l'autorité publique commence a s'en préoccuper sérieusement. Il y a quelques annees, une commission d'enquête, dont M. Chandelon était rapporteur, fut nommée en vue d'assujettir la distribution du gaz à des conditions nouvelles. Cette commission présenta un projet de règlement très-sévère, que le gouvernement n'osa pas pour le moment sanctionner, et dont une disposition attribuait au ministre de l'intérieur le droit de remédier, par telles mesures que bon lui semblerait, aux imperfections reconnues dans la canalisation. Cette disposition, contenue sous l'art. 31 du projet, était ainsi conçue : « Le Ministre de l'intérieur fera constater, « lorsqu'il le jugera convenable, la quantité de gaz que laisse échapper « la canalisation de chaque établissement. Si cette épreuve signalait des « fuites assez abondantes pour compromettre la sûreté ou la salubrité « publique, il prescrira les mesures necessaires pour remédier au mal. »

phénomènes d'infection assez étendus. Un fait de ce genre est survenu à Liége et a assez préoccupé l'opinion publique pour qu'il ait été question de prendre un arrêté royal en vue d'en prévenir le retour. La cuve du gazomètre s'étant fissurée, des eaux fétides pénétrèrent graduellement dans le sous-sol et corrompirent les puits des environs. L'usine fut déplacée et dans les nouveaux bâtiments on a adopté les dispositions suivantes, qui ont été reproduites dans l'usine à gaz de Verviers. La cuve du gazomètre actuel est constituée par une cloche en fonte, à rebords de tôle, dont le fond repose sur un sol en ciment, tout à fait étanche. Elle est entourée, à 60 centimètres de distance, par une maçonnèrie de 40 centimètres d'épaisseur. Les eaux qui, par suite d'accidents, pourraient s'introduire à travers la cloche sur le fond cimenté couleraient à la circonférence, où règne une petite rigole, et seraient conduites dans deux puisards ménagés à cet effet. Le vide annulaire de 60 centimètres, compris entre la cloche et la maçonnerie, est recouvert d'une plaque en tôle percée de trous d'homme, par lesquels les ouvriers s'introduisent fréquemment pour constater l'état des choses et, s'il y a lieu, vider les puisards.

PLANTATIONS.

Les plantations dans l'intérieur des villes, dont l'Angleterre nous a donné l'exemple, ont pris depuis quelques années une grande extension sur le continent, au grand avantage de l'agrément et de la salubrité. On doit les envisager à deux points de vue : 1° au point de vue de leur utilité ou de l'influence qu'elles exercent sur l'hygiène des villes : 2° au point de vue des moyens à prendre pour préserver ces

plantations elles-mêmes contre les causes de destruction qui
les entourent dans tout milieu populeux.

UTILITÉ DES PLANTATIONS.

Ce sujet a été traité pour la première fois, d'une manière
vraiment scientifique, par l'illustre M. Chevreul. Les considérations que le savant directeur du Muséum a fait valoir à
cet égard, il y a près de vingt ans, étant encore mécon-
nues, au moins certaines d'entre elles, d'un grand nombre
de praticiens, nous les reproduirons textuellement, telles
qu'elles ont été présentées dans les Mémoires de la Société
impériale et centrale d'agriculture, année 1853. Après avoir
examiné l'influence des puits et d'une exposition convenable
sur la salubrité du sol, M. Chevreul, passant aux plantations,
continue en ces termes : « Il me reste à parler du troisième
« moyen, qui, à mon sens, est le plus efficace. Il s'agit de
« plantations d'arbres faites avec intelligence quant à leur
« nombre, à leur distribution dans l'intérieur de la ville où
« on les établit, au choix des espèces relativement aux lieux,
« et aux dispositions à prendre pour que les racines
« puissent, en s'étendant dans la terre, y puiser la nourri-
« ture nécessaire aux besoins de la végétation, sans être
« jamais exposées à trouver un principe délétère ou des
« couches absolument privées d'oxygène atmosphérique.

« Avant de faire une plantation d'arbres d'une espèce
« déterminée dans un lieu donné, il faudra être sûr que
« l'exposition leur conviendra, que leurs racines auront
« l'espace convenable en superficie et en profondeur pour
« s'étendre sans nuire aux fondations des maisons et aux
« murs des égouts. D'après ces considérations on est con-
« duit, à ne point planter d'arbres trop près des maisons,
« ainsi qu'on l'a fait sur les boulevards de Paris ; enfin,
« d'après ce qu'on sait de l'influence des arbres pourvus de
« leurs feuilles et frappés par le soleil pour restituer à l'at-

« mosphère l'oxygène qu'elle a perdu, je dois dire la part
« que j'attribue aux plantations d'une ville sur la purifica-
« tion de l'air de cette ville... » C'est ici que les vues du
grand chimiste paraîtront nouvelles à bien des personnes
qui considèrent encore les arbres comme les purificateurs
essentiels de l'atmosphère des villes, destinés à détruire les
composés malsains que notre respiration ou nos travaux
industriels y forment incessamment et à libérer l'oxygène
qui a été engagé par nous dans des combinaisons impropres
à la vie. « A mon sens, dit M. Chevreul, elle (l'influence
« des plantations sur la salubrité de l'air) est excessivement
« faible, par la raison que, lorsque l'oxygène se dégage sous
« l'influence de la lumière, il doit s'élever dans l'atmosphère
« et non en gagner la région inférieure.

« Si l'utilité des arbres pour prévenir la dénudation des
« terrains en pente, atténuer les effets des pluies d'orage ou
« des pluies nuisibles par leur continuité, est incontestable,
« elle ne l'est pas moins dans les cités populeuses pour com-
« battre incessamment l'insalubrité produite ou sur le point
« de se produire par les matières organiques et la trop
« grande humidité du sol. Les racines ramifiées à l'infini,
« enlevant à la terre qui les touche l'eau avec des matières
« organiques et des sels que ce liquide tient en solution,
« rompent l'équilibre d'humidité des couches terrestres; dès
« lors, en vertu de la capillarité, l'eau se porte des parties
« terreuses les plus humides à celles qui le sont le moins
« en raison de leur contact avec les racines, et ces organes
« deviennent ainsi la cause occasionnelle d'un mouvement
« incessant de l'eau souterraine extrêmement favorable à la
« salubrité du sol. Pour apprécier toute l'intensité de l'effet
« que les végétaux sont alors capables de produire, je rap-
« pellerai que Hales, dans une de ses expériences, observa
« qu'un soleil (*Helianthus annuus*) transpire en douze
« heures 1 livre 14 onces d'eau, et j'ajouterai que, dans une
« expérience que je fis au muséum d'histoire naturelle en

« juillet 1811, conjointement avec MM. Desfontaines et
« Mirbel, sur une plante de la même espèce de 1ᵐ,80 de
« hauteur, dont les racines plongeaient dans un pot vernissé
« et couvert d'une feuille de plomb qui donnait passage à sa
« tige, l'eau, dissipée par une transpiration de douze heures,
« s'éleva à 15 kilog.; il est vrai que d'heure en heure on
« avait soin de ramener la terre du pot au maximum de sa-
« turation d'eau.

« On voit donc comment les eaux qui pénètrent de l'ex-
« térieur à l'intérieur du sol avec des matières organiques
« altérables et des matières salines se trouvent, dans la
« belle saison, sans cesse soutirées par les végétaux qui en
« répandent la plus grande partie dans l'atmosphère, après
« en avoir fixé une portion comme aliment avec les matières
« organiques et les sels qu'elles tenaient en solution. » Et
plus loin : « Telle est la raison pour laquelle j'attache une
« si grande importance au troisième moyen qui consiste à
« faire des plantations nombreuses dans le sein des villes,
« car elles sont, en quelque sorte, l'unique moyen que nous
« ayons aujourd'hui d'agir directement sur les sols qui ne
« sont pas dans la condition d'être incessamment pénétrés
« par des masses d'eau qui s'y renouvellent *per descensum*,
« ou qui s'y introduisent comme partie d'un grand fleuve
« en raison de la perméabilité du sol à l'eau de ce fleuve. La
« grande influence des arbres dans la salubrité du terrain
« est incontestable, puisqu'ils ne s'accroissent qu'en y pui-
« sant des matières altérables, causes prochaines ou éloi-
« gnées d'infection. » Ainsi, contrairement à l'opinion généralement admise, *ce n'est pas sur l'atmosphère, mais bien
sur le sol des villes, que les plantations exercent leur influence salutaire.*

PROTECTION DES ARBRES.

Les arbres rencontrent, dans leur développement, deux grands obstacles : le défaut de perméabilité du sol et son infection. Tout le monde connaît les moyens qu'on emploie aujourd'hui dans les grandes villes pour lutter contre le premier de ces deux obstacles. Ces moyens se réduisent à trois : 1° ne pas planter les sujets trop jeunes, mais choisir les arbustes ayant déjà acquis une certaine force pour résister ; 2° défoncer le sol autour des racines de l'arbre et le remplacer par de la terre meuble et de bonne qualité ; 3° s'abstenir de paver, daller ou bitumer une certaine étendue de terrain autour du tronc de l'arbre, de façon que l'eau et l'air extérieurs puissent avoir accès auprès des racines. Il n'est personne qui n'ait remarqué ces plaques à jour en fonte qui, à Paris, entourent chaque arbre des quais ou des boulevards et découpent dans l'asphalte des trottoirs une sorte d'îlot circulaire découvert. On remédie ainsi dans une certaine mesure à l'imperméabilité et à la pauvreté du sol naturel : mais on ne remédie pas à l'infection, qui est d'autant plus à redouter que les arbres, se trouvant ordinairement sur la même ligne que les becs de gaz, ont nécessairement leurs racines dans le voisinage des conduites.

Les procédés les plus efficaces pour parer à ce dernier inconvénient sont, comme nous l'avons déjà indiqué, le drainage du sol et l'isolement des conduites. Le drainage de la voie publique paraissant souvent trop coûteux pour être pratiqué avec ensemble, M. l'ingénieur en chef Alphand l'a restreint au sol même des arbres, au moyen d'une disposition fort simple. Devant la file des arbres règne un collecteur qui débouche à l'égout : chaque arbre est entouré d'un rectangle de drains, dont un côté n'est autre que le collecteur lui-même, et dont les trois autres sont formés de tuyaux ordinaires. Ce système sert non-

seulement à assécher et à aérer le sol, mais il facilite
encore l'arrosage. En effet, au moment où l'on répand l'eau
à la lance autour des arbres, on a soin de fermer un clapet
situé à l'embouchure du collecteur dans l'égout; de la sorte,
les eaux se rassemblent dans les tuyaux et pénètrent les
diverses parties du terrain. Cette ressource est indispensable,
car malgré le soin qu'on a pris au début de remplacer le sol
naturel par de la terre meuble, celle-ci, qui ne peut être tra-
vaillée et remuée librement, ne tarde pas à se tasser, et les
pores de la surface ne tardent pas à s'obstruer par suite des
débris de tous genres qui s'accumulent sous la plaque à
jour. Il arrive donc un moment où les eaux superficielles
pénètrent difficilement aux racines et où il faut les suppléer.

LOGEMENTS INSALUBRES.

Nous entendons par *logement insalubre* tout local d'habitation qui, à raison de circonstances particulières telles que
le manque d'aération, l'entassement, la vicieuse disposition
de l'immeuble ou des immeubles environnants, etc., est
susceptible de devenir une cause de danger pour la santé
publique. Les moyens destinés à prévenir l'insalubrité sont :
en première ligne, ceux que nous avons indiqués pour toute
les habitations en général, à savoir une bonne alimentation
d'eau, des communications suffisantes avec l'égout public et
un prompt entraînement des résidus de tous genres : nous
ne reviendrons pas sur cette partie de la question ; en seconde ligne, un certain nombre de mesures, plutôt administratives que techniques, dont l'application a donné naissance depuis un certain temps à ces grands travaux de
percement de voies que chacun connaît. à la formation des

commissions dites *des logements insalubres,* et, tout récemment, en Angleterre et en Belgique, à des lois spéciales ayant pour objet d'armer les pouvoirs publics et de leur donner des attributions considérables vis-à-vis de la propriété privée, tant pour pénétrer au sein des habitations que pour les améliorer et démolir au besoin.

Dans les maisons occupées par la classe aisée, l'insalubrité résultant du manque d'air respirable ou de l'entassement est un cas exceptionnel; aussi la simple application des principes de la *circulation continue* suffit le plus ordinairement pour préserver la santé des habitants. Mais il en est autrement pour les logements de la classe pauvre, lesquels consistent trop souvent en chambres étroites et privées de jour, quelquefois même en de véritables caves dans lesquelles se presse une population surabondante. En Angleterre une grande partie de la classe ouvrière, dans les cités importantes. n'est pas logée autrement, et en France, bien que les agglomérations industrielles soient moindres, on cite cependant plusieurs localités où les ouvriers vivent dans des conditions semblables. Les caves de Lille jouissaient, il y a quelques années à peine, d'une triste célébrité et aujourd'hui encore, malgré d'incontestables améliorations, le mal est loin d'avoir disparu [1].

---

1. Un document récent etablit les conditions deplorables dans lesquelles se trouvaient encore, en 1864, les habitations d'une partie de la classe ouvrière de Lille. Voici en effet ce qu'on lit dans le compte rendu officiel des travaux de la Commission des logements insalubres de cette ville, pour l'exercice 1864:

« Les habitations qui semblaient les premieres devoir appeler l'atten-
« tion de la commission étaient les caves. Elles se trouvent en très-
« grand nombre dans des rues étroites, obscures, où s'entasse une popu-
« lation nombreuse et malpropre, et où l'air ne peut se renouveler
« facilement. Leur entree, à fleur de sol, reçoit l'eau des pluies, soit
« directement, soit par le débordement des ruisseaux : cette eau descend
« sur les marches, jusque sur le sol, et y entretient une humidité
« constante.

« En hiver, en automne et pendant une bonne partie du printemps, il
« y regne un froid humide, combattu par les habitants au moyen de petits

En Angleterre le *Sanitary act* de 1866 a institué à l'égard des logements insalubres, trois ordres de mesures qui portent très-loin l'intervention de l'autorité et font contraste, sous ce rapport, avec le respect exagéré, à notre sens, que ce pays professait naguère pour le domicile privé. Ces mesures, qui, aux termes dudit acte, peuvent être rendues obligatoires

« foyers alimentés par de la braise ou du coke ; et comme bon nombre
« de ces caves n'ont pas de cheminée, il s'y dégage des gaz délétères, qui
« accroissent encore l'impureté de l'air qu'on y respire

« En été, l'humidité incessante de ces lieux et la concentration de l'air,
« dont le renouvellement est impossible, en rend le séjour tout aussi
« funeste. Presque toutes sont creusées à une profondeur qui dépasse
« souvent deux mètres. Les fenêtres, quand il en existe (il en est qui n'ont
« pas d'autre communication extérieure que l'ouverture d'entrée), sont
« d'etroites lucarnes, placees souvent à côté de l'entrée et toujours
« insuffisantes pour le renouvellement de l'air ; elles ne laissent acces
« qu'à une très-faible lumiere, et dans bon nombre, le soleil ne penètre
« jamais.
« Les murailles et les voûtes, détériorées par le temps, fournissent
« aussi leur contingent d'humidité. Plusieurs, situées au voisinage des
« egouts ou des cours d'eau, présentent a leurs parois un suintement
« fétide.
« La malproprete et l'incurie des habitants viennent concourir aussi
« pour leur part à accroitre les conditions funestes de pareils séjours.
« C'est là que la Commission a rencontré parfois les misères les plus
« profondes et la malpropreté dans une mesure extrême ; des ouvriers ne
« gagnant qu'un très-modique salaire, charges d'enfants et devant se loger
« au plus bas prix possible.
« Plusieurs caves sont occupees par de petits marchands de légumes
« et de fruits dont les débris, subissant un commencement de putré-
« faction, ajoutent leurs miasmes délétères a l'air déja vicié par la con-
« centration.
« Mais a côte de ces caves d'une insalubrite si flagrante, il en est
« d'autres dont les conditions sont un peu moins défavorables. Celles-ci
« sont situées dans des rues plus larges et mieux aérées, l'ouvertúre
« d'entrée est moins étroite, les marches sont moins rapides, de véri-
« tables fenêtres souvent vitrées les garantissent contre les eaux du ciel
« et permettent l'acces d'un peu de lumiere, le soleil peut même par-
« fois y hasarder un rayon ; dans quelques-unes se rencontre une che-
« minée. Mais là aussi l'atmosphère, altérée par la concentration,
« presente egalement des conditions incessamment nuisibles a la sante
« des habitants.
« Enfin il en est quelques-unes qui, par un privilége exceptionnel, sont

dans toute ville contenant une population de plus de 5.000 âmes, sont :

1° Interdiction d'admettre dans un logement un nombre de locataires supérieur au chiffre fixé par l'autorité municipale ;

2° Obligation de nettoyer et de blanchir à la chaux, à des périodes fixées, toutes les parties du logement ;

« pourvues, à l'extrémité opposée a l'ouverture d'entree, de lucarnes ou
« même de fenêtres qui permettraient d'établir, au moyen de courants,
« un renouvellement fréquent de l'atmosphère souterraine. Pour celles ci
« encore, les conditions de salubrite sont loin d'être satisfaisantes. La
« Commission en a rencontré quelques-unes qui présentent au fond de
« véritables fenêtres, s'ouvrant dans des cours parfaitement aérées, et
« elle n'a pas hésité a les maintenir, provisoirement du moins, comme
« habitations

« Mais a côte de celles-ci, fort rares d'ailleurs, elle en a visité un
« grand nombre dont les ouvertures opposées a l'entrée communiquent
« avec des cours étroites, souvent malpropres et infectées par des latrines
« en très mauvais état. Ici l'air nouveau, loin de concourir à la salubrite
« de la demeure souterraine, devient, au contraire, une nouvelle cause
« d'infection, et, dans de pareilles conditions, les ouvertures, presque
« toujours d'ailleurs tenues fermees par les habitants, doivent être consi-
« derees comme inexistantes ; et bien qu'il soit arrivé souvent que les
« proprietaires se soient prevalus de leur presence pour temoigner de la
« possibilité d'une aération suffisante, la Commission n'a pas cru devoir
« accepter comme fondés de pareils motifs, mais a dû n'envisager que les
« considerations de la sante, toujours gravement compromise dans de pa-
« reils lieux.

« Une dernière remarque a propos des caves habitées doit, ce semble,
« trouver ici sa place.

« La Commission a eu l'occasion de visiter, dans les communes an-
« nexées, un certain nombre de demeures d'ouvriers, et elle a vu avec
« un extrême regret, dans des cités de construction recente, des caves
« disposees dans le but evident d'être louees a titre d'habitations

« Bien que presentant des conditions moins fâcheuses que celles de
« l'ancien Lille, bien que creusées moins profondément dans le sol et
« pourvues de fenêtres relativement assez larges pour permettre, dans
« une certaine mesure, l'accès du jour et de la lumiere solaire, elles par-
« tagent néanmoins tous les vices inherents aux demeures souterraines
« humidite habituelle des murailles, des voûtes et surtout du sol, impos-
« sibilité du renouvellement complet de l'air par l'absence d'ouvertures a
« des points opposés ; elles presentent en outre une exiguité telle que,
« fussent-elles dans d'autres conditions, ces pièces n'offrent pas un cubage
« suffisant pour y permettre la résidence continue d'une famille, et, par

3º Obligation de ventiler et de maintenir en état de propreté l'escalier, les corridors et les passages de la maison.

L'autorité municipale a en outre le droit de prononcer la fermeture définitive des caves reconnues insalubres [1]. Dans celles où elle tolère l'habitation, elle prescrit certaines conditions techniques, d'après lesquelles, notamment, le local doit être pourvu d'une ouverture d'au moins 2/5 de mètre carré, recevant directement l'air du dehors, et être parfaitement préservé des exhalaisons de tout égout, tuyaux, etc. En outre les inspecteurs sanitaires qui visitent ces appartements, décident diverses mesures de circonstance, telles que

« ce seul motif, elles devraient encore être interdites comme habitations.

« Tel est donc l'état des caves occupées, a Lille, à titre de demeures. »

Un peu plus loin, la Commission ajoute qu'une nouvelle et puissante cause d'insalubrité, qui vient s'ajouter à toutes les autres, c'est l'encombrement. « Pour en citer, dit-elle, un exemple entre plusieurs, que la « Commission a constaté il y a quelques jours, elle a vu, dans un cabaret, « une cave de 90 mètres cubes et renfermant 11 lits occupés chaque nuit « par 22 individus Il y avait donc la, pour la respiration de chacun d'eux, « pendant 8 ou 9 heures, 4 mètres cubes d'air. Il doit paraître superflu « d'ajouter que la Commission, d'un avis unanime, a proposé l'interdic- « tion immédiate de cette cave à titre d'habitation. »

1. L'opinion étant assez accréditée que l'autorité, en Angleterre, intervient beaucoup moins qu'en France pour contraindre le citoyen, et que la propriété privée y est en quelque sorte inviolable, on ne lira peut être pas sans intérêt le texte même du *Sanitary act*. Voici les principales dispositions qui concernent les habitations de la classe inférieure :

« Art. 35. — Sur requête adressée à l'un des ministres de Sa Majesté « par la *Nuisance authority* de... ou de toute ville ou bourg contenant une « population d'au moins cinq mille âmes, le ministre peut, par un avis « insère dans la *London gazette*, déclarer les dispositions suivantes en « vigueur dans le district de ladite *Nuisance authority*, et, à partir de la « publication de cet avis, la *Nuisance authority* aura pouvoir pour régle- « menter les matières ci-après, savoir :

« Pour fixer le nombre des personnes qui peuvent occuper une maison « ou une partie de maison louée en garni ou occupée par les membres « de plus d'une famille ;

« Pour enregistrer les maisons ainsi louées ou occupées en garni ;

« Pour inspecter ces maisons et les maintenir en état de propreté et de « salubrité ;

« Pour prescrire en conséquence des aménagements et autres mesures le blanchiment périodique à la chaux, le revêtement des murs avec des enduits hydrofuges, le saupoudrage du sol avec des matières désinfectantes, et, dans quelques cas, les fumigations de chlore. Ils recommandent aussi d'établir autant que possible des cheminées d'appel pour expulser l'air vicié des chambres et favoriser l'introduction de l'air frais.

En France les commissions des logements insalubres ont exercé une intervention analogue et ont suggéré, selon les cas, les mêmes précautions. Mais ces moyens, on doit le reconnaître, ne remédient jamais que très imparfaitement au mal. Aussi les commissions ont-elles cherché de préférence

« de propreté en rapport avec le nombre des chambres et des occupants,
« et pour assurer le nettoyage et la ventilation des passages communs et
« des escaliers,
« Pour le nettoyage et le blanchiment à la chaux, à des intervalles
« fixés, de ces maisons. -
« La *Nuisance authority* peut assurer l'exécution desdits règlements
« par des amendes n'excédant pas 40 schellings (50 francs) pour la pre-
« mière infraction, avec une amende additionnelle de 20 schellings
« (25 francs) pour chaque jour pendant lequel l'infraction sera conti-
« nuée ; mais ces dispositions ne seront applicables qu'après l'approbation
« du ministre . . . .
«
« Art. 36. — Quand deux condamnations pour infraction aux lois qui
« interdisent l'entassement des habitants dans une maison ou l'occupation
« d'un sous sol comme logement distinct, auront été prononcées dans une
« période de trois mois contre une même personne, ou contre des per-
« sonnes différentes au sujet du même immeuble, deux juges pourront
« ordonner la fermeture de la maison pour le temps qu'ils jugeront
« nécessaire, et, dans le cas d'un sous-sol occupé comme il vient d'être
« dit, pourront autoriser la *Nuisance authority* à le fermer d'une manière
« définitive, de la manière qu'elle trouvera à propos et à ses frais. »
Suivent des dispositions relatives à la contagion, desquelles nous extrayons la suivante, qui touche notre objet :
« Art. 39. — Si quelqu'un loue sciemment une maison, chambre ou
« partie de maison qui a été occupée par une personne atteinte de maladie
« contagieuse, sans l'avoir préalablement désinfectee, ainsi que tous ob-
« jets susceptibles de transmettre la contagion. à la satisfaction d'un
« médecin praticien qualifié, lequel en aura délivré un certificat, il sera
« passible d'une amende n'excédant pas 20 livres (500 francs). Au point
« de vue du présent acte, le maître d'hôtel sera considéré comme

avec raison, à faire disparaître les locaux eux-mêmes. En ce qui concerne, par exemple, les sous-sols de Paris qui, depuis plusieurs années, se sont multipliés dans les constructions neuves; les commissions, tout en admettant que l'habitation en était infiniment moins dangereuse que celle des caves, a été d'avis cependant que l'occupation permanente n'en devait être tolérée qu'autant qu'ils prenaient jour par des ouvertures verticales, ce qui les assimile alors presque à des rez-de-chaussée, ou que, prenant jour par des ouvertures horizontales, ils étaient bâtis sur caves et exempts de toute humidité.

La Belgique vient d'entrer dans une voie très-large à cet égard. Les pouvoirs y ont rendu, à la date du 15 novembre

« louant une partie de sa maison à tout voyageur admis dans son établis-
« sement. »

Vient enfin dans le même ordre d'idées, une disposition qui ordonne l'enlèvement périodique des fumiers et rebuts de tous genres :

« Art. 53. — Après avis donné par la *Nuisance authority* ou ses agents
« relativement à l'enlèvement périodique de fumiers et autres rebuts
« provenant des écuries, étables et autres lieux (soit que l'avis ait été
« donné par une annonce publique dans la localité ou autrement), si là ou
« les personnes auxquelles lesdits fumiers ou rebuts appartiennent, ne les
« enlèvent pas ou les laissent s'accumuler de nouveau, et ne continuent
« pas à en opérer l'enlèvement périodique aux intervalles fixés par la
« *Nuisance authority* ou ses agents, cette personne ou ces personnes
« seront passibles d'une amende de 20 schellings (25 francs) par jour
« pendant lequel l'accumulation se continuera. »

Les articles que nous venons de reproduire montrent quel chemin a fait l'Angleterre, depuis quelques années, dans la voie de l'intervention administrative, et combien elle s'est départie, sous la pression des néces sités de la sûreté publique, de la réserve exagérée qu'elle s'imposait autrefois vis-à-vis de la propriété privée, réserve dont certains articles du *Nuisance removal act* de 1855, et notamment l'article 11, offrent de curieux témoignages.

Nous ajouterons qu'un bill est actuellement en instance devant le Parlement, dans le but de donner aux autorités le droit de démolir ou d'assainir les maisons insalubres occupées par la classe ouvrière et de construire des habitations plus conformes aux règles de l'hygiène. Il est vrai de dire que ce bill soulève des oppositions, notamment de la part du Conseil metropolitain qui craint d'y trouver une source de difficultés pour son administration.

1867, une loi qui consacre définitivement et de la manière
la plus explicite le droit d'expropriation publique de tous les
immeubles susceptibles de créer un danger pour la santé de
la population. Ce qui fait l'importance pratique de cette loi
c'est qu'elle s'applique non-seulement aux maisons reconnues individuellement insalubres, ou même aux terrains
nécessités par les voies projetées pour l'assainissement, mais
encore, à la superficie entière embrassée par le plan général
de reconstruction des anciens quartiers ou de création des
quartiers nouveaux. Les autorités communales peuvent ainsi
faire disparaître d'un coup toutes les maisons d'une portion
de ville où l'entassement des habitants, la mauvaise disposition des constructions, ou toute autre cause, paraîtrait
constituer un état de choses contraire à l'hygiène publique.
C'est ce qu'on appelle la loi d'expropriation *par zone*, par
opposition à la loi antérieure qui était, à proprement parler.
une loi d'expropriation *par parcelles* [1].

1. La loi de 1867 est destinée, nous disait M. Vergote, directeur général
de l'administration provinciale et communale au ministère de l'intérieur, a
exercer une très grande influence sur l assainissement des habitations.
Les lois antérieures, entre autres celle du 1er juillet 1858, avaient laissé
subsister des restrictions qui rendaient souvent illusoire, dans la pratique,
le droit d'expropriation qu'on avait entendu établir en cette matière. La
jurisprudence, en effet, avait consacré le principe qu'on devait distinguer,
dans un même groupe d'immeubles, ceux qui étaient expressément
insalubres d'avec ceux qui ne l'étaient pas ou qui l'étaient à un degré
moindre, et ne prononcer l'expropriation que pour les premiers, à l'exclusion des seconds ; de là était résulté, comme le constate l'exposé des
motifs de la loi de 1867, que « des travaux de voirie d'une haute utilite
« avaient été empêchés par cette interprétation restreinte donnée à la loi. »
La supériorité du texte nouveau et les facilités qu'il donne aux municipalités ressort avec évidence de la comparaison des deux lois de 1858
et 1867.

« Lorsqu'il s'agit, dit l'art 1er de cette derniere loi, d'un ensemble de
« travaux ayant pour objet d'assainir ou d'améliorer, en totalité ou en
« partie, un ancien quartier, ou de construire un quartier nouveau, le
« Gouvernement peut, à la demande du conseil communal, autoriser
« conformément aux lois du 8 mars 1810 et du 17 avril 1835 l expropria-
« tion de tous les terrains destinés aux voies de communication et a

Indépendamment de tout moyen spécial d'assainissement, on peut espérer de remédier au mal, dans une certaine mesure, en inculquant aux populations des notions générales d'hygiène et cherchant à leur faire contracter des habitudes d'ordre et de propreté qui manquent trop souvent dans la classe inférieure. Il est certain que les meilleures dispositions des locaux peuvent être rendues vaines par les fâcheuses

« d'autres usages ou services publics, *ainsi qu'aux constructions comprises* « *dans le plan général des travaux projetés.*

« Art. 2. — L'utilité et le plan des travaux projetés sont soumis a « l'avis d'une commission spéciale, nommée par la députation permanente « du conseil provincial.

« Cette commission est composée de cinq membres, et comprend un « membre d'une administration publique de bienfaisance ou d'un comité « de charité, un médecin et un architecte ou un ingénieur

« La commission est assistée, dans la visite des lieux, par le bourg- « mestre ou par l'échevin qui le remplace.

« Art. 4. — S'il reste hors des limites fixées pour l'exécution du plan « des enclaves ou des parcelles qui, soit à cause de leur exiguité, soit à « cause de leur situation, ne sont plus susceptibles de recevoir des « constructions salubres, ces terrains sont portés au plan commun des « immeubles à exproprier : toutefois les propriétaires peuvent être auto- « risés par le Gouvernement à conserver ces terrains, s'ils en font la « demande avant la clôture de l'enquête.

« Art. 12. — La présente loi n'est applicable qu'aux villes et communes « soumises au régime de la loi du 1er février 1844 sur la police de la voirie. »

L'innovation capitale consacrée par cette loi est, nous l'avons dit, que le droit d'expropriation pour cause d'utilité publique, limité d'abord au sol nécessaire pour le tracé des voies, et étendu ensuite aux constructions individuellement insalubres, peut embrasser desormais toutes les constructions, salubres ou non, comprises dans le périmetre des travaux motivés par l'utilité générale. Dès lors les municipalités, quand elles veulent faire disparaître des quartiers malsains, ne sont plus gênées, comme autrefois, dans leurs opérations, par la presénce d'immeubles salubres qui peuvent se trouver interposés comme autant d'obstacles entre les immeubles condamnés. Au surplus, la portée des nouvelles mesures est clairement marquée par l'exposé des motifs du Gouvernement, exposé dont nous reproduisons les passages les plus saillants a cause de l'intérêt qui s'attache à la question.

« Sous l'empire des lois du 8 mars 1810 et du 17 avril 1835, dit le « ministre, l'expropriation pour cause d'utilité publique ne s'étendait qu'au « sol destiné à la voix publique.

« Hors de là, les propriétaires conservaient la libre disposition de

pratiques des habitants. C'est un point sur lequel le gouvernement belge a depuis plusieurs années porté son attention et il a institué, dans cet ordre d'idées, ce qu'on est convenu de nommer *des prix de propreté*, dont l'objet essentiel est d'exciter dans les familles de la classe ouvrière une émulation favorable aux progrès de l'hygiène. Sans exagérer plus qu'il ne convient l'efficacité d'une semblable mesure, on

« leurs terrains. Cet état de choses avait des conséquences fâcheuses,
« surtout au point de vue de la salubrité publique.

« Des particuliers cherchant à tirer le plus grand parti possible de leurs
« terrains, y élevaient des habitations insalubres, et les sacrifices impo-
« sés à la généralité pour l'ouverture de belles et larges rues, étaient
« souvent rendus stériles par la construction, le long de ces rues, de
« maisons étroites ou malsaines, manquant d'air, d'espace et de lumière,
« et où les familles de nos ouvriers étaient réduites à venir s'entasser au
« mépris des prescriptions de l'hygiène et de la morale.

« La loi du 1er juillet 1858 a été faite pour remédier a cette situation
« Cette loi, lorsqu'il s'agit de l'assainissement d'un quartier, permet
« l'expropriation, non-seulement des terrains destinés a la voie pu-
« blique, mais aussi des constructions comprises dans le plan général des
« travaux projetes.

« Le législateur consacrait ainsi un principe nouveau et important ...

« Dans la pratique, cependant, la loi du 1er juillet 1838 ne produisit pas
« tous les effets qu'on s'en était promis. Les termes en furent interprétés
« d'une manière étroite et les administrations communales ne purent l'ap-
« pliquer aussi souvent qu'elles l'auraient voulu... On en subordonna l'ap-
« plication à la condition que tous les immeubles compris dans le plan
« des travaux projetes fussent entachés d'insalubrité. Il suffisait donc
« qu'une partie des propriétes comprises dans le périmètre des travaux
« fût jugée salubre pour que la loi fût déclarée inapplicable. »

« ...En adoptant l'article 1er du projet, pareil inconvénient n'est plus à
« craindre...

« L'article 1er est rédigé de façon a écarter toutes les entraves qui se
« sont opposées jusqu'ici, dans nos villes, aux améliorations des quartiers
« existants ou à leur reconstruction.

« Il s'applique à tous les cas de travaux d'assainissement, d'améliora-
« tion ou d'embellissement, soit qu'il s'agisse d'un ancien quartier dont la
« transformation paraît utile, soit qu'il y ait lieu de construire un quartier
« nouveau

« .... Les dispositions de l'article 1er permettront notamment, d'arriver
« à supprimer les ruelles, impasses, cours, allées, bataillons quarrés et
« autres constructions de cette catégorie, si nuisibles au point de vue de
« la salubrité et de la moralité.... »

ne peut nier cependant qu'elle a exercé une bonne influence et qu'elle a eu pour résultat, dans plusieurs localités,
d'amener insensiblement la disparition des dépôts d'immondices qu'y entretenait l'incurie des habitants. On devait donc
mentionner ce fait, au moins à titre d'indication[1].

1. M. Ch Rogier, ministre de l'intérieur, auquel est due cette création originale, en a indiqué l'objet dans sa circulaire aux gouverneurs, du
4 novembre 1849, d'où nous extrayons les passages suivants :
« Il faut donc s'efforcer, Monsieur le gouverneur, d'arriver par cette
« voie (celle des conseils) à des résultats efficaces, en excitant l'émulation
« dans les familles, et je crois qu'il serait utile, à cet effet, d'instituer
« pour les quartiers ou rues habités principalement par la classe ouvrière,
« des prix de propreté et de bonne tenue des maisons, lesquels prix
« seraient décernés annuellement par l'administration communale, à
« l'intervention du bureau de bienfaisance et du comité de salubrité
« publique
« Les prix seraient répartis entre les familles qui, pendant l'année en-
« tière, auraient donné le plus de soins à la propreté intérieure de leur
« habitation. Des visites devraient donc être faites par les membres des
« bureaux de bienfaisance et des comités de salubrité publique dans les
« maisons des quartiers ou rues pour lesquels les prix seraient institués,
« afin d'en reconnaître et d'en constater l'état relatif de propreté et de
« bonne tenue. Des rapports périodiques seraient adressés à ce sujet
« aux administrations communales par les personnes déléguées pour ces
« visites, et les observations consignées dans ces divers rapports, servi-
« raient, à la fin de l'année, de base à la répartition des prix ; laquelle
« serait arrêtée, d'un commun accord, par l'autorité communale, le bureau
« de bienfaisance et le comité de salubrité publique. »
Plus tard le même ministre, constatant les heureux effets déjà produits,
s'exprimait ainsi dans une nouvelle circulaire aux gouverneurs, en date
du 7 septembre 1851 :
« ..... Il faut donc s'efforcer de généraliser, autant que possible, l'in-
« stitution des prix de propreté....
« Ces considérations me portent à penser qu'il pourrait être utile de
« stimuler, par tous les moyens, les communes à suivre les recommanda-
« tions contenues dans ma circulaire précitée, et j'ai décidé, en consé-
« quence, qu'à l'avenir l'allocation des subsides pour travaux d'assainisse-
« ment serait subordonnée à l'institution préalable des prix de propreté et
« de bonne tenue des maisons. »

CHAPITRE III

SÉPULTURES.

———

Le régime des sépultures intéresse directement l'hygiène publique. Le voisinage des morts crée toujours un danger pour les vivants. Si ce danger n'apparaît pas dans les villes de faible importance, c'est parce que, selon une remarque déjà faite, l'influence des agents naturels suffit ordinairement, dans une population clair-semée, pour contrebalancer les causes d'insalubrité. Mais dans les grandes agglomérations ce danger peut devenir très-grave et il constitue aujourd'hui, pour les principales villes de l'Europe, une préoccupation de premier ordre.

Nos dépouilles mortelles peuvent porter atteinte à la sécurité de nos semblables, à la fois pendant la période qui précède l'inhumation et pendant celle qui la suit. Si les corps sont gardés trop longtemps dans les demeures ou si les précautions sont mal prises pour en opérer le transport, si le lieu choisi pour l'ensevelissement est trop rapproché des habitations ou si la destruction des cadavres s'y accomplit dans des conditions défectueuses, la santé publique se trouve également menacée. La question de salubrité se présente donc sous un double aspect : 1° au point de vue du séjour des corps parmi les vivants, jusqu'au moment de l'inhumation ; 2° au point de vue des transformations que ces corps doivent subir au sein de la terre jusqu'à la destruction dernière de la matière organisée.

GARDE ET TRANSPORT DES CORPS.

Deux circonstances tendent depuis quelques années à donner plus d'importance à cette question. D'une part, la nécessité de placer les cimetières à de plus grandes distances des villes et les facilités offertes par les chemins de fer pour ramener les morts dans le pays natal, ont beaucoup multiplié et multiplieront davantage, dans l'avenir, les occasions de voyage des cercueils ; d'autre part, la préoccupation des inhumations précipitées s'est emparée des esprits dans ces derniers temps : plusieurs pétitions envoyées au Sénat et prises en considération par cette haute assemblée, ainsi que les débats approfondis dont naguère encore elles ont été l'objet [1], témoignent que le sujet est, comme on dit, à l'ordre du jour. Il est facile de prévoir que cette dernière circonstance influera considérablement pour faire augmenter la durée de la période consacrée à la garde des corps avant l'inhumation. Soit donc que les corps circulent en chemin de fer pour gagner leur dernière demeure, soit qu'ils séjournent à domicile ou dans des lieux préparés *ad hoc,* en vue de prévenir de funestes méprises, on aura à rechercher de nouveaux moyens de protéger efficacement l'hygiène publique pendant cette période préliminaire.

1 La dernière discussion a eu lieu en janvier 1869.

EMPLOI DES DÉSINFECTANTS.

Les emplois les plus variés des désinfectants ont eu lieu en
Angleterre, où a existé de tout temps une grande tendance à
retarder l'époque de l'ensevelissement [1]. La garde du corps
dans ce pays atteint parfois, chez les classes inférieures,
une durée de dix jours et au delà. Pour rémédier aux incon-

1. Cette tendance s'observe chez toutes les classes de la société anglaise. Elle procède, en principe, d'un sentiment de respect pour les
morts et de la crainte des méprises, mais, en outre, chez les classes infe-
rieures, elle est augmentée par des causes diverses. En général, le plus
pauvre ouvrier tient à avoir, comme il dit, des funérailles *décentes*, et,
dans ce but, il s'assure auprès d'une ou de plusieurs sociétés mutuelles
ad hoc (Burial clubs); s'il n'est pas assuré, les parents du défunt s'em-
pressent de faire une collecte dans l'entourage. Dans l'un et l'autre cas,
la durée des préliminaires met obstacle au prompt enlèvement du corps
D'un autre côté, l'existence occupée de la plupart des Anglais rend difficile de réunir un nombre suffisant d'invités un jour de travail. De là, chez
les familles ouvrières, une préférence marquée à ensevelir leurs morts
le dimanche. Il arrive même trop souvent, comme nous l'avons vu à
Middlesbró'-on Tees (Yorkshire), où nous avons séjourné plusieurs mois,
que, le décès ayant lieu dans les derniers jours de la semaine, les obsèques
sont remises au dimanche d'après; en sorte que la durée de la garde
du corps peut atteindre 8 et 10 jours. Enfin, une apathie habituelle
aux classes pauvres porte parfois ce délai a des chiffres qui paraîtraient
incroyables, s'ils n'étaient attestés par des témoignages officiels (entre
autres *Supplementary Report on the practice of internment in towns*, et
Report on a general scheme for extramural sepulture, 1850). Ainsi, pour
nous en tenir à des faits récents, voici comment s'exprime dans des rapports de 1860 et de 1861, le Dr John Liddle, médecin inspecteur du district
de Whitechapel (Londres), qui nous a confirmé ces faits de vive-voix ·

« La détention des morts dans les habitations de la classe pauvre, au
« sein des quartiers populeux, jusqu'à ce que la putréfaction soit très-
« avancée, est l'objet de plaintes fréquentes au point de vue de la
« salubrité. Deux plaintes de cette nature, l'une du côté nord et l'autre
« du côté sud du district, ont été faites dernièrement par des personnes
« vivant tout a proximité des maisons où un corps avait été gardé si
« longtemps, qu'il était devenu une cause d'insalubrité. Les lieux furent
« promptement visités, et les parents du mort furent, dans chaque cas,
« vivement avertis du danger que devait faire courir au voisinage la
« détention prolongée du corps , ils furent instantanément requis de pro-
« céder à l'inhumation sans délai. On ordonna de répandre du chlorure

vénients qui en résultent, on a imaginé, entre autres procédés, de nouveaux cercueils, dit Cercueils Sanitaires de la patente Smith [1], dont l'usage a pris récemment une certaine extension, et qui pourraient avoir quelque utilité, par exemple, pour les cas de maladies contagieuses. Ces appareils, en tôle mince galvanisée, sont pourvus sur le couvercle d'un orifice vitré correspondant à la face du mort, et d'un petit tube débouchant à l'intérieur dans une boîte à jour remplie de charbon et de poudre désinfectante. Les gaz provenant de la décomposition passent à travers la boîte et s'y purifient avant de parvenir au dehors. Le cadavre peut ainsi, nous a-t-on dit, être conservé plusieurs jours impunément, et sans qu'on soit privé de voir son visage. Toutefois il ne faut pas s'exagérer la portée d'un semblable moyen. Il peut se trouver efficace quand la quantité de gaz est peu considérable, mais il deviendrait manifestement insuffisant si elle était abondante, car le charbon privé du contact d'un air renouvelé n'a qu'une puissance très-limitée de désinfection [2].

Un autre système de cercueils a été proposé dans le même pays et a eu aussi des applications, toutefois sur une échelle moindre que le précédent. Ils sont fabriqués par la *Patent*

« de chaux dans la chambre et dans le corridor pour combattre l'infection.... »

« J'ai à mentionner encore deux autres cas de détention prolongée de « morts L'un de ces cas est celui d'une petite fille morte du croup, dont « le corps fut *gardé près de trois semaines* dans la chambre occupée par « les parents et quatre enfants. L'autre cas est aussi celui d'un enfant dont « le corps avait été conservé *pendant quatorze jours* dans une chambre « occupée par les autres membres de la famille... »

1 Une Compagnie dite *Patent Sanitary Coffin Co* s'est formée à Londres et à Manchester, avec succursale à Sheffield et autres villes, pour l'exploitation de ces cercueils.

2. A plus forte raison, ce système est il impuissant pour prévenir, comme on le prétend, les exhalaisons cadavériques à travers le sol; car, outre que les liquides du corps ne doivent pas tarder à attaquer le métal, il est impossible d'admettre qu'une aussi faible quantité de substance désinfectante puisse arrêter la totalité des gaz.

Sarcophagus C°, et se composent d'une double caisse,
une première en bois qui reçoit le cadavre, et une seconde
en grès vernissé dans laquelle la première se place avec
interposition d'une couche de charbon de bois. On se flatte
d'absorber ainsi tous les gaz nuisibles, non-seulement avant
l'inhumation, mais encore pendant la décomposition des
corps au sein de la terre. Il est visible que cette dernière prétention ne saurait se justifier : car, plus encore que dans
le cas précédent, le charbon se trouve ici privé du renouvellement de l'air et dès lors il ne tarde pas à se saturer
de gaz et à s'imprégner de liquides qui le mettent tout à
fait hors d'usage. Ajoutons que si ces doubles cercueils
atteignent le but louable de remplacer économiquement
les cercueils en bois et en plomb, et d'être mieux à la
portée des classes pauvres, ils ont malheureusement le
défaut d'être lourds et fragiles, et ils ne nous ont pas
paru d'un transport facile; aussi leur emploi n'a-t-il pu se
généraliser.

En France bien que la durée de la garde du corps soit habituellement beaucoup plus courte qu'en Angleterre, environ
deux jours en moyenne, on emploie cependant plusieurs
variétés de substances absorbantes ou désinfectantes. A Paris
notamment des ordonnances de la Préfecture de Police ont
prescrit successivement : 1° un mélange de tan et de charbon ; 2° un mélange de sciure de bois et de sulfate de fer ou
de zinc ; 3° un mélange de sciure de bois et de sulfate de
zinc préparé suivant un certain procédé breveté. M. le D^r
Jules Lemaire, qui a fait une critique raisonnée de ces
divers ingrédients et s'est livré à leur sujet à des expériences
de laboratoire [1], a été conduit à proposer l'acide phénique

---

1. M. Lemaire insiste sur la nécessité de détruire, non-seulement les
gaz de la putréfaction, mais bien plus encore les ferments vivants qui,
selon lui, engendrent la putréfaction elle-même. Or, il reproche au charbon d'être sans action sur ces ferments, sauf par la petite quantité de
goudron qu'il renferme accidentellement par suite de sa préparation.

(ou ses composés) comme étant le plus propre, dans l'état actuel de nos connaissances chimiques, non-seulement à prévenir l'infection proprement dite ou le développement des mauvaises odeurs, mais encore à détruire les ferments vivants qui peuvent porter la contagion. On sait d'ailleurs, et nous l'avons rappelé dans d'autres travaux, que ce corps ne désinfecte pas à la manière des réactifs ordinaires tels que le chlore ou les chlorures, c'est-à-dire en détruisant les

« Le charbon, dit-il, ne mérite pas sa réputation. A l'époque où l'on a
« découvert la propriété qu'il possède d'absorber les gaz, on ne connais-
« sait pas la nature des ferments, ni celle des miasmes que j'ai démon-
« trée. Il n'exerce qu'une très-faible action sur ces petits êtres, qu'il
« doit, comme je viens de le dire, à une petite proportion de produits
« pyrogénés. C'est pourquoi il n'empêche pas la putréfaction. » Quant
au tan, « son action bien connue dans l'industrie du tannage des peaux,
« s'exerce, dit-il, par l'entremise de l'eau. Or, les chimistes savent que
« l'action des corps est bien différente lorsqu'on les fait agir par l'entre-
« mise de l'eau ou à l'état sec. Dans l'espèce, le tan, précisément parce
« qu'il est à l'état sec, ne se combine pas avec les tissus. Aussi la putré-
« faction continue-t elle en sa présence et les gaz ainsi que les miasmes
« (microzoaires ou microphytes) le traversent ils sans être détruits ni
« transformés, à peu près comme s'il s'agissait de sable de rivière. »
M. Lemaire a également opéré sur le mélange de sciure de bois et de sulfate de zinc, tel que l'emploie l'administration des pompes funèbres. Il a reconnu, par des épreuves directes, que les matières animales enfermées avec cette substance dégageaient toutes les odeurs de la fermentation putride et produisaient des microzoaires en abondance. « Il ne suffit pas,
« dit-il dans cette grave et importante question, d'enlever seulement
« l'hydrogène sulfuré ou l'hydrosulfate d'ammoniaque qui peuvent se
« fixer sur le sulfate de zinc ou de fer et former, soit directement, soit
« par double décomposition, un sulfure inodore, insoluble, et du sulfate
« d'ammoniaque inodore aussi. Le carbonate d'ammoniaque peut aussi
« former avec le sulfate de zinc ou de fer un carbonate de l'un ou de
« l'autre, et un sulfate d'ammoniaque, tous trois inodores. A l'état pulvé-
« rulent, c'est tout ce que l'on peut attendre de l'action de ces deux
« sulfates. Mais les autres gaz connus de la putréfaction, et ceux que nous
« ne connaissons pas, les traversent, ainsi que les ferments vivants
« (miasmes), à peu près impunément.
« Toutes ces expériences prouvent qu'en employant cette préparation
« brevetée pour remédier au danger si grave dont j'ai parlé, l'adminis-
« tration est induite en erreur et place, sans s'en douter, le public dans
« une fausse sécurité. » Il signale en outre dans l'emploi de cette poudre

produits de la putréfaction, mais bien en empêchant cette putréfaction elle-même de suivre son cours, ou, d'après l'auteur que nous venons de citer, en tuant les ferments vivants qui l'alimentent. La mort de ceux-ci entraînerait du même coup la cessation des phénomènes putrides, lesquels naturellement, en présence de l'acide phénique, ne pourraient se reproduire. Comme d'ailleurs ce corps est volatil, une dose même très-faible suffirait pour faire périr les

des inconvénients d'un autre genre. Ses remarques, qui s'appliquent d'ailleurs à tous les composés similaires, nous semblent bonnes à reproduire :

« Si cette poudre, dit il, possédait les propriétés vantées par celui qui « l'exploite, elle présenterait par elle-même un grave inconvénient sur « lequel je dois appeler l'attention. Une question aussi importante et si « grave doit être envisagée sur toutes ses faces.

« D'après M. Wafflard (préposé aux pompes funèbres), on emploie « 5 kilogrammes de sulfate de zinc pour le cercueil d'un adulte. En « réduisant cette quantité à 3 kilogrammes en moyenne, à cause des en-« fants et des jeunes gens, on arrive à reconnaitre que tous les ans on « enfouirait dans le cimetière près de 180,000 kilogrammes de sulfate de « zinc, soit près d'un million de kilogrammes en 5 ans de ce sel véné-« neux. Sa grande solubilité dans l'eau permettrait de l'entraîner a de « grandes distances, soit dans les sources, soit dans les puits, soit même « dans les rivières. Cet inconvénient, je pourrais même dire ce danger « n'est pas le seul.

« Il arrive assez souvent que la justice, pour punir des criminels, fait « exhumer des cadavres pour y faire rechercher l'existence de poisons. « Or le sulfate de zinc, même celui qui a été préparé avec soin, contient « toujours du fer et très-souvent du cuivre.

« Il peut être utile, dans une question de médecine légale, de recher-« cher le cuivre dans un cadavre ; comment découvrir la vérité dans de « semblables conditions ?

« Bien que l'arsenic n'existe pas dans le sulfate de zinc qui a été pu-« rifié par des cristallisations successives, est-on assuré que celui connu « sous le nom de couperose blanche, dont la préparation est beaucoup « moins soignée, n'en contienne jamais ? Lorsqu'on sait que le zinc mé-« tallique et son oxyde impur, connu sous le nom de tuthie, renferment « de l'arsenic, n'est-il pas évident que ce poison peut y exister Puisque « des mesures très-sages interdisent l'emploi de l'arsenic dans les em-« baumements, pour ne pas entraver les recherches de la justice, il ne « faudrait pas, selon moi, en permettre l'emploi sous une forme dégui-« sée. » (Le cimetière de Méry sur Oise et les sépultures en général, 1860. Voir aussi de l'acide phénique, 1863, du même auteur)

microzoaires et les microphytes sur le càdavre et dans l'air qui l'entoure. En conséquence on a proposé de faire des ablutions, sans essuyer, sur toutes les parties du cadavre avec de l'eau phéniquée additionnée d'acide tartrique [1], et aussi d'introduire quelques cuillerées de ce liquide dans le tube digestif par les ouvertures naturelles. Ces précautions seraient sans préjudice de la couche d'étoupe ou de sciure de bois placée au fond du cercueil et destinée à absorber les liquides qui s échappent du corps. A l'aide de ces moyens, la désinfection pourrait être complète pour quelque temps [2].

1 M. le docteur Lemaire recommande une préparation composée de 50 grammes d'acide phénique cristallisé du commerce et 50 grammes d'acide tartrique, dissous dans un litre d'eau. Originairement M. Lemaire n'employait pas l'acide tartrique, il a été conduit à l'admettre par la raison suivante: « L'acide phénique, dit-il, possède une propriété très-« importante pour detruire les miasmes, c'est d'être volatil. Il se répand « naturellement dans l'atmosphère où il les tue ; mais par les chaleurs de « l'été cette importante propriété offre un inconvénient. La température « élevée peut enlever assez rapidement cet acide aux corps en le dissé-« minant dans l'atmosphère. Bien que le délai qui s'écoule entre le décès « et l'inhumation soit très court et insuffisant pour permettre à tout « l acide phénique de se volatiliser, malgré cela, par excès de prudence, « j'ai cru devoir y ajouter de l'acide tartrique dont l'action antiputride « est énergique. »

2. Nous avons eu occasion, dans nos voyages en Angleterre, de constater plusieurs cas de conservation de matières organiques, obtenue avec l'acide phénique et mise à profit par l'industrie. Ainsi nous avons vu des fabriques de gélatine, de colle forte, d'engrais artificiels, où l'on exploite des depouilles d'animaux de l'Australie, qui ont été immergées avant le départ dans une solution renfermant quelques millièmes d'acide phénique et qui se conservent pendant plusieurs mois sans odeur ni altération. M Lemaire a répété des expériences dans le même sens; il a conservé pendant 8 mois, à l'état frais, de la viande de boucherie dans un vase hermétiquement bouché, dont l'intérieur avait été enduit, a l'aide d'un pinceau, d'une couche mince d'acide phénique. Cette viande lavée a été cuite avec des choux et a pu être mangée par plusieurs personnes. Des œufs dissous dans l eau, qui sont certainement une des substances animales les plus faciles à s'altérer, placés dans les mêmes conditions, se sont conservés pendant plusieurs mois dans un grand bocal rempli d'air sans presenter le moindre caractere de putrefaction.

MAISONS MORTUAIRES.

Pour prévenir les inconvénients résultant de la garde
prolongée des corps à domicile, on fait usage en Allemagne
et il est question d'instituer en France des maisons mortuaires ou salles de dépôt pour les morts à l'entrée des cimetières [1]. Les établissements de ce genre qui existent dans
plusieurs villes de la confédération germanique sont en général très-bien tenus, et les familles pauvres peuvent y faire
garder leurs corps en toute confiance. La grande salle de
dépôt est ordinairement divisée en cellules, munies chacune
d'une cheminée de ventilation. Autour du bras des cadavres
est enroulé un cordon de sonnette qui s'agiterait au moindre
mouvement; mais il ne paraît pas que cette sage précaution
ait encore été justifiée par l'événement et qu'on ait eu occasion de reconnaître par là qu'on était sur la voie d'une inhumation précipitée. La maison qui nous a semblé la mieux
installée est celle de Munich ; on cite aussi celles de Franc-
fort, Cologne, Dusseldorf. La répugnance des habitants met
obstacle, il est vrai, à ce qu'on en tire tout le parti possible ;
ils préfèrent.le plus souvent conserver leurs morts chez eux,
quelques difficultés que fasse naître l'exiguité du local dont
ils disposent.

La création du cimetière de Méry-sur-Oise, dont nous
parlerons plus loin, fera naître, si elle se réalise, un état
de choses analogue, à certains égards, à celui des maisons
mortuaires , mais accompagné de difficultés bien plus
grandes, par suite de la vaste échelle sur laquelle on
opèrera. Le projet municipal comporte en effet l'établissement d'un chemin de fer et d'une gare spéciale de
départ où convergeront les corps provenant des divers

1. Voir les discussions de janvier 1869 au Sénat sur les pétitions relatives aux moyens d'empêcher les inhumations précipitées.

arrondissements de Paris. Arrivés à Méry, les cercueils stationneront dans un certain nombre de chapelles, à l'entrée du cimetière, pour recevoir le service du culte. Si l'on songe que le chiffre de la mortalité quotidienne de Paris est d'environ 150 et que ce chiffre peut être décuplé et au delà en temps d'épidémie, on ne sera pas sans préoccupation sur les conséquences possibles de l'agglomération, à certaines heures, d'un aussi grand nombre de cadavres dans des espaces resserrés. Non-seulement l'atmosphère des gares et des chapelles funéraires pourrait être altérée par les exhalaisons des cercueils, mais même en l'absence de ces derniers, les murs, le sol, les banquettes ou autres meubles, imprégnés à la longue des émanations cadavériques, pourraient transmettre des maladies graves. Ces craintes ne sont pas purement théoriques, car il existe un grand nombre de faits qui montrent avec quelle facilité les maladies peuvent se propager à travers les cercueils dans lesquels les corps sont enfermés. Lorsqu'on voit des vêtements, des objets de literie, des bâtiments ou des marchandises, transmettre longtemps après la mort le principe du typhus, de la fièvre jaune, de la peste, de la variole, de la scarlatine, du charbon, etc., il est facile de comprendre que les corps eux-mêmes aient à plus forte raison cette funeste propriété, et que les émanations qui se font jour nécessairement à travers les cercueils les mieux clos suffisent à porter autour d'eux le germe de la contagion [1].

L'ordre de choses projeté pour l'inhumation à Méry appellera donc l'emploi de préservatifs efficaces. Au premier rang se placeront vraisemblablement les moyens destinés à empêcher la putréfaction dans l'intérieur des cercueils; mais ces moyens ne suffiront pas, soit à cause du manque de soins

---

1 Ces émanations sont d'autant plus abondantes que les cadavres des personnes mortes de maladies contagieuses entrent, comme on sait, très-rapidement en putréfaction. Voir à ce sujet les excellentes remarques de M. le Dr Lemaire.

avec lequel ils pourront être pratiqués dans les cas particuliers, soit à cause de la décomposition déjà avancée des cadavres au moment où l'on voudra en faire usage, soit pour tout autre motif. La ventilation, de son côté, quelque bien dirigée qu'elle fût, ne suffirait pas non plus; car si elle peut empêcher à un moment déterminé les odeurs d'être sensibles, elle n'empêcherait pas cependant les objets qui garnissent les salles de s'imprégner à la longue, comme nous disions tout à l'heure, d'émanations malfaisantes. Il faudra donc, indépendamment de ces moyens, recourir en même temps à l'usage soutenu de, désinfectants énergiques, arroser, par exemple, périodiquement, le sol, les murailles et les meubles avec des solutions chlorurées ou phéniquées, ou faire de fréquentes fumigations de chlore, ou d'acide sulfureux. En Angleterre, on a réalisé dans diverses sortes de locaux une désinfection remarquable au moyen de la mixture solide ou liquide, dite de Mac-Dougall, laquelle est un mélange de phénate de chaux et de sulfite de magnésie. Deux des premières autorités sanitaires du Royaume-Uni, MM. Grainger et Holland ont proposé de l'appliquer aux inhumations. Il est probable qu'ici encore, pour l'assainissement des salles mortuaires, les composés phéniqués pourront rendre de grands services. C'est là une question qu'il importera d'étudier et de résoudre avant de procéder à la pratique en grand de l'inhumation à Méry-sur-Oise. Mais quelques difficultés qu'on puisse rencontrer à cet égard, on ne doit pas douter qu'en faisant concourir au même but l'ensemble des moyens dont la science dispose, on ne soit présentement en mesure de les surmonter.

LIEUX D'INHUMATION.

La seconde partie du sujet, à savoir la transformation des corps au sein de la terre, ou le régime des cimetières, présente pour la salubrité publique plus d'intérêt encore que la première. L'inhumation, en effet, pratiquée soit directement dans le sol, soit dans des caveaux en maçonnerie, peut faire naître des dangers de divers genres et tous très-graves.

PROTECTION DES OUVRIERS.

Les ouvriers chargés de l'ensevelissement risquent d'être atteints par des dégagements mortels. On en a souvent fait l'épreuve, particulièrement dans les cimetières encombrés et aux époques d'épidémie. Il y a donc là, indépendamment de l'intérêt général, qui peut se trouver plus ou moins engagé, un ordre de précautions spéciales à prendre au point de vue de la sûreté des ouvriers [1]. Une des circonstances où ces précautions ont dû être le plus complètes, et qui donne conséquemment le mieux l'idée de ce qui est à faire en pareil cas, c'est la récente translation du

---

1. En Angleterre, l'accumulation des corps dans les cimetières *intra muros* rend le creusement des fosses très-dangereux. « L'acide carbonique y imprègne le sol comme l'eau certains terrains, » dit le Dr Playfair ; si bien que lorsqu'une fosse est pratiquée dans le voisinage de sépultures récentes, ce gaz afflue très-rapidement à travers les parois et ne tarde pas à remplir l'excavation. On nous a cité deux exemples d'asphyxies occasionnées par la rentrée trop prompte des fossoyeurs. En quelques cas on s'est servi de chaux répandue avant la descente du cercueil. Le plus souvent on se borne, dans les endroits réputés dangereux, à ouvrir la fosse plusieurs heures et même une journée à l'avance, afin de laisser au dégagement gazeux le temps de se ralentir. Encore a-t-on soin de n'y descendre qu'après s'être assuré de la condition de l'atmosphère au moyen d'une bougie en ignition.

cimetière de Borgerhout, motivée par les travaux des nouvelles fortifications d'Anvers.

Ce cimetière était resté ouvert jusqu'au 1ᵉʳ janvier 1861. Le chiffre des inhumations avait dépassé 160 par an, et, au dire des fossoyeurs, des cadàvres enterrés depuis 10 ans répandaient encore une odeur insupportable. La quantité de restes humains était donc considérable : elle représentait plus d'un millier de corps. L'évacuation dut être faite rapidement, pendant le courant de l'hiver de 1863. Le conseil supérieur d'hygiène publique prescrivit des mesures très-détaillées, tant au point de vue des ouvriers que de la salubrité du voisinage. On convint de déblayer le terrain en masse, couche par couche, jusqu'à ce qu'on fût arrivé à la profondeur où reposaient les cercueils. Aussitôt que les odeurs commençaient à se manifester le sol était arrosé avec une dissolution de chlorure de chaux, et le travail était repris sur un autre point jusqu'à ce que les émanations eussent cessé dans le premier chantier. D'abondantes lotions étaient d'ailleurs faites sur les ossements, selon leur degré d'infection, à mesure qu'ils venaient au jour. Quant aux ouvriers, ils furent l'objet de précautions minutieuses. On les avait pourvus de vêtements spéciaux, qui ne quittaient pas le lieu du travail et qu'on soumettait à des fumigations de chlore toutes les nuits. La sagesse de ces dispositions a écarté tout danger et l'on n'a pas eu un seul accident à déplorer [1].

---

1. Voici au surplus le texte des instructions du conseil supérieur d'hygiène publique, en date du 17 juin 1861, telles qu'elles ont été exactement appliquées dans cette opération :

« ..... Lorsque l'ouvrier quitte le travail, il faut qu'il fasse des ablutions « à grande eau et qu'il change de vêtements, afin de faire désinfecter « ceux qui sont plus ou moins imprégnés des émanations du cimetière... « Dans ce but, on fera construire dans le voisinage du cimetière une « barraque en planches bien rejointoyées.... Lorsque la journée sera « finie, les ouvriers y changeront de vêtements ; les différentes pièces « seront étendues sur des perches de bois, et le surveillant placera au

MESURES GÉNÉRALES DE SALUBRITÉ.

Le côté de la question, de beaucoup le plus important, est celui qui concerne la santé des populations. Le voisinage des détritus humains en décomposition préjudicie à la salubrité publique de deux façons : d'une part, les émanations cadavériques se frayent un passage à travers le sol et infectent l'atmosphère ; d'autre part, les eaux pluviales ou souterraines, filtrant à travers les fosses, s'y imprègnent de

« milieu de la pièce un baquet dans lequel il mettra un demi kilogramme
« de chlorure de chaux en poudre, qu'il arrosera avec un demi-kilogramme
« d'acide chlorhydrique ; il se retirera aussitôt en ayant soin de fermer
« exactement les portes...

« Tout étant disposé à l'avance au nouveau cimetière, on pourra com-
« mencer les travaux d'exhumation. .

« Les exhumations offrant d'autant plus de danger pour le travailleur
« qu'elles se pratiquent pour des corps plus récemment enterrés, il va de
« soi que les premières opérations devront s'effectuer sur la partie du
« cimetière où les inhumations ont été faites antérieurement à 1856. On
« déblaiera donc toute cette partie, couche par couche, jusqu'à ce que
« les odeurs méphytiques se fassent sentir, alors on arrosera le sol avec
« la dissolution de chlorure de chaux a 2 p 100, et on abandonnera le tra-
« vail pour le continuer plus loin, jusqu'à ce que, les mêmes phénomènes
« se produisant, on soit de nouveau forcé d'arroser et de discontinuer le
« déblaiement plus profondément

« Quand toute la surface aura été ainsi déblayée jusqu'à la profondeur
« où l'odorat commence à être péniblement affecté, on aura quelques
« heures plus tard une nouvelle surface de terrain qui aura été désin-
« fectée par les arrosements faits durant le travail, et l'on entamera de
« nouveau cette surface qui sera également déblayée aussi profondément
« que le permettront les circonstances, c'est-à-dire la perception d'odeurs
« infectes et putrides... Dans tous les cas un arrosement de chlorure de
« chaux devra être pratiqué, à chaque 20 ou 25 centimètres de profon-
« deur. Si le terrain offrait trop d'humidité au lieu de faire des arrose-
« ments, il faudrait faire répandre sur le sol du chlorure de chaux sec
« en poudre... Mais c'est surtout lorsqu'on arrive à la profondeur où re-
« posent les cadavres qu'il faut redoubler de précautions ; s'ils laissent
« dégager des odeurs infectes, on les arrosera avec la solution de chlo-
« rure de chaux à 4 p. 100. Si les bières paraissent encore en bon état,
« on évitera soigneusement de les endommager, on les soulèvera avec

matières organiques et peuvent empoisonner les puits et les sources à de grandes distances[1].

Les inconvénients dus aux infiltrations disparaissent, il est vrai, avec les caveaux en maçonnerie, mais outre que ces caveaux exigent trop de place et de dépenses pour être d'un usage général, ils sont plus dangereux en réalité que les fosses creusées dans le sol, parce que les dégagements délétères, n'y trouvant aucune matière pour les absorber, se font jour au dehors en abondance et causent des dommages plus graves que les infiltrations elles-mêmes. Aussi ne saurait-on

« précaution pour les placer sur une serpillière imprégnée de liqueur
« désinfectante. avec laquelle on les enveloppera pour les transporter au
« nouveau cimetière ..

« Il arrivera infailliblement qu'on trouvera beaucoup de cercueils con-
« sumés et des cadavres en pleine putréfaction ; dans ce cas, il faut
« désinfecter convenablement le cadavre avant de songer à le déplacer,
« et le travail de déplacement devra se faire avec des crochets, des
« dragues ou de longues pinces de fer, car il importe que les ouvriers
« mettent le moins possible les mains aux corps ou parties de corps en
« état de putréfaction.

« Les terres provenant du déblai du cimetière devront être immédiate-
« ment conduites hors de l'enceinte de celui-ci et amoncelées, si faire se
« peut, à l'endroit où doit s'élever le parapet du fossé (des fortifications)
« ou à proximité de cet endroit ; elles subiront ainsi l'influence de l'air et
« de ses diverses conditions météorologiques, et se dépouilleront insensi-
« blement des miasmes qui auraient pu échapper à l'action du liquide
« désinfectant.

« …. S'il y avait lieu à exhumer dans des caveaux, il faudrait ouvrir
« largement ceux ci au moins vingt-quatre heures avant le commencement
« du travail, y faire répandre de la solution chlorurée et ne permettre aux
« ouvriers d'y entrer qu'après qu'on se serait assuré, en y descendant
« une chandelle allumée, que leur vie ne saurait y être exposée au danger
« d'une asphyxie par l'acide carbonique. Si la chandelle, en s'éteignant,
« dénotait la présence de ce gaz, il faudrait, soit le détruire en versant
« dans le caveau du lait de chaux, soit l'extraire à l'aide d'une manche-
« à-air ajustée à un tourneau d'appel placé au dessus du caveau... »

1. Ces eaux sont parfois tellement chargées qu'arrivées à l'air elles exhalent une odeur insupportable Nous connaissons des exemples de bouches d'égout, en Angleterre, qu'on a été obligé de munir d'appareils purificateurs, parce que les eaux d'un cimetière se déchargeaient à l'égout dans le voisinage.

trop condamner la coutume consistant à enterrer dans des caveaux sous le sol des églises. Quelques précautions que l'on
prenne, les gaz méphitiques s'échappent à travers les joints
des dalles et compromettent gravement le séjour de l'édifice sacré [1]. C'est en vain qu'on chercherait à se prémunir
contre ces inconvénients par la nature ou la conformation
des cercueils. L'herméticité, l'inaltérabilité des parois n'ont
qu'un temps : il faut que la décomposition de la substance
organique suive son cours, et à un moment donné les produits liquides ou gazeux viennent nécessairement au dehors.

[1]. L'inhumation sous les églises est abandonnée en France, mais elle
subsiste encore dans d'autres contrées, notamment en Angleterre. Rien
ne montre mieux les dangers inhérents à cette pratique que le récit des
faits observés récemment dans ce pays A Londres surtout, où la population de certains districts est des plus agglomérées, les caveaux funéraires
regorgent, on peut le dire, de cadavres. Une enquête fut ordonnée il y a
quelques années et des travaux spéciaux d'assainissement entrepris dans
toute l'étendue de la Cité sous la direction du Dr Letheby et de M. Grainger. Le compte rendu officiel, publié en 1860, est fort instructif.

« Les résultats généraux de notre enquête, disent MM. Letheby et
« Grainger, peuvent être exprimés en peu de mots : tout l'espace utili
« sable sous le sol des églises a été consacré pendant des siècles à rece
« voir les morts. On ne peut se figurer quelle immense quantité de matière
« putréfiable a été ainsi déposée : même aujourd'hui certains caveaux
« regorgent de matières corrompues ; et tout le long des ailes et des
« porches des édifices sacrés se trouvent des tombeaux remplis de restes
« humains. Dans la plupart des cas, la seule séparation entre les vivants
« et les morts est une mince dalle de pierre et quelques pouces de terre.
« C'est une barrière très-imparfaite aux émanations nuisibles : aussi,
« d'une manière lente mais continue, les produits gazeux de la dé
« composition se répandent dans l'atmosphère de l'église. Parfois aussi,
« lorsque l'église est éclairée pour le service du soir, et l'hiver, lorsque
« l'air est raréfié par la chaleur des feux, de fortes vapeurs pénètrent à
« profusion. Il est impossible de dire quel mal elles ont fait, et combien
« de personnes pendant qu'elles assistaient au culte divin ont respiré
« une atmosphère de corruption et en ont reçu des atteintes mortelles.
« D'après nos investigations, nous avons trouvé environ 250 caveaux
« sous les églises, dont la moitié sont publics ; et quoiqu'il ne soit pas
« facile d'avoir un dénombrement exact des cercueils qui y sont déposés,
« il y a lieu de croire qu'il n'y en a pas moins de 11.000, outre les cen
« taines de corps dans les tombeaux des ailes et des porches Le plus
« souvent les caveaux sont inscrits dans l'aire générale de l'église, les

L'ensevelissement dans les caveaux reste donc comme une pratique éminemment insalubre qui ne doit être admise à aucun degré au sein des villes. Hors de leur enceinte elle est moins grave, et c'est pourquoi on l'y tolère ; mais là même elle n'est pas à encourager et l'on doit s'applaudir que la cherté de la construction et le défaut d'emplacement mettent obstacle à ce qu'elle se généralise jamais.

L'inhumation directe dans le sol est donc en réalité le fait général, et c'est à ce point de vue surtout que la question doit être envisagée. Nous remarquerons tout d'abord qu'ici.

« ouvertures étant recouvertes par des pièces de bois ou par des dalles de « pierre. Les cercueils sont généralement en plomb, avec une enveloppe « en bois, et ils sont fréquemment empilés jusqu'au sommet de la voûte. « Lorsque le bois se pourrit, le poids de la masse supérieure écrase le « plomb, et il s'échappe un liquide impur de l'odeur la plus infecte. Mais « outre cette cause de destruction, le plomb lui-même est attaqué par les « gaz délétères des caveaux, et est percé de nombreux trous, comme s'il « était rongé des vers.

« Dans la plupart des caveaux que nous avons visités, les cercueils « étaient à tous les degrés de pourriture, et l'atmosphère nauséabonde à « l'excès, tellement que dans plusieurs occasions, nous avons été obligé « de discontinuer l'inspection pour quelque temps. L'air chargé d'émana- « tions nuisibles s'échappe nécessairement ; il se répand dans l'atmo- « sphère de l'église ou passe par les orifices d'aérage sur la voie publique. « Les inspecteurs constatent qu'il n'y avait pas moins de 120 de ces ori- « fices dans la Cité, dont la plupart étaient à quelques pieds des fenêtres « des habitations.

« Il est à peine besoin de dire que cet état de choses appelle un re- « mède... Dans chaque cas où cela a été praticable, les caveaux ont été « ventilés et nous avons fait des fumigations de chlore ; après quoi, les « cercueils ont été arrangés dans un ordre décent, sous la direction des « autorités locales, et recouverts d'environ deux pieds de terre sèche, sur « laquelle on a mis un lit de charbon de bois de 2 à 3 pouces d'épaisseur, « et, comme l'efficacité de ces substances dépend du libre accès de l'air « atmosphérique, des tuyaux de ventilation ont été conduits depuis les « caveaux jusqu'au toit des églises. Toutes les autres ouvertures ont été « fermées d'une manière permanente, de telle sorte que si quelque gaz « nuisible s'échappait, il serait détourné de l'église ou de la voie publique « et envoyé dans l'atmosphère supérieure. Là où ces arrangements ont été « adoptés, la condition sanitaire des caveaux a été si fort améliorée que « les fidèles peuvent maintenant se réunir dans les églises sans aucune « incommodité ni danger. »

plus encore que dans les caveaux, la nature des cercueils est sans efficacité sur l'assainissement. En effet, au contact de la terre et des eaux, les parois s'altèrent après un certain temps et la matière cadavérique arrive forcément en présence des agents naturels que recèle le sous-sol. Que ce moment arrive plus tôt ou plus tard, les conséquences finales sont les mêmes : il faut toujours que l'équilibre s'établisse entre la quantité de matière détruite et celle qui la remplace. Le contingent annuel ne changeant pas, la seule différence qu'entraîne le plus ou moins de lenteur dans la destruction des cadavres, c'est que l'étendue du terrain consacré à la sépulture doit varier en proportion. C'est une grande erreur de rechercher l'assainissement par des moyens de retarder la décomposition des corps au delà du moment de l'inhumation. Quand, par le choix des matériaux employés dans les cercueils ou par l'introduction de certains ingrédients chimiques, on réussit à conserver les corps plus longtemps, ou n'a rien obtenu pour la salubrité ; le seul résultat est d'augmenter, s'il est permis de s'exprimer ainsi, le stock des cadavres et de nécessiter par conséquent une plus grande étendue de terrain. L'essentiel, au point de vue de l'assainissement, n'est pas de retarder la décomposition des corps, *mais de faire en sorte que cette décomposition s'accomplisse dans un milieu toujours suffisant pour son objet*, c'est-à-dire dans un milieu tel que la matière organisée y rencontre toujours des agents minéralisateurs en assez grande abondance, en même temps qu'une substance absorbante en état de retenir les produits liquides ou gazeux, pendant toute la durée des transformations.

De ce principe il est facile de déduire les conditions essentielles à la salubrité des cimetières.

La première condition, qui domine toutes les autres, c'est que les corps ne soient pas trop accumulés et qu'on ne reprenne pas trop tôt le terrain pour y faire des inhumations nouvelles ; en d'autres termes, l'étendue du terrain consacré

aux sépultures doit être dans une proportion convenable avec
le nombre des morts à recevoir dans un temps donné. En
France, la loi a fixé elle-même cette proportion en établis-
sant : 1° que chaque fosse aurait des dimensions et un écartement déterminés [1] ; 2° que le terrain ne pourrait pas être
repris moins de cinq ans après la date de l'inhumation, ce
qui implique, en tenant compte des concessions temporaires
et perpétuelles, que la surface soit égale à huit fois environ
celle qui reçoit les morts d'une année. Il suit de là que le
nombre d'inhumations annuelles he doit pas dépasser 5 à 600
par hectare. La limite ainsi posée par le législateur est d'une
grande sagesse, et de nature à prévenir les abus redoutables
qui se sont produits en d'autres pays [2], mais il est clair

1. Le décret de 1804 prescrit $1^m,50$ de profondeur sur $0^m,80$ de largeur.

2. Dans la Grande-Bretagne, par exemple, la santé publique est compromise de la manière la plus grave par la pratique que nous avons déjà
signalée et qui a été suivie jusqu'à ces derniers temps, d'inhumer les
morts au sein des villes dans les étroits cimetières qui entourent les églises
et dans les caveaux de ces églises. Des actes récents du Parlement ont
interdit cette pratique, tantôt absolument, comme dans la Cité de Londres,
tantôt partiellement, dans la généralité des villes, où la sépulture urbaine a continué d'être accordée aux familles possedant des emplacements réservés ; ainsi, à Glasgow, une des villes cependant où la réforme
a été le plus activement poursuivie, il y a eu encore en 1862, 1669 inhumations urbaines. En certains cas, où les inconvénients étaient devenus
extrêmes, les exceptions ont été retirées et la fermeture a été définitive.
Nonobstant les progrès accomplis à cet égard, les cimetières, tant fermés
qu'ouverts, restent néanmoins pour les villes une cause permanente
d'insalubrité. L'accumulation des débris humains y est en effet extrême,
et le sol, graduellement exhaussé par les dépouilles des morts, domine les
niveaux voisins. Il est tel cimetière, comme celui de Grosvenor square,
par exemple, à Manchester, où tous les recoins sont tellement remplis
qu'il est aujourd'hui impossible de discerner la moindre place libre. Quand
on veut ouvrir une fosse, on enfonce au hasard une perche en fer ; si l'on
ne rencontre pas de cercueil à une trop petite profondeur c'est l'endroit
qu'on choisit Maintes fois, en creusant la fosse, on met à nu des ossements imparfaitement décharnés. Les cercueils y ont été disposés en
plusieurs couches, et les plus récents ne sont pas toujours à un mètre au
dessous de la surface. Aussi pendant l'été, les habitants sont souvent
obligés de garder leurs fenêtres fermées pour se mettre à l'abri des éma-

qu'elle ne suffit point pour assurer la salubrité et qu'on n'y doit voir qu'une garantie relative, c'est-à-dire subordonnée aux diverses circonstances dans lesquelles on peut se trouver. Selon en effet que le sol est sec ou humide, meuble ou compacte, accessible ou non aux agents atmosphériques, il se prête à la destruction d'une quantité plus ou moins grande de matières organiques dans un temps donné.

Quant aux autres conditions, on est d'accord pour reconnaître : 1° que les cimetières doivent être placés autant que possible dans des lieux élevés pour favoriser la circulation de l'air, la dispersion des miasmes et l'écoulement des

nations. A Sheffield, plusieurs cimetières dominent la ville, et les eaux qui en découlent corrompent les puits à de grandes distances.

Lorsqu'on vient à pratiquer une fosse dans de pareils amas, les odeurs redoublent d'intensité, et l'on ne s'étonnera pas du fait relevé à Box, près Bath, où deux personnes succombèrent par suite de la réouverture d'une fosse où avait été inhumé, peu auparavant, un enfant mort de la fièvre maligne. Cet état de choses trouve des défenseurs naturels dans les corporations qui possèdent les cimetières urbains, et qui ont un intérêt évident à user du sol au delà de toutes les limites de la prudence.

Dans la Cité de Londres, où les cimetières sont fermés depuis plusieurs années, la situation est encore très-grave, comme on en pourra juger par les paroles suivantes de l'organe officiel de la salubrité :

« Tout cela (le sol de l'ensemble des cimetières de la Cité) contient « environ 48.000 tonnes de debris humains. Des années et des années « passeront avant qu'ils aient accompli leurs évolutions nécessaires et « qu'ils soient redevenus des constituants de la vie ou des éléments inof- « fensifs de composés minéraux. Jusque-là il sera dangereux à l'extrême « de toucher au sol à aucune profondeur. Je mets cette vérité devant vos « yeux, parce qu'on a proposé plus d'une fois de tirer parti des cimetières « de la Cité et d'en faire l'objet de spéculations comme terrains à bâtir... « Mais c'est mon devoir de vous avertir que cela ne peut être fait impu- « nement La santé publique exige que le sol de ces lieux demeure intact « dans les années à venir. Ce n'est pas, en effet, une petite chose que « d'exposer une si grande masse de pourriture à l'action de l'air. Il y a « eu un temps ou pareil fait a causé une épidémie : et qui voudrait avoir « la témérité de le risquer maintenant ? » (*Report on the sanitary condition of the City of London*, 1860, par le Dr Letheby.)

Ce qui paraît constant, d'après les enquêtes officielles dressées à la suite des épidémies de 1849 et de 1854, c'est que le choléra, à Londres et dans d'autres grandes villes, a sévi avec une grande force aux environs des cimetières dont les conditions étaient particulièrement défectueuses.

eaux du ciel [1] ; 2º que le sol doit être perméable à une assez grande profondeur, de façon à ce que le gaz et les liquides puissent être retenus au sein de la terre et y accomplir leurs évolutions successives sans nuire au dehors ; 3º que les cercueils ne doivent point être superposés, afin qu'on ne soit point amené à remuer un sol imprégné des produits méphitiques provenant des tombes inférieures. Cette dernière condition peut toujours être réalisée moyennant qu'on dispose d'un emplacement suffisant ; mais les deux premières, qui dépendent de la constitution et de la topographie du sol, ne peuvent pas l'être toujours. On est alors obligé de recourir à des procédés artificiels pour compenser dans une certaine mesure l'insuffisance des causes naturelles. Les plantations et le drainage sont au premier rang de ces procédés.

PLANTATIONS.

L'influence des végétaux sur la salubrité du sol a déjà été appréciée d'une manière générale à propos de l'assainissement des parties découvertes des villes. On a rappelé que leurs feuilles décomposent, sous l'action des rayons solaires, l'acide carbonique pour restituer l'oxygène à l'atmosphère, et, ce qui est plus important encore, que leurs racines en puisant dans le sol y absorbent les matières organiques et préviennent ainsi la corruption des eaux souterraines en même temps que l'exhalaison des gaz méphitiques. De plus, selon le

1. Si les personnes qui à Paris ont proposé d'établir les cimetières dans les fossés des fortifications étaient mieux au courant de la question, remarque avec raison le Dr Lemaire, nul doute qu'elles se fussent abstenues de faire une semblable proposition. Cette condition est en effet la plus mauvaise, sans contredit, dans laquelle on pourrait les établir. Ces fossés contiennent de l'eau toute l'année, précisément parce qu'ils reçoivent l'eau des plans supérieurs. De plus, la hauteur des fortifications et des glacis gêne le renouvellement de l'air. Lorsque le vent soufflerait dans le sens de la longueur du fossé, l'air souillé par les émanations méphitiques accumulées se disperserait sur les populations riveraines. En un mot on se trouverait exactement dans les conditions opposées à celles que recommande l'hygiène.

docteur Lemaire, ils s'assimileraient les corps reproducteurs des microzoaires (animalcules) ainsi que des microphytes (algues, champignons) qui, d'après le même auteur, jouent le rôle de ferments et sont le véhicule de la contagion. Si ce dernier point de vue est exact, les végétaux, on le voit, rendraient un service encore plus grand qu'on ne l'avait pensé et leur intervention dans les cimetières serait éminemment salutaire, puisque non-seulement ils contribueraient à la purification en général, mais ils agiraient sur cette cause spéciale de maladies qui provient des émanations cadavériques.

Une différence essentielle qu'il importe cependant de faire ressortir entre les plantations ordinaires des villes et celles des cimetières, c'est que, tandis que les premières conviennent d'autant mieux que leurs racines plongent plus profondément dans le sol ou qu'elles appartiennent à de plus grandes espèces, les secondes au contraire doivent offrir des proportions beaucoup moindres et se rapprocher même des simples graminées ; car les racines profondes endommageraient les tombes et entraveraient le creusement des fosses, en même temps que les hautes tiges mettraient obstacle au renouvellement de l'air, qui est une des premières conditions à rechercher dans un lieu de ce genre. Mais la végétation, réduite à de faibles arbustes ou mieux encore à un gazonnement touffu, est apte à rendre d'importants services : le tapis d'herbe qui recouvre les sépultures, forme par ses racines entrelacées un obstacle efficace à la sortie des miasmes ; en outre il maintient le sol et prévient les fissures qui tendent à se former aux moments de sécheresse ; enfin, il empêche les eaux pluviales d'arriver en excès à la couche inférieure et de la détremper, et il produit ainsi une sorte d'équilibre favorable à la régulière décomposition des matières organiques [1].

---

[1] A Londres, dans tous les cimetières où l'ensevelissement n'est plus

Les plantations en grandes espèces ne seraient praticables que dans des cimetières très-vastes, où les tombes seraient assez espacées les unes des autres pour que les racines trouvassent de la place entre elles, et pour que les restes humains peu accumulés n'exigeassent pas impérieusement un renouvellement d'air très-actif. Dans de telles conditions le champ des sépultures pourrait être avantageusement planté de grands arbres. Ceux-ci par leurs racines profondes épuiseraient incessamment l'eau des couches inférieures et empêcheraient les infiltrations impures de gagner les sources du voisinage. C'est ce qu'on aurait réalisé par le projet mis en avant à une certaine époque de transporter les morts de Paris dans la Champagne et de les inhumer dans de vastes plateaux qu'on aurait transformés ainsi en *bois sacrés* (lucus). Cette solution, qui complaisait à plusieurs esprits et que nous n'avons pas à juger sous le rapport moral et religieux, était, au point de vue de la salubrité publique, incontestablement une des meilleures qui se puissent imaginer. C'était la loi de la *circulation continue* appliquée à nos dépouilles mortelles, et les arbres devenaient l'instrument qui faisait rentrer dans le cercle de la vie nos restes inanimés.

permis, on a battu fortement la terre et on l'a recouverte d'un épais gazon. Le D⁣ʳ Letheby, qui est l'auteur de la mesure, avait en outre conseillé d'étendre sur les cercueils une forte couche de charbon de bois ; mais on y a renoncé. A Birmingham, le cimetière de Saint-Philippe donnait de telles odeurs qu'on l'a recouvert d'un lit de chaux, et, en certains points, de chlorure de chaux. A Manchester, nous avons vu employer assez souvent, notamment dans le cimetière de Grosvenor square, du charbon de bois qu'on étendait sur les cercueils au moment de l'inhumation. Ces procédés sont sans doute susceptibles d'être appliqués utilement en certains cas, mais ils ne sauraient rendre les mêmes services que la végétation, qui, d'ailleurs, a l'avantage de se renouveler d'elle-même, tandis que les agents chimiques s'épuisent promptement. En outre ces derniers sont trop coûteux pour qu'on puisse songer à les employer régulièrement dans des cimetières étendus.

DRAINAGE.

Le drainage des cimetières a pris naissance en Angleterre et a été appliqué depuis sur un grand nombre de points. C'est un moyen puissant, qui agit très-efficacement pour préserver les fosses de l'excès d'humidité et pour hâter, par conséquent, la décomposition des cadavres. Le système est d'ailleurs fort simple : il ne diffère point de celui qu'on pratique dans la campagne ou même dans l'intérieur des villes pour assécher la voie publique et les surfaces plantées.

Deux dispositions sont adoptées, selon que le terrain est plus ou moins aquifère. La première, qui convient aux terrains les plus imprégnés, consiste à placer les drains, non-seulement sous les allées, mais aussi sous l'emplacement des tombes ; l'autre se réduit à les étendre sous les allées seulement, mais à une plus grande profondeur, de manière à élargir le cercle de leur action. La Grande-Bretagne emploie surtout la première disposition : les drains sont ordinairement situés à 70 ou 80 centimètres au dessous de la zone inférieure des sépultures et espacés les uns des autres de 6 à 7 mètres ; un ou plusieurs collecteurs les réunissent et déchargent leurs eaux aux égouts publics [1]. En France, où le sol est en général moins humide, on trouve des représentants des deux types. Nous nous arrêterons à décrire deux spécimens, dans le but de faire mieux saisir le mode d'exécution et la destination du système.

Le cimetière de Versailles a été drainé, il y a quelques années, à l'instar de ceux des villes anglaises. Le sol, dans

---

1. Les cimetières de ce pays étant, nous l'avons dit, situés au sein des villes, il s'ensuit que c'est dans l'agglomération elle-même et souvent au milieu des quartiers les plus populeux que se fait l'évacuation des eaux. Comme d'ailleurs le terrain est très chargé de matières cadavériques, les eaux de drainage sont parfois tellement infectes que les mauvaises odeurs s'exhalent par les bouches d'égout au point d'incommoder sérieusement les maisons environnantes.

cette localité, était tellement envahi par les eaux, qu'on était dans l'impossibilité d'ouvrir les fosses à plus de 1^m,75 de profondeur, et sur certains points à plus de 1^m,20. La rotation quinquennale était inapplicable ; car après dix ans on retrouvait encore des corps tout entiers, et les cercueils des caveaux pourrissaient dans l'eau [1]. On a remédié à cette déplorable situation par les dispositions suivantes. Des drains, agissant à la fois comme assécheurs et comme collecteurs, ont été placés à 2^m,20 de profondeur dans l'axe des grandes allées, et envoient leurs eaux dans une conduite en poterie, continuée par un tuyau en tôle et bitume aboutissant à l'égout public. Ces drains ont été assis sur un fond d'argile damée de 3 centimètres d'épaisseur et ont été recouverts : 1° d'une couche de cailloux roulés de 30 à 50 centimètres d'épaisseur, selon l'importance du drain ; 2° de 10 centimètres de sable de rivière. Cette précaution a été prise à cause des racines de platanes qui bordent les allées. Des drains ordinaires ont été placés à 2^m,10 de profondeur, sous les cantons réservés aux sépultures, au fur et à mesure qu'ils devenaient libres par suite de la rotation ; on n'a pas jugé utile de les protéger, comme les autres, par des pierres et du sable superposés. Le développement total des tuyaux est d'environ 700 mètres par hectare, ce qui, en les supposant distribués en lignes parallèles, représenterait un écartement moyen d'un peu plus de 14 mètres.

Le cimetière de la Chartreuse, à Bordeaux, a été drainé sous les allées seulement. Ce travail a eu son importance, vu les grandes dimensions de l'emplacement. Le terrain est divisé par des allées plantées en rectangles de 70 à

---

1. « Je fus vivement impressionné, dit M. Richard de Jouvence, auteur
« du projet de drainage de ce cimetière, en voyant la fosse commune
» creusée à moins de 1^m,20, contenir sur une hauteur de 12 centimètres,
« une nappe d'eau bleuâtre, infecte, à cause de la quantité de matières
« organiques dont elle s'était chargée en filtrant à travers les corps en
« putréfaction, inhumés dans les terrains supérieurs... »

90 mètres de large, dont le centre forme le champ commun, tandis que les bordures sont occupées par les caveaux de famille. L'abondance des eaux était telle sur certains points, que des caveaux étaient inondés sur une hauteur de 70 centimètres [1]. Les drains ont été placés dans l'axe des allées, à des profondeurs variables suivant le terrain et atteignant 4 mètres au maximum. Ils aboutissent à deux collecteurs de $0^m,30$ de diamètre, qui évacuent les eaux à la Devèze, chacun par l'intermédiaire d'une chambre d'épuration. Cette chambre, ou *épurateur*, comme on la nomme, consiste en une galerie en maçonnerie étanche, fondée sur béton, ayant dans l'œuvre $3^m,90$ de long, $0^m,60$ de large et $1^m,33$ de haut, et remplie de gravier. Le collecteur la traverse dans sa longueur et est fermé à l'extrémité. Sur tout son parcours dans la chambre, il est percé de trous qui permettent aux eaux de s'échapper. Celles ci remontent en filtrant dans le gravier et s'écoulent définitivement par un orifice ménagé à la partie supérieure de l'épurateur.

Le point délicat, dans le drainage d'un cimetière, est l'écoulement des eaux. Les moyens mécaniques de purification sont insuffisants à l'égard de ces eaux, car il ne s'agit pas de séparer des corps en suspension, mais bien d'atteindre des éléments qui, sans produire aucun trouble apparent, communiquent cependant au liquide les propriétés les plus malfaisantes. Des épurateurs comme celui du cimetière de la Chartreuse, ou même des filtres de sable fin, ne donnent contre une telle nature de corruption qu'une garantie incomplète. Il est toujours dangereux d'écouler les eaux, les mieux clarifiées à l'œil, dans quelque ruisseau pouvant servir aux usages domestiques, à moins que celui-ci ne possède un débit très-considérable par rapport au tribut du cimetière. Hormis ce

---

1. « Vers l'extremite S.-O. de l'ancien cimetiere, dans le caveau n° 79, « dit le rapporteur du conseil d'hygiène, en 1861, il fut impossible, il y a « un mois, de procéder à une inhumation, tant la quantité d'eau était con- « siderable · elle avait alors atteint plus d'*un mètre de hauteur.* »

cas, où même encore il est prudent de suivre attentivement
les phénomènes qui pourraient se rattacher à l'usage du cours
d'eau, il est indispensable de recourir à des agents de désinfection plus énergiques. Il faut alors, ou bien traiter chimiquement les eaux de drainage par des substances telles que
les chlorures, susceptibles de détruire les germes en dissolution, ou bien faire absorber ces eaux par une végétation
abondànte. Quand on a recours à ce dernier moyen, beaucoup plus économique que l'autre, on ne doit pas, comme
dans les cas ordinaires, se contenter d'un seul arrosage ni
choisir un sol sableux pour y semer les prairies ; mais eu
égard au caractère particulièrement pernicieux des éléments
qui souillent ici les liquides, il faut les faire passer plusieurs
fois de suite sur les plantes pour être sûr de les bien dépouiller, et adopter autant que possible un sol de bonne
argile, pour que les propriétés désinfectantes de celle-ci
viennent s'ajouter à l'action de la végétation et que le filtrage à l'intérieur se trouve ralenti.

CIMETIÈRES DE WOKING-COMMON ET DE MÉRY-SUR-OISE.

Quelques précautions que l'on prenne, il ne faut pas se le
dissimuler, un cimetière est toujours pour les villes un dangereux voisinage. On n'empêche jamais complétement ni les
infiltrations ni les exhalaisons, et les seuls moyens véritablement assurés de prévenir l'insalubrité, sont l'étendue et l'isolement. Partout où ces conditions fondamentales font défaut,
le mal existe inévitablement. Or elles sont impossibles à
réaliser à proximité des cités populeuses ; car d'une part, le
terrain a trop de valeur pour qu'on puisse donner un grand
espace aux morts, et d'autre part, le développement de la

population ne tarde pas à pousser les maisons jusqu'aux abords des cimetières. « Les vivants rejoignent les morts » a-t-on dit énergiquement. Mais alors, rien au monde ne saurait empêcher le sol, saturé de matières organiques, de perdre ses propriétés purificatrices : il devient le théâtre et non plus l'auxiliaire des phénomènes de la décomposition.

Les villes de Londres et de Paris notamment, qui ont pris depuis le commencement du siècle une si grande extension, se trouvent aujourd'hui en présence des difficultés les plus graves. Dans la première des deux métropoles ces difficultés sont de date plus ancienne, par suite de l'habitude traditionnelle déjà signalée, d'inhumer les morts au sein des cimetières *intra muros*. Mais, même depuis qu'on a ouvert de nouveaux cimetières dans la banlieue, les embarras recommencent, par suite de l'insuffisance des emplacements disponibles. De récentes enquêtes du Parlement révèlent tout ce que cet état de choses a de menaçant pour un avenir prochain. A Paris, où grâce à de meilleures coutumes antérieures, le passé n'avait pas légué au présent une situation aussi redoutable, le mouvement qui dans ces dernières années a porté la population à la circonférence et qui a coïncidé en même temps avec un accroissement énorme du chiffre des habitants, a eu pour résultat de mettre les anciens cimetières *extra muros* presque entièrement hors d'usage. « L'administration municipale de la ville de Paris, « a dit M. Boudet dans un rapport au Sénat, à la séance « du 2 avril 1867, a dû se préoccuper de cette situation d'au- « tant plus sérieusement que les cimetières actuels presque « entièrement remplis ne sauraient avoir, pour la plupart, « qu'une durée fort limitée ; ainsi dans quelques années, il « deviendrait impossible de délivrer des concessions perpé- « tuelles dans les cimetières du Nord et du Sud ; peu après, « la surface affectée aux inhumations gratuites et tempo- « raires serait également insuffisante. Enfin la question de

« salubrité publique a un caractère de véritable urgence,
« non-seulement à raison des miasmes que peuvent dégager
« au sein d'une nombreuse population les grandes nécro-
« poles de Paris, mais aussi pour arrêter les infiltrations qui
« se répandent dans les puits et dans les couches d'eau sou-
« terraines et qui entraînent dans les rivières les matières
« putrifiées en dissolution. Aussi la nécessité de fermer les
« cimetières actuellement existants n'est-elle contestée par
« personne. » Pour bien comprendre cette dernière considération, celle relative aux infiltrations, il est nécessaire de
se rappeler que Paris est au centre d'un bassin naturel dont
la Seine occupe le fond ; de sorte qu'à droite et à gauche du
fleuve les couches souterraines se relèvent en allant vers les
confins de la ville. Par conséquent les infiltrations des cimetières, comme én général toutes celles qui proviennent d'un
point quelconque de la surface, forment sous la capitale une
nappe impure qui tend à s'écouler incessamment vers la
Seine. Cette situation est toujours grave, car ce n'est jamais
impunément qu'une ville repose sur des assises souillées,
mais elle le devient bien davantage encore quand les crues
du fleuve suspendent ces écoulements souterrains. Les liquides impurs baignent alors les fondations des maisons et
développent par la stagnation des miasmes pestilentiels.
Chacun des cimetières actuels est comme une des sources
qui alimentent cet étang dangereux [1].

Après bien des études et des controverses, on n'aperçoit
pas d'autre solution au problème, dans l'une comme dans
l'autre capitale, que de créer au loin une vaste nécropole,
offrant toutes les conditions désirables d'étendue, de constitution géologique et d'exposition, dans laquelle les morts
soient transportés par un service spécial de chemin de fer.
Telle est l'origine du *Woking-Common Cemetery*, récemment

____

1. Ces faits trop peu connus ont été mis de nouveau en lumière par
l'illustre M Dumas dans la séance du Sénat du 13 avril 1869.

fondé pour Londres, et du cimetière de Méry-sur-Oise, qui le sera vraisemblablement bientôt pour Paris.

La nécropole de Woking-Common est située à neuf lieues environ de Londres, vers le sud-ouest, et occupe une superficie de 800 hectares. Son étendue a été calculée de façon qu'en prenant pour base une population de quatre millions d'âmes et un délai minimum de dix ans accordé avant la reprise des sépultures temporaires, elle suffise pendant plusieurs siècles à la capitale. On y parvient par le South-Western railway, où l'on a établi une gare spéciale pour les convois funèbres. Le service, dont nous avons été témoin en 1867, se fait d'une manière irréprochable et a été l'objet des attestations les plus élogieuses de la part du bureau sanitaire du Royaume-Uni. Le nombre des inhumations est peu considérable encore, 4.000 environ par an [1] ; mais comme l'ouverture du cimetière ne remonte qu'à 1858, et que depuis lors la progression a été constante, on ne doute pas que dans un avenir relativement peu éloigné on ne renonce aux cimetières actuels [2] pour centraliser les sépultures à Woking-Common.

La nouvelle nécropole appartient à une compagnie privée, *London necropolis Company*, qui l'a fondée, à ses risques et périls en vertu d'un acte du Parlement de 1857. « Le ter« rain acheté par la Compagnie, dit M. Piel dans une intéres« sante notice, est bordé par le chemin de fer du sud-ouest. « Il occupe un plateau légèrement relevé, au centre d'une « vallée à peu près circulaire. De tous les côtés, excepté du « côté de l'arrivée, l'horizon de la nécropole est borné par « une ceinture de collines boisées. On dirait un port fermé « de toutes parts par le rivage, si ce n'est du côté par où les « navires arrivent au repos et à la sécurité. L'aspect général « en est grave et doux. Des bouquets d'arbres verts, des « gazons, des parterres fleuris, de larges allées sinueuses

____

1 C'est à peu près le vingt-cinquième des inhumations totales de Londres.

2. D'autant plus que le Parlement pourrait bien prendre l'initiative de faire fermer ces cimetières ; la question a déjà été agitée plusieurs fois,

« séparent les tombes et varient le mélancolique paysage.

« On y parvient par le South-Western railway sur lequel
« la Compagnie a fait établir une gare spéciale contiguë à la
« gare de Westminster road station.

« Ces corbillards apportent à la gare les cercueils, qui
« sont montés d'abord dans une des trois chambres mor-
« tuaires suivant la classe du convoi. Les assistants sont
« reçus dans les salles d'attente, pendant que les employés
« de la Compagnie portent les morts sous le tender. Des com-
« partiments séparés dans les salles et dans les wagons sont
« réservés à chaque famille.

« Tous les jours, à onze heures et demie, un train funé-
« raire, le seul de la journée, s'éloigne de la gare. Les
« voitures sont à l'avant ; les cercueils, portant tous le nom
« de celui ou de celle qu'ils renferment, sont à l'arrière,
« dans des boxes fermées au jour. On y souhaiterait une
« décoration extérieure quelconque, qui les distinguât da-
« vantage des autres véhicules en usage sur toutes les autres
« lignes ferrées.

« Le convoi court à grande vitesse, sans station intermé-
« diaire. En une heure environ, on atteint la nécropole, que
« l'on prolonge d'abord sur toute sa longueur.

« Puis, par un embranchement, en renversant le mouve-
« ment de la locomotive, le train pénètre dans le cimetière
« et s'arrête d'abord auprès d'une première chapelle consa-
« crée au culte anglican. Les familles sont conduites, dans
« des chambres de repos ; puis à l'église, quand le corps y a
« été déposé. Un ministre vient rendre les derniers devoirs
« au défunt. Ensuite sur un char traîné par des hommes ou
« par un cheval, suivant la distance, le cercueil est porté à la
« tombe qui lui a été préparée.

« Cependant le convoi est reparti, et s'enfonçant dans la
« nécropole, il est allé déposer les morts qui n'appartiennent
« pas à l'église nationale dans une seconde chapelle affectée
« aux cultes dissidents. Le dernier acte des funérailles s'ac-

« complit et le train, après un arrêt à la première chapelle,
« rapporte à Londres ceux qui sont venus y assister.

« Tout cela se fait avec la convenance, le calme, la dignité
« nécessaires. L'isolement du lieu y aide puissamment.
« Nulle parole, nulle curiosité, nul mouvement impatient.
« Au sortir de la triste cérémonie, les yeux qui viennent de
« s'arrêter sur le cercueil où est renfermé un parent, un ami
« regrettés, se reposent d'abord sur l'horizon harmonieux,
« sur les gazons et les fleurs, au lieu de tomber sur les tu-
« multes banals de la rue. La transition est ménagée. Les
« respects consacrés à la dépouille des morts entourent éga-
« lement le deuil des survivants.

« La Compagnie se loue, à tous les points de vue, de son
« entreprise. Les journaux lui ont donné leur appui. Dans
« un rapport officiel au gouvernement, le D' Sutherland a
« déclaré que le cimetière de Woking-Common était le seul
« qui donnât satisfaction dans la pratique à la décence et à
« la santé publique.

« L'opinion s'est rapidement familiarisée avec l'idée de
« ces inhumations lointaines, plus convenables, moins dis-
« pendieuses, où le sentiment de la dignité humaine et de
« la famille, si cher aux Anglais, trouve des garanties vai-
« nement cherchées dans les emmagasinements des anciens
« cimetières.

« Des paroisses ont acheté des terrains à Woking-Com-
« mon. Un espace étendu a été affecté aux catholiques ro-
« mains et bénit par le D' Grant, évêque de Southwark.
« D'autres terrains ont été acquis par la communion sué-
« doise, la Société dramatique, l'Union des compagnons de
« Manchester, l'ancien ordre des Forestiers et par d'autres
« corporations...

« Il n'y a pas de tombes gratuites. On a établi dans la
« basse forêt d'Ilfort, à sept milles de Londres, sur le chemin
« de fer d'Eastern-County, un cimetière pour les pauvres de
« la cité. »

Le cimetière de Méry-sur-Oise, dont les terrains ont déjà été achetés en grande partie par la ville de Paris, sera placé dans des conditions analogues ou pour mieux dire plus favorables encore. Il s'étendra sur un plateau, à 70 mètres au dessus du niveau de l'Oise, et aura une superficie telle, que même dans l'hypothèse d'une population de 3 millions d'âmes, les concessions gratuites ne seraient pas reprises avant trente ans et peut-être même avant cinquante ans [1]. Quant à la nature du terrain et aux conditions d'isolement, elles sont des plus favorables pour la salubrité, ainsi que l'ont démontré les savantes études de la commission formée de MM. Belgrand, de Hennezel et Delesse. Sa distance de Paris sera de 25 kilomètres. On y parviendra par un chemin de fer partant probablement du cimetière du Nord (Montmartre) et desservant par embranchement les deux autres cimetières de l'Est (Père Lachaise) et du Sud (Montparnasse). Chacun de ces trois cimetières aura une gare funéraire pour le départ des convois. M. le vice-président Boudet a donné, dans la séance du Sénat du 1er avril 1867, sur la future organisation du service du

[1] « L'établissement du cimetière projeté, dit le *Journal officiel* du « 18 mars 1869, doit avoir précisément pour résultat de faire cesser « l'inegalité regrettable de conditions qu'on remarque dans les cimetières « actuels de Paris, où, a côté de monuments somptueux et de larges « emplacements concédés à une seule famille, s'étend la tranchée gra-« tuite dans laquelle les corps des pauvres sont juxtaposés, sans autre « séparation qu'une mince lame de terre entre les planches de leurs cer-« cueils et où l'insuffisance du terrain ne permet pas de leur assurer, dans « cet étroit espace, un repos de plus de cinq ans

« L'étendue considérable du cimetière projeté à Méry-sur-Oise est telle, « qu'on pourrait garantir à chacun, quelles que soient sa position sociale « et sa fortune, une sépulture distincte, isolée, d'une durée d'au moins « 50 ans. Ce serait l'abolition complete du triste mode de sépulture que « la population parisienne, non sans quelque raison, continue à appeler « la *fosse commune.*

« Voici maintenant comment l'administration municipale entend « procéder, si son projet reçoit l'approbation du pouvoir législatif.

« A dater du jour de l'ouverture du nouveau cimetière, les riches « comme les pauvres, pour l'inhumation desquels l'espace manquera dans

nouveau cimetière, des détails intéressants que nous
croyons devoir reproduire à cause de leur caractère
officiel :

« Le chemin de fer du cimetière de Méry-sur-Oise, dit-il
« dans son rapport sur les pétitions y relatives, partant du
« centre de Paris, aurait une longueur de 25 kilomètres,
« distance bien inférieure à celle que supposait le pétition-
« naire (36 à 40 kilomètres). De chacun des cimetières
« actuels de l'Est, du Nord et du Sud, qui seraient conservés
« comme nécropoles, partirait un embranchement les re-
« liant au point le plus rapproché du chemin de fer de
« Ceinture. Dans chacun de ces cimetières, au-point de
« départ de l'embranchement, serait construite une gare
« funéraire, dans laquelle seraient ménagées des chapelles
« en nombre suffisant pour recevoir autant de corps que
« chaque convoi du chemin de fer en devrait transporter.
« Les familles accompagneraient le char funèbre à l'église,
« où aurait lieu, comme aujourd'hui, la cérémonie reli-
« gieuse ; le convoi se rendrait ensuite, comme en suivant
« son itinéraire ordinaire, à l'un des trois grands cimetières,
« où le corps serait, jusqu'au moment du départ, déposé

« celui des cimetieres actuels qui dessert leur quartier, seraient transpor-
« tés à Méry-sur-Oise. Ce serait la règle générale. Il n'y aurait d'exception
« qu'en faveur des familles qui possèdent dans les cimetières actuels de
« Paris des concessions perpétuelles et qui auraient encore des places
« disponibles dans leurs caveaux. Pour ces familles il existe, en effet, un
« contrat qui doit être respecté et auquel la ville ne saurait avoir l'idée
« de se soustraire.

« Aucune concession nouvelle ne serait faite, ni à titre perpétuel, ni à
« titre temporaire, dans les cimetières existants. Ces cimetières seraient
« légalement fermés et la partie affectée aux concessions perpétuelles res-
« terait à l'état de nécropole.

« Ainsi donc la faculté reconnue aux titulaires de concessions perpé-
« tuelles de se servir de leurs caveaux jusqu'à ce qu'ils soient comblés,
« n'est qu'un fait passager, qui ne saurait altérer le véritable caractère
« du nouveau cimetière. En dehors de cette exception transitoire, le cime-
« tiere de Méry sera affecté aux inhumations des familles riches comme
« aux inhumations des familles pauvres. »

« dans la chapelle dont la disposition serait assez vaste pour
« recevoir en même temps toute l'assistance sans aucun mé-
« lange avec les autres convois. Au moment du départ,
« chaque corps serait placé dans un compartiment spécial à
« l'arrivée du wagon mortuaire, au moyen de machines in-
« génieuses qui dispenseraient presque entièrement du
« transport à bras, en usage aujourd'hui. A l'avant le
« wagon se composerait d'un seul compartiment, en forme
« de salon, pour la famille et les invités. La vapeur trans-
« porterait ainsi chaque convoi du cimetière *intra muros* à
« la gare principale de départ, établie soit au cimetière du
« Nord (Montmartre), soit sur un emplacement communi-
« quant au nord avec le chemin de fer de Ceinture, où con-
« vergeraient en même temps les convois des deux autres
« cimetières ; en moins d'une heure, le trajet complet du
« cimetière actuel à celui de Méry s'effectuerait sans em-
« barras, dans le silence, avec décence et sous la surveil-
« lance des familles assistées du clergé, et qui ne se sépare-
« raient pas un instant des restes de ceux qu'elles tiennent
« à accompagner jusqu'à leur dernière demeure.

« Le chemin de fer de Méry n'aurait pas d'autre destina-
« tion que de conduire les convois et les visiteurs au
« cimetière ; il ne s'arrêterait qu'à la gare d'Ermont,
« commune aux chemins de fer de l'ouest et du nord, pour
« y recueillir les visiteurs partis de la gare Saint-Lazare et
« de la gare du Nord, ou ceux plus éloignés venant par
« correspondance de Saint-Denis, Versailles, Saint-Cloud,
« et des autres localités desservies par les réseaux du Nord
« et de l'Ouest. Personne, par conséquent, ne serait admis à
« se mêler aux assistants pour profiter de la modicité des
« tarifs.

« Cette question des tarifs n'est pas encore suffisamment
« étudiée. Cependant l'administration, dès à présent, est en
« mesure d'affirmer que le transport sera absolument gratuit
« pour les indigents, et que, pour les autres convois, les

« tarifs seront assez modérés pour écarter toutes plaintes ;
« les familles ne supporteront pas une charge plus onéreuse
« que dans l'état actuel.

« Les jours où la population visite si pieusement les
« cimetières, à la Toussaint, le jour des Morts, et tous les
« dimanches, des trains spéciaux et nombreux transporteront
« les visiteurs d'après un tarif également très-modéré,
« inférieur même à celui des omnibus auxquels on a souvent
« recours aujourd'hui à Londres ; la Compagnie de *London*
« *necropolis* délivre des billets d'aller et retour à raison de
« 3 schellings par personne (3 fr. 75) ; les deux systèmes ne
« sauraient donc être comparés, et l'administration de la ville
« de Paris ne se laissera pas entraîner par l'exemple de ce
« qui se pratique en Angleterre [1]. »

Nous ne traitons pas ici la question morale et religieuse ;
mais au point de vue de l'hygiène publique il est incontestable que les cimetières de Woking-Common et de Méry-
sur-Oise constituent des solutions infiniment préférables à
toutes celles qui ont été proposées dans ces derniers temps,
et qui se résumeraient à ouvrir un certain nombre de cimetières plus ou moins étendus dans la banlieue des deux
métropoles. Pour Paris en particulier on a insisté fortement
sur l'opportunité de substituer au projet de Méry-sur-Oise
quatre cimetières situés aux quatre points cardinaux et peu
éloignés des fortifications. De semblables solutions sont, à
notre avis, très-défectueuses. D'un côté, elles laissent les
vivants dans le voisinage des morts, ce qui, nous l'avons dit,
est toujours un immense danger ; de l'autre côté, elles sont
essentiellement temporaires, car la banlieue des grandes

---

1. L'ouverture du nouveau cimetière ne paraît pas devoir se faire longtemps attendre, car d'après les déclarations faites à la tribune du Corps
législatif par M. le ministre d'État, en mars 1869, les cimetières actuels se
trouveraient absolument encombrés et hors d'usage avant deux ans. Nous
ajouterons que ces déclarations concordent avec les renseignements que
nous avons pu nous même nous procurer.

villes et surtout des villes comme Londres et Paris est
destinée à se peupler rapidement : donc ouvrir des cimetières à faible distance, c'est se condamner d'avance à voir se
renouveler, dans un temps peu éloigné, les embarras contre
lesquels on se débat aujourd'hui. Quand on voit quels
dangers a créés pour les villes anglaises l'inhumation *intra
muros*, à combien de soins et de peines ces villes sont aujourd'hui condamnées par la présence de ces débris humains
qu'elles voudraient mais qu'elles n'osent pas déplacer, on ne
peut s'empêcher de conclure qu'avant tout, la condition
qu'un nouveau cimetière doit remplir c'est de ne pouvoir en
aucun cas devenir à son tour, par le développement suc-
cessif de la ville, un cimetière *intra muros,* ni seulement
risquer d'en être un jour assez voisin pour que ses infiltrations aillent gagner les faubourgs. En outre, ce n'est
jamais à proximité des villes qu'un espace suffisant pourra
être accordé à la décomposition cadavérique et que les agents
atmosphériques pourront circuler en toute liberté pour disperser les miasmes pernicieux.

DE LA CRÉMATION.

Diverses idées ont été émises sur la crémation. Nous
mentionnerons en premier lieu un projet original, qui a été
mis en avant dans ces derniers temps par MM. Gratiolet et
Lemaire et qui a été de nouveau recommandé, il y a
quelques mois. Ce projet, qui emprunte un intérêt particulier à la notoriété scientifique de ses deux auteurs [1], une

1. M. Gratiolet est le savant professeur du Muséum d'histoire naturelle, enlevé si prématurément à la science. M. le Dr Jules Lemaire est
connu par ses recherches sur l'acide phénique et sur les germes de la

combinaison de l'embaumement et de la crémation. Les cadavres, inhumés comme aujourd'hui, seraient préservés de la putréfaction au moyen de substances appropriées, et au bout de cinq ans ils seraient retirés de leurs tombes pour être livrés aux flammes. De la sorte, selon MM. Gratiolet et Lemaire, le sol ne serait plus le théâtre des phénomènes de décomposition qui s'y accomplissent dans l'état actuel des choses, et du même coup l'on préviendrait les infiltrations fétides et les émanations délétères.

Avant de présenter aucune réflexion sur ce projet, nous croyons devoir reproduire l'exposé détaillé qu'en ont donné les auteurs eux-mêmes, tel qu'on le trouve dans le livre de M. le Dr Lemaire sur l'acide phénique.

« La question des cimetières de Paris, dit M. Lemaire, « préoccupe beaucoup l'autorité. Plusieurs projets ont été « examinés. Si je suis bien renseigné, il serait question de « les placer à de grandes distances de Paris...

« Des expériences que nous avons faites au muséum de « Paris, et d'autres que nous poursuivons avec M. Gratiolet, « nous ont fait concevoir un projet d'inhumation et de cré- « mation, qui remédierait à l'insalubrité des cimetières et « qui ne blesserait en rien les sentiments de respect dus aux « morts. Nous nous proposons de le soumettre à M. le préfet « de la Seine, lorsque des expériences en cours d'exécution « auront la consécration du temps.

« Voici d'après quels faits seraient basées les nouvelles « mesures que nous proposons pour l'assainissement des « cimetières. C'est sur la propriété désinfectante et antipu- « tride du coaltar et de l'acide phénique. Des centaines « d'expériences ont mis hors de doute ces propriétés. Mais, « pour le cas particulier dont je m'occupe, il est bon de rap-

contagion. Il a publié récemment sur le cimetière de Méry-sur-Oise une brochure fort intéressante, que nous avons déjà citée.

« peler quelques-unes de ces expériences pour en faire juger
« la grande importance.

   « Des animaux entiers en état de putréfaction avancée ont
« été injectés par les artères avec la teinture de coaltar.
« Leur désinfection immédiate en a été la conséquence, et
« leurs cadavres abandonnés à l'air libre se sont prompte-
« ment desséchés ; les moisissures qu'ils présentaient ont
« été détruites et les plumes et les poils qui commençaient
« à tomber se sont raffermis. D'autres expériences furent
« faites avec l'eau phéniquée concentrée et donnèrent à peu
« près les mêmes résultats ; seulement, avec cette eau, la
« conservation n'est que temporaire. Aujourd'hui plus de
« quatre ans se sont écoulés et les animaux qui ont été
« injectés avec la teinture de coaltar, malgré leur exposition
« à l'air, ne présentent pas de signes d'altération putride,
« mais les dermestes les ont envahis. Tant que les cadavres
« ont contenu des principes volatils du goudron (acide phé-
« nique, benzine), les plumes et les poils ont été respectés.
« Il serait facile, par un moyen bien simple, de prévenir
« l'envahissement des téguments par les insectes.

   « Ces expériences établissent que la putréfaction des ca-
« davres peut être détruite, lorsqu'elle existe, et être empê-
« chée de se reproduire, même à l'air libre, par une seule
« injection, par les artères, des substances que je viens de
« nommer.

   « Nous proposons donc d'avoir recours à ce moyen pour
« empêcher la putréfaction des cadavres. Cette injection an-
« tiputride permet de réunir dans un même terrain une
« quantité considérable de corps, puisque le danger de putré-
« faction n'est plus à craindre. Économie de terrain, salu-
« brité des cimetières et du sol des communes, conservation
« des corps à la piété des familles, tels seraient les avan-
« tages que présenterait cet embaumement général.

   « Dans tous les pays civilisés, la loi protège la vie de
« l'individu. La science permettrait de lui continuer cette

« protection après la mort, en empêchant la décomposition
« de son cadavre. Les parents seraient heureux de savoir
« que les restes des êtres qu'ils ont aimés ne sont pas voués
« à la pourriture.

« Mais on pourra dire qu'en empêchant la décomposition
« des corps, si nous assainissons les cimetières, nous encom-
« brons leur terrain. Cela est vrai, et je vais de suite donner
« le moyen d'y remédier.

« Nous avons vu qu'après cinq ans d'inhumation, la loi
« autorise à reprendre le terrain pour y mettre de nouveaux
« corps. J'ai aussi dit que ce délai de cinq ans avait pour
« but de permettre à la fermentation putride de détruire
« complétement le cadavre.

« Eh bien, je le demande, ne serait-il pas plus noble
« de demander à la crémation, à l'expiration de ces cinq
« années, ce que l'on demande aujourd'hui à la pourriture ?
« La crémation faite dans ces conditions n'a plus rien de
« répugnant. Je suis persuadé que tout le monde l'accepte-
« rait, et une grande question d'hygiène publique serait ré-
« solue.....

« Nous nous sommes assurés au Muséum, par des expé-
« riences variées, que l'acide phénique et les phénates em-
« ployés en injection ne conservent que temporairement les
« corps. Cela tient à la volatilité très-grande de l'acide phé-
« nique. On sait que les phénates perdent très-facilement
« leur acide à l'air libre. A cet inconvénient grave vient
« s'ajouter l'action décomposante de la potasse ou de la soude
« sur les tissus. Le coaltar n'a pas les mêmes inconvénients.
« C'est à lui que nous donnons la préférence. M. le docteur
« Bonamy conserve depuis sept ans un cadavre injecté avec
« le coaltar.

« Le maniement difficile de cette substance nous a fait
« rechercher un moyen économique de la fluidifier sans
« nuire à ses propriétés.

« Nous faisons un mélange d'une partie de coaltar avec

« trois parties d'huile lourde de houille et nous injectons ce
« liquide par les artères. L'intérieur de la bière est enduit
« de coaltar. Indépendamment de leurs propriétés antipu-
« trides, ces substances offrent celle d'être très-combus-
« tibles. Elles faciliteraient donc l'incinération des corps
« lorsqu'on voudrait reprendre les terrains.

« Des animaux préparés d'après notre méthode sont en-
« terrés. Nous attendrons le résultat de nos expériences
« avant de les proposer définitivement.

« L'huile lourde de houille coûte 0^f,10 le kilogramme, le
« coaltar cinq centimes. Pour injecter le corps d'un adulte
« de taille moyenne, il faut de 5 à 6 litres de liquide. En te-
« nant compte des enfants, la quantité moyenne de liquide,
« à employer serait de 3 à 4 litres par individu, soit envi-
« ron 40 centimes d'huile lourde et de coaltar. En ajoutant
« 5 centimes pour le coaltar employé pour enduire l'intérieur
« de la bière, on arrive à une dépense de 0^{f}45 centimes par
« embaumement.

« Aujourd'hui, à Paris, les vérifications des décès se font,
« dans chaque arrondissement, par quatre docteurs en mé-
« decine. Leur nombre est si peu considérable en temps or-
« dinaire, que ces docteurs pourraient très-facilement être
« chargés de surveiller cette opération, qui ne demanderait
« pas une demi-heure [1]. Un homme serait attaché à chaque
« mairie, pour faire ces injections. Dans les villages et dans
« les villes, le bedeau qui est ordinairement le fossoyeur
« pourrait faire l'injection conservatrice.

« Les instruments consisteraient en un scalpel, pour
« mettre l'artère à découvert, une aiguille courbe,
« une canule en cuivre à deux tubulures, un tube en
« plomb et une pompe à main. Le tout coûterait environ
« 10 francs. »

---

1. Dans les amphithéâtres d'anatomie, ce sont des domestiques qui
injectent les cadavres. Ils deviennent très-promptement habiles dans cette
opération.

Tel est le système proposé par MM. Gratiolet et Lemaire.

Son application soulèverait, à notre sens, des objections très-graves. L'exhumation, à cinq ans d'intervalle, des restes des personnes qui nous sont chères, est un acte toujours très-douloureux. Combien ne le serait-il pas davantage si ces personnes étaient à peu près conservées dans l'état où elles ont été ensevelies ! Quel est celui d'entre nous qui ne se croirait obligé, par ses sentiments et par la décence publique, d'assister à cette cérémonie ? Et alors, dans un autre ordre d'idées, que de dérangements, que de difficultés pour ceux que leur santé, leur éloignement ou leur pauvreté, rend peu aptes à faire le voyage ! Si nous n'y assistions pas, combien ne nous sentirions-nous pas froissés dans nos affections les plus intimes en pensant que ces cercueils encore intacts sont exposés aux regards et aux brusqueries de mercenaires indifférents, que ne contient même plus la présence des membres de la famille ! Et puis n'y a-t-il pas quelque chose de particulièrement pénible et presque de contradictoire à ce que ces dépouilles soient retrouvées pour être reperdues aussitôt ? C'est pour ainsi dire une seconde séparation, et n'est-il pas plus naturel que la séparation définitive ait lieu du premier coup, au moment même où la nature la commande ? Les auteurs du projet pensent que nos mœurs répugneraient à la crémation immédiate ; s'il en est ainsi on ne voit pas pourquoi la crémation à terme ne leur répugnerait pas également. Dès l'instant que les corps sont intacts les mêmes froissements peuvent surgir, avec cette circonstance aggravante, selon nous, que l'opération s'accomplirait avec beaucoup moins de garanties de décence et de recueillement que si elle avait eu lieu au moment même des funérailles. Il nous paraît donc que l'embaûmement apporte ici une complication que rien ne justifie; et si le système de l'incinération des corps devait un jour prévaloir, nous trouverions préférable, quant à nous, de l'accomplir immédiatement, sans passer par une inhumation

provisoire. Mais ici nous rencontrons des obstacles d'un
autre ordre que nous allons examiner.

La crémation *immédiate* ou substituée à l'inhumation,
compte en France et à l'étranger un certain nombre de partisans. La question s'est agitée en Angleterre, il y a une
vingtaine d'années, lors de la grande enquête sur les sépultures *intra muros* [1], et tout récemment dans notre pays, elle
a été reprise par plusieurs publicistes à l'occasion du projet
du cimetière de Méry-sur-Oise. Des pétitions tendant à
rendre la crémation facultative ont été itérativement
adressées au Sénat, et, il y a un an à peine, la haute assemblée a statué sur plusieurs d'entre elles. Ces pétitions ont
été écartées par des considérations d'ordre moral et religieux que nous n'avons pas à approfondir. Mais il est un
motif, exclusif à la salubrité publique, qui n'a pas été in-
voqué en cette circonstance — ni même, pensons-nous,
indiqué dans aucune des controverses échangées sur la
question — et qui cependant nous paraît constituer contre la
crémation un obstacle sinon insurmontable, du moins très-
grave dans l'état actuel de la science ; nous voulons parler de
la difficulté pratique d'incinérer les cadavres sans nuire à la
salubrité publique et sans blesser le respect envers les morts.

Si nous examinons d'abord la question pour la ville de
Paris, — puisque c'est à son sujet qu'elle a été soulevée —
nous remarquerons que le nombre journalier des morts est
d'environ 150 et que ce nombre en temps d'épidémie peut
être décuplé et au delà [2]. Or, étant supposée établie la cou-

---

1. Nous venons de recevoir une brochure du Dr Angus Smith, de
Manchester, qui nous montre que la question est reprise de nouveau en
Angleterre. Nous avons été heureux de voir que quelques-unes des considérations que nous faisons valoir ici ont été touchées par le savant hygiéniste.

2. La statistique des épidémies cholériques de 1849 et 1856 présente
des journées où la mortalité a égalé 13 ou 14 fois la mortalité ordinaire
de l'époque.

tume de la crémation, on ne saurait admettre que l'autorité municipale demeurerait libre d'en refuser, au besoin, l'application, et d'enterrer, comme aujourd'hui, si elle le jugeait à propos, une partie des morts, tandis qu'elle brûlerait le reste. Il est évident, au contraire, que la plus parfaite égalité devrait régner à cet égard, et que le jour où l'autorité entrerait dans cette voie, elle devrait être en état de faire face à tous les besoins. Dès lors, dans une ville comme Paris, il faudrait être préparé à incinérer en temps ordinaire 150 et en temps d'épidémie 1.500 à 2.000 cadavres par jour.

Or il est vraisemblable que chaque famille tiendrait à recueillir les cendres de ses morts ; les cadavres devraient donc être brûlés séparément, par exemple étant renfermés chacun dans une sorte de cornue en fer où l'on placerait le cercueil. L'opération pour être complète exigerait plusieurs heures, et il ne serait pas possible qu'on fît plus de deux opérations de ce genre en 24 heures. L'établissement consacré à cet usage devrait donc contenir au moins 1.000 cellules recevant chacune un vase crématoire. On constituerait ainsi, s'il est permis d'employer ce mot profane, une immense usine insalubre au premier chef. On aurait à se prémunir contre des dégagements dont l'odeur, par suite de leur origine même, exciterait la répugnance au plus haut degré, et qu'il faudrait par conséquent assainir avec plus de perfection qu'aucun de ceux qu'on rencontre dans l'industrie. Or c'est là une tâche très-difficile. Il nous a été donné d'étudier en France et à l'étranger les diverses industries qui s'exercent sur la matière organique et nous avons constaté que la seule action du feu est impuissante à débarrasser les gaz des émanations odorantes qu'ils entraînent. On a beau les faire passer à travers des foyers successifs, introduire de l'air en excès, maintenir la température à un degré élevé, en un mot user de toutes les ressources qu'offre la combustion, ces gaz conservent toujours des odeurs sensibles à des distances considérables. Pour obtenir la désinfection et encore, hâtons-nous de le dire, une désinfection qui n'est jamais complète, il faut recourir à des moyens d'absorption et de condensation, c'est-à-dire retenir les molécules odorantes dans l'eau ou les combiner avec des ingrédients chimiques, comme on fait, par exemple, pour l'épuration du gaz de l'éclairage [1]. Mais, ou nous nous trompons fort sur le sentiment général, ou l'emploi de ces moyens répugnerait souverainement. Que ferait-on des liqueurs obtenues, de ces résidus contenant une partie des éléments cadavériques ? Oserait-on les jeter à la voirie ? Non, il paraît difficile d'admettre que les restes humains seraient traités comme rebuts industriels. A notre sens, le seul moyen de purification qu'accepterait l'opinion publique, serait l'emploi même du feu, c'est-à-dire, nous venons de le voir, un moyen tout à fait insuffisant pour son objet. Dès lors on n'apercevrait pas d'autre manière de pratiquer décemment la crémation, que d'établir les bâtiments à une très-grande distance des lieux habités, de les entourer de bois touffus et de dégager les fumées dans des cheminées élevées, de façon à ce que les convois arrivant auprès de l'édifice ne puissent pas être atteints par des émanations de nature à exciter des impressions si pénibles.

Dans les petites localités, l'application du système rencontrerait des obstacles encore plus grands, mais par des raisons inverses des précédentes. Ici, en effet, ce ne serait plus la trop grande quantité de cadavres, mais, au contraire, leur petit nombre qui ferait la difficulté. Par cela seul que l'opération serait très-rare, chaque fois qu'il faudrait y procéder, les dispositions se trouvèraient mal prises et les

---

1. L'exemple des usines à gaz que nous citons est bien propre à montrer la difficulté d'arriver à un assainissement satisfaisant. Chacun sait quelles précautions minutieuses sont prises dans ces usines, les appareils d'absorption de tous genres qu'on y emploie, et cependant le gaz de l'éclairage, bien moins nauséabond par nature que celui qu'engendre la combustion des matières animales, conserve toujours une odeur très-desagréable.

agents se ressentiraient de leur manque d'expérience ; en sorte que la crémation s'accomplirait inévitablement dans des conditions qui choqueraient beaucoup la délicatesse des assistants. Quelle ne serait pas, par exemple, la répugnance excitée parmi eux, si le vase crématoire, retiré trop tôt du foyer, contenait encore des restes à moitié carbonisés et exhalait de fortes odeurs ? Il serait à peu près impossible d'ailleurs, avec cette multiplicité d'établissements, de placer chacun d'eux dans un endroit suffisamment écarté pour que les habitants fussent à l'abri des émanations. Pour échapper à ces difficultés on serait vraisemblablement conduit à *centraliser* les morts, s'il est permis de parler ainsi, c'est-à-dire à les amener au chef-lieu du département ou de l'arrondissement, où un établissement unique desservirait tous les environs. Mais alors on se trouverait en présence d'un autre inconvénient, qui serait celui de faire voyager les morts dans toutes les directions ; or, avec les moyens actuels de transport, tels qu'ils sont organisés dans les petites localités, une telle locomotion serait à la fois fort compliquée et fort dispendieuse, sans parler des sentiments qu'elle pourrait froisser.

Le problème de la crémation est donc beaucoup moins simple, au point de vue pratique, qu'on ne se le figure communément. Nous ignorons si un tel système est destiné à être jamais adopté ; mais à coup sûr, le jour n'est pas encore venu. Il y a trop de questions préliminaires à résoudre, trop d'obstacles matériels à aplanir, pour qu'on puisse songer à faire entrer dès maintenant une telle pratique dans nos mœurs [1].

---

1. On peut s'étonner de rencontrer tant de difficultés dans une opération qui était en usage chez les anciens et qu'on est dès lors porté à juger très-simple. Mais d'abord la crémation était, à cette époque, beaucoup moins fréquente qu'on ne le suppose généralement : elle était à peu près réservée aux personnages de distinction ; l'immense majorité des morts était simplement inhumée au pied des arbres. En outre la population

CONCLUSION SUR LES SÉPULTURES.

Les considérations qui précèdent ne permettent pas d'espérer, du moins quant à présent, la solution du problème des sépultures en dehors du mode suivi jusqu'à ce jour, à savoir l'ensevelissement dans le sein de la terre. C'est donc à perfectionner ce mode, à en éloigner de plus en plus les dangers, à le mettre en harmonie, en un mot, avec les conditions nouvelles créées par le développement des cités modernes, que les efforts doivent s'appliquer.

Dans cet ordre d'idées il convient d'écarter immédiatement tous les systèmes qui visent à empêcher ou à retarder la décomposition de la matière cadavérique. Les substances antiseptiques, les cercueils inaltérables, les tombeaux en maçonnerie ne sont que de vains palliatifs, dont l'effet n'a qu'un temps et qui, en fin de compte, augmentent la somme du mal au lieu de le prévenir. Favoriser au contraire le travail de la décomposition, mais en se mettant à l'abri de ses funestes effets, tel est le vrai problème à résoudre.

Nous donnerions, quant à nous, la préférence à ces *bois sacrés,* éloignés des villes, au sein desquels la transformation de nos dépouilles s'opérerait activement, sous la double influence du sol et de la végétation. Rien assurément ne répondrait mieux à nos idées de recueillement et aux exigences de la salubrité. On aurait en outre l'avantage de ne pas dérober à la production de vastes étendues de terrains, car ces bois pourraient être aménagés et repris par parties successives au bout d'un certain temps ; les arbres de chaque lot seraient abattus et renouvelés après une période assez longue pour que la génération intéressée

était beaucoup moins dense qu'aujourd'hui et des lors il était bien plus facile de trouver un lieu désert pour y dresser le bûcher. Enfin rien ne prouve qu'il ne se produisait pas d'odeurs incommodes et que ce n'est même pas là un des motifs qui ont fait abandonner cette coutume.

à les voir eût disparu. On ne conserverait que les enclos qui auraient fait l'objet de concessions perpétuelles.

A défaut d'une telle solution, qui peut rencontrer des obstacles de divers genres, des cimetières comme ceux de Woking-Common et de Méry-sur-Oise, lesquels, par leur étendue et leur isolement, se rapprochent le plus de cet idéal, nous paraissent avoir une incontestable supériorité. Les autres projets mis en avant font courir à la santé publique de sérieux dangers ; ils demandent au sol plus que le sol ne peut donner, ou négligent des difficultés pratiques que la science n'a pas encore résolues.

Reste la question du transport des morts à grande distance. C'est un inconvénient réel à divers points de vue, on ne saurait le nier, mais peut-on l'éviter ? S'il est vrai que les moyens actuellement connus ne permettent pas d'assainir complétement les cimetières, ne vaut-il pas mieux encore éloigner les morts que de compromettre la sécurité des vivants? Ne vaut-il pas mieux assurer du premier coup aux sépultures la pérennité que nous ambitionnons pour elles, au lieu de les condamner d'avance, par les agrandissements successifs des villes, à de perpétuels déplacements? Quant aux difficultés sanitaires que soulève le transport en lui-même, elles ne sont pas comparables, il s'en faut, à celles que fait naître la transformation des corps au sein de la terre. Avec des soins et de la vigilance, les premières peuvent être surmontées, tandis que les secondes ne le sont jamais complétement. Ce n'est donc pas là une objection suffisante contre les sépultures éloignées, et un motif de persévérer dans les anciens errements.

FIN.

700. — Abbeville. — Imprimerie Briez, C. Paillart et Retaux.

APPENDICE

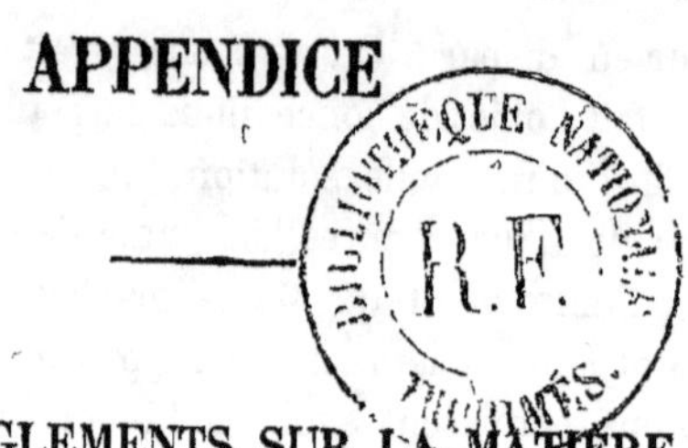

LOIS ET RÈGLEMENTS SUR LA MATIÈRE.

Le système de *la circulation continue* ayant pris naissance en Angleterre, il n'est pas surprenant que la législation de ce pays offre des dispositions qu'on ne retrouve pas au même degré chez les nations du continent. En effet, la loi anglaise a rendu obligatoire, tant de la part des particuliers que de la part des municipalités elles-mêmes, l'application d'un certain nombre de principes, qui ont précisément pour objet de réaliser la circulation continue dans les villes de quelque importance. Ces dispositions légales se sont étendues successivement :

1° Au drainage public et privé;

2° A la distribution d'eau pure ;

3° A l'épuration des eaux d'égout.

Les actes rendus à cet effet appartiennent à deux périodes distinctes : l'une a commencé en 1847 et a duré une dizaine d'années; l'autre a commencé il y a cinq ou six ans, vers 1865, et se continue encore. Nous les analyserons rapidement.

Les actes de la première période se rapportent surtout au drainage. Les principaux sont : le *Towns improvement clauses act* (1847), le *Public Health act* (1848) et le *Metropolis local management act* (1855). Il suffit de citer les deux derniers, qui ont reproduit, en les renforçant et les complétant, les clauses du premier.

Le *Public Health act* s'adresse à toutes les villes du royaume, mais il n'est appliqué effectivement que dans celles où, à la demande des habitants, il a été rendu expressément exécutoire en vertu de décrets royaux ou d'actes du Parlement (art. 8 et 10). Les articles essentiels de cet acte sont les suivants :

« Art. 49. Il ne sera pas permis d'élever une maison nouvelle « ou de rebâtir une maison démolie au niveau du sol, ou d'occuper

« une maison ainsi élevée ou rebâtie, à moins et jusqu'à ce qu'un
« ou plusieurs drains couverts aient été placés de telle nature et
« de telle dimension, à tel niveau et avec telle pente qui seront ju-
« gés nécessaires, d'après le rapport de l'inspecteur (de la ville),
« pour effectuer un bon et suffisant drainage de ladite maison et
« de ses dépendances. Si la mer ou quelque égout public n'est pas
« éloigné de plus de 100 pieds (30 mètres) d'un point quelconque
« de l'emplacement de ladite maison, le ou les drains seront mis
« en communication avec celui de ces moyens d'évacuation que
« prescrira le conseil local (de salubrité); et si aucun de ces
« moyens ne se trouve à la distance susmentionnée, le ou les drains
« communiqueront et se videront à une fosse couverte ou à un
« autre réceptacle qui ne sera situé sous aucune maison ni dans le
« rayon d'aucune maison fixé par le conseil local..... »

« Art. 51. Il ne sera pas permis d'élever.... sans un convenable
« *water closet* ou lieux d'aisances, et sans un trou à cendres, pourvus de portes et couvertures en bon état.... »

Ces deux articles ne s'appliquent qu'aux maisons nouvelles, c'est-
à-dire bâties postérieurement à la mise à exécution de l'acte. Mais
l'art. 58 ci-après s'applique aux habitations de date quelconque,
lorsque leur aménagement est assez défectueux pour devenir une
cause d'insalubrité :

« Art. 58. Le conseil local de salubrité fera drainer, nettoyer,
« couvrir ou combler, ou obligera à faire drainer, nettoyer, cou-
« vrir ou combler, toutes fosses, trous, fossés découverts, égouts,
« drains et autres établissements recevant ou conduisant tout li-
« quide d'égout, ordure, eau, matière ou toute chose de nature
« incommode ou préjudiciable à la salubrité....., ou il obligera à
« construire un égout ou drain convenable pour la décharge, selon
« que les circonstances l'exigeront.... »

On remarquera toutefois l'exception consacrée par cet article,
puisque le pouvoir du conseil local ne s'exerce que sous réserve
d'insalubrité reconnue. Cette rectriction a été levée ultérieurement
par un acte dont nous nous occuperons bientôt.

Le *Metropolis local management act* est spécial à la ville de Londres, et il établit pour elle des dispositions plus étroites que pour
les autres villes du royaume. Les articles sont, comme ceux du
Public Health act, relatifs, les uns aux seules maisons nouvelles et
les autres aux maisons de toute date.

Art. 75. Il ne sera pas permis d'élever une maison.... à moins
« qu'un drain, avec *embranchements et autres ouvrages s'y ratta-*
« *chant et avec une distribution d'eau comme il est dit ci-dessus,*

« soit installé et mis en état, à la satisfaction de l'Inspecteur du con-
« seil....., de manière à assurer le drainage de l'étage inférieur de
« la maison et des divers étages au-dessus, ainsi que des surfaces
« qui en dépendent, des *water closets, lieux d'aisances et bureaux*
« (s'il y en a), lequel drain sera conduit à l'égout...., et s'il n'y a
« pas d'égout construit ou projeté dans un rayon de 100 pieds
« (30 mètres), dans une fosse couverte ou autres réceptacle....»

Art. 81. Il ne sera pas permis d'élever une maison..... sans un
« convenable *water closet* ou *lieux d'aisances*, et sans un trou à
« cendres, pourvus aussi, en ce qui concerne le *water closet*, d'un
« bon appareil à eau avec trappe fonctionnant bien à la cuvette et
« autres arrangements convenables.....»

L'article 86, relatif à l'entretien des organes du drainage, ne
diffère pas sensiblement de l'article 58 précité. Mais voici un
art. 73 applicable aux maisons de toute date, qui est beaucoup plus
compréhensif que la loi générale :

« Art. 73. Si quelque maison bâtie soit avant, soit après la mise
« à exécution du présent acte, est trouvée sans être drainée par un
« drain suffisant communiquant et déchargeant à quelque égout,
« à la satisfaction du conseil, et si un égout de dimension suffi-
« sante existe dans le rayon de 100 pieds (30 mètres) de ladite mai-
« son et à un niveau inférieur, le conseil aura le droit de requé-
« rir..... la construction d'un drain couvert allant de la maison à
« l'égout...... de manière à assurer le drainage de la maison, de ses
« différents étages, ainsi que des surfaces qui en dépendent, des
« water closets. »

Cet article, combiné avec le 75, assujettit finalement toute construction, ancienne ou nouvelle, à Londres, à se drainer à l'égout
public, quand la distance du point le plus raproché ne dépasse pas
30 mètres.

Enfin, pour clore la revue de cette première période, le drainage
permeable, aux environs de Londres, est prescrit par l'article 87
du *Local management act,* ainsi conçu :

« Art. 87. Tout conseil de district ou de paroisse aura le droit,
« partout où il le jugera à propos, de faire combler les fossés qui
« longent ou traversent les routes et chemins publics et de les
« remplacer par des drains avec des bouches de décharge et autres
« moyens appropriés pour évacuer les eaux de ces routes et che-
« mins. »

Les actes les plus remarquables de la seconde période sont le
Sanitary act (1866) le *Sewage utilization act* (1865) et les *Thames
navigation* et *Thames conservancy acts* (1866 et 1867). Le premier de

ces actes réglemente avec beaucoup de force le drainage et la distribution d'eau pure, ainsi qu'on en jugera par les extraits suivants :

« Art. 8. Tout propriétaire ou possesseur d'immeuble dans le dis-
« trict d'une autorité pour les égouts (ayant les égouts dans sa
« juridiction, *sewer authority*) aura le droit de faire vider ses drains
« dans les égouts de cette autorité, à condition de notifier en la
« forme que cette autorité pourra exiger, son intention d'agir ainsi
« et de se conformer aux règlements de la dite autorité, relative-
« ment au mode de communication à établir entre les drains et les
« égouts, et d'opérer sous le contrôle de tel agent qui pourra être
« préposé pour surveiller l'établissement de ce genre de communi-
« cation... »

« Art. 9. Tout propriétaire ou possesseur d'immeuble hors des
« limites du district d'une autorité pour les égouts, pourra met-
« tre les égouts ou drains de son immeuble en communication
« avec les égouts de cette autorité, à tels prix et conditions con-
« venus à l'amiable, et, en cas de désaccord, fixés, au choix du
« propriétaire ou possesseur, par décision de deux juges, ou par
« un arbitrage dans la forme prévue par le *Public Health act*,
« 1848..... »

« Art. 10. Si une maison d'habitation dans le district d'une auto-
« rité... est dépourvue de drain ou est sans un drain suffisant pour
« la drainer efficacement, l'autorité peut, par notification, requé-
« rir le propriétaire de la maison d'établir, dans un délai raison-
« nable fixé sur la notification, un drain suffisant débouchant à
« l'un des égouts placés sous la dépendance de ladite autorité et
« avec lequel le propriétaire est autorisé à communiquer dans des
« conditions telles que cet égout ne soit pas éloigné de plus de
« 100 pieds (30 mètres) de l'emplacement de la maison ; et à défaut
« d'égouts publics se trouvant dans un tel rayon, le drain débou-
« chera dans tel trou couvert ou tel autre endroit, non situé sous
« une maison, que l'autorité désignera ; et si la personne à qui la
« notification est adressée néglige d'y obtempérer, l'autorité
« pourra, à l'expiration du délai porté à la notification, exécuter
« elle-même les travaux nécessaires, et les dépenses ainsi faites
« seront recouvrées sur le propriétaire dans la forme sommaire. »

Ces articles, on le voit, généralisent les prescriptions antérieures
et font disparaître les conditions particulières (telles qu'insalubrité
constatée, reconstruction de l'immeuble, etc.) auxquelles était
subordonné, dans le *Public Health act*, l'exercice du droit de mise en
communication des propriétés privées avec les égouts publics. Mais
quelque importants qu'ils soient, ces articles n'introduisent aucun

principe nouveau et ne s'écartent même pas dans leur esprit des dispositions qu'on rencontre dans la législation de plusieurs États du continent. Au contraire, l'article qui suit, du *Sanitary act*, consacre une mesure entièrement nouvelle, à savoir l'obligation pour les municipalités d'offrir aux habitants des moyens d'alimentation et de drainage convenables.

« Art. 49. Sur la plainte adressée à l'un des ministres de Sa Ma-
« jesté, qu'une autorité pour les égouts ou qu'un conseil local de
« salubrité a manqué à pourvoir son district d'égouts suffisants ou
« à maintenir en état ceux qui existent, ou à pourvoir son district
« d'une alimentation d'eau alors que la santé des habitants est
« compromise par l'insuffisance ou la mauvaise qualité de l'ali-
« mentation actuelle et qu'une alimentation convenable peut être
« procurée à un prix raisonnable; ou (sur la plainte adressée)
« qu'une *Nuisance authority* a manqué à appliquer les dispositions
« des *Nuisance removal acts* ou qu'un conseil local a manqué à
« appliquer les dispositions du *Local government act*, ledit mi-
« nistre de Sa Majesté, s'il reconnaît après enquête que l'autorité
« est réellement coupable du manquement allégué, lui fixera un
« délai pour l'accomplissement de son devoir; et après ce délai,
« si le devoir n'est pas rempli, il désignera une personne pour le
« remplir, et rendra une décision en vertu de laquelle les dépenses
« y relatives, en même temps qu'une rémunération raisonnable
« de la personne désignée, dont le chiffre sera fixé par la déci-
« sion, ainsi que tous les frais de l'instruction, seront payés par
« l'autorité en défaut..... »

Cette clause contraste singulièrement avec le caractère habituel de la législation anglaise, qui professe pour les prérogatives municipales un respect proverbial. Il a fallu toute l'importance qu'ont prise de nos jours les questions de salubrité publique, importance accrue encore par le retour de l'épidémie cholérique de 1865-1866, pour avoir déterminé le peuple anglais à introduire dans ses codes une disposition aussi radicale que celle que nous venons de rapporter.

Les autres actes ci-dessus énumérés ont eu spécialement pour but de protéger les cours d'eau contre l'infection résultant de la décharge des liquides d'égout. Le *Sewage utilization act* pose pour la première fois, quoique timidement, le principe que les liquides d'égout ne doivent pas être déchargés aux cours d'eau *directement*, c'est-à-dire sans avoir reçu une purification préalable:

« Art. 11. Rien de ce qui est contenu dans cet acte ou dans les
« actes auxquels il se réfère n'autorisera aucune autorité pour

« les égouts (*sewer authority*) à établir un égout qui se décharge
« directement dans quelque rivière ou cours d'eau. »

Mais, tout en reconnaissant l'importance de cette disposition,
on remarquera cependant deux choses : d'abord, que la disposition
ne s'applique qu'aux égouts à venir et nullement aux égouts actuels ;
et en second lieu que la rédaction est conçue de façon à ne pas
donner une grande force au précepte, car la loi se borne à *ne pas
autoriser* plutôt qu'à défendre. Or, pour quiconque est familiarisé
avec la jurisprudence anglaise, laquelle considère comme permis
tout ce qui n'est pas expressément défendu, il est visible que
l'article en question n'est pas de ceux qui sont destinés à être
énergiquement exécutés.

Les articles suivants, du même acte, ont en vue de donner
plus de facilités aux villes qui voudraient utiliser leurs liquides :

« Art. 14. L'autorité pour les égouts dans une localité peut,
« en vue d'utiliser ses eaux d'égout, contracter avec toute personne
« ou société de personnes incorporées ou non incorporées, relati-
« vement à la fourniture de ces eaux, aux travaux à faire pour
« cette fourniture, à la désignation des parties qui exécuteront des
« travaux et qui en supporteront les charges, et au montant de
« la redevance à payer, s'il y a lieu, pour cette fourniture, pourvu
« que le contrat relatif à la fourniture des eaux ne soit pas fait
« pour une période de plus de vingt-cinq ans. »

« Art. 15. L'exécution des travaux de distribution et de ser-
« vice pour fournir l'eau d'égout aux terres, dans un but agicole,
« sera censée une amélioration de la terre autorisée par le *Land
« improvement act*, 1864, et les dispositions de cet acte s'y appli-
« queront en conséquence. »

Le point le plus saillant à relever dans ces clauses, c'est la pré-
dilection que le législateur affirme pour le mode de désinfection
des eaux *par la voie agricole*. On remarquera, en effet, que tandis que l'article 14 donne pouvoir indistinctement de contracter
pour la fourniture des eaux d'égout, quel que doive être le mode
d'emploi définitif de ces eaux, l'article 15, au contraire, n'accorde
les bénéfices des clauses du *Land improvement act* que dans le cas
spécial où le mode d'emploi doit être l'application directe à la
culture ; et comme l'opinion, en Angleterre, a consacré l'irrigation comme le seul mode agricole pratique, il s'ensuit que, de
fait, c'est le procédé des irrigations qui se trouve favorisé par la
loi à l'exclusion de tous autres. Mais malgré la bonne volonté du
législateur à l'égard de ce procédé, on estime que les dispositions
du *Sewage utilization act* sont insuffisantes, car elles ne mettent

point les municipalités en mesure d'appliquer effectivement l'arrosage qu'elles jugeraient utile de faire : il leur manque la faculté de se procurer les terrains nécessaires à l'opération, terrains dont l'achat est subordonné aujourd'hui au consentement des propriétaires. Aussi les auteurs du rapport d'enquête de 1866 sur la protection du bassin de la Tamise, demandent-ils que les villes puissent exproprier ces terrains sous certaines conditions.

« Présentement, disent-ils, les villes n'ont pas le pouvoir de pren« dre la terre destinée à l'arrosage par l'eau d'égout, si ce n'est
« d'un commun accord. Si cependant l'application des eaux d'é« gout aux terres ne reste plus facultative, il sera nécessaire que
« les villes soient armées de droits suffisants pour exproprier les
« terrains nécessaires à l'irrigation : l'exercice de ces droits doit
« être accompagné de restrictions convenables pour en prévenir
« l'abus. » Cette proposition a été reproduite par les nouveaux commissaires pour la protection des cours d'eau et on la trouve formulée dans le rapport de MM. Frankland et Ch. Morton, de 1870.

Les actes relatifs à la protection de la Tamise, et destinés à être suivis d'actes similaires pour les autres cours d'eau du royaume, ont eu pour but de donner plus de force pratique aux stipulations du *Sewage utilization act*. Aux termes de l'article 65 du *Thames navigation act* et des article 3 et 4 du *Thames conservancy act*, il est interdit à toute personne ou corporation :

« 1° De faire déboucher à la Tamise aucun égout, drain, conduit
« ou canal en vue d'y écouler l'eau d'égout ou toute autre matière
« nuisible ou incommode;

« 2° D'écouler ou de laisser écouler dans la Tamise aucune eau
« d'égout ou matière infectante, à l'aide de quelque égout, drain,
« conduit ou canal qui ne serait pas déjà affecté à cet usage au
« moment de la promulgation de l'acte. »

Pareille interdiction s'étend, dans un rayon de 3 milles (près de 5 kilomètres), à droite et à gauche de la Tamise, à tous les cours d'eau ou canaux communiquant avec le fleuve : ils ne peuvent, dans ce rayon, servir d'exutoires aux villes ni aux particuliers.

Dans un ordre d'idées un peu différent, mais comme tendant toujours au même but, de protéger les rivières contre la pollution résultant des eaux d'égout, on peut citer l'acte qui a concédé à une compagnie, en lui attribuant les pouvoirs nécessaires, l'emploi privilégié des eaux d'égout de la partie nord de Londres. Les dispositions essentielles de cet acte sont instructives à consulter, parce qu'elles règlent un ordre de choses tout nouveau

et qui est évidemment destiné à se reproduire tant en Angleterre
que sur le continent. Voici donc le texte des passages les plus
saillants du *Metropolis sewage and Essex Reclamation act* (1865) :

« ..... Attendu qu'il serait d'un haut intérêt public que l'eau
« d'égout, de l'émissaire nord pût être recueillie et transportée
« pour fertiliser les terres situées à l'est de Londres, et le surplus
« convoyé à la mer près des sables de Foulness et de Dengie, dans
« le comté d'Essex ; et attendu que divers marais, bancs de limon,
« bancs de sable et terrains incultes d'une vaste étendue dans le
« comté d'Essex, connus sous les noms de Foulness Sands, de
« Dengie Flats, de Saint Peter's Sands et de Ray Sands, sont préci-
« sément couverts à la marée haute et conséquemment improduc-
« tifs, mais sont susceptibles d'être repris sur la mer et utilisés
« pour l'agriculture...., et attendu que ce résultat serait grande-
« ment facilité par l'application de l'eau d'égout, et que l'eau
« d'égout de la partie nord de Londres peut être avantageusement
« amenée à ces terres et employée dans ce but.....

« Art. 5.) L'honorable Henri William Petre, l'honorable William
« Napier, l'honorable major Vereker, Sir William Russell, Samuel
« Lucas, William Hope et toutes autres personnes et corporations
« qui ont déjà souscrit ou qui souscriront ultérieurement pour
« cette entreprise, seront unis en une compagnie aux fins susmen-
« tionnées, et resteront incorporés sous le nom de *Metropolis*
« *sewage and Essex Reclamation Company.*

« Art. 33.) Sous les conditions du présent acte et des actes aux-
« quels il se réfère, la Compagnie pourra endiguer, dévier et re-
« prendre sur la mer les marais, bancs de limon, bancs de sable et
« terres incultes désignés aux plans et documents déposés....

« (Art. 35.) La totalité de ces terrains sera endiguée et reprise
« dans le délai de quatorze ans à partir de la promulgation de cet
« acte, à moins que ce délai ne soit étendu par Sa Majesté en son
« conseil....

« (Art. 36.) Sous les conditions de cet acte, la Compagnie pourra
« modifier et détourner les lits des ruisseaux, cours d'eau, fossés et
« tous débouchés quelconques par lesquels les eaux se déchargent
« actuellement dans la mer à travers lesdits terrains, et elle pourra
« convoyer ces eaux à la mer par le moyen de nouveaux canaux
« pratiqués dans ces terrains....

« (Art. 37.) La Compagnie exécutera et entretiendra à ses frais
« en bon état, tous les ouvrages nécessaires pour évacuer les
« eaux.... de façon qu'un écoulement efficace soit assuré aux pro-
« priétés avoisinant lesdits terrains ...

« (Art. 40.) Pour mieux assurer cet écoulement, la Compagnie
« est autorisée par le présent acte à pénétrer, au besoin, dans les
« propriétés avoisinantes et à y déboucher, draguer ou approfondir
« tout conduit, canal, fossé ou cours d'eau et à le relier avec les
« ouvrages analogues projetés par la Compagnie sur ses terrains,
« en évitant tout dommage inutile.

« (Art. 63.) La Compagnie pourra fertiliser, arroser et cultiver
« à sa guise les terrains repris sur la mer, les dessécher et les amé-
« liorer de toute autre manière, et conduire telles opérations agri-
« coles qu'elle jugera à propos, y compris l'élève et l'engrais du bé-
« tail, et elle pourra ériger dans ce but telles maisons de ferme et
« tels bâtiments d'exploitation qu'elle trouvera convenables.

« (Art. 64) Elle pourra louer toute partie de ses terrains, pour
« tel terme, à telle rente annuelle ou autre, et sous telles condi-
« tions et restrictions qu'elle jugera à propos; mais, pour une durée
« de bail excédant vingt et un ans, elle ne pourra conclure qu'avec
« l'approbation du Conseil métropolitain.

« (Art. 65.) Elle pourra, après que les terrains auront été endi-
« gués et repris sur la mer, les hypothéquer ainsi qu'il lui convien-
« dra, avec l'approbation du Conseil métropolitain.

« (Art. 66) Et pour mettre la Compagnie en état de transporter
« tout ou partie des eaux d'égout de Londres et de les appliquer à
« la fertilisation et à l'arrosage des terres, elle est autorisée à éta-
« blir et conserver les conduits et canaux ci-après mentionnés
« ainsi que tous les ouvrages qui en dépendent; savoir:

« 1° Un conduit, appelé *conduit principal*, partant de l'émis-
« saire nord de Londres et aboutissant au Crouch, dans la paroisse
« de Rawreth;

« 2° Un conduit appelé *branche de Dengie*, partant de l'extrémité
« du conduit principal et aboutissant près de Tillingham, dans la
« paroisse de Dengie;

« 3° Un conduit appelé *branche de Foulness*, partant de l'extré-
« mité du conduit principal et aboutissant à Eastwick Head, dans
« la paroisse de Foulness:

« 4° Un conduit, apelé *branche de Woolwich*, partant du réser-
« voir de Barking Creek et aboutissant au conduit principal, dans
« la paroisse de Dagenham.

Art. 70. La section du conduit principal ne sera pas infé-
« rieure à l'aire d'un cercle de $2^m,80$ de diamètre, et sa pente
« moindre de 20 centimètres par kilomètre; les branches de
« Dengie et de Foulness seront suffisantes pour écouler toute l'eau
« passant par le conduit principal; et tous ces conduits seront

« construits en briques ou autres matériaux convenus entre la
« Compagnie et le Conseil métropolitain, et auront des débouchés
« convenables à la mer.

« Art. 71. La Compagnie pourra, sous les conditions prévues
« au présent acte, établir et conserver lesdits conduits suivant
« les lignes et sur les terrains désignés aux plans et documents
« déposés, et elle pourra pénétrer sur ces terrains, les prendre et
« en disposer pour les besoins de ses travaux.

« Art. 72. Les pouvoirs conférés par le présent acte pour l'ex-
« propriation des terrains nécessaires aux travaux de la Compagnie
« ne pourront plus être exercés après la septième année, à partir
« de la promulgation de cet acte.

« Art. 77. La Compagnie prendra ses mesures pour que les
» conduits et ouvrages autorisés par cet acte, soient construits,
« couverts et entretenus de façon à ne pouvoir incommoder le
« voisinage ni nuire à la santé publique.

« Art. 78. La Compagnie établira et entretiendra les ouvrages
« suivants pour les besoins des propriétés riveraines...» (Suit une
énumération analogue à celle qui concerne les chemins de fer, pour
le passage des habitants, l'écoulement des eaux, etc.)

« Art. 100. Lesdits conduits seront terminés dans le délai de
« dix ans, à partir de la promulgation du présent acte, et à l'expi-
« ration de cette période les pouvoirs conférés par cet acte à la
« Compagnie cesseront, excepté pour la portion de ces conduits
« qui demeurera alors à exécuter.

« Art. 102. Sous les conditions de cet acte, la Compagnie pourra
« employer et approprier l'eau d'égout à l'irrigation et à la ferti-
« lisation des terres lui appartenant ou affermées par elle; elle
« pourra aussi, d'accord avec les propriétaires ou les tenanciers
« de tous terrains, leur fournir l'eau d'égout pour l'irrigation et la
« fertilisation de leurs terres, à la condition qu'aucune irrigation
« n'ait lieu dans le rayon de 3.200 mètres de la métropole, ainsi
« qu'elle est délimitée par le *Metropolis management act*, 1855.

« (Art. 103.) Dans le but de fournir l'eau d'égout pour l'irriga-
« tion des terres, la Compagnie pourra, sous les conditions de cet
« acte, pratiquer toutes les ouvertures nécessaires dans les con-
« duits, exécuter et conserver... tous ouvrages et appareils néces-
« saires dans les terrains lui appartenant ou lui ayant été affermés,
« ou sur lesquels elle a un droit de servitude, ainsi que dans tous
« les autres terrains, avec le consentement des propriétaires ou
« tenanciers ; elle pourra aussi exécuter et conserver tels con-

« duits, tuyaux ou drains couverts qu'elle jugera nécessaires, sous
« le sol de toute route ou chemin public.

« (Art. 105.) Avant qu'aucune voie publique soit ouverte ou
« coupée par la Compagnie, elle en donnera avis aux personnes
« dans les attributions desquelles la route est placée, en écrivant
« au moins trois jours avant de commencer les opérations.

« (Art. 110.) Rien, dans cet acte, ne met la Compagnie à l'abri de
« toute action ou poursuite en dommages-intérêts pour le cas où
« elle nuirait de quelque façon en conduisant ou disposant des
« eaux d'égout et de leurs résidus, ou pour le cas où quelque in-
« convénient résulterait d'un manque de réparation à ses ou-
« vrages.

« (Art. 111.) Il sera loisible à l'un des principaux secrétaires
« d'État de Sa Majesté, et à sa discrétion, sur l'avis d'un dommage
« causé par l'exécution de quelque ouvrage, par le traitement ou
« l'emploi de l'eau d'égout... de diriger telle action ou de prendre
« telle autre mesure contre la Compagnie qu'il pourra juger à pro-
« pos, en vue de prévenir ou de supprimer la cause du dommage
« susmentionné.

« (Art. 115.) La convention déjà rappelée, passée entre le Conseil
« métropolitain des travaux et MM. Napier et Hope, à la date du
« 24 février 1865, dont une copie est annexée à cet acte, est con-
« firmée et ratifiée, excepté en ce qui pourrait être contraire au
« présent acte, et ladite convention, avec tous les bénéfices de la
« concession des eaux d'égout, et tous les autres droits, priviléges
« et avantages conférés aux concessionnaires, est transportée à
« la Compagnie..... substituée sous tous les rapports auxdits
« MM Napier et Hope..... »

Un acte semblable, mais non suivi d'effet, a été rendu pour autoriser une Compagnie à utiliser les eaux d'égout des sept villes
principales situées en amont de Londres. Les pouvoirs conférés à
cette Compagnie étaient les mêmes que ceux relatés dans l'acte qui
précède.

Tel est en substance l'ensemble des dispositions qui régissent,
dans le Royaume-Uni, le système de la circulation continue.
Elles tendent, on le voit, à rendre exécutoire chacun des trois
grands principes: 1° distribution d'eau pure, 2° drainage, 3° épuration des eaux d'égout, qui ont été successivement reconnus
comme constituant le cercle parfait de la salubrité municipale.

Sur le continent une semblable législation est à peine ébauchée.
En France, aucune vue d'ensemble n'a présidé aux mesures qui

régissent cet ordre de faits. Elles sont généralement abandonnées à la discrétion des autorités municipales qui édictent tels règlements de police jugés utiles. Dans quelques grandes villes, par
exemple, à Lyon, les attributions du maire, à cet égard, sont exer-
cées par le préfet. Enfin, à Paris, c'est le chef de l'État lui-même
qui intervient pour réglementer la grande voirie.

Le décret qui a été le point de départ des grandes améliorations de la capitale, est celui du 26 mars 1852, dont les articles
relatifs à la circulation continue, sont les suivants :

« Art. 6. Toute construction nouvelle dans une rue pourvue
« d'égouts devra être disposée de manière à y conduire les eaux
« pluviales et ménagères. La même disposition sera prise pour
« toute maison ancienne en cas de grosses réparations et, en tous
« cas, avant dix ans.

« Art. 8. Les propriétaires riverains des voies publiques em-
« pierrées supporteront les frais de premier établissement des
« travaux, d'après les règles qui existent à l'égard des proprié-
« taires riverains des rues pavées.

« Art. 9. Les dispositions du présent décret pourront être ap-
« pliquées à toutes les villes qui en feront la demande, par des
« décrets spéciaux rendus dans la forme des règlements d'admi-
« nistration publique. »

Les autres articles règlent l'expropriation en vue du percement
des nouvelles voies et de la démolition des immeubles insalubres.

Ce décret, dont les conséquences pour Paris ont été immenses,
est cependant dépourvu d'un suffisant caractère de généralité, car
non-seulement il n'est pas exécutoire dans toute la France, mais
il n'a trait qu'à l'écoulement des eaux pluviales et ménagères; il
ne touche ni à l'usage de l'eau dans les maisons, ni à la suppression des fosses d'aisances, ni à l'épuration des eaux d'égout.

Quant aux autres objets de la salubrité, à savoir ceux qui forment la deuxième division du livre, ils sont régis d'une manière
beaucoup moins dissemblable en Angleterre et sur le continent.
Nous avons d'ailleurs indiqué, au cours de l'exposition technique,
la plupart des dispositions légales qui les concernent, aussi nous
n'y reviendrons pas dans cet appendice.